コンピュータ
アーキテクチャ
技術入門

高速化の追求×消費電力の壁

Hisa Ando
［著］

技術評論社

本書記載の内容に基づく運用結果について、著者、ソフトウェアの開発元/提供元、株式会社技術評論社は
一切の責任を負いかねますので、あらかじめご了承ください。

本書に登場する会社名、製品名は一般に各社の登録商標または商標です。本文中では、™、©、®マークな
どは表示しておりません。

本書について

コンピュータは、普及が著しいスマートフォンやタブレットに使われており、GoogleやFacebookなどのデータセンターにも大量に使われています。私たちの生活に欠かせないものとなっているコンピュータですが、そのしくみを知って使っている人は少ないのではないでしょうか。

本書は、コンピュータのしくみを理解したい人のための本です。コンピュータは、多くの科学者の研究や技術者の開発の成果であり、コンピュータがどのようなしくみになっているかは、それ自体が興味深い物語です。また、これらの技術を学ぶことは、コンピュータ関係の仕事に携わっている方、将来携わろうと考えている学生の方の役に立つことでしょう。

本編の解説では、コンピュータのハードウェアのしくみの説明が主ですが、そのしくみをうまく使って、性能の高いプログラムや消費電力を減らすプログラムの作り方についても多くのページを割いて解説しており、プログラマの方の役に立つ本になっています。

本書のタイトルでは「コンピュータアーキテクチャ」と冠した入門書と謳っていますが、本書は計算機科学(*Computer Science*)で言う「プロセッサのアーキテクチャ」の入門書ではありません。プロセッサの命令セットアーキテクチャやマイクロアーキテクチャについても解説をしていますが、アーキテクチャという言葉を広く捉え、プロセッサだけでなく、メモリやストレージ、さらに、最近重要性を増しているグラフィックスプロセッサ(GPU、*Graphics Processing Unit*)、ディスプレイやタッチパネルなどの入出力装置などコンピュータ全般にわたって、これら主要な構成要素がどのような構造になっており、どのように動作するのかを解説しています。

スマートフォンやタブレッドなどの電池で動かす機器はもちろんですが、データセンターで使われるサーバでも消費電力の低減が強く要求されています。本書では、なぜ、プロセッサは電気を喰うのかから説明を始め、主要な低電力化技術から最新のCPUパッケージに搭載する安定化電源や、ソフトウェアと協調してプロセッサを長く休ませる省電力技術までを説明しています。いろいろな技術が組み合わされており、どのようにして低電力化が実現されているかは、非常におもしろいでしょう。

最近ではPCだけでなく、スマートフォンのプロセッサもマルチコアに

なり、並列処理を行っています。並列処理のメカニズム、注意点、どのようにプログラムを作れば、より高い性能を引き出せるか、より消費電力を減らせるのかについても説明しています。

また、記憶容量が増大し、SSD（*Solid State Drive*）としてHDD（*Hard Disk Drive*、ハードディスク）の領域まで進出してきたNAND Flashメモリ、スマートフォンからPCまで、入出力の主力デバイスとなってきている液晶パネルとタッチパネルの技術についても詳しく解説しています。

そして、ネットの向こう側にあるデータセンターやスーパーコンピュータについても解説し、これらのセンターへの電力供給から冷却までもカバーしています。

このように広い範囲のコンピュータ技術について解説している本は、他にないと自負しています。紙幅が限られているため、専門的な教科書のような説明はできませんが、重要なポイントを押さえて、コンピュータに関連する主要な要素について、それがどのようなものであり、どのような原理で動作しているのか、どうすればうまく使えるのかを理解してもらえるということを目指して解説を行いました。

本書の読者としては、コンピュータの構造を勉強したいという学生の方や若いエンジニアの方、そしてコンピュータがどう作られているかを理解して、性能の高いプログラム、消費電力の少ないプログラムを書きたいと考えているプログラマの方々を対象と考えています。

なお、コンピュータのしくみを解説するという点で、前著『プロセッサを支える技術 ——果てしなくスピードを追求する世界』（技術評論社、2011）と同じ分野の本であり、基本的な技術の説明対象は重複している部分がありますが、文章はすべて書き下ろしで、前著以降に出てきた新しい技術をカバーしています。本書を理解するために、前著を読んでおく必要はありませんが、プロセッサを中心とした基本的な技術については、前著の方が詳しく書かれているので、必要に応じて読んでいただければ幸いです。

本書が、コンピュータのしくみを学び、よりうまく使えるようにしようという方々の役に立つことを願っています。

2014年3月　Hisa Ando

本書の構成

本書は、コンピュータのしくみを学びたいという方、より良いプログラムを書きたいという方を対象とし、以下のような構成で書かれています。

第1章　コンピュータシステムの基本

第1章はイントロダクションです。コンピュータの基本的な概念や用語など、第2章以降を理解するために必要な基礎知識をわかりやすくまとめました。

第2章　プロセッサ技術

論理的なプロセッサの構造を規定する命令アーキテクチャと、それをどのようなハードウェアで実現するかというマイクロアーキテクチャを解説し、プロセッサのしくみとどのように動くのかを平易に解き明かします。

第3章　並列処理

最近ではマルチコア、マルチスレッドのプロセッサが一般的になっています。複数のプロセッサを使用してプログラムの性能を上げるやり方を詳しく解説しています。また、複数のプロセッサを使う場合に起こる問題と、その回避方法についてもカバーしました。

第4章　低消費電力化技術

現在のプロセッサでは、消費電力の低減が一番ホットな技術開発となっています。電力を減らすための多彩な技術について、ポイントを押さえて説明しています。

第5章　GPU技術

プロセッサチップの中で、グラフィックス表示を行うGPUの方がCPUよりも大きな面積を占める時代になっています。この3Dグラフィックス表示技術の基礎から、GPUのしくみやうまく使うプログラミングについてまとめています。

第6章　メモリ技術

メインのDRAM技術から、高バンド幅を実現するHMC（後述）など最新のメモリ技術までをカバーしています。

第7章　ストレージ技術

磁気記録のHDDから、NAND Flashを使うSSDまでをわかりやすく解説しています。

第8章　周辺技術

CPUと周辺装置の接続の基本的な考え方から、スマートフォンやPCではどのような周辺装置を使われているかを解説します。そして、液晶ディスプレイとタッチパネルについて原理を詳しく説明しています。

第9章　データセンターとスーパーコンピュータ

GoogleやFacebookのデータセンターや、スーパーコンピュータといった巨大規模のコンピュータシステムの構成と電力供給、冷却などを含めて解説を行いました。

※初出について
本書の第1章〜第6章と第8章の一部の解説および図版は、拙著『プロセッサを支える技術』（技術評論社、2011）の解説をベースに、追記・改変を行って使用しています。

基本用語の整理

本書で取り上げる内容は範囲が広く、さまざまな用語が登場します。以下に、補助資料として、本書で使用するコンピュータアーキテクチャ関連の基本用語を取り上げました。いずれの用語も使用される場面や文脈で違いが出てくることがありますが、以下では本書内の解説を想定して説明を行っています。本書を読み進めるにあたって、参考にしてください。

32ビットアーキテクチャ（*32-bit architecture*）
汎用レジスタの長さが32ビットで、メモリ空間が2^{32}バイトのアーキテクチャ。IntelのIA-32や、ARMのARMv7などが該当する。

64ビットアーキテクチャ（*64-bit architecture*）
汎用レジスタの長さが64ビットで、メモリ空間が2^{64}バイトのアーキテクチャ。Intel 64、AMD64、ARMv8などが該当する。

Bluetooth
PCとキーボードやマウスなどの接続に用いられる近距離無線通信規格。最大通信速度は24Mbit/sで通信距離も短いが、無線LAN（*Wireless Local Area Network*）に比べて廉価というメリットがある。

CISC（*Complex Instruction Set Computer*）
演算の入力や結果の格納に、レジスタだけでなく、メモリアドレスを指定して使用できる命令セットアーキテクチャ。メモリアドレスの指定には多くのビットが必要であり、命令の長さが変化するのが特徴の一つである。RISC派の人が従来のアーキテクチャは複雑ということを強調するために作った言葉。

Ethernet
有線のLAN（*Local Area Network*）。撚り対線ケーブルを使い100Mbit/sの通信速度の100Base-TX（IEEE 802.3u）規格、1Gbit/sの通信速度の1000Base-T（IEEE 802.3ab）規格に準拠する通信ポートを備える機器が一般的になっていて、オフィス内のPCなどの接続に用いられている。また、データセンターのサーバなどでは、10Gbit/sや40Gbit/sの通信速度のEthernet接続も使われている。

GPU（*Graphics Processing Unit*）、**GP GPU**（*General-purpose computing on Graphics Processing Units*）
グラフィックス処理を効率良く行うように作られた専用プロセッサ。3Dグラフィックス処理で必要となる高い計算能力と大きなメモリバンド幅を持つので、計算のアクセラレータとしても用いられる。一時、グラフィックス以外の計算にも使用できるという点を強調するためGeneral Purpose GPUという用語が使われたが、最近ではあまり聞かれなくなっている。

I/O（*Input / Output*）、**入出力装置**（*I/O device*）
プロセッサが処理する入力を読み込んだり、処理結果を出力として書き出したりするための装置。キーボードやマウスは入力装置、プリンタやディスプレイは出力装置であり、HDD（*Hard Disk Drive*、ハードディスク）や無線LANなどは、読み込みを行う場合は入力装置、書き出しを行う場合は出力装置となる。入出力装置は、プロセッサと外の世界とのデータをやり取りする装置の総称。

LSI（*Large Scale Integration*）
多数の素子作り込みや配線をを半導体のチップ（*Chip*、小片）に作り込んだもの。プロセッサやメモリなどは代表的なLSIである。

LTE（*Long Term Evolution*）
携帯電話の第4世代の高速通信規格。入出力装置としては、LTE規格に準拠した通信装置を指す。国内での各社のLTEサービスは下りで最大75Mbit/sとなっており、第3世代と比べると10倍程度の通信速度が得られる。

OS（*Operating System*）
コンピュータハードウェアを効率的に利用するための管理ソフトウェア。メモリや周辺装置を共用させて、多数のプログラムを並列的に実行させる機能を持っている。

PCI Express
PCやサーバなどのプロセッサと高速の入出力機器の接続に広く用いられているインタフェース。PCI Express 2.0規格では通信速度は、片方向

基本用語の整理

500MByte/s（両方向を合わせると1000Mbyte/s）、PCI Express 3.0 規格では2倍の片方向1GByte/s（合計2GByte/s）のデータ伝送速度を持っている。この伝送路1本をレーン(*Lane*)と呼び、2、4、8、12、16、32レーンを束ねて(x2、x4、…のように書かれる)データ伝送を行える。「PCIe」という表記もしばしば用いられる。

RISC(*Reduced Instruction Set Computer*)
固定長の、比較的単純な命令を使う命令セットアーキテクチャ。命令の持つ機能は単純であるが、パイプライン処理がやりやすく、クロックの高速化が容易である。複雑な命令を処理するプロセサは効率が悪く、命令を単純化すべきと主張するコンピュータ科学者が提唱したアーキテクチャ。

SATA(*Serial Advanced Technology Attachment*)
シリアルATA、Serial ATA。HDDを接続するインタフェースとしてATA規格が作られ、その発展形として通信路に高速シリアル伝送技術を使うSerial ATA規格が作られた。Serial ATA 2.0規格では300MByte/s、Serial ATA 3.0規格では600MByte/sのデータ転送が行える。

SoC(*System on Chip*)
プロセッサだけでなくシステムとして必要なその他の機能も1個のチップに集積したLSI。

USB(*Universal Serial Bus*)
キーボード、マウス、フラッシュディスク(*Flash disk*)、デジカメなど各種の入出力装置を接続するのに広く用いられている有線の通信規格。1つのUSBバスに最大127台の入出力装置が接続できる。また、USBは、信号の接続だけでなく電力の供給も行えるようになっているので、消費電力が少ない機器の場合は電源の接続が不要で使い勝手が良いという特徴がある。USB 2.0規格では最大480Mbit/s、USB 3.0規格では最大5Gbit/sで通信が行える。

Wi-Fi(*Wireless fidelity*)
無線LANと呼ばれる通信規格IEEE 802.11。Wi-Fi対応製品と言うとその規格に準拠し、業界団体のWi-Fi Allianceの互換性認証をパスした製品を指す。家庭やオフィスでのPC間やTV画像の送受信などに広く使用されている。最新のIEEE 802.11ac規格では5GHz帯の電波を使い、433Mbit/s～6.93Gbit/sの通信速度が得られる。

液晶(*Liquid crystal*)
液体と結晶の中間状態の物質。電界によって液晶セルの高分子の方向を変え、偏光フィルタとの組み合わせで通過光量を変えて画面を表示するのが液晶パネルである。

画素(*Pixel*)、**サブ画素**(*Subpixel*)
表示画面を構成する個々の点を画素(ピクセル)と呼ぶ。1つの画素はR/G/B(*Red*/*Green*/*Blue*)の3つのサブ画素(サブピクセル)から成り立っており、サブピクセルの通過光量を変えることにより表示される明るさと色を変えることができる。

仮想化(*Virtualization*)
ハイパーバイザ(*Hypervisor*)、あるいはVMM(*Virtual Machine Monotor*)と呼ばれるソフトウェアで、1つのプロセッサコアを複数の仮想プロセッサに見せ、それぞれの仮想プロセッサでOSを動かすなどの使い方がなされる。Webホスティングなどの用途では貸し出しコストを下げられ、企業では複数のサーバを使っていた仕事を仮想化した1台の大型サーバにまとめることでコストダウンができるため普及が進んでいる。

キャッシュ(*Cache*)
頻繁に使われるデータを格納し、高速に読み出し、書き込みができるようにするハードウェア機構。どのデータを格納するかはハードウェアが管理するので、キャッシュの存在をソフトウェアは意識する必要はなく、メインメモリの速度が向上したように見える。

クロック(*Clock*)
一定周期で、時間の基準になる信号。プロセッサでは、パイプライン処理の各ステージの開始タイミングとなる信号である。クロックの1周期にパイプラインの1ステージの処理を実行するという構成がとられ、同じ設計のプロセッサであればクロックを速く(周期を短く)すると性能が上がる。

コンピュータ(*Computer*)
日本語では電子計算機。計算や条件判断を行う命令を持ち、メモリに記憶された命令を順に実行することにより、計算や文書、画像処理など各種の処理を行うことができるようになっている。

消費電力(*Electric energy consumption*)
電子機器、あるいは部品が動作するときに消費する電力。動作状態によって消費電力は変わってくる。消費された電力は熱になるので消費電力に見合った冷却が必要となる。

スーパーコンピュータ(*Supercomputer*)
スパコン。通常のコンピュータの数百倍以上の性能を持つコンピュータ。

スレッド(Thread)
→「(ソフトウェア)プロセス」項、および「(ハードウェア)マルチスレッド」項を参照。

スマートフォン(Smartphone)
スマホ。通話だけでなく、Webアクセスなどの機能を持ち、タッチスクリーンで操作できる高機能の携帯電話。

セグメント(Segment)
プロセスのメモリ空間に中に作られ、用途別に「命令」セグメント、「データ」セグメント、「スタック」(Stack)セグメント、「ヒープ」(Heap)セグメントが作られるのが一般的である。命令セグメントは命令の読み込みはできるが読み書きは不可。その他のセグメントは読み書きはできるが、命令としての読み込みは不可などの属性を指定することができ、許可された以外のアクセスが禁止される。また、セグメントの大きさを超えたメモリアクセスは禁止される。これらの機能はメモリ管理機構で実現される。

全二重(Full duplex) / 半二重(Half duplex)
2点間の通信の場合、両方向に同時に通信が行える通信路を持つ通信システムを全二重、一時には一方向の通信しか行えず、逆方向の通信を行う場合は、データの伝送方向を切り替える通信システムを半二重と呼ぶ。

素子(Element)
トランジスタ、ダイオード(Diode、電流を一定方向にのみに流す整流作用を持った素子)、抵抗、キャパシタ(Capaciter、蓄電器/コンデンサ)などの回路を構成する部品の総称。現在のCMOS(Complementary Metal Oxide Semiconductor)では、大部分の素子はトランジスタである。

タブレット(Tablet)
7インチから10インチ程度のタッチパネルを持つ薄型の携帯(モバイル、Mobile)端末。

データセンター(Data center)
コンピュータやデータ通信機器を多数集めて設置した施設。機器を動作させるための空調や、停電にも耐える無停電電源装置などを備えるのが一般的である。

デナードスケーリング(Dennard scaling)
DRAMの発明者でもあるIBMのDennard等が、MOSトランジスタの寸法と電源電圧を1/2にすると、単位面積に集積できる素子数は4倍、性能は2倍、消費電力は1/2になるという論文を1974年に発表した。この関係をデナードスケーリングと呼ぶ。微細化のメリットが非常に大きいので、半導体メーカ各社は微細化を押し進め、結果としてムーアの法則が継続している。

デバイスドライバ(Device driver)
入出力装置固有の構造の違いを吸収し、OSから見て、標準的な手順で入出力装置を使うことができるようにするプログラム。各入出力装置に固有に作られて、入出力装置に添付して提供されたり、Webで配布されたりしているソフトウェアである。

トランジスタ(Transistor)
抵抗を変えることができる素子という意味を持つ「Transfer Resistor」から命名された素子。3つ(あるいはそれ以上)の端子を持ち、第1と第2の端子の間を流れる電流の量を、第3と第2の端子の間の電圧、あるいは電流によって可変する機能を持つ半導体素子である。

パイプライン(Pipeline)
命令の読み出し、解釈、オペランド(Operand、演算対象の値や変数/データ)の読み出し、演算の実行、結果の格納などの処理ステージを設け、各処理ステージは、順に処理結果を次のステージに送るベルトコンベア製造ライン式の処理方式。理想的には1ステージの処理に必要な時間ごとに次々と命令を処理していける構造をパイプラインと言う。また、このような一連の処理を固定した順序で処理する機構もパイプラインと呼ばれる。原油を輸送するパイプラインは、間を水で区切って異なる種類の油を送るが、複数の種類の油を順に流すことと異なる種類の命令を順に流すという類似性からパイプライン処理と名づけられた。

半導体(Semiconductor)
電流を良く通す導体と、電流を通さない絶縁物の中間の性質を持つ物質で、添加する不純物により電子が多いN型と正孔が多いP型がある。トランジスタやダイオードを作るために用いられる。4族のSi(シリコン)、Ge(ゲルマニウム)、3族と5族の化合物のInP(インジウム燐)、GaAs(ガリウム砒素)などがある。また、有機物の半導体もありAMOLEDパネル(第8章で後述)などに使われている。

(ソフトウェア)プロセス(Process)
ソフトウェアのプロセス。独立したメモリ空間と機械命令のプログラムを持ち、プロセッサのハードウェアで実行される単位。プロセスは子プロセスを作って自分と並列に実行させることができるが、そのとき子プロセスは独立のメモリ空間を与えられ、親プロセスのメモリ空間のデータをすべてコピーした状態で実行を開始される。一方、独立したメモリ空間を持たず親プロセスのメモリ空

間を共有する子プロセスを「スレッド」と呼ぶ。メモリ空間のデータのコピーが必要ないので、スレッドの起動の方が高速に行える。

(半導体)プロセス(Process)
半導体プロセス。LSIなどを半導体チップに作り込む技術を指す。同一面積に2倍の素子数を実現するため、0.7倍の寸法の実現を目指して次期プロセスの開発が行われ、最小寸法が35nm、22nm、14nmのように進歩してきている。また、この中間の28nm、20nmという最小寸法のプロセスを開発している半導体メーカーもある。

プロセッサ(Processor)
メモリから命令を読み出し、それを解釈して実行するハードウェア。コンピュータシステムの頭脳に相当する。

プロトコル(Protocol)
一定の手順を指す。複数のコアがありそれぞれがキャッシュを持っている場合には、これらのキャッシュの内容を矛盾のない状態に保つ必要があるが、これを実現する手順をキャッシュコヒーレンシプロトコルと言う。Ethernetなどの通信の場合もデータをやり取りするTCPやIPといった手順があり、これらもプロトコルである。

並行(Concurrent)
互いに関係のある複数のプロセスやスレッドを並列に実行する場合、Concurrentな実行であると言われる。Concurrentは相互に影響を及ぼす実行であることに焦点を当てた言い方である。

並列(Parallel)
複数の処理系がある場合、Parallelという形容が使われる。複数のプロセッサを使い、プロセスやスレッドをを並列に実行する場合、Parallelな実行と呼ばれる。また、多数のプロセッサを持つコンピュータはParallelコンピュータと呼ばれる。

(DRAM)ページ(Page)
DRAMのセルアレイから同時に読み出される記憶データのまとまり。512M×8ビットのDRAMチップでは、ページサイズは8192ビットとなっている。

(メモリ管理)ページ(Page)
メモリ管理の対象となる一定サイズ(たとえばx86では4KiB)のメモリ領域。ページごとに論理アドレスと物理アドレスの対応、許可されるメモリアクセスの属性(命令読み込み、読み、書き)が指定できる。

マイクロコントローラ(Microcontroller)
家電、自動車、産業機械などに組み込まれて、機器をコントロールするマイクロプロセッサ。

マルチコア(Multi-core)
命令の読み込みから実行までを行えるハードウェアをプロセッサと呼ぶ。複数のプロセッサを1つの半導体チップに集積する場合は、プロセッサをプロセッサコア、あるいは単にコアと呼び、複数のコアが入ったチップをマルチコアと呼ぶ。

(ハードウェア)マルチスレッド(Multithreading)
命令の実行の過程で依存性によって発生する各種の待ち時間(メモリの読み出し待ち、演算の終了待ちなど)を減らすため、複数の命令列(プロセス)を、1つのプロセッサコアで並列に実行する技術。それぞれのスレッドは独立したメモリ空間を持つことができ、ソフトウェアのスレッドだけでなくプロセスを実行することができる。

ムーアの法則(Moore's law)
Intelの創始者の一人であるMoore氏が1965年に、半導体チップに集積される素子の数は毎年倍増するという予測を発表した。現在は倍増に要する期間は1.5年程度になっているが、このように指数関数的に素子数が倍増する現象をムーアの法則と呼ぶ。ただし、これは経験則であり、物理学の法則ではない。

メモリ(Memory)
命令やデータを記憶するハードウェア。0と1の2値の情報を1ビット、8個のビットのまとまりをバイトと呼び、メモリの量やメモリ内のアドレス(番地)はバイトが単位となっている。

メモリ管理機構(Memory Management Unit)
MMU。各プロセスに独立のメモリ空間を与えるため、プロセスが認識する論理アドレスと、物理的なメモリのアドレスの対応を管理し、論理 - 物理アドレス変換やアクセス属性のチェックなどを行う機構。

レジスタ(Register)
プロセッサの中で最も頻繁に使用されるデータを格納する高速、小容量のメモリ。多くのプロセッサでは汎用レジスタは32個程度のデータを格納できる容量となっている。また、次に実行する命令アドレスを保持するIPレジスタ、プロセッサの状態を保持するStatusレジスタなど、専用用途のレジスタが多く存在する。OSなどのスーパーバイザモードで動作するプログラムだけがアクセスできる特権レジスタと、ユーザモードでもアクセスできるレジスタという区別がある。

コンピュータアーキテクチャ技術入門 ──高速化の追求×消費電力の壁　目次

本書について iii
本書の構成 v
基本用語の整理 vi
目次 x

第1章　コンピュータシステムの基本 1

1.1　コンピュータシステムの構造　3

命令とデータ 3
コンピュータシステムの構成要素 ──プロセッサ、メモリ、入出力装置 3
コンピュータは2進数で処理を行う 5
　2進法とビット、バイト、ワード 5
プロセッサの命令 ──プログラムは命令の集まりでできている 6
　分岐命令、条件分岐命令 7
命令セットアーキテクチャ ──Intel 64、AMD64、ARMv8 7
　命令セットアーキテクチャは上位互換で拡張する 9
バイト列を記憶するメモリ ──メモリセル、メモリの記憶容量 10
　メモリにはバイト単位でアドレスを付ける 10
　記憶容量の単位 ──1024B、1KB、1KiB 11
　DRAMチップとメモリセルの価格 11
入出力装置 12
　スマートフォン用LSIの入出力装置 13
　PC用LSIの入出力装置 13
　スマートフォン用SoCとデスクトップPCプロセッサの違い 15

1.2　プロセッサの基礎　15

プロセッサはどのように命令を実行するのか 15
　サイクルタイムとクロック周波数 16
流れ作業で性能を上げるパイプライン処理 17
メモリの読み書き速度の問題 19
階層構造のメモリ ──実効的なメモリ速度を改善する 20
　キャッシュ 21

1.3　半導体技術　22

半導体とは 22
MOSトランジスタの原理 ──N型とP型 24
CMOS論理回路 26
　現代のデジタル回路は省電力のCMOSが主流 28
プロセッサチップの作り方 28

ムーアの法則 ──1個のチップに集積できる素子の数は毎年倍増(!?) 29
マルチコア化の流れ ──性能と消費電力 30
性能と消費電力 ──1Wの電力あたりのプロセッサの性能を上げる 31
CMOSの消費電力 ──スイッチ、アクティブ電力、クロックゲート 32

1.4 まとめ 34

Column 文字の表現 34

第2章 プロセッサ技術 35

2.1 プロセッサの命令セットアーキテクチャ 37

プロセッサの実行環境 ──レジスタとメモリ空間 37
   命令で操作できる各種のレジスタ 38
   メモリ空間 ──メモリを抽象化 38
   命令の実行はレジスタやメモリの内容を変える ──命令実行の実行環境への影響 39
   スーパーバイザモードとユーザモード ──2つの実行状態 39
   ユーザモードではバイナリ互換が必要 40
3アドレス命令と2アドレス命令 ──x86命令アーキテクチャは2アドレス命令 42
固定長命令と可変長命令 ──メモリアドレスの指定、可変長命令、固定長命令 42
   メモリアドレスの指定法 43
   Intel x86アーキテクチャの可変長命令 44
   SPARCやARMプロセッサで使用されている固定長命令 46
   固定長命令のメリット、デメリット 47

2.2 プロセッサの基本構造 ──マイクロアーキテクチャの基礎 48

パイプラインプロセッサ ──プロセッサはどのように命令を実行するのか 48
フェッチユニット ──命令の読み出し 50
デコードユニット ──命令のデコードとスケジュール 52
   資源予約表 52
   レジスタ状態表 52
   デコードユニットが要 ──パイプライン全体の動作を制御する 54
実行パイプライン ──命令を実行する 54
ロード/ストアユニット 56
条件分岐命令の処理 ──命令の実行の順序を変える命令 57
   分岐ユニット 58
入出力装置との接続 ──メモリと入出力レジスタ、メモリマップドI/O 60
   デバイスドライバ 61

2.3 演算を速くする 61

数値の表現 62
   負の整数をどう表すか ──コンピュータでは「2の補数表現」が使われる 62
   小数点を含む数字をどう表すか ──IEEE 754浮動小数点数のフォーマット 63

xi

- 加算器の高速化 ──フルアダー 64
  - 基本のリップルキャリーアダー 64
  - 上位のキャリーを速く求める ──G信号とP信号 65
  - 引き算はどうするのか 68
  - リザルトバイパス ──汎用レジスタをバイパスして、演算結果を次の演算に渡す 69
- 乗算器とその高速化 71
  - 変形ブースエンコード 71
  - 部分積の数を減らすブースのアルゴリズム 72
  - 部分積の和を高速化するウォレスツリー 72
- 除算器とその高速化 74
- 浮動小数点演算器 76
- SIMD演算ユニット ──SSE、AVX 77
  - SIMD演算は専用のビット長の長いレジスタを使う 78
  - SIMD命令は長いレジスタを分割して並列に演算する 79

2.4　高速化を支えるキャッシュメモリ　80

- キャッシュメモリの構造 80
  - キャッシュライン、キャッシュラインサイズ 81
- キャッシュメモリのアクセス ──キャッシュラインとタグ 82
  - フルアソシアティブキャッシュ ──自由度が高い方式 82
  - ダイレクトマップキャッシュ ──構造が簡単な方式 83
  - セットアソシアティブキャッシュ ──良いとこ取りの中間的な方式 84
- 頻繁に使われるデータをキャッシュに入れるには？ 85
  - LRU 86
- キャッシュコヒーレンシの必要性 86
- MSIプロトコル ──キャッシュコヒーレンシを実現する基本手順 88
  - ストアの前に同一アドレスのキャッシュラインを無効化する 88
  - ロードの前にキャッシュの「スヌープ」を行う 89
  - MESIFプロトコル ──Intelが採用している 91
  - MOESIプロトコル ──AMDが採用している 91
- キャッシュの階層化 ──メモリアクセス時間の改善 92
  - キャッシュの階層化のしくみ 93
- ハーバードアーキテクチャ ──命令、データ分離キャッシュ 94

2.5　プロセッサの高速化技術　96

- スーパースカラ実行 96
- Out-of-Order実行 98
  - リザベーションステーション ──入力オペランドが揃うと実行を開始する 98
  - レジスタリネーミング ──逆依存性を解消する 99
  - レジスタリネーミングの実行の様子 100
- 分岐予測 ──条件分岐命令の条件成立/不成立を予測する 101
  - 分岐予測とループの回数 102
  - 2ビット飽和カウンタを用いる分岐予測 ──過去に分岐が行われた履歴を記憶しておく ..102
  - 2ビット飽和カウンタの構造 104

     ローカル履歴を用いる分岐予測 ──ループ回数が少ない場合の予測精度の向上に効果あり...105
     その他の分岐予測 106
     分岐予測ミスからの回復 ──投機実行とレジスタリネーム機構の利用......................106
   リターンアドレススタック ──リターン命令の分岐先のアドレスを予測する 106
   BTB ──分岐先アドレスを予測する 107
   プリフェッチ ──先回りしてデータをキャッシュに入れる..109
     ネクストラインプリフェッチ 109
     ストライドプリフェッチ 110
     ストライドプリフェッチは配列アクセスに有効 110
     ソフトウェアプリフェッチ 111
   可変長命令をRISC命令に分解して実行
     ──Nx586プロセッサ、μOP、μOPキャッシュ 112

2.6　プロセッサの性能　　　　　　　　　　　　　　　　　　　　　114

   命令実行に必要なサイクルを数える ──IPS、IPC 114
   階層キャッシュの速度を測ってみる 116
     メモリアクセスサイクルの測定結果 119
     キャッシュやメモリのアクセスには何サイクル掛かっているのか 121
     1次キャッシュからの読み込みのケース 121
     1次キャッシュをミスして2次、3次キャッシュから読み込む 121
     ステップ値が80を超えるとメインメモリへのアクセスが出てくる 122
     Mode＝1とMode＝2の違い 123
   性能を引き出すプログラミング 124
     キャッシュを有効に使う 124
     構造体の配列 124
     配列の構造体 125
     構造体の配列か、配列の構造体か 126
     ソフトウェアプリフェッチを使う 127
     演算時間の長い命令は避ける 128
     性能を左右する最内ループ 128

2.7　マルチプロセス化の技術　　　　　　　　　　　　　　　　　　129

   メモリ管理機構 129
     セグメント方式のメモリ管理 130
     断片化の問題 132
     ページ方式のメモリ管理 132
     ページテーブルを使うメモリ割り当てとプロセスの分離 133
     ページテーブルをキャッシュするTLB 133
     TLBミスとメモリアクセス時間、ラージページでTLBミスを低減 135
   スーパーバイザモードとユーザモードによる分離 136
     バッファオーバーフロー攻撃 136
     バッファオーバーフロー攻撃とその対策 ──NXビット、XDビット...............137
   割り込み 139
     例外 140
     スーパーバイザコール ──ソフトウェア割り込み 140

xiii

仮想化技術 141
　ベアメタル型とホストOS型 142
　VMM上でのゲストOSの動作 142
　「二重のアドレス変換」を行うメモリ管理機構 143
　仮想化とWeb、データセンターの世界 143

2.8　まとめ　145
　Column　デナードスケーリングとは何か？──性能向上の鍵 146

第3章　並列処理　147

3.1　OSによるマルチプロセスの実行　149
OSは多くのプロセスを並列に実行する 149
OSで複数のプロセッサを使う 150

3.2　マルチコアプロセッサとマルチプロセッサ　151
マルチコアプロセッサ 152
　マルチコアプロセッサのメモリアクセス 153
マルチプロセッサシステム 153
マルチスレッドとマルチコア 154
　Column　マルチXX──プロセス、スレッド、タスク、マルチコア 156

3.3　排他制御　157
複数プロセッサのメモリアクセスで矛盾が起こる 157
アトミックなメモリアクセスとロック 158
ロックの問題点──ロックの粒度とデッドロック 160
トランザクショナルメモリ 161
　トランザクショナルメモリの実現方法 163

3.4　巨大プロセスで多数のコアを使う　164
プロセスを分割して並列実行する 164
　スレッド 164
　pthreadライブラリでスレッドを生成 165
OpenMPを使う 166
　OpenMPを使う上での注意点 167

3.5　分散メモリシステムと並列処理　168
分散メモリ型クラスタシステム 168
　分散メモリ型のマルチプロセッサシステムの実現 170
　分散メモリシステムでの並列処理 171
分散メモリを共有メモリに近づける──ビッグデータ時代の工夫 171

	ccNUMAシステム ——ハードウェアで共有メモリを作る	172
	ディレクトリベースのキャッシュコヒーレンシ維持	173
	仮想マシンで共有メモリを実現する	174

3.6　並列処理による性能向上　　175

並列化する部分の狙いを定める 175
アムダールの法則 176
すべてのコアの実行時間を均等に近づける 176
　　OpenMPではスレッド数に注意 177

3.7　まとめ　　179

　　Column　GPUを含むシステムの並列化を行うOpenACC 180

第4章　低消費電力化技術　　181

4.1　CMOSの消費電力　　183

スイッチに伴う電力消費 183
漏れ電流による電力消費 184
　　漏れ電流の小さいFinFET 185

4.2　消費電力を減らす技術 ——プロセッサコア単体での電力削減　　186

スイッチ1回あたりのエネルギーを減らすDVFS 186
ARMのbig.LITTLE 188
スイッチ回数を減らすクロックゲート 189
低リーク電流トランジスタで漏れ電流を減らす 190
漏れ電力をさらに減らすパワーゲート 191

4.3　プロセッサチップの電力制御　　193

Cステートによる電力制御 193
チップ温度の余裕を利用するターボブースト 197
　　プロセッサコア間やコアとGPUの間で電力枠を融通 199
　　パッケージの熱容量を利用して瞬間ダッシュ 199
メモリコントローラとPCI Expressリンクなどの電力ステート 200

4.4　コンピュータとしての低電力化　　201

用事をまとめて休み時間を長くする 201
　　応答時間の余裕を知らせるLTR 202
　　寝た子を起こさないOBFF 203
　　割り込みやデータ転送要求のタイミングを遅らせて長い休みを作る ... 204
　　消費電力の減少 205
入出力装置のアイドル時の電力を減らす 205
　　SATAストレージのデバイススリープ 206

液晶パネルのセルフリフレッシュ──自分でリフレッシュ 206
プロセッサチップへの電源供給 207
ボルテージレギュレータの効率改善 207
オンチップレギュレータ 209
IVRチップの研究と製品化 209

4.5 省電力プログラミング　　　　　　　　　　　　211

プログラムを最適化して性能を上げる 211
最も重要なのは処理アルゴリズム 211
ビデオのエンコードやデコード 212
コンパイラの最適化オプション 212
無駄な動作を省いて効率的に処理を行う 212
無駄な動作を省いたプログラムを作る 212
HDDアクセス 213
Windows OSのタイマー周期 213
使わないファイルや入出力はクローズする 214

4.6 まとめ　　　　　　　　　　　　　　　　　　215

Column　ENIACとスマートフォン──2兆倍もの進歩を遂げた演算/W 215
Column　目で見る電力制御 216

第5章 GPU技術　　　　　　　　　　　　　　217

5.1 3Dグラフィックスの基礎　　　　　　　　　219

張りぼてモデルを作る──サーフェスモデル 219
モデリング変換、視点変換、モデルビュー変換
──マトリクスを掛けて位置や向きを変えて配置を決める 221
シェーディング──光の反射を計算する 222

5.2 GPUとその処理　　　　　　　　　　　　　223

CPUとGPUの違い 223
グラフィックスパイプライン 226
バーテックスシェーダ──頂点の座標変換を行う 226
ラスタライザとZバッファ 227
壁紙を貼り付けるテクスチャマッピング 228
各種のピクセルシェーディング 229
フォンシェーディング 230
ジオメトリシェーダ 231
プログラマブルシェーダとユニファイドシェーダ 232
SIMDかSIMTか 233
SIMTの実行ユニット──プレディケード実行 235
GPUコアの構造 236

NVIDIAのKepler GPU 238
　　　Kepler GPUのSIMT命令実行 ──ワープスケジューラ、命令ディスパッチユニット 240
　GPUの描画プログラムOpenGL 241

5.3　GPUの科学技術計算への利用　243

　なぜ、GPUを科学技術計算に使うのか 243
　CUDAによるGPUプログラミング 244
　　　CUDAで並列計算を記述する 246
　　　スレッド間のデータの受け渡し 246
　CPUとGPUは分散メモリ ──異なるメモリ間のデータのコピーが必要 247
　理想的なCPUとGPUの関係 248
　　　CPUとGPUの共有メモリを実現するAMDのHSA 248

5.4　GPUを使いこなすプログラミング　250

　条件分岐は避ける 250
　スレッドは無駄なく使う 252
　ある程度多くのワープを走らせる 252
　ローカルメモリをうまく使う 254
　メモリアクセスのパターンに注意する 255
　ブロック数にも気をつける 257
　通信と計算をオーバーラップする 257

5.5　まとめ　259

　　　Column　ゲームとグラフィックス 260

第6章　メモリ技術　261

6.1　プロセッサのメモリ技術 ──階層的な構造　263

　高速小容量から低速大容量への「階層」を構成するメモリ 263
　各種のメモリ素子 265
　　　SRAM 265
　　　DRAM 267
　　　不揮発性メモリ素子 ──NAND Flash、FeRAM、ReRAM、MRAM 268
　　　不揮発性メモリ素子とプロセッサの消費電力 269

6.2　メインメモリ技術　270

　メモリバンド幅の改善 270
　　　必要なメモリバンド幅は？ 272
　DRAMチップの内部構造 272
　DIMM 274
　各種のDRAM規格 274

xvii

DDR3 ──PCやサーバ、あるいはビデオレコーダなどに広く使われている..................275
DDR4..276
GDDR5 ──GPU向けの高いバンド幅を持つメモリ規格......................276
DDR3L、LPDDR3 ──低消費電力規格..277
Wide I/OとHybrid Memory Cube ──3次元実装でバンド幅を高めるアプローチ....278
メモリコントローラ.. 281

6.3 DRAMのエラー対策 282

エラー訂正コード..282
メモリスクラビング ──エラーの累積を防ぐ......................................283
データポイゾニング ──無駄なダウンを引き起こさない.................284
固定故障対策...284

6.4 まとめ 285

Column　DRAMメモリの歴史... 286

第7章 ストレージ技術 287

7.1 コンピュータのストレージ──不揮発性の記憶 289

磁気記録のメカニズム...289
　熱ゆらぎとデータ化け、エラー訂正..290
HDD装置...291
　HDDには振動を与えないように..293
光ディスク...294
巨大データを保存するテープアーカイブ..297
NAND Flash記憶素子...298
　NAND Flashトランジスタの構造と動作原理..............................299
　NAND Flashメモリの記憶セルアレイ..301
　NAND Flashメモリのページとブロック ──NAND Flashメモリの書き換え回数制限...302
　NAND Flashメモリの限界と3D化...303
NAND Flashメモリのウェアレベリング、NANDコントローラ................. 305
SSDとHDDの使い分け.. 305
ストレージの接続インタフェース.. 307

7.2 ストレージのエラー訂正 308

交替セクタ、交替ブロック... 308
エラー訂正の考え方.. 309
LDPCの考え方... 310
LDPCのデコード.. 312

7.3 RAID技術 313

RAIDの考え方と方式.. 313

ストライピング/RAID0、RAID01、RAID10 ──ディスク性能を向上させる 315

7.4 まとめ　316
Column　HDDの進化 317

第8章 周辺技術　319

8.1 周辺装置インタフェース　321
周辺装置のインタフェースレジスタ 321
インタフェースレジスタを使った入出力制御 322
DMAによるデータ転送 ──大量データの入出力 324
割り込みを使った周辺装置制御 325
アドレス変換の問題 327
 スキャッタ・ギャザーDMA 327
 周辺装置側にもアドレス変換機構を設ける方法 328
デバイスドライバの役割 329
PCI規格 ──インタフェースレジスタの衝突を解消 330
周辺装置インタフェースの標準化 ──ATA、プリンタのページ記述言語 332
高速シリアル伝送 ──差動伝送でクロストーク雑音を抑える 332
 Column　BIOS ──Basic Input Output System 333
 クロック抽出 ──信号とクロックのタイミングのずれの問題を解消 335
PCI Express 335
USB 336
 USB 3.0 337

8.2 各種の周辺装置　338
スマートフォンSoCに接続される周辺装置 338
PCに接続される周辺装置 340

8.3 フラットパネルディスプレイとタッチパネル　343
液晶ディスプレイパネルの基本構造 343
アクティブマトリクス液晶パネル 344
 漏れ電流が少ないIGZO液晶パネル 346
 液晶コントローラをパネルに集積する 346
AMOLEDパネル 347
タッチパネル 349

8.4 まとめ　351
Column　周辺装置が主役の時代 352

xix

第9章 データセンターとスーパーコンピュータ ... 353

9.1 いまどきのデータセンターの基本 　355
データセンターの種々の形態 ── パブリックとプライベート ... 355
Googleなどの巨大データセンター ... 356
データセンターの計算ノード ... 357
データセンターのネットワーク ... 358
　高い信頼度を実現するGoogleのMapReduce ... 359

9.2 いまどきのスーパーコンピュータの基本 　360
スーパーコンピュータの性能をランキングするTop500 ... 361
　LINPACKによる性能ランキングの問題 ... 362
スーパーコンピュータの計算ノード ... 363
ネットワークの基礎 ... 365
　ネットワーク直径 ... 365
　バイセクションバンド幅 ... 366
Top500スーパーコンピュータのネットワーク ... 368
　3次元トーラス+αのトポロジを使うスーパーコンピュータ「京」 ... 369
スーパーコンピュータのネットワークはInfiniBandが主流 ... 370
　ファットツリー接続を使う東工大のスーパーコンピュータTSUBAME 2.0 ... 371

9.3 巨大データセンターの電力供給と冷却 　373
データセンターの電源供給 ... 373
　電力供給系のロスの低減 ... 374
巨大データセンターやスーパーコンピュータの冷却 ... 376
　ホットアイルとコールドアイルの分離 ... 377
　外気を利用した冷却 ... 378
　液冷 ... 379
　データセンターとスーパーコンピュータの冷却の違い ... 382

9.4 スーパーコンピュータの故障と対策 　383
スーパーコンピュータに使用する部品の故障を減らす ... 383
故障ノードを交替ノードに置き換える ... 384
チェックポイント－リスタートの問題 ... 385

9.5 まとめ 　386

本書の結びに ... 388
索引 ... 389

第 1 章

コンピュータシステムの基本

1.1
コンピュータシステムの構造

1.2
プロセッサの基礎

1.3
半導体技術

1.4
まとめ

第1章　コンピュータシステムの基本

　コンピュータ(*Computer*)という言葉を知らない人はまずいない、と言えるほどコンピュータは普及しています。一方、コンピュータがどのような構造になっていて、どのようにいろいろな働きをするのかを理解している人は、それほど多くないのではないでしょうか？

　「コンピュータ」と一口に言いますが、いわゆるPC(*Personal Computer*)だけではありません。スマートフォンやタブレット(**図1.A**左)もれっきとしたコンピュータですし、GoogleやAmazonなどのWebサービスを行っているデータセンターはコンピュータの塊です。また、スーパーコンピュータ「京」(図1.A右)のような設置面積が$3600m^2$にもなるスーパーコンピュータもコンピュータです。本書の範囲を外れますが、コンピュータの仲間であるマイクロコントローラは、家電製品や自動車、産業機械などに多数使われています。まさに、私たちはコンピュータに囲まれて生活しています。

　第1章ではコンピュータとはどのようなものなのか、なぜ電力を消費するかということを大まかに説明するとともに、重要な用語についても説明して第2章以降へと進む準備を行います。

図1.A　コンピュータと言ってもスマートフォンやタブレット(図左)のような携帯デバイスから設置面積が$3600m^2$を占める「京」のようなスーパーコンピュータ(図右)まで幅が広い

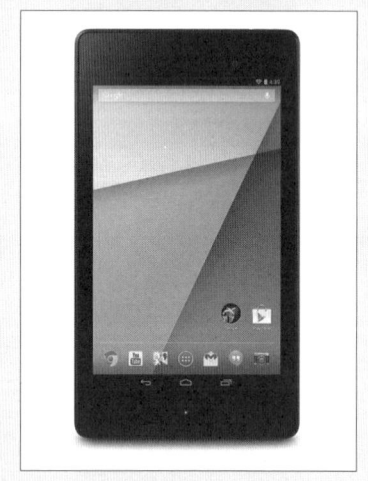

画像提供：グーグル㈱
URL http://www.google.co.jp/
Nexus 7。

写真提供：理化学研究所
URL http:// http://www.aics.riken.jp/
スーパーコンピュータ「京」。多数の筐体が並んでいる。

1.1 コンピュータシステムの構造

「コンピュータ」は入力された情報を処理して結果を出力する機械です。このため、コンピュータは、外部から処理すべきデータを取り込む「入力装置」、処理の部分を担当する「プロセッサ」、そして、処理した結果を外部に出す「出力装置」から構成されています。本節では、これらのコンピュータシステムの構成要素や重要な用語について説明をしていきます。いずれも基本的な概念ですから、しっかりと理解しておきましょう。

命令とデータ

コンピュータには**命令**(*Instruction*)と**データ**(*Data*)という考え方(概念)があります。コンピュータはデータに対して加減算や乗除算、あるいは論理演算などを行うことで処理をしていく機械です。

人間に計算をやらせる場合は、「足す」「引く」「掛ける」と言葉や文字で計算の種類を指令しますが、コンピュータでも「加算命令」「減算命令」「乗算命令」などコンピュータが理解できる形式の各種の命令が決められています。

人間が紙と鉛筆で計算を行う場合は、どのデータに対してどのような計算を、どのような順序で行うのかは、紙に書いてあったり、頭の中に入っていたりしています。コンピュータの場合は実行する順に命令を並べた**プログラム**(*Program*)という形で、計算の手順を指令します。

処理の手順を指令するプログラムは、工場の生産ラインで、どこでどのような組み立てや加工を行っていくのかの指示書に相当し、入力データは組み込まれるすべての部品や素材、出力データは最終製品に相当すると考えればよいでしょう。

コンピュータシステムの構成要素 —— プロセッサ、メモリ、入出力装置

人間が計算する場合は、先述の手順やデータは紙に書かれていたり、頭

の中に入っていたりするわけですが、コンピュータの場合は**メモリ**(*Memory*)と呼ぶ記憶装置に覚えておきます。このメモリに記憶された手順を理解して、処理を実行するのが**プロセッサ**(*Processor*)です。

初期のコンピュータシステムでは、入力装置からプログラムや入力データをメモリに読み込み、プロセッサはメモリから命令を読み出し、命令が指示するデータをメモリから読み出して計算などを行うというステップを繰り返し、最終結果を出力装置に書き出すというようにして処理を行っていました。

図1.1はコンピュータシステムの主要な構成要素をまとめた図です。図1.1 ❶プロセッサは❷メモリとつながっていて、また❸入出力インタフェース(*Input-output interface*)を経由して❹入出力装置とつながっています。入出力インタフェースはプロセッサと入出力装置の間のデータのやり取りを行う機構です。

入力装置としては、伝統的なキーボードやマウス、最近ではタッチパネルなどがあります。また、出力装置にはプリンタやディスプレイなどがあります。

現代のコンピュータでは、大量のデータやプログラムを記憶しておくHDD(*Hard Disk Drive*、ハードディスク)やSSD(*Solid State Disk*)などの外部記憶装置や他のコンピュータシステムとデータのやり取りを行うEthernet

図1.1 コンピュータの基本構造

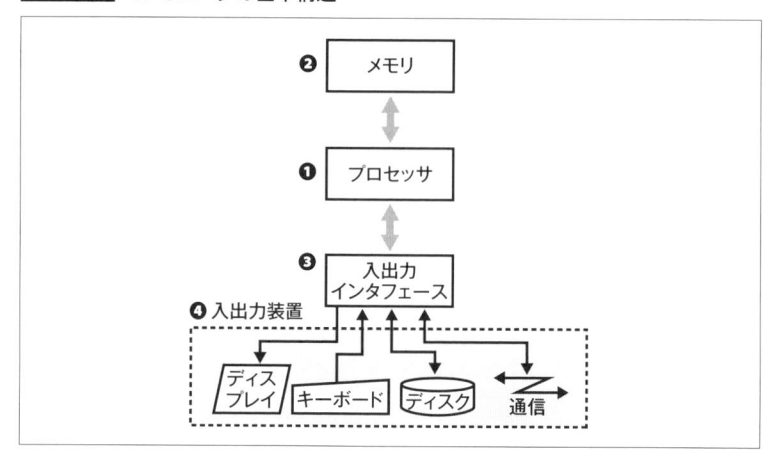

や無線LANなどの通信装置もコンピュータシステムの重要な構成装置になっています。

　プロセッサから見ると、外部記憶装置は、記憶されたプログラムやデータを読み出す場合は入力装置、書き込んで記憶させる場合は出力装置して働きます。また、通信装置はデータを送り出す場合は出力装置、データを受け取る場合は入力装置となります。

　コンピュータの中核を担うプロセッサは、**中央処理装置**(*Central Processing Unit*、**CPU**)とも呼ばれます。それに対して入出力装置は、総称して**周辺装置**(*Peripheral*、*Peripheral device*)とも呼ばれます。

コンピュータは2進数で処理を行う

　人間は通常、10進法(*Decimal system*)で計算を行います。これは両手の指が10本であるので、10をひとまとめで扱うのが都合が良いからです。指は英語で「finger」ですが、「digit」という言い方もあります。このdigitから、指を折るように数える方法をデジタル(*Digital*、ディジタル)と呼びます。

　一方、コンピュータでは**2進法**(*Binary system*)が用いられます。コンピュータは日本語では電子計算機と呼ばれるように、電子回路で作られています。電子回路の状態としては、電圧が電源電圧に近い高い電圧の状態と、グランド(*Ground*、接地、0V)に近い低い電圧の状態の2つの状態を取るようにすると回路が作りやすく、また性能的にも有利です。このため、低い電圧の状態を0、高い電圧の状態を1とする2値の表現が用いられます。

2進法とビット、バイト、ワード

　10進法では、各桁は0〜9の値をとり、これをディジット(*Digit*、デジット)と呼びます。右端のディジットは1(10^0)の桁で、その左は10(10^1)の桁、さらにその左は100(10^2)の桁となります。これに対して、2進法では各桁は0か1の値をとり、これを**ビット**(*Bit*)と呼びます。右端のビットは2^0、その左のビットは2^1、さらにその左のビットは2^2という重みになります。

　図1.2を例に挙げてみましょう。たとえば、2進数の1011011は「$1 \times 2^6 + 0 \times 2^5 + 1 \times 2^4 + 1 \times 2^3 + 0 \times 2^2 + 1 \times 2^1 + 1 \times 2^0$」を意味しており、10進数でいうと91に相当します。各桁の取り得る値と各桁の重みは違いま

すが、10進法でも2進法でも任意の整数を表すことができます。

コンピュータでは命令もデータもこの2進数で表現しますが、ビットというのは細か過ぎるので、8ビットをまとめた**バイト**(*Byte*)という単位で取り扱うのが一般的です。そして、

- 8ビットを1バイト
- 2バイトをハーフワード(*Half word*)
- 4バイトをワード(*Word*)
- 8バイトをダブルワード(*Double word*)

と呼びます。歴史的には、**ワード**(*Word*)というまとまりはコンピュータが演算を行うデータの長さを表すもので、かつての大型コンピュータでは32ビットを単位として計算をしていたので4バイトがワードというのが国際規格などでの定義となっています。

しかし、現在のPCに使われているプロセッサの源流となったIntelの8088/8086プロセッサは16ビットを単位として演算するコンピュータで、Intelは16ビット(2バイト)を「ワード」と呼んでいます。そして、4バイトをダブルワード、8バイトをクワッドワードと呼んでいます。

単に「ワード」と言っている場合、それが2バイトなのか4バイトなのかに注意する必要があります。

プロセッサの命令 —— プログラムは命令の集まりでできている

コンピュータは、Webページを表示したり、ビデオを再生したりという多様な処理を行うわけですが、プロセッサに対してこのWebページを

図1.2 10進数と2進数

10進数	重み（10のベキ）	10^2	10^1	10^0					
	各桁の数（0〜9）	0	9	1					
2進数	重み（2のベキ）	2^7	2^6	2^5	2^4	2^3	2^2	2^1	2^0
	各桁の数（0、1）	0	1	0	1	1	0	1	1

表示しなさいというような命令が出せるわけではなく、プロセッサはメモリから必要なデータを読み出したり、読み出したバイト列として表現されたデータ同士の加減乗除の計算を行ったり、計算結果をメモリに書き込んだりというような、基本的な処理しかできません。どのような基本的な処理をするかを指定するのが「命令」で、これもバイト列で表されます。

　このような基本的な処理を指令する命令を並べて、Webページを表示するというような複雑な処理を行わせるのが「プログラム」です。つまり、プログラムは命令の集まりでできています。

　プロセッサの命令としては、メモリの中の位置（アドレス）[注1]を指定して記憶されたデータを読み出す命令、逆に指定されたメモリアドレスにデータを書き込む命令、読み出されたデータ同士の算術演算（加減乗除）や論理演算（NOT、AND、OR、XOR）を行う命令などがあります[注2]。

分岐命令、条件分岐命令

　通常は、1つの命令の処理が終わると、メモリ上で次のアドレスにある命令の処理を開始するというように並んだ命令を順番に処理していくのですが、次の命令ではなく、まったく違うアドレスの命令を処理することを指示する「分岐命令」という命令があります。

　この分岐命令の中には、以前の演算結果が、たとえばゼロであるというような条件を満たす場合は、次の命令ではなく指定されたメモリアドレスの命令を実行するようにし、条件を満たさない場合は次のアドレスの命令を実行するという「条件分岐命令」があります。

命令セットアーキテクチャ ── Intel 64、AMD64、ARMv8

　プロセッサが、どのような命令を持ち、それぞれの命令がどのようなバイト列で表現され、命令の実行がどのような結果となるのかという定義を命令セットアーキテクチャ（*Instruction Set Architecture*、ISA）[注3]と言います。

　計算機科学の分野ではアーキテクチャと言えば、命令セットアーキテク

注1　メモリの中の位置を「アドレス」あるいは「番地」と言います。
注2　プロセッサの命令については、第2章で取り上げます。
注3　「命令アーキテクチャ」とも呼ばれます。

チャのことを指しますが、本書ではコンピュータアーキテクチャという用語は、もっと広い意味でコンピュータの基本的な構造という意味で使っています。

　バイト列で表される命令やデータの種類や意味が同じプロセッサであれば、同じデータやプログラムを使って同じ処理を実行できます。このように同じプログラムやデータが使えるコンピュータ同士を「バイナリ互換」と言います。

　市販されているPCには、Intelのプロセッサチップを使う製品とAMDのプロセッサチップを使う製品があります。当然ですが、Intelのプロセッサと AMDのプロセッサでは内部の作りは異なっているのですが、命令セットアーキテクチャが同じで、同じプログラムを実行できます。Intelは「Intel 64 アーキテクチャー」、AMDは「AMD64 アーキテクチャ」というのが正式名称ですが、実質的には同じものであるので、一般的には「x86命令アーキテクチャ」のプロセッサであると総称されます。また、Intel 64 や AMD64 アーキテクチャなどの、x86 アーキテクチャの64ビット拡張版を「x64アーキテクチャ」と称することもあります[注4]。

　一方、スマートフォンやタブレットは、英国のARM社が設計したプロセッサを使うものが多数を占めています。ARMプロセッサは、データ表現はx86 アーキテクチャと近いのですが、命令はまったく異なっており、x86命令アーキテクチャのプロセッサとのプログラムのバイナリ互換性はありません。2013年時点のスマホやタブレットは32ビットのARMv7命令アーキテクチャのプロセッサを使用するものが大部分ですが、ARMは新しい64ビットのARMv8命令アーキテクチャを発表しており、AppleのiPhone 5SはARMv8アーキテクチャのプロセッサを使っています。図1.3に命令セットアーキテクチャの関係をまとめておきます。

　命令セットアーキテクチャは論理的な定義で、それがハードウェアとし

注4　ここでの解説においては「x86」「x64」といった区別が重要ではありませんが、念のため補足しておくと、これらの用語はマスコミが付けた名前で明確な定義はありません。なお、現在では64ビットアーキテクチャがほとんどで、最近のプロセッサチップはハードウェアとしては64ビットで作られているのですが、プロセッサのBasic Execution Environmentで動作させると32ビットのIA-32命令セットのプロセッサとして動作し、64-bit Execution Environmentで動作させると64ビットのIntel 64アーキテクチャのプロセッサとして動作します。64ビットOSを動かす場合は64ビットですが、32ビットOSを動かす場合は32ビットの命令セットアーキテクチャのプロセッサとして使います。このような場合には64ビット、32ビットの違いを意識する必要があるでしょう。

てどのように実現されているかとは無関係です。Intel 64、AMD64やARMv8アーキテクチャは64ビットアーキテクチャですが、ハードウェアとしては64ビットを単位として処理する構造になっている必要はなく、32ビットずつ2回に分けて処理するハードウェアでも、極端に言えば1ビットずつ64回で処理するハードウェアでも、命令に定義された動作が実現できれば良いのです[注5]。ただし、最近ではトランジスタ（後述）が豊富に使えるので、これらの64ビットアーキテクチャのプロセッサは64ビットのデータの演算を行うハードウェアを持っています。

命令セットアーキテクチャは上位互換で拡張する

コンピュータの命令は、新しいコンピュータでは新命令が追加されたり

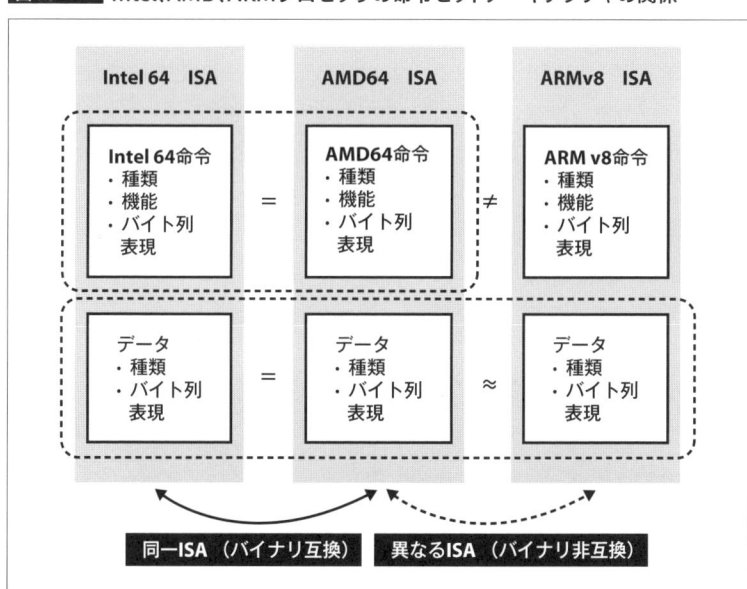

図1.3 Intel、AMD、ARMプロセッサの命令セットアーキテクチャの関係[※]

※詳細に言えば、Intel 64とAMD64は完全には同じではない。しかし、大部分は同じである。そして、差がある部分についてはOSが埋めている。一方、ARMv8とx64はまったく違い、したがってバイナリ非互換である。

注5　もう少しだけ補足しておくと、ハードウェアの処理単位と命令セットアーキテクチャのビット数は無関係です。前述の例のように、64ビットハードウェアの一部を使って32ビットアーキテクチャのプロセッサとして動かすこともあれば、32ビットのハードウェアを2回使って64ビットアーキテクチャを実現することもあります。

していますが、前の世代のコンピュータで使えた命令は、バイト列表現も処理の内容も変更がなく、同じ動作をするという造りが一般的です。このような前世代のプロセッサの機能はすべて含み、新たな命令を追加するというのが一般的なアプローチで、このやり方を「上位互換」(Upward compatibility)と言います。

現在ではそれぞれのプロセッサに膨大なソフトウェアができており、それが次の世代のプロセッサで動かないということは非難囂々になってしまうので、上位互換のアップグレードが行われます。すなわち、命令セットアーキテクチャを拡張していく場合、上位互換が必須となっています。

バイト列を記憶するメモリ —— メモリセル、メモリの記憶容量

「メモリ」はバイト列の値を記憶する装置で、処理の入力となるデータ、処理の中間結果や最終結果のデータなどを記憶するために用いられます。また、データを処理するプログラムの命令もメモリに記憶しておきます。そして、プロセッサは、必要に応じてメモリから命令やデータを読み出して命令で指令された処理を実行し、中間結果や最終結果をメモリに書き込みます。

メモリは1ビットを記憶する**メモリセル**(Memory cell)の集まりで、最近のPCは10^{10}(100億)ビット程度を記憶できる量のメモリを持っています。メモリが記憶できるデータ量を「メモリの記憶容量」と言います。

メモリにはバイト単位でアドレスを付ける

このように膨大な記憶容量を持つメモリですから、どのアドレスにデータを書き込んで記憶させるとか、どのアドレスのデータを読んでくるというように、メモリに**アドレス**(Address、番地)を付けてデータを識別します。このアドレスを付ける単位ですが、現在のコンピュータではバイトを単位としています。**図1.4**はメモリを模式的に表したもので、先頭をアドレス0として順にアドレスを付けていきます。ということで、メモリアドレスは1次元ですが、図1.4では最初の64バイトを第1行、次の64バイトを第2行という具合に折りたたんだ図になっています。

また、記憶できるデータ量を表すときにも、バイトが単位として使われ

るのが一般的です。バイトを単位とする場合は、記憶容量を表す数字の後に大文字の「B」を付け、ビットを単位とする場合は小文字の「b」を付けて書くのが一般的な慣行です。つまり、1B（バイト）は8b（ビット）であるということになります。

記憶容量の単位 —— 1024B、1KB、1KiB

アドレスの指定は2進数で行うので、メモリの記憶容量も2進数で半端のない数字とするのが一般的で、1,000Bではなく2^{10}の1,024B、2^{20}の1,048,576B、2^{30}の1,073,741,824Bなどが単位となります。しかし、メモリの記憶容量を言うときにこのような桁数の多い数字を言うのは面倒ですから、1,024Bを1KB（*Kilobyte*、キロバイトあるいはケービー）、1,048,576Bを1MB（*Megabyte*）、1,073,741,824Bを1GB（*Gigabyte*）と書くのが普通です。

しかし、これでは1Kが「1000」の意味なのか「1024」の意味なのか曖昧という問題があり、国際的な規格を決める機関であるIEC（*International Electrotechnical Commission*、国際電気標準会議）では、1,024Bは1KiBと間に小文字のiを入れる表記を推奨しています。この書き方では1,048,576Bは1MiB、1,073,741,824Bは1GiBとなります。

DRAMチップとメモリセルの価格

メモリは大量のメモリセルを必要とするので、ビットあたりのコストが安いことが重要です。同時に、ある程度高速で読み書きできる必要があります。これらの条件を満たすメモリ素子として、**DRAM**（*Dynamic Random*

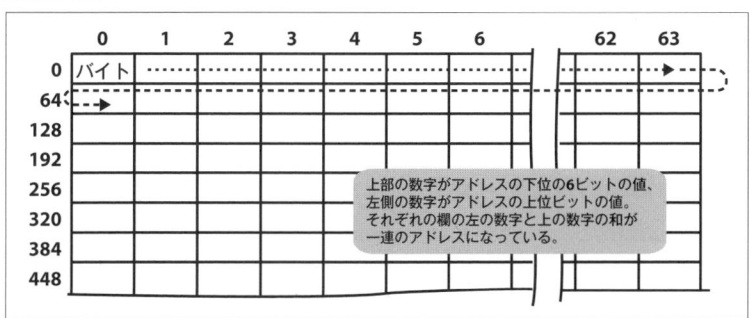

図1.4 メモリはバイト単位で順に一連のアドレスを付ける

Access Memory）という素子が使われています。多数のDRAM素子を集積したDRAMチップの形で作られており、現在、1～2Gbit[注6]のDRAMチップが多く使われています。値段は市況によっても変化しますが、2GbitのDRAMが1個200円程度（原稿執筆時点、2013年12月）という値段で、1円でメモリセルが1,000万個買えるという安さです。英語には「Dirt Cheap」（土のように安い）という表現がありますが、それで言うとDRAMのメモリセルは土の中の1個の砂粒よりも安いのではないかと思います。

また現在、容量の大きなものでは8Gbit[注7]のものが作られており、将来は半導体加工の微細化の進展によりさらに大容量のDRAMチップが作られ、メモリセルの価格も下がっていくと予想されます。

入出力装置

プロセッサとメモリの世界と、その外側の世界との間で情報のやり取り行うのが**入出力装置**です。

スマートフォン用のプロセッサチップには画面表示の処理を担当するグラフィックスプロセッサ、ビデオの再生を行うビデオプロセッサ、音声や音楽を符号化したり、符号化された音声や音楽を再生したりするオーディオコーデックなども集積されています。これらはプロセッサと並ぶ特定機能の処理装置です。一方、プロセッサから見ると、特定の機能を実行する入出力装置と見ることもできます。

初期のコンピュータでは、データの入力はキーボード、出力はプリンタが主要な入出力装置でしたが、現在のスマートフォンやタブレット用コンピュータでは、液晶ディスプレイとそれに組み込まれたタッチパネル、マイクとスピーカー、カメラ、そして、基地局と通信を行う無線モデムなどの入出力装置が標準的に搭載されています。

一方、PCやサーバ用のコンピュータでは、プロセッサに入出力装置を接続するための標準のインタフェースであるPCI ExpressやUSBなどのコントローラを搭載し、これらの標準インタフェースに入出力装置を接続す

注6　DRAM素子のGbitは2^{30}ビットを表します。
注7　なお、この場合8Gbitは80億ビットではなく、2^{33}ビットです。

1.1 コンピュータシステムの構造

るという構造になっています。

プログラムやデータの記憶には、HDDやSSDが使われます。HDDやSSDはバイト列の情報を記憶するという点ではメモリの延長と考えることもできますが、これらの記憶装置はPCI Expressを経由してプロセッサに接続されるのが一般的であり、入出力装置という位置付けになっています。

スマートフォン用LSIの入出力装置

図1.5はSamsungのスマートフォン用SoC(*System on Chip*)[注8]であるExynos 5 Dualチップのシステム構成図で、❶❶'ディスプレイ(2つ)、❷LTEモデム、❸GPS、❹Bluetooth、❺Wi-Fi、❻カメラ、❼オーディオ、❽フラッシュメモリなどの入出力装置が接続できるようになっています。

PC用LSIの入出力装置

図1.6は、デスクトップPC用のIntel Core i5プロセッサのシステム構

図1.5 SamsungのスマートフォンのExynos 5 Dual SoCのシステム構成図※

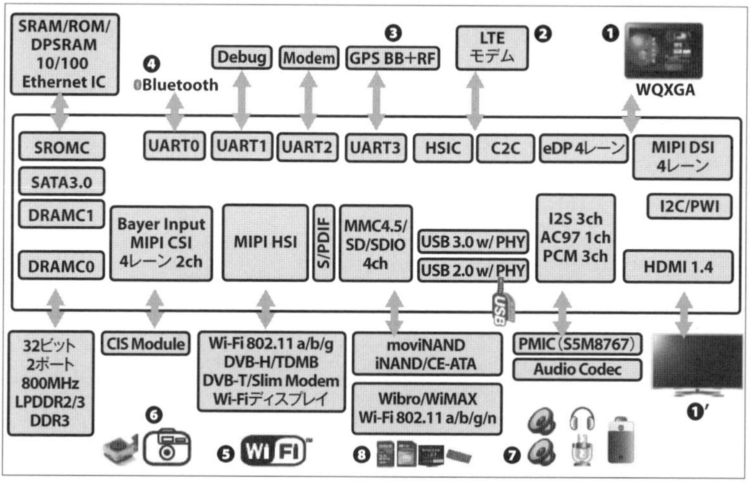

※出典:「Ultimate Performance with Green Technologies」(p.2、Samsung Electronics、2012)
URL http://www.samsung.com/global/business/semiconductor/minisite/Exynos/data/Exynos_5_DUAL.pdf

---

注8　SoCは、プロセッサに加えてシステムの主要な機能がワンチップに集積されたものです。

成です。プロセッサチップからの入出力装置への接続は図1.6 ❶ PCI Express 3.0だけとなっており、その他の入出力装置は、図1.6の下側に書かれたPCH（*Platform Control Hub*）チップを経由して接続するようになっています。PCHは3台の❷ディスプレイ、❸USBインタフェース、Wi-Fiを接続する❹PCI Express、HDD/SSDを接続する❺SATAインタフェース、❻Ethernetインタフェースなどを搭載しています。

図1.6 IntelのデスクトップPC用Core i5プロセッサのシステム構成図[※]

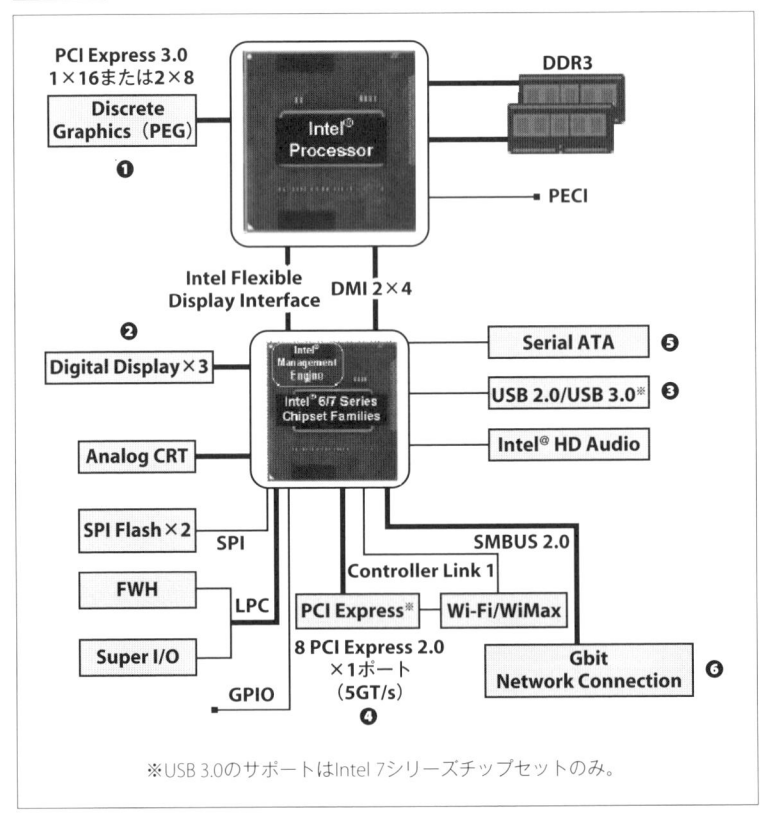

※USB 3.0のサポートはIntel 7シリーズチップセットのみ。

※出典:「Desktop 3rd Generation Intel Core Processor Family, Desktop Intel Pentium Processor Family, and Desktop Intel Celeron Processor Family」(Datasheet – Volume 1 of 2、p.10、Intel Corporation、2013)

スマートフォン用SoCとデスクトップPCプロセッサの違い

スマートフォン用のSoCではスマートフォンとして必要な各種の入出力装置が直接接続できるようになっているのに対して、PC用のプロセッサチップでは、汎用のPCI ExpressやUSBポートを持ち、必要に応じてより広範囲な入出力装置が接続できるようになっているのが大きな違いです。

前出のCore i5のプロセッサ直結のPCI Express 3.0は各種の高速入出力装置を接続することができますが、デスクトップPCではゲームなどに使用されるハイエンドのグラフィックスボードを接続するために使用されるというのが一般的な使い方です。

1.2 プロセッサの基礎

コンピュータシステムの中で、欠かせないのが「プロセッサ」です。プロセッサはメモリに格納された命令を読み出して実行し、次の命令を読み出して実行するという形で処理を行っていきます。実行できる命令の種類は100〜数百程度ですが、命令を並べて順に実行していくので、その処理に合わせた命令列を作ってやれば、どのような処理でも実行することができます。この柔軟性がプロセッサの強みです。

プロセッサはどのように命令を実行するのか

プロセッサは、以下の動作を順に行って1つの命令を実行していきます。

❶ IF(*Instruction Fetch*)：メモリから命令を読み出し
❷ DE(*DEcode*)：どのような演算(やその他の操作)をする命令かを解釈し
❸ OP(*OPerand read*)：演算に必要なデータをメモリから読み出し
❹ EX(*EXecute*)：演算を実行し
❺ WB(*Write Back*)：演算結果をメモリに書き出す

そして、これらの一連の動作が終わると次に実行する命令をメモリから読み出す❶のステップを行い、続いて❷〜❺のステップを実行します（図1.7）。

ただし、この5つのステップの分割は一つの例で、複数のステップをまとめて、より少ない2〜4ステップとしたり、ステップをさらに細分化して、より多くのステップで命令を実行するプロセッサもあります。

サイクルタイムとクロック周波数

そして、どのステップも同じくらいの時間で実行できるようにプロセッサのハードウェアを作り、その中でも一番長い時間の掛かるステップに合わせて1ステップの実行時間を決めます。この時間を**サイクルタイム**（Cycle time）と言います。そして、サイクルタイムの逆数の1秒間に何サイクル入るかを**クロック周波数**（Clock frequency、動作周波数）と言います。つまり、2GHzクロックのプロセッサは、毎秒20億ステップを実行でき、1サイクルは0.5ns（nanosecond、ナノ秒）ということになります。

クロック周波数が高いプロセッサは、1秒間にそれだけ多くのステップを処理でき、多くの命令を実行できることになります。したがって、内部構造が同じなら、クロック周波数が高いプロセッサのほうが性能が高くなり、同じ処理なら短時間で終わるということになります。

図1.7 プロセッサの命令の実行の様子

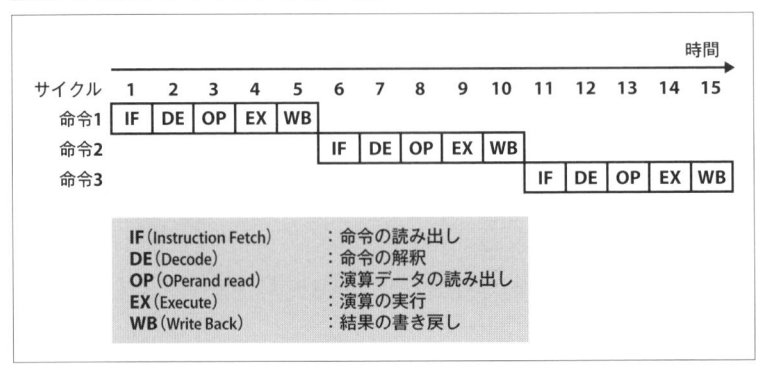

サイクル	1	2	3	4	5	6	7	8	9	10	11	12	13	14	15
命令1	IF	DE	OP	EX	WB										
命令2						IF	DE	OP	EX	WB					
命令3											IF	DE	OP	EX	WB

時間 →

IF (Instruction Fetch)：命令の読み出し
DE (Decode)：命令の解釈
OP (OPerand read)：演算データの読み出し
EX (Execute)：演算の実行
WB (Write Back)：結果の書き戻し

流れ作業で性能を上げるパイプライン処理

　図1.7に示したとおり、初期のプロセッサは1つの命令に対して上記の❶〜❺のステップの実行を終えてから、次の命令の読み出しを行っていました。しかし、このやり方では、メモリから命令を読み出すIFユニットは、1のステップだけ仕事をし、その他のステップでは遊んでいることになります。その他のユニットも必要とされるステップ以外では遊んでしまいます。

　これをベルトコンベアの生産ラインのように、最初のサイクルではIF（命令読み出し）ユニットは最初の命令を読んで、次のDE（命令解釈）ユニットに渡し、第2サイクルでは次の命令を読む。DEユニットは第2サイクルで最初の命令を解釈して入力データの読み込みを担当するOPユニットに送り、第3サイクルでは2番めの命令を解釈するというように処理を進めれば、理想的には毎サイクル、新しい命令を開始することができ、全体としては1サイクルに1命令が実行できることになります（**図1.8**）。

　この方式は1〜5の処理を行うユニットが順に並んだベルトコンベアの生産ラインで命令を処理していくベルトコンベア式の処理ですが、考案した人は、原油などを送るパイプライン（*Pipeline*）をイメージして**パイプライン処理**と命名し、その名前が定着しています。

　図1.9に示すように、パイプライン処理を行うと理想的には毎サイクル

図1.8　ベルトコンベア生産ライン的に命令を処理

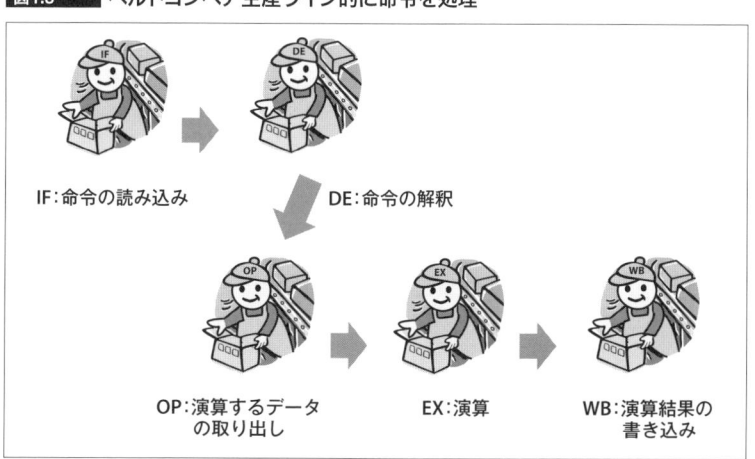

IF：命令の読み込み　　DE：命令の解釈

OP：演算するデータ　　EX：演算　　WB：演算結果の
　　の取り出し　　　　　　　　　　　　　書き込み

次の命令を実行開始できることになります。

しかし、**図1.10**に示すように、後続の命令が前の命令の演算結果を入力として使う場合は、前の命令が結果をメモリに書き込むステップ5（WB）を終わってから、後続の命令がデータを読み込むステップ3（OP）を実行する必要があり、2サイクルの空きサイクルが入ってしまいます。

通常は、ある命令の実行が終わると次の命令はメモリ上の連続した番地から読んでくるのですが、前の命令の演算結果に依って次に実行する命令が変わる条件分岐命令の場合は、ステップ4の演算が終わるまで、どちらに分岐し、どの番地の命令を読んでくればよいかが決まりません。このた

図1.9 パイプラインで命令を処理すると、毎サイクル新しい命令が開始できる

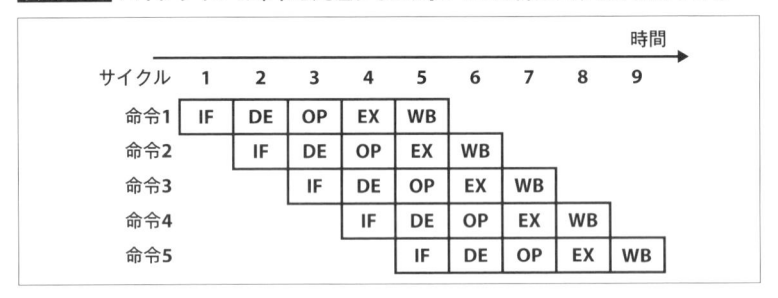

サイクル	1	2	3	4	5	6	7	8	9
命令1	IF	DE	OP	EX	WB				
命令2		IF	DE	OP	EX	WB			
命令3			IF	DE	OP	EX	WB		
命令4				IF	DE	OP	EX	WB	
命令5					IF	DE	OP	EX	WB

時間 →

図1.10 パイプライン処理でも連続して命令を実行開始できないケースがある

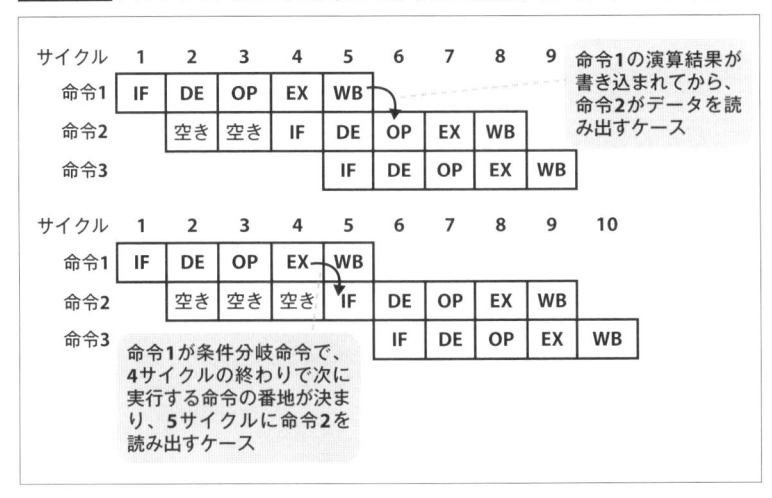

サイクル	1	2	3	4	5	6	7	8	9
命令1	IF	DE	OP	EX	WB				
命令2		空き	空き	IF	DE	OP	EX	WB	
命令3					IF	DE	OP	EX	WB

命令1の演算結果が書き込まれてから、命令2がデータを読み出すケース

サイクル	1	2	3	4	5	6	7	8	9	10
命令1	IF	DE	OP	EX	WB					
命令2		空き	空き	空き	IF	DE	OP	EX	WB	
命令3						IF	DE	OP	EX	WB

命令1が条件分岐命令で、4サイクルの終わりで次に実行する命令の番地が決まり、5サイクルに命令2を読み出すケース

め、前の命令のステップ4(EX)が終わってから、次の命令をメモリから読み出すステップ1(IF)を行う必要があり3サイクルの空きサイクルが入ってしまいます。

このように、パイプライン処理を行っても毎サイクル新しい命令の実行を開始することができないケースがあります。それでも、前出の図1.7のように、前の命令のステップ5が終わってから、次の命令のステップ1を始めるというやり方に比べると、パイプライン処理を行うと1つの命令を実行するのに必要な平均サイクル数は大きく減少し、性能を向上させることができます。このため、現在使われているプロセッサではパイプライン処理が行われています。

◆ ◆ ◆

詳しくは第2章で説明しますが、現代のプロセッサでは、パイプライン処理に加えて、複数の命令を同時に解釈、実行する**スーパースカラ**(*Superscalar*)、直前の命令の結果を使う命令を後回しにしてその先に実行が可能な命令を先に始めてしまう**Out-of-order実行**、条件分岐の成立/不成立を予測し、予測された方向の命令の実行を進めていく**投機実行**などのテクニックを使って、処理が止まってしまうサイクルを減らして、性能を向上させています。

メモリの読み書き速度の問題

図1.7～図1.10の例のような5ステップの命令処理のステップ1ではメモリから命令を読み込み、ステップ3では演算するデータを読み込み、ステップ5では演算結果をメモリに書き込んでいます。しかし、実際にメモリの読み書きに掛かる時間は、ステップ2の命令の解釈やステップ4の演算より長い時間が掛かります。1970年頃でも数倍の時間が掛かっていたのですが、現在では数百倍もの時間が掛かります。

プロセッサでは、1ステップを実行するサイクルタイムの短縮が最も有効な性能向上手段で、1970年から現在までに、1ステップの時間は$1\mu s$ (*microsecond*、マイクロ秒)程度から0.2ns程度と数千倍速くなっています。

これに対して、メモリ技術は「メモリの記憶容量を大きくする」ことに開発の力点が置かれました。1970年のDRAMメモリは1チップあたり1Kbit

の記憶容量でしたが、現在では1〜4Gbitのメモリが多く使われています。

このように記憶容量は数百万倍になったのですが、読み書きに掛かる時間（**アクセス時間**と言います）は、この40年で1/10程度[注9]の短縮にとどまっています。この結果、メモリを1回読む、あるいは1回メモリに書く時間にプロセッサは命令の解釈や演算を数百ステップ実行できる能力を持っているというアンバランスが生じています。

階層構造のメモリ —— 実効的なメモリ速度を改善する

プロセッサとメモリの速度の差が大きく異なると、サイクルタイムはメモリのアクセス時間で制限され、プロセッサの設計を頑張っても性能が上がらなくなってしまいます。このため、プロセッサが使用する頻度の高いデータは、記憶容量は少ないのですがプロセッサの1サイクルの時間でアクセスできるメモリ、アクセス時間はプロセッサの数サイクル〜数十サイクルの時間が掛かるけれど記憶容量がある程度大きなメモリ、そして、プロセッサの数百サイクルのアクセス時間が掛かる大記憶容量のメモリを設け、アクセスされる頻度の高いデータは高速、小容量のメモリに記憶し、アクセス頻度が中程度のデータは中速、中容量のメモリ、アクセス頻度の低いデータは低速、大容量のメモリに格納するという「階層構造のメモリ」が考案されました。

このようにすると、多くの場合は1サイクルでアクセスできる高速メモリをアクセスし、高速メモリに入りきらないデータは中速メモリにアクセスするというのが主要なアクセスパターンとなり、数百サイクルを必要とする大容量メモリにアクセスする頻度を大幅に下げることができます。このように、メモリ階層を設けることにより平均的なメモリアクセス時間が短縮され、結果として、プロセッサの実行時間が短縮されて性能が上がることになります。

図1.11に示すように、❶プロセッサの1サイクルの時間以内でアクセ

注9 DRAMチップでは40〜50ns程度、プロセッサからのアクセス時間はPCでは100ns程度です。物理的に規模の大きい大型サーバでは200〜300nsになります。チップレベルでは、1970年のIntel 1103は310nsでしたがセンスアンプ（*Sense amplifier*、増幅するための回路）を入れると400nsというところでした。それが現在では40〜50nsですから、1/10程度としています。

スできる小容量のメモリは❷レジスタと呼ばれ、多くのプロセッサでは8個〜32個のデータを格納できるようになっています。この数では格納できるデータが非常に少ないので、数サイクル程度でアクセスできる4〜64KiB程度の❸1次キャッシュメモリ、そして、10〜20サイクル程度でアクセスできる数百KiB〜数MiBの❹2次キャッシュメモリを大容量の❺メインメモリ(*Main memory*)との間に設ける構成が一般的です。プロセッサによっては、2次キャッシュメモリに加えて、より大容量の3次キャッシュメモリを設けるチップもあります。

キャッシュ

キャッシュメモリの「キャッシュ」の発音は現金のキャッシュ(*Cash*)と同じですが、キャッシュメモリのキャッシュの綴りはCacheで、元々は秘密の宝物の隠しどころという意味で、使用頻度の高い宝物データを隠しておくことから名付けられています。

このようにキャッシュを持つ階層的なメモリとすることで、メモリアクセス時間の問題を大きく改善することができます。しかし、プロセッサが1個の場合は問題ないのですが、2個以上になると問題が出てきます。1つのプロセッサでは書き込みを行って自分のキャッシュに格納されているデー

図1.11　メモリ階層とアクセスタイム、容量のイメージ

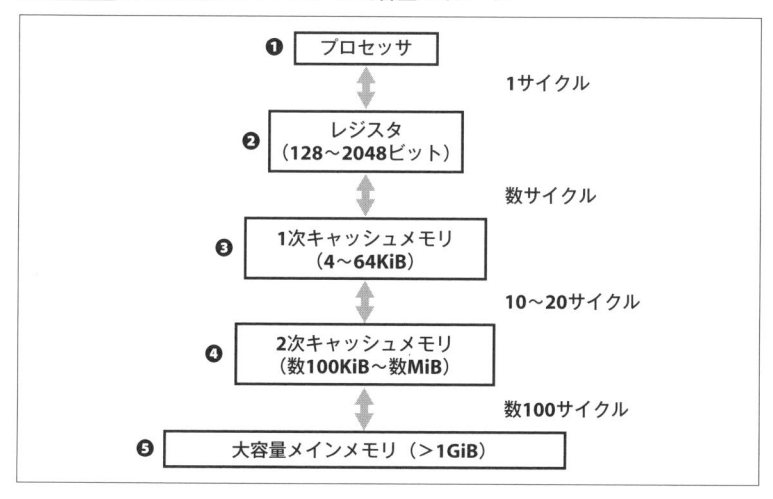

❶ プロセッサ
　　1サイクル
❷ レジスタ（128〜2048ビット）
　　数サイクル
❸ 1次キャッシュメモリ（4〜64KiB）
　　10〜20サイクル
❹ 2次キャッシュメモリ（数100KiB〜数MiB）
　　数100サイクル
❺ 大容量メインメモリ（>1GiB）

タが変わったのに、他のプロセッサのキャッシュに格納されている同じメモリアドレスのデータは古いままということが起こり得ます。こうなると、同じアドレスのメモリに異なるデータが複数存在してしまうことになり矛盾が発生してしまいます。

このような矛盾を避けるための方法を「キャッシュコヒーレンシ制御」と言い、第2章でその方法の説明を行います。

1.3 半導体技術

コンピュータの初期には真空管などが使われた時代もありましたが、現代のプロセッサチップは例外なく、半導体チップの上に膨大な数のトランジスタを作りこんだ**LSI**(*Large Scale Integration*)として実現されています。そして、プロセッサの構成部品である論理回路には**CMOS**という回路形式が使われています。現在は「省電力」が最も重要となっており、その基礎知識となる半導体の基本から、CMOSとはどのようなものか、なぜ電力を消費するのかについて説明していきます。

半導体とは

半導体は、電気を通す導体と電気を通さない絶縁体の中間の物質です。4族の元素であるシリコンやゲルマニウム、その化合物であるSiC(シリコンカーバイト)、あるいは3族と5族の元素の化合物のGaAs(ガリウム砒素)、InP(インジウム燐)などがこれにあたります。SiCは高温に耐え、大電流を流せるので大電力を扱う製品、GaAsやInPは光を出すLED(*Light Emitting Diode*)やレーザーなどに使われますが、プロセッサなど通常のデジタルLSIに使われるのはシリコンです[注10]。

注10 ゲルマニウムは歴史的にはシリコンの前に使われていましたが、高温に弱い、LSI化が難しいなどの理由からシリコンに置き換わりました。しかし、シリコンより性能が高い、受光素子が作れるなどの理由から、最近ではシリコンチップの一部にゲルマニウムを入れるという使い方が出ています。

1.3 半導体技術

　高性能の半導体を作るためには、シリコンから不純物を除いて、99.9999999%[注11]純粋なシリコンに精製します。そして、高温で溶かしたシリコンに、先端に小さな種結晶を付けた棒を入れて、ゆっくり回転させながら種結晶の周りに結晶を成長させて引き上げていきます。そうすると、インゴット（Ingot）と呼ばれる大きな円柱形の結晶ができます。図1.12に示すのが直径300mmウエファ（Wafer、ウエハ）用のインゴットで、120kgくらいの重さがあります。

　これを直径300mmの円筒になるように削り、次に輪切りに薄くスライスして表面や裏面をきれいに磨いたものがウエファです。なお、ウエファの複数形はウエファースで、お菓子のウエファース（ウエハース）と同じ単語です。図1.13右に見られるように、ウエファの直径は、1970年頃には2インチや3インチのものが用いられていましたが、だんだんと大きくなり、現在では300mmのものが量産に使われています。また、450mmのウエファの製造や、450mmウエファが使える製造装置を開発するという努力も行われています。ウエファの面積が大きくなると1枚で多くのチップが作れ、チップの製造単価を下げることができるので、このようにウエファの大型

図1.12 直径300mmウエファ用のシリコンインゴット
（Intel Museum※にて筆者撮影）

※Intel Museum
URL http://www.intel.com/content/www/us/en/company-overview/intel-museum.html

注11　ナイン9。ここでは100億個の原子の中でシリコン以外の原子が1個という純度というところでしょう。

化が行われるわけです。

JEITAの規格では、300mmウエファの直径の許容差は0.2mm、厚みは775 ± 25μmとなっています。表面の平坦度は規格ではありませんが、数十mmの範囲で10nmクラスが要求されます。

MOSトランジスタの原理 —— N型とP型

純粋なシリコンは中性で、ほとんど電気を通しませんが、5族でシリコンより最外殻電子が1個多いP(燐)やAs(砒素)を少し加えると、余った電子が動けるようになり、ある程度電気を通すようになります。一方、3族でシリコンより最外殻電子が1個少ないB(ホウ素)などを少し加えると電子が不足するのですが、水の中を空気の泡が動くように、電子の不足している場所が移動することができるようになり、これが電気を通す働きをします。これを正孔(Hole)と呼びます。

この電子の多いシリコンを**N型**と呼び、正孔の多いシリコンを**P型**と呼びます。**図1.14**は**N型MOS FET**の断面図です。図1.14❶ソース(Source)と❷ドレイン(Drain)と呼ぶ濃いN型の領域(N+と書く)の間に、チャネル(Channel)と呼ぶ薄いP型の❸P−領域があり、その上に厚みの薄い❹ゲー

図1.13 Intel Museumに展示されているウエファ(筆者撮影)※

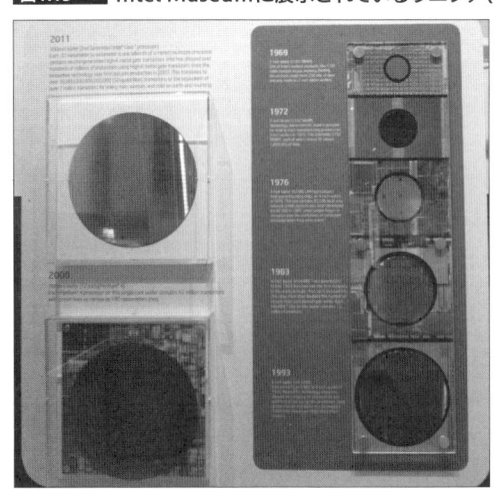

※右上から1969年の2インチ(約5cm)ウエファ、1972年の3インチ、1976年の4インチ、1983年の6インチ、1993年の8インチウエファ。左側は300mmウエファで、上は2011年製造のCoreプロセッサのウエファ、下は2000年製造のPentium 4プロセッサのウエファ。

24

ト絶縁物(Gate insulator)の層を挟んで❺ゲートと呼ぶ金属の層があります。

　この構造はゲートの金属(Metal)、絶縁層となるシリコンの酸化物であるSiO_2などの酸化物(Oxide)、その下に半導体(Semiconductor)があるという構造になっているので、これらの頭文字をとって「MOS構造」と呼ばれます。

　このままでは、ソースとドレインのN型の領域がP型の領域で隔てられており、電流は流れません。

　ソースに対してゲートにプラスの電圧を掛けると、電子がゲートの下の薄いP型のシリコンの表面(チャネル領域)に引き付けられます。そして、引き付けられた電子が増えてくると、チャネルが少しP型から中性、さらに多くの電子が引き付けられるとN型に変わります。こうなるとソースとドレインの間がN型の領域でつながり、電流が流れるようになります。つまり、この構造の素子はゲートに掛ける電圧で、ドレイン-ソース間を流れる電流をオン、オフすることができるトランジスタとなります。ゲートとシリコン表面の間の電界で電流を制御するので、このタイプのトランジスタは**FET**(*Field Effect Transistor*、電界効果トランジスタ)と呼ばれます。

　図1.14とは逆にソースとドレイン領域を濃いP型で作り、間のチャネル領域を薄いN型のN−とし、ゲートにマイナスの電圧を掛けるとシリコン表面がP型に変わって電流が流れるタイプのトランジスタは**P型MOS FET**と言います。

　なお、ここでのトランジスタの動作原理の説明はかなり端折っているので、より詳しく知りたい方は、専門の本を参照するなどしてください。

図1.14　N型MOS FETの断面図[※]

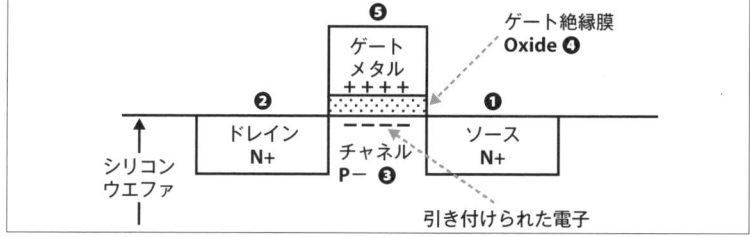

```
                    ❺
                 ┌─────┐        ゲート
                 │ゲート│        絶縁膜
                 │メタル│        Oxide ❹
                 │++++ │
        ❷        └─────┘          ❶
    ┌────────┐   ░░░░░░░   ┌────────┐
    │ ドレイン│   ────────  │  ソース │
    │   N+   │   チャネル   │   N+   │
    └────────┘    P−  ❸    └────────┘
  ↑
シリコン                引き付けられた電子
ウエファ
```

※図1.14のような断面図は、通常ウエファを水平面に置いた状態で図示される。

CMOS論理回路

図1.15に示すように、N型MOS FET(以下、**NMOS**)の回路記号は、ドレインとソースから少し離してゲート電極の線を書きます。そして、P型のMOS FET(以下、**PMOS**)は、ソースに対してゲートに負の電圧を掛けると電流が流れるので、これをゲートの線に○を付けて表します。

なお、前出の図1.14で図示したとおり、物理的にはソースとドレインは対称で、どちらがソースでどちらがドレインかは掛かっている電圧によります。より正の電圧が掛かっているほうがNMOSではドレインとなり、PMOSではソースとなります。図1.15ではNMOS、PMOSそれぞれ上側の端子により正の電圧が掛かるとしてソース、ドレインを示しています。

このNMOSとPMOSを図1.16のように接続した回路で、入力Aをプラスの高い電圧である電源電圧Vddとすると、NMOSのゲート-ソース間電圧は+Vddとなるので、NMOSはオンになります。一方、PMOSのソースとゲートの電圧はどちらもVddで、ゲート-ソース間の電圧はゼロなのでPMOSはオフとなります。その結果、出力XはNMOSを経由してグランドVssにつながり、低電圧の0Vとなります。

この逆に、入力Aを0Vとすると、NMOSのゲート-ソース間電圧は0Vでオフ、PMOSのゲート-ソース電圧は-VddになりPMOSがオンとなります。そして、出力XはPMOSを経由して電源につながり、高電圧のVddとなります。

このように、出力Xは入力の反対の電圧になるので、図1.16の回路は否定(NOT)という論理機能を行う回路となっています。

さらに、2個のNMOS N1とN2、2個のPMOS P1とP2を次の**図1.17**のように接続した回路は、入力A、BがVddの場合はN1、N2が両方とも

図1.15 N型MOS FETとP型MOS FETの回路記号

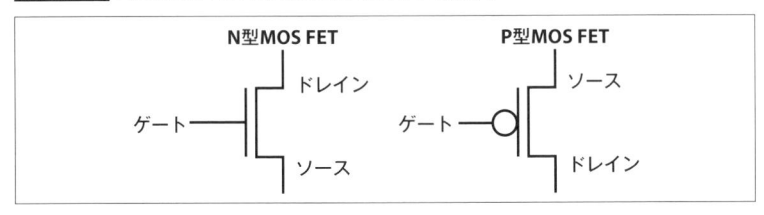

オンになり、P1、P2 はオフになります。その結果、出力 X は N1、N2 を経由して Vss につながり、0V となります。A、B 入力の一方でも 0V の場合は、直列となった 2 個の NMOS のどれかがオフになります。そして並列となった 2 個の PMOS のうち、少なくとも 1 個がオンとなるので出力 X は Vdd につながり、出力は電源電圧 Vdd となります。Vdd の状態を 1、0V の状態を 0 とすると、この回路の論理機能は A 入力と B 入力の AND をとり、それを否定した 2 入力 NAND(AND-NOT) となります。

詳細は割愛しますが、PMOS と NMOS の個数とつなぎ方を変えると、より入力数の多い NAND や NOR(OR-NOT)、あるいは AND-OR-NOT 回路などを作ることができます。

図1.16 CMOS否定回路※

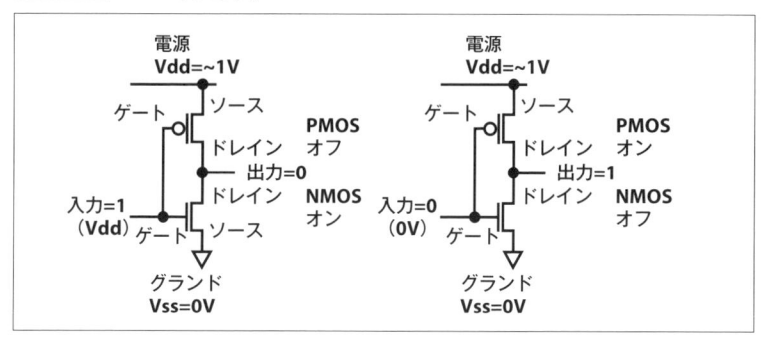

※図1.16のような回路図は、信号が左から右に流れるように図示するのが標準的である。

図1.17 CMOS 2入力NAND回路

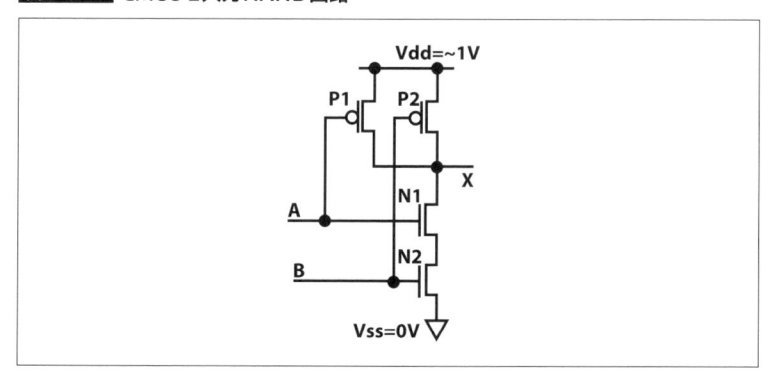

現代のデジタル回路は省電力のCMOSが主流

NMOSとPMOSを相補的（Complementary、一方が並列なら、他方は直列）に接続する **CMOS**（Complementary MOS）回路は、NMOS側がオンの場合はPMOS側はオフ、PMOS側がオンの場合はNMOS側がオフになるので、電源VddからグランドVssに直接電流が流れることがありません。

CMOS論理回路は、エネルギーを消費するのは出力電圧が変化し負荷容量を充放電する時だけで、それ以外の時は電力を消費しないというすばらしい特徴を持っており、プロセッサをはじめとする現代のデジタル回路は、ほとんどがCMOSを使うという状況になっています。

プロセッサチップの作り方

現在のプロセッサは、シリコンのウエファの上に多数のMOSトランジスタやそれらをつなぐ配線を作り込んだVLSI（Very Large Scale Integration）として作られています。ウエファの表面に、非常に微細な写真技術でパターンを焼き付け、露光された部分だけにP型やN型の元素を注入してトランジスタを作ったり、ウエファの全面に形成した金属層の不要部分を除去して配線を作ったりする加工で回路を形成します。この過程では、1枚のウエファには格子状に並んだ数十～数百個のプロセッサが作られます。そして、ウエファを賽の目に切って（Diceして）、長方形のダイ[注12]を作ります。

図1.18はウエファから切り出されたIntelのSandy Bridgeプロセッサのチップ（図左）とパッケージ（図右下）です。ただし、これは合成画像で、チップは、パッケージに比べて4倍程度に拡大されています。

チップは長方形なので、長方形のウエファを使えば無駄が少ないと思えるかもしれませんが、単結晶のインゴットは回転させながら引き上げて製造するので、先に図1.12に示したように円柱になります。これをスライスして、その中から長方形のウエファを切り出すのは無駄が多く、円形のウエファとして使う方が面積を有効利用できます。

なお、液晶のディスプレイパネルの場合はマザーガラス（Mother glass）と呼ばれる大きな長方形のガラス板を使い、パネルを無駄なく切り出しています。

注12 Die。複数形はDice（ダイス）。なお、ダイは「チップ」（Chip、小片）とも呼ばれます。

ムーアの法則 —— 1個のチップに集積できる素子の数は毎年倍増(!?)

　Intelの創始者の一人であるGordon Moore氏は1968年に『Electronics』という雑誌に論文を載せ、その中で、1個のチップに集積できる素子(現在ではトランジスタ)の数は毎年倍増するという予測を書きました。トランジスタの一辺の大きさを70%に縮小すれば面積は49%になり、同じ面積に2倍のトランジスタを詰め込むことができます。このような70%縮小を毎年行っていくことができない理由はないというのが、Moore氏がこのような予測をした理由です。この予測は、後に「ムーアの法則」(Moore's law)と呼ばれることになります。

　70%縮小を行っても、同じ面積のチップを作るコストはほとんど増えないので、トランジスタ1個の値段がほぼ半分になります。また、縮小したトランジスタはより高速で動作し、消費電力も小さくなります。しかし、トランジスタや配線の寸法を小さくすると加工が難しくなり、新しい加工方法を開発する必要があります。半導体を製造する会社は全力をあげて微細化に取り組んでいるのですが、現在では、70%縮小ができる技術を開発するのに2年程度掛かるという状況になっています。

　図1.19はISSCC(International Solid-State Circuits Conference)という半導体

図1.18 IntelのSandy Bridgeプロセッサチップ(ダイ、左)とパッケージ(右)の写真[※]

※画像提供：インテル㈱
URL http://www.intel.co.jp/

関係の最先端の学会で発表されたプロセッサチップのトランジスタ数の年次推移をプロットしたもので、1985年～2005年までにトランジスタ数は約1万倍になっています。これは10年で100倍であり、1.5年で倍増のペースが続いています。2年毎の70％縮小に加えて、チップの面積を大きくしたり、回路ブロックの配置などを工夫してトランジスタ密度を上げたりする努力が行われており、その結果、1.5年でトランジスタ数が倍増というペースになっているというわけです。

2010年以降も半導体の微細化は続いているのですが、なぜか、プロセッサチップのトランジスタ数の伸びは鈍化している傾向が見られます。

1971年にIntelが商品化した4004という世界初のワンチッププロセッサは約2300トランジスタでできていたのですが、継続的な微細化により最近の高性能プロセッサには10億～30億トランジスタが使われています。

マルチコア化の流れ —— 性能と消費電力

この急速に増加するトランジスタを使って「プロセッサの性能」を引き上げてきたのですが、それに伴って、プロセッサチップの「消費電力」も増加してきました。2000年頃には、高性能プロセッサの消費電力は100Wを超え、これ以上、消費電力は増やせないという状況になってきました。

図1.19　ISSCCで発表されたプロセッサチップのトランジスタ数の推移

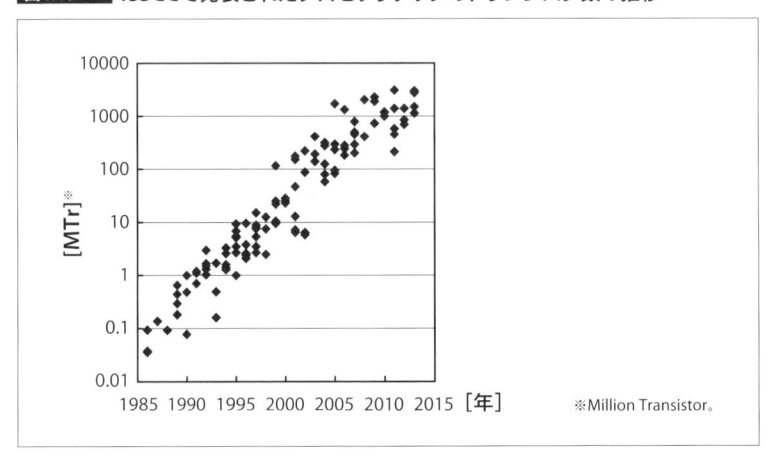

※Million Transistor。

プロセッサの性能は、クロック周波数と1サイクルに処理できる命令数の積に比例します。2000年頃までは、クロックを引き上げ、1サイクルに実行できる命令数も多数のトランジスタを使って引き上げることにより性能を向上させてきました。

しかし、クロック周波数の向上とトランジスタ数の増大は、消費電力を増やしてしまいます。**図1.20**に示すように、2003年頃までは順調にクロック周波数が上がってきたのですが、それ以降はグラフの一番上の点を見ると、クロック周波数の向上に急ブレーキが掛かってしまったことが明らかです。

トランジスタを2倍使えば消費電力はほぼ倍増するのに対して、トランジスタを2倍使って高度な並列処理を行っても、1サイクルに処理できる命令数は20〜40%しか増加しません。一方、同じプロセッサを2個作れば、最大2倍の命令を実行することができます。このため、プロセッサの開発は、1つのプロセッサの性能を上げるという方向から、複数のプロセッサをワンチップに集積する**マルチコア**化で性能を上げるという方向に向かうことになりました。

性能と消費電力 —— 1Wの電力あたりのプロセッサの性能を上げる

クロック周波数の向上を抑え、マルチコア化することにより、性能あた

図1.20 ISSCCで発表されたプロセッサチップのクロック周波数の推移

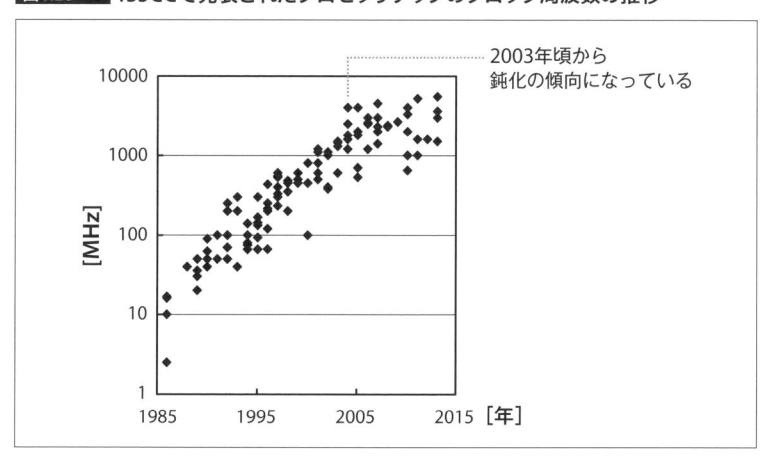

りの消費電力を減らすことができますが、それでもムーアの法則でプロセッサチップのトランジスタ数が増えていくと消費電力は増え続けます。

　高い消費電力は、PCやサーバのプロセッサでも問題ですが、スマートフォンやタブレットのように電池で動かす機器では、さらに大きな問題です。このため、「プロセッサの消費電力を減らす」あるいは「1Wの電力あたりのプロセッサの性能を上げる」ということが、現代のプロセッサ開発で最もホットな技術開発になってきています。

CMOSの消費電力 ── スイッチ、アクティブ電力、クロックゲート

　プロセッサを構成しているCMOS論理回路は、スイッチ（Switch）するとエネルギーを消費します。**図1.21**に示すように、出力Xが0VからVddに変化するには、PMOSトランジスタを通して負荷容量C_L[注13]を充電する必要があります。また、出力XがVddから0Vになるには、C_Lの電荷がNMOSトランジスタを通して放電される必要があります。

　このため、1回の0V → Vdd → 0Vの変化で、$C_L \times Vdd^2$のエネルギーが消費されます。これが**アクティブ電力**（Active power）[注14]と言われるもので、スイッチ回数、すなわち行った仕事量に比例した電力が消費されます。

　このため、最近のプロセッサチップでは、ある機能を使わない期間は、その機能を実行する回路ブロックへのクロックの供給を止めてCMOS回路がスイッチを行わないようにする**クロックゲート**（Clock gate）を徹底して、アクティブ電力を減らすなどの各種の電力低減技術が使われています。

　また、理想的なMOSトランジスタはオフの状態では電流は流れないのですが、現実のトランジスタでは微小な**漏れ電流**が流れます。2000年頃までは、この漏れ電流は無視できる程度だったのですが、微細化が進むにつれて漏れ電流が大きくなっていき、現在では漏れ電流による電力が無視できなくなってきています。

　図1.22は否定回路に0Vを入力した状態を示しています。このとき、NMOSトランジスタはオフですが、I-leakNと書いた漏れ電流が流れます。

注13　Cは「Capacitance」（容量）、Lは「Load」（負荷）の略で、負荷となる容量を指します。
注14　ダイナミック電力（Dynamic power）とも呼ばれます。

また、入力がVddの場合は、NMOSがオンでPMOSがオフとなりますが、この場合もPMOSトランジスタの漏れ電流I-leakPが流れます。両者の平均をI-leakと書くと、漏れ電流による電力はVdd × I-leak × tと表されます。ここでtは時間です。

アクティブ電力は仕事をしなければ消費されないのですが、漏れ電流による消費電力は電源が入っている時間は連続して消費されるスタティックな電力で、スマートフォンなど電源がオンの時間が長い機器では電池寿命に大きな影響があります。このため、携帯デバイス用のプロセッサでは漏れ電流による電力消費を減らす技術開発が盛んに行われています。

これらの電力低減技術については、第4章で詳しく説明します。

図1.21 CMOSゲートは負荷容量の充放電の時だけ電流が流れる

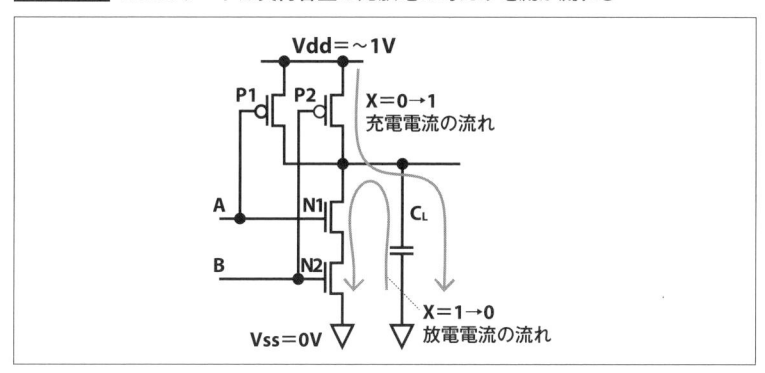

図1.22 トランジスタがオフ状態でも流れる漏れ電流が無視できなくなっている

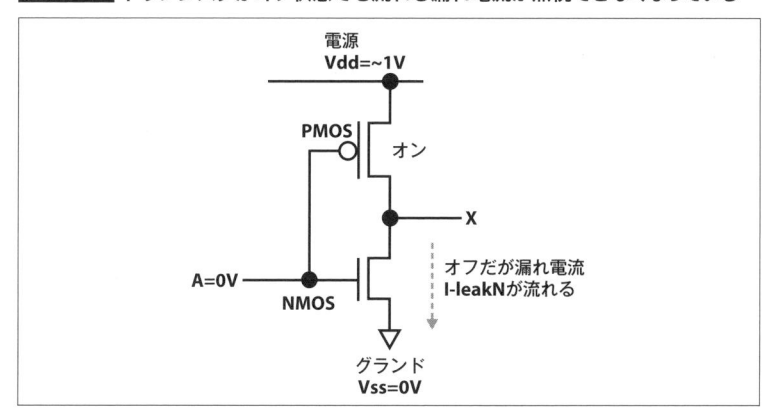

1.4 まとめ

　1.1節では、コンピュータシステムがどのような要素から構成されていて、それぞれの構成要素がどのようなものであるのかの概要をまとめました。

　1.2節では、コンピュータシステムの中心となるプロセッサがどのように命令を処理していくのかについて、基本的な処理のしくみと性能を上げるためのパイプライン処理について説明しました。プロセッサをブラックボックスとしてではなく、その仕掛けを理解する足掛かりになるでしょう。

　1.3節では、プロセッサが物理的にどのように作られているのかのイメージを持てるようになることを目指し、半導体やCMOS回路、そしてCMOS回路が電力を消費するメカニズムを解説しています。

　本章の内容は、第2章以降でコンピュータシステムについて詳しく見ていくための基礎知識となりますので、しっかりと理解しておきましょう。

Column

文字の表現

　コンピュータは数字だけでなく「文字」も扱う必要があります。この文字もビットの並びで表現します。8ビット（1バイト）あれば256通りの値をとることができ、たとえば0～9➡数字の0～9、10➡A、11➡B、12➡Cのように対応させることができます。

　1台のコンピュータで使う場合は、対応をどう決めても良いのですが、そのデータを他のコンピュータでも使おうとすると、標準の対応を決める必要があります。このようにして最初に決められたのがASCII（アスキー）（*American Standard Code for Information Interchange*）コードです。日本では半角のカタカナを追加したJIS X 0201コード、2バイトで漢字を表現するJIS X 0208コードなどが使われています。また、世界中の文字を収めることを目指すUnicodeやISO/IEC 10646といった文字集合規格も使われています。

　バイト列のデータを数字として扱うか、文字として扱うかはソフトウェア次第です。

第2章

プロセッサ技術

2.1
プロセッサの命令セットアーキテクチャ

2.2
プロセッサの基本構造 —— マイクロアーキテクチャの基礎

2.3
演算を速くする

2.4
高速化を支えるキャッシュメモリ

2.5
プロセッサの高速化技術

2.6
プロセッサの性能

2.7
マルチプロセス化の技術

2.8
まとめ

第2章 プロセッサ技術

　第1章で言及したとおり、プロセッサは「CPU」とも呼ばれます。CPUは「Central Processing Unit」の略で、日本語では「中央処理装置」と言います。このように、プロセッサはコンピュータシステムの中心となる装置です。

　1942年に、米国のIowa State UniversityのJohn AtanasoffとClifford Berryが世界で最初の電子式のコンピュータAtanasoff Berry Computer（ABC）を作って以来、コンピュータの歴史は高速化の歴史といっても過言ではありません（図2.A左）。ABCは毎秒30回の加算を行え、当時としては驚異的なスピードで計算ができたわけですが、現在のハイエンドサーバに使われているSPARC64 X+プロセッサは、毎秒加算と乗算を2240億回ずつ計算できます（図2.A右）。わずか70年余りで「150億倍」も速く計算ができるようになっています。仮に、自動車が同じ割合で速くなっていたら、今では秒速2億kmで光速を遙かに超えているはずです。

　第2章では、命令セットアーキテクチャ、基本構造を押さえてから、キャッシュメモリやOut-of-Order実行などのプロセッサの高速化を実現してきた技術やマルチユーザサポートなどのプロセッサの用途を拡大する技術を説明します。

図2.A 1942年に作られた世界初の電子計算機ABC（図左）と2013年にHot Chips 25で発表された富士通のSPARC64 X+プロセッサチップ（図右）

（図左）画像提供：Special Collections Department /Iowa State University Library.
52ビットの整数の加算/減算を毎秒30回実行。

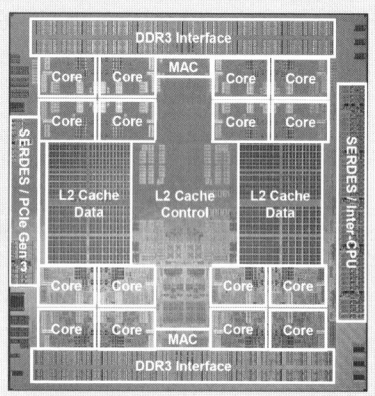

（図右）出典：Toshio Yoshida「SPARC64 X+：Fujitsu's Next Generation Processor for UNIX servers」
（p.7, Fujitstu Limited、2013.8.27）
URL http://jp.fujitsu.com/platform/server/sparc/event/13/hotchips25/pdf/HC25.27.910-SPARC64.pdf
3.5GHzクロックで動作する、64ビット浮動小数点数の積和演算器を4個持つプロセッサコアを16個集積。
4個×16コア×3.5GHz＝2240億積和演算/秒。

2.1 プロセッサの命令セットアーキテクチャ

　命令セットアーキテクチャは、プロセッサがどのような「実行環境」と「命令」を持ち、命令を実行することにより、どのような結果が生じるかを規定するもので、プロセッサの動作を論理的に規定するものです。

　一方、命令セットアーキテクチャは、それがどのようなハードウェアで実現されているかについては何も規定していません。64ビットアーキテクチャのプロセッサであるから64ビットの演算器が必要というわけではなく、32ビットの演算器を2回使って64ビットの計算をするという作りでも良いのです。

プロセッサの実行環境 —— レジスタとメモリ空間

　プロセッサの実行環境を**図2.1**に示します[注1]。図2.1に登場するものすべ

図2.1 命令セットアーキテクチャの実行環境
（各32個の汎用レジスタを持つ64ビット命令アーキテクチャの例）

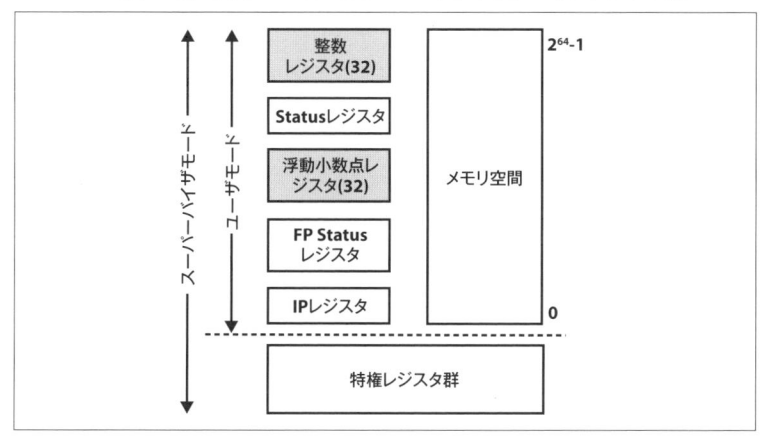

```
                整数
                レジスタ(32)          2^64-1

                Statusレジスタ

   スーパーバイザーモード   浮動小数点レ
                ジスタ(32)           メモリ空間
        ユーザモード
                FP Status
                レジスタ

                IPレジスタ           0
        - - - - - - - - - - - -
                  特権レジスタ群
```

注1　補足しておくと、本項で言うプロセッサの実行環境とは「命令で操作できるすべてのもの」を指しています。
　　　命令セットアーキテクチャでは、実行環境であるレジスタの内容が命令の実行によってどのように変化するかを規定しています。

てが実行環境で、命令で操作できる各種の「レジスタ」と「メモリ空間」から成っています。

命令で操作できる各種のレジスタ

　第1章のメモリ階層のところで、プロセッサから1サイクル以内の時間でアクセスできるレジスタが出てきました。プロセッサは、処理をするデータを格納する**汎用レジスタ**(*General purpose register*)群と各種の特定の働きをする**特定用途のレジスタ**群を持っています。図2.1では汎用レジスタをグレーで示しています[注2]。

　「汎用レジスタ」は、整数用のレジスタ群と浮動小数点数用のレジスタ群を別個に持つアーキテクチャが多数派ですが、PlayStation 3に使用されたCELLプロセッサのSPE(*Synergistic Processor Element*)ように、整数も浮動小数点数もどちらでも格納できる汎用レジスタを持つアーキテクチャもあります。汎用レジスタの数としては32レジスタというのが標準的な数ですが、より少ない数のアーキテクチャもあります。

　「特定用途のレジスタ」としては、次に実行する命令のアドレスを記憶するIP(*Instruction Pointer*)[注3]レジスタや、整数演算のやり方の詳細を指定したり、演算結果の正、負、ゼロなどを示すStatusレジスタ、これに対応する浮動小数点演算用のFP Statusレジスタ[注4]などがあります。IPレジスタや整数と浮動小数点数のStatusレジスタは、ユーザモード(後述)で動作する通常のプログラムで使用できるレジスタですが、大部分の特定用途レジスタは、スーパーバイザモードで動作するOS(*Operating System*)[注5]だけが使用できる特権レジスタとなっています。

メモリ空間 ── メモリを抽象化

　そして、プロセッサの実行環境において、これらのレジスタと並ぶ、重要な要素が**メモリ空間**です。

注2　汎用レジスタは整数レジスタだけを指し、浮動小数点レジスタは含まないという区別をすることもありますが、ここでは各ビットが特別な意味を持っていない通常の数値を格納するレジスタを「汎用レジスタ」と呼んでいます。
注3　IPはPC(*Program Counter*、プログラムカウンタ)とも呼ばれます。
注4　IntelプロセッサではFlagレジスタと呼ばれています。
注5　WindowsやAndroid、Linuxなど。

メモリ空間はメモリを抽象化したもので、それぞれのアドレスに1バイトの情報を書き込んで記憶し、また、記憶した情報を読み出すことができます。メモリ空間は、32ビット命令アーキテクチャであれば0〜2^{32}-1の範囲、64ビット命令アーキテクチャでは0〜2^{64}-1の範囲となります。このメモリアドレスの情報を格納するため、整数レジスタのビット長は、32ビットアーキテクチャの場合は32ビット、64ビットアーキテクチャの場合は64ビットに合わせるのが普通です。なお、このメモリ空間の大きさは、命令セットアーキテクチャとしてアドレスできる最大値で、コンピュータに搭載されている実メモリの量とは一致しません。

命令の実行はレジスタやメモリの内容を変える
──命令実行の実行環境への影響

　プロセッサは、IPレジスタで指されたメモリアドレスから命令を読み出し、命令で指定された汎用レジスタ、あるいはメモリアドレスからデータを読み出して、命令で指定された演算や操作を行い、結果を命令で指定された汎用レジスタやメモリアドレスに書き込みます。このとき、Statusレジスタの状態によって動作が影響を受けたり、演算や操作の結果、Statusレジスタの内容が変更されたりします。そして、IPレジスタの内容は、次の命令のアドレスに変更され、次の命令を読めるようにします。

◆　◆　◆

　命令セットアーキテクチャは、命令を実行することにより、これらのレジスタやメモリにどのような変化が起こるのかを規定するものです。

スーパーバイザモードとユーザモード ── 2つの実行状態

　PCの画面にはいろいろなウィンドウが表示されています。このとき、それぞれのウィンドウごとに対応するプログラムが動いていますし、ウィンドウはなくても入出力装置とのデータのやり取りを行ったり、インターネットと通信を行ったりするプログラムも動いています。これらの多くの仕事を並列に行うには交通整理が必要で、これを行うのが「OS」です。

　いろいろな動作を行うのは、プログラマから見れば「プログラム」ですが、OSから見ると「プロセス」（*Process*）という単位で実行されます。このため、以下の記述で実行に関してはプログラムとプロセスという用語は、ほぼ同

じものを指し互換的に使用しています。

　多数のプログラムが並列に動作する場合、1つのプログラムが他のプログラムの実行を妨げてしまうようなことが発生するのは困ります[注6]。このため、通常のプロセスは他のプロセスの実行に干渉するような命令を実行できないようになっている「命令セットアーキテクチャ」が一般的です。

　プロセッサは「ユーザモード」と「スーパーバイザモード」と言う2つの実行状態を持ちます[注7]。

　ユーザモードでは、前出の図2.1の破線から上の汎用レジスタ、StatusレジスタとIPレジスタは使えますが、破線の下の特権レジスタは使えないようになっています。ユーザモードでは特権レジスタを読み書きできないので、他のプロセスの実行に干渉するような操作ができなくなっています。そして、あるプログラムが、ユーザモードでは使ってはいけない特権レジスタを操作する特権命令を実行しようとすると、特権違反としてOSに通知され、OSはそのプログラムの実行を打ち切ります[注8]。

　一方、OSは、特権命令を使って特権レジスタ[注9]を操作し、それぞれのプロセスが使えるメモリの範囲を決めるメモリ管理を行ったり、入出力装置を管理して、プログラムの出力が入り混じったりしないようにします。このため、OSは「スーパーバイザモード」という全機能が使える状態で動作させます。

ユーザモードではバイナリ互換が必要

　図2.2に示すように、それぞれのアプリケーションプログラムはユーザモードで使える命令やレジスタを使って動作し、特権レジスタを操作する必要があるメモリ領域の獲得や入出力などを行う動作はOSのサービスを使っ

注6　1命令の実行で干渉できるのは、特権レジスタに書き込みを行って、その中のプロセッサの実行を止めるビットを立てるというくらいですが、メモリ管理機構を制御しているレジスタの内容を書き換えてアクセスできるメモリの範囲を変えると、他のプログラムのデータを書き換えたり、データを盗んだりすることができるようになります。ウイルスは干渉する命令を実行する例です。

注7　スーパーバイザモードでは実行環境に含まれる、すべての資源（レジスタやメモリ空間）が使用できるのに対して、ユーザモードでは一部の資源が使用できなくなっています。

注8　特権のStatusレジスタの中にユーザモードかスーパーバイザモードかを指定するビットがあります。これがユーザモードになっている状態で特権レジスタを読み書きする命令を実行しようとすると、特権違反の割り込み（後述）が発生してOSに通知され、通常、特権違反の命令を実行しようとしたユーザプロセスの実行は打ち切られます。

注9　スーパーバイザモードレジスタとも呼ばれます。

て実行します。

このため、ユーザモードの命令セットアーキテクチャが同じで、かつ、同じOSサービスが使えれば同じアプリケーションプログラムが動作するという**バイナリ互換性**が保てます。

なお、スーパーバイザモードのアーキテクチャは違っていても、その違いをOSでカバーすれば、バイナリ互換を実現できます。IntelとAMDのプロセッサの間では、命令セットアーキテクチャには多少の違いがあるのですが、プロセッサの中の1つの特定のレジスタにどちらのプロセッサであるかが書かれており、OSがそれを読み取って違いに対応するように作られているので、同じMicrosoft Officeなどのバイナリ形式のアプリケーションを実行することができるというわけです。

◆ ◆ ◆

以上のように、OSを動かすためには、ユーザモードとスーパーバイザモードという2つのモードのサポートが必要です。なお、Intelのx86命令アーキテクチャでは4レベルの特権モードをサポートしています。OSを最高

図2.2 アプリケーションプログラムはユーザモードで実行、OSはスーパーバイザモードで実行

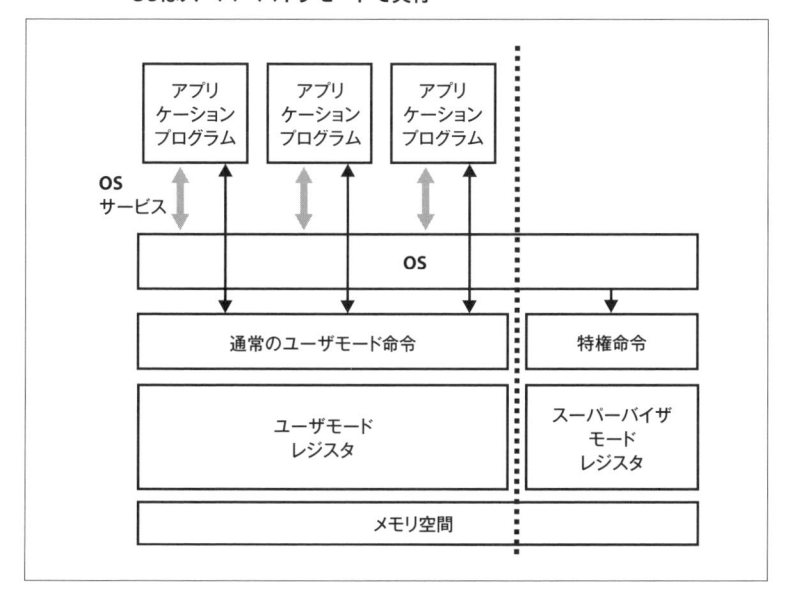

レベル、入出力装置を動かすデバイスドライバというソフトウェアを第2、第3のレベルで動かし、最下位のレベルをユーザモードとして一般のアプリケーションプログラムの実行に使う方法を推奨しています[注10]。

3アドレス命令と2アドレス命令
―― x86命令アーキテクチャは2アドレス命令

　プロセッサの命令は、A＋Bを実行し、結果をCに格納するというような処理を行います。このような演算を記述するためには、命令の中にオペランドA、Bが格納されているアドレスと演算結果を格納するアドレスCを書いておく必要があります。このA、B、Cに別個のアドレスを指定できる命令を**3アドレス命令**と言います。

　これに対して、A＋Bを実行して、結果はAのアドレスに格納するという命令にすれば、2つのアドレスの指定で済みます。このような2つのアドレスを指定する命令を**2アドレス命令**と言います。IntelやAMDのプロセッサの「x86命令アーキテクチャ」では、この2アドレス命令を使っています。2アドレス命令の場合、Aの値は演算後にはA＋Bの値で書き換えられてしまうので、元のAの値を必要とする場合は、演算の前にAの値を別のアドレスにコピーして残しておく命令を実行しておく必要があるというデメリットがあります。

　一方、3アドレス命令の場合は、演算結果はCに格納され、演算後もAやBの値は残っているので、2アドレス命令のような無駄なコピー命令を実行する必要はありませんが、A、Bに加えて、Cのアドレスを指定する必要があるので、命令に必要なビット数が多くなるというデメリットがあります。

固定長命令と可変長命令 ―― メモリアドレスの指定、可変長命令、固定長命令

　レジスタの数が32（＝2^5）個とすると、オペランドA、B、結果格納Cにレジスタを使う場合の指定（レジスタ番号）は5ビットで表すことができま

注10　4レベルを使うと安全性を高めることが可能です。しかし、WindowsにしてもLinuxにしてもx86以外のプロセッサでも動かす必要があり、それらのプロセッサで2レベルしかサポートしていないものがあれば、共通ソースコードにするためにはレベル数の少ないほうに合わさざるを得ません。

す。しかし、オペランドをメモリから読んできたり、演算結果をメモリに書き込んだりする場合は、32ビットや64ビットのメモリアドレスを指定する必要があります。

Intelのx86命令アーキテクチャは、演算命令のオペランド読み込みや結果の格納をメモリに対して直接行うことができるアーキテクチャで、メモリを使う命令は、ビット数の多い、長い命令となります。一方、入力オペランドを汎用レジスタから読み、演算結果を汎用レジスタに書き込む命令は、短い命令で表現できます。このように、命令によって命令のビット数が変わる命令セットアーキテクチャを**可変長命令**のアーキテクチャと言います。

これに対して、メモリのアクセスはロード命令とストア命令に任せ、演算命令はオペランドも結果の格納も汎用レジスタにすることで、「32ビットの固定長の命令」としたのが**RISC**(*Reduced Instruction Set Computer*)と総称される命令セットアーキテクチャです[注11]。

メモリアドレスの指定法

メモリアドレスは32ビットとか64ビットとかの長さがあり、これを直接、命令に書こうとすると命令が非常に長くなってしまいます。このため、整数レジスタにメモリアドレスを記憶させ、メモリをアクセスする命令の中には、その整数レジスタの番号を書き込むという方法が使われます。

しかし、これでは、別のアドレスのデータを読む場合には、毎回、整数レジスタの内容を書き換える必要があり効率が悪いので、アクセスするメモリ領域の先頭アドレスを整数レジスタに入れ、整数レジスタの内容＋オフセット(*Offset*)というアドレス指定ができるようにするのが一般的です。このメモリ領域の先頭アドレスを格納する整数レジスタを**ベースレジスタ**(*Base register*)と呼びます。そして、メモリアクセスを行う命令には、ベースレジスタの番号とオフセット値を書き込みます。このようにすると、ベースレジスタの値を変えることなく、命令のオフセットの値を変えるだけで別のメモリアドレスのデータをアクセスすることができます。

注11 固定長命令、メモリアクセスはロード命令とストア命令に限定、演算命令はレジスタ間の演算に限定というのがRISCアーキテクチャの特徴です。RISC、CISCは命令アーキテクチャの作り方の思想(あるいはスタイル)であって、命令アーキテクチャの中で規定するものではありません。

第2章 プロセッサ技術

　RISCアーキテクチャでは図2.3に示すように、オフセットのビット数は一定ですが、Intelのx86アーキテクチャではオフセット[注12]は、1バイト、2バイト、あるいは4バイトの値をとることができます[注13]。しかし、常に、オフセットを指定する4バイトのスペースを命令の中に確保しておくのは無駄が大きいので、オフセットなし、1バイトオフセット、2バイトオフセット、4バイトオフセットと、場合に応じて命令の長さ（バイト数）を変える可変長命令が使われます。

Intel x86アーキテクチャの可変長命令

　図2.4に示したIntelのx86アーキテクチャの命令の構造は非常に複雑で、最初にPrefixというバイトがある場合は、その値で以降のOP code（*OPeration code*）[注14]の定義が切り替わってしまいます。

　そして、OP code部は算術演算や論理演算の種類やその他の操作などの命令が行う動作を指定し、これに加えてこの部分には、A＋B演算のBのデー

図2.3　　ベースレジスタとオフセットを使うメモリアドレスの指定※

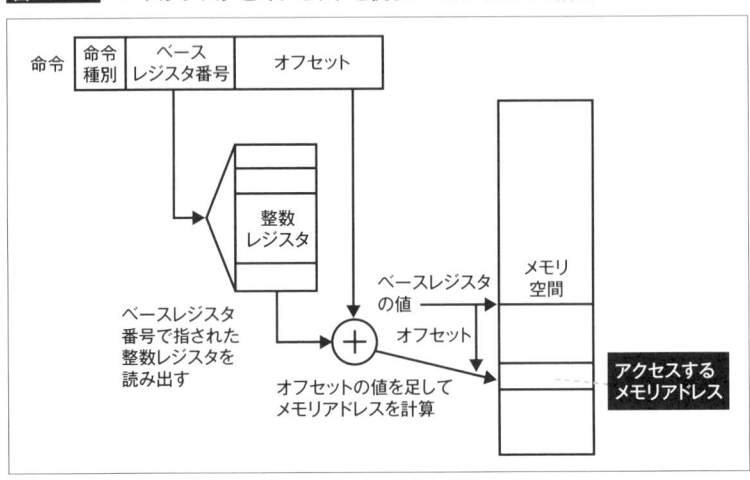

※命令に書かれたベースレジスタ番号で指定された整数レジスタの内容（アクセスするメモリ領域の先頭アドレス）＋オフセット欄に書かれた数値で指されるアドレスをメモリオペランドのアドレスとする。

注12　Intelはディスプレースメント（*Displacement*）と呼んでいます。
注13　ベース＋オフセットというアドレスの指定法は、RISCでもCISCでも使われます。
注14　「オプコード」と発音するのが一般的です。OPcodeは命令種別を表します。

タを読んでくる汎用レジスタの番号の指定などが含まれています。

A + BのAのデータをどこから読むのかを指定するのが、**Mod R/M**と**SIB**の2バイトです[注15]。Mod R/MはAが整数レジスタかメモリかを指定し、そして、メモリの場合は、ベースレジスタの番号とオフセット（図2.4のDisplacement）のサイズ（0、1、2あるいは4バイト）などを指定します。

SIBはベースレジスタの値＋スケール×インデックスレジスタの値でメモリアドレスを指定する場合に使われ、ベースレジスタ、インデックスレジスタとなる整数レジスタの番号を指定します。スケールはメモリアクセスするデータのサイズで、どのデータサイズでアクセスする場合もインデックスレジスタの値を＋1すれば、次のデータのアドレスを指すようになるという機能です。

そして、Mod R/Mでオフセットありと指定した場合は、1バイト、2バイト、あるいは4バイトのオフセットが付きます。また、命令のオペランドがレジスタの内容ではなく、直値[注16]であると指定された場合は1〜4バイトの直値が付け加わり、最大15バイトの長さの命令になります。一方、使用頻度の高い整数レジスタAとBの加算などの命令は1バイトのOP codeだけで表現でき、命令の長さは1〜15バイトの範囲で変化します。

前述のとおり、Intelのx86命令は2アドレス命令で、Aのアドレスに結果が格納されます。したがって、Mod R/MでAはメモリアドレスと指定すると、メモリからAを読み、OP codeに書かれたBのレジスタの値と演算を行って、結果をAのメモリに書き込むという動作を行うことになります。なお、OPcode部にはAとBの入れ替えを指定するビットがあり、B側のオペランドをメモリとすることもできるようになっています。

図2.4 可変長のIntel x86アーキテクチャの命令の構造

0〜4バイト	1〜3バイト	0〜1バイト	0〜1バイト	0/1/2/4バイト	0/1/2/4バイト
Prefix	OP code	Mod R/M	SIB	Displacement（オフセット）	Immediate（直値）

注15　Intelによる説明はとくにありませんが、Mod R/Mはレジスタとメモリ指定のModifier（Mod R/Mにはその他の機能もあります）、SIBはScale、Index、Baseの指定の略と思われます。
注16　Immediate。命令の中に書かれた2進数の値。

SPARCやARMプロセッサで使用されている固定長命令

　Intelのx86命令のような可変長命令は、簡単な操作の命令は短く、複雑な操作の命令は長くということで、命令に必要なメモリ量が少なくて済むという長所がありますが、命令の長さが変わるので、命令の終わりを見つけて、次の命令がどこから始まるかを見つけるのが難しくなります。また、実際には単純な短い命令を使用することが多く、複雑な命令はあまり使われず、このような命令を作るのは無駄が多いという反省から、命令を一定の長さにする固定長命令という命令セットアーキテクチャが作られました。

　メモリに格納されたデータを直接演算に使ったり、直接メモリに演算結果を格納したりできる「x86命令」に対して、メモリからレジスタにデータを読み込むロード命令と、レジスタからメモリにデータを書き込むストア命令を作り、演算命令ではメモリにあるデータは扱わないというやり方を取ります。この命令セットアーキテクチャ[注17]では、メモリに格納されたデータを使って演算する場合は、ロード命令でメモリのデータを汎用レジスタに読み込み、汎用レジスタ間の演算命令を実行して結果を汎用レジスタに格納し、必要に応じてストア命令で結果を格納した汎用レジスタの内容をメモリに書き込むということが必要になります。

　演算命令では、オペランドはすべて汎用レジスタを使います。汎用レジスタが32個の場合、レジスタ番号は5ビットで表されるので、3アドレス命令で3つの汎用レジスタ番号を指定しても合計15ビットで済み、32ビット長の命令の場合は、17ビットを命令の指定やその他の指定に使えます。

　図2.5はRISCアーキテクチャの一つであるSPARCアーキテクチャのロード/ストア命令の構造を示すもので、2つの入力レジスタの内容の和でメモリアドレスを表す形式1（形式1はオフセットの指定はありません）と、1つのレジスタの内容＋直値（オフセット）の和でアドレスを表す形式2があります。形式2の命令のオフセットは13ビットなので、x86命令の4バイトオフセットのように広いメモリ領域をカバーすることはできませんが、それでもベースレジスタ（ここでは入力レジスタ1）の値－4096〜＋4095

注17　前の文を受けて「この命令セットアーキテクチャ」としています。「この命令セットアーキテクチャ」はRISCと呼ばれますが、ここの解説ではメモリアクセスをロード/ストア命令だけに限定するという点に着目しています。メモリアクセスをロード/ストア命令だけに限定する点はRISCの特徴の一つではありますがRISCには他の特徴もあるため「この命令セットアーキテクチャ」＝RISCというわけではありませんので、注意してください。

番地までを指定でき、実用上、ほとんどの場合はこれで間に合います。なお、6ビットの命令の部分で、ロード命令かストア命令か、メモリを読み書きするデータサイズがバイト、ハーフワード、ワード、ダブルワードかなどを指定します。

◆ ◆ ◆

このようにメモリアクセスはロードとストア命令に限定し、演算命令は対象を汎用レジスタに限ることにより、命令の長さを32ビット固定としても、すべての命令をうまく収めることができます。

スマートフォンなどで高いシェアを持つARMアーキテクチャやOracleと富士通のサーバで使われているSPARCアーキテクチャなどは、このような、すべての命令の長さが同じである固定長命令アーキテクチャとなっています。

固定長命令のメリット、デメリット

x86アーキテクチャなどの**CISC**(*Complex Instruction Set Computer*)と呼ばれる可変長命令の場合、命令の内容を理解しないと命令の長さがわからず、次の命令がどこから始まるかがわかりません。一方、固定長命令の場合は、次の命令の先頭アドレスは容易にわかります。したがって、1サイクルに複数の命令を解釈するスーパースカラ実行(詳しくは2.5節内で後述)がやりやすいというメリットがあります。また、複雑な命令を実行する必要がないので、ハードウェアの構造が簡単になりサイクルタイムを短縮して性能を向上させやすいというメリットがあります。

一方、固定長命令アーキテクチャでは、メモリにあるデータを扱う場合はロード/ストア命令と演算命令が必要になり、同じ動作をするプログラ

図2.5 固定長のSPARCのロード/ストア命令の形式

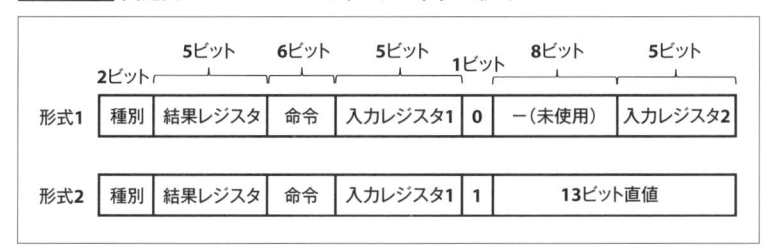

	2ビット	5ビット	6ビット	5ビット	1ビット	8ビット	5ビット
形式1	種別	結果レジスタ	命令	入力レジスタ1	0	−(未使用)	入力レジスタ2
形式2	種別	結果レジスタ	命令	入力レジスタ1	1	13ビット直値	

第2章 プロセッサ技術

ムが可変長命令アーキテクチャより2〜3割長くなるというデメリットがありますが、一般に命令の格納に必要なメモリ量はデータの格納に必要なメモリ量に比べて少なく、命令用のメモリ量が増えても全体として必要なメモリ量の増加率はわずかです。

2.2 プロセッサの基本構造 ── マイクロアーキテクチャの基礎

2.1節で説明した命令セットアーキテクチャは、それがどのように実現されているのかとは無関係でしたが、本節以降では、それがどのような構造で実現されているかを説明していきます。この具体的な構造は、プロセッサの「マイクロアーキテクチャ」(*Microarchitecture*)と呼ばれ[注18]、2.1節で説明した命令セットアーキテクチャと区別されています。本節では命令のフェッチ(読み込み)、デコード(解釈)、演算、ロード/ストアユニットなどのパイプライン処理の基本構造を説明していきます。

パイプラインプロセッサ ── プロセッサはどのように命令を実行するのか

第1章でプロセッサが❶命令の読み出し(IFサイクル)、❷命令の解釈(DEサイクル)、❸オペランドの読み出し(OPサイクル)、❹演算の実行(EXサイクル)、❺演算結果の書き込み(WBサイクル)のようにパイプラインで処理を行うことを説明しました。なお、ここでは説明を簡単にするため、命令長は固定で、演算命令のオペランドはレジスタに限定し、メモリアクセスはロード/ストア命令で行うRISCアーキテクチャのプロセッサを取り上げます。このような実行を行うハードウェアの構造は**図2.6**のようになっています。

図2.6と合わせて、プロセッサの「命令実行」の流れを追ってみましょう。「命令実行」パイプラインの最初のIFサイクルには、図2.6❶フェッチユニッ

注18　本章の、本節〜2.7節はすべてマイクロアーキテクチャの範疇です。

2.2 プロセッサの基本構造 ── マイクロアーキテクチャの基礎

トがメモリに格納されている命令を読み出します。そして、IFサイクルの終了時に、フェッチユニットは命令を❷デコードユニットに渡します。

次のDEサイクルにデコードユニットはその命令を解釈し、その命令の実行に必要な条件が整っているかどうかをチェックし、OKであれば命令を発行します。この命令の発行を**イシュー**（*Issue*）と言います。命令がイシューされると、まずOPサイクルで❸レジスタファイル（汎用レジスタを構成するレジスタの集まったもの）からオペランドを読み出し、演算命令の場合は、次のEXサイクルに❹演算ユニットを使って命令で指令された演算を行います。そして、WBサイクルに演算結果を❸レジスタファイルに書き込みます。

また、プロセッサは、分岐命令を処理する❼分岐ユニット（分岐命令処理ユニット、後述）を備えています。

メモリを読み書きするロード命令やストア命令の場合は、EXはEX1、EX2という複数サイクルになります。レジスタファイルから読み出したオペランドを❺ロード/ストアユニットに送って、EX1サイクルにはアクセスするメモリアドレスを計算します。そして、ロード命令の場合は次のEX2サイクルに❻メモリを読み、ロード/ストアユニットを経由して、WBサイクルに❸レジスタファイルへの書き込みを行います。メモリのア

図2.6 パイプラインプロセッサの構造

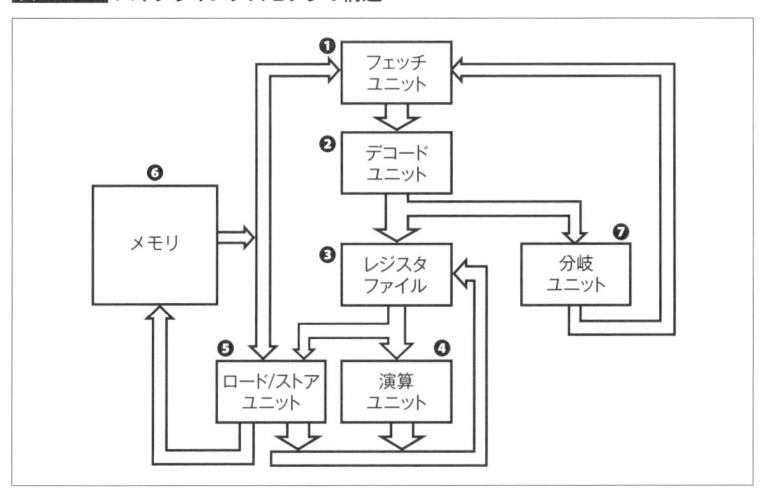

クセスは比較的高速のキャッシュメモリであっても1サイクルではできず、ロード/ストア命令のEXは3〜4サイクル必要となる構成のプロセッサもあります。

ストア命令の場合は、EX1サイクルでアドレスを計算し、EX2サイクルに❺ロード/ストアユニットからメモリアドレスと書き込みデータを❻メモリに送って書き込みを実行すれば終わりです。

なお、この5ステップでの命令の実行は一つの例で、現在の高性能プロセッサでは10〜20ステップに細分化した処理を行っています。

フェッチユニット —— 命令の読み出し

命令の集まりであるプログラムはメモリ空間に置かれ、プロセッサはIPレジスタに入っている値をアドレスとして、その場所にある命令を読んできて、その命令を実行します。この命令を読んでくる動作を命令フェッチ、この動作を行うユニットを**フェッチユニット**（Fetch unit、命令フェッチユニット）と呼びます。

図2.7に示すように、図2.7❶IPレジスタの内容をアドレスとして❷命令キャッシュを読み、読み出したデータを❸命令バッファに格納します。命令キャッシュからの読み出しは、典型的には32の倍数のアドレスから32バイトをひとまとめにして読んでくるというようにブロックでデータを読むので、1回の読み出しで複数の連続した命令が読み込まれます。

この複数の命令を含む命令バッファの中から、図2.7❹命令切り出しユニットで、次に実行する命令だけを切り出して、次のデコードユニットに送ります。そして❺命令長の計算ユニットで命令の長さを求めます。

固定長の命令の場合は、命令の長さは常に4バイトですから、命令の切り出しや命令長の計算は容易です。しかし、前節で説明したx86命令のような可変長の命令の場合は、命令の内容を見て命令の長さを求める必要があります。

そして、命令長が求まると、❻加算器でIPレジスタの内容にその命令のバイト単位の長さを加えて、次の命令の先頭アドレスを指すようにIPレジスタを更新します。これで次の命令読み出しの準備が整います。

4バイトの固定長の命令は32バイトの命令バッファにぴったり8命令と

2.2 プロセッサの基本構造 ── マイクロアーキテクチャの基礎

なりますが、可変長の命令の場合は、最後の命令はメモリの次の32バイトにまたがっているというケースもあり、命令キャッシュからの読み出し、命令の切り出しも、固定長の命令の場合より処理が複雑になります。

なお、1回のキャッシュメモリ読み出しで複数の命令が命令バッファに読み出されるので、IPレジスタで指される命令がすでに命令バッファに入っている場合はキャッシュメモリを、再度読み出す必要はなく、更新されたIPレジスタの内容に従って命令の切り出し位置を変えることで、次の命令を取り出すことができます。

なお、通常は、IPレジスタは次々と連続した命令の先頭アドレスを指すように更新されるのですが、分岐命令や条件分岐命令、あるいは関数呼び出し命令などが実行されると、次の命令として、連続でない、分岐先のアドレスから命令を読んでくることになります。このため、分岐ユニットからの分岐先アドレスをIPレジスタに格納するパスが設けられています。

図2.7 命令フェッチユニットの構造

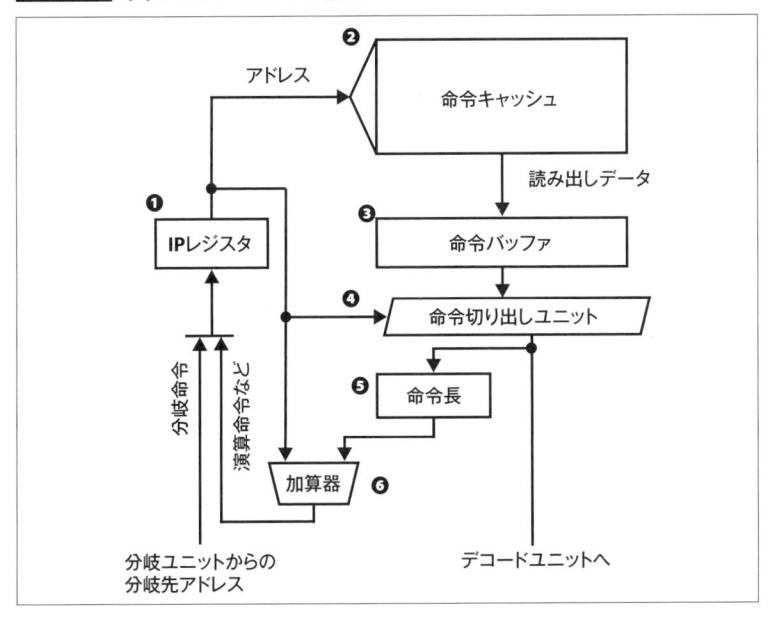

第2章　プロセッサ技術

デコードユニット —— 命令のデコードとスケジュール

　命令フェッチユニットから送られてきた命令は、**デコードユニット**（*Decode unit*）で命令の解釈と実行のためのスケジューリングが行われます。

　パイプライン制御を行う場合、入力データを読むOP、演算などを行うEX、結果を書き込むWBは、中断されることなく連続して動作するように作ります。この一連の処理を行う部分を「実行パイプライン」と呼びます。演算などを行うEXは、加減算や論理演算などは1サイクルで実行されますが、乗算やメモリをアクセスするロード／ストア命令の実行には複数サイクル掛かるというのが一般的です。

資源予約表

　命令の実行にはレジスタファイルの読み出しや書き込み、演算器やメモリなどのハードウェア（資源）を必要とします。それぞれの資源について、どのサイクルでそれを使用するかを書き込むのが資源予約表です。

　図2.8は、実行に2サイクル分掛かる乗算命令のオペランドを0サイクルに読み出し、次の＋1、＋2サイクルに乗算を実行し、＋3サイクルに結果をレジスタに書き戻す場合の資源予約状況を黒字で示しています。ここで次サイクルに整数加算命令をイシューしようとすると、図2.8中でグレーに表示した数字部分に示したように、＋1サイクルにレジスタの読み出し、＋2サイクルに加算を行い、＋3サイクルにレジスタの書き込みを行うことになりますが、＋3サイクルにはすでにレジスタ書き込みポートの使用予約が入っているので、整数加算命令はこのタイミングではイシューできないことがわかります。

　なお、資源予約表は、1サイクルが終わると左に1ポジションずらされるので、待っていれば必ず必要な資源が使えるようになり、図2.8のケースでは、後続の整数加算命令は1サイクル待って、＋2サイクルにレジスタを読むようにすれば、使用資源のぶつかりなく実行できます。

レジスタ状態表

　また、第1章でも述べたように、前の命令の演算結果を直後の命令が入力として使う場合には、前の命令の演算結果の書き込みが終わっておらず、

2.2 プロセッサの基本構造 ── マイクロアーキテクチャの基礎

直後の命令のタイミングでは正しい読み出しが行えないということが起こります。

デコードユニットは、このような不都合が起こらないように命令の実行パイプラインへのイシューをスケジュールします。このスケジューリングには、**図2.9**に示す**レジスタ状態表**を使います。デコードユニットは命令を実行パイプラインにイシューするのと同時に、その命令の結果を格納するレジスタ状態表の「ビットを0」にして「後続の命令がこのレジスタを入力オペランドとして使ってはいけない」ことを示します。そして、WBサイクルで結果をレジスタに書き込むと、正しいデータが入ることになるので、レジスタ状態表の「ビットを1」にして「読み出しが可能である」ことを示します。

図2.9は、1番と5番のレジスタが現在実行中の命令の結果を格納するレジスタであり、現在の中身は古いデータであるので、このデータを使ってはいけないことを示しています。

デコードユニットは、レジスタ状態表を見て、次のサイクルに実行を開始する命令のすべての入力オペランドが読み出し可能な状態になっているかどうかを確認します。

図2.8 資源予約表とその動き

資源予約表					
資源	0サイクル	+1サイクル	+2サイクル	+3サイクル	+4サイクル
レジスタ読み出しポート	1	1			
整数加減算ユニット			1		
整数乗算ユニット		1	1		
ロード/ストアユニット					
レジスタ書き込みポート				1	

図2.9 レジスタ状態表

レジスタ状態表													
レジスタ番号	0	1	2	3	4	5	6	7	8	9	10	…	31
読み出し可能	1	0	1	1	1	0	1	1	1	1	1	…	1

デコードユニットが要 —— パイプライン全体の動作を制御する

そして、資源予約表とレジスタ状態表で問題がないことが確認できると、命令を実行パイプラインにイシューします。もし、どちらかのチェックで必要な資源が使えないとか、入力オペランドが使えないという問題が見つかると、デコードユニットは命令をイシューせず、次のサイクルに同じチェックを繰り返します。

デコードユニットは、**図2.10**に示すように、イシューにあたって、命令が加算、減算、乗算、除算、AND、ORなどのような演算、あるいはロード/ストアやその他の操作を行うのかを示す情報、読み出す入力オペランドのレジスタ番号、結果を書き込むレジスタ番号、直値などの情報を実行パイプラインに送り出します。

このように、デコードユニットはパイプライン全体の動作を制御する要となるユニットです。

実行パイプライン —— 命令を実行する

指令を受け取る目や耳が「フェッチユニット」、指令をどのように実行するかを決める脳が「デコードユニット」で、指令を実行する手足にあたるの

図2.10 デコードユニットの構造

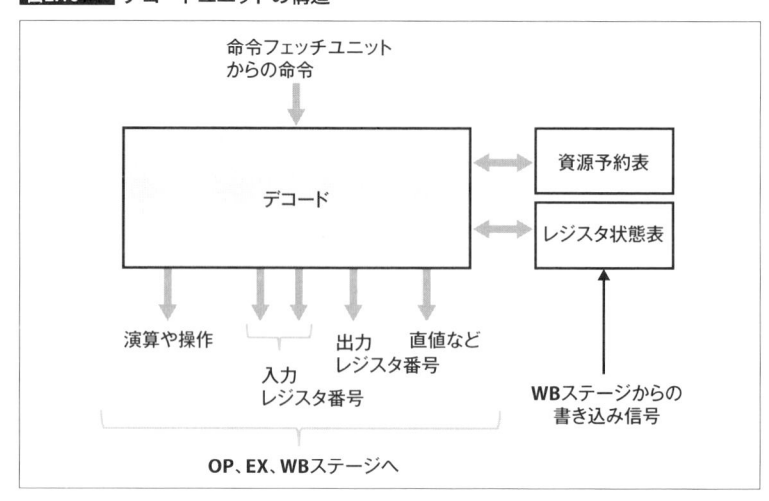

2.2 プロセッサの基本構造 ── マイクロアーキテクチャの基礎

が**実行パイプライン**です。物理的には、図2.6のレジスタファイル以降の
❸～❻が演算やロード/ストア命令用の実行パイプラインで、❼の分岐ユニットも分岐命令専用の実行パイプラインになります。

図2.11に示すように、実行パイプラインは、レジスタから入力オペランドを読み、命令で指定された動作を行い、結果をレジスタに書くという一連の動作を連続して行います。

実行パイプラインは、デコードユニットから送られた入力レジスタ番号（図2.11 ❶）を使って汎用レジスタから入力オペランドを読み出します（❷）。そして、デコードユニットからの、どのような動作をするかの情報（❸）[注19]を「EXサイクル」にコピーします。「EXステージ」では、この情報（❹）を使ってどの実行ユニットを使用するかを選択します。また、実行ユニットは加算と減算が実行できたり、NOT、AND、OR、XORなどの各種の論理演算を実行できたりするので[注20]、どの演算を行うのかの指定も行います。

図2.11 実行パイプラインの構造※

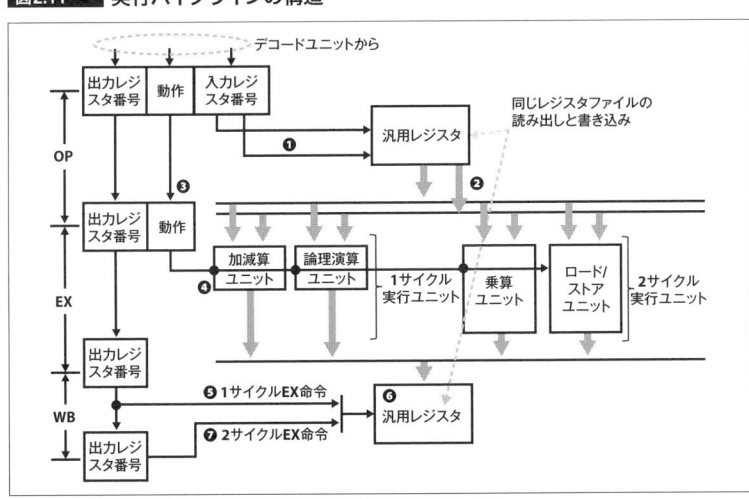

※ 図中の左の「OP」「EX」「WB」は各サイクル（時間）を指す。図中の中央～右側の囲みはそれを実行するステージ（場所）を示す。たとえば、EXサイクルは演算（EX）を行う時間、EXステージは演算を行う場所（ハードウェアのユニット）である。

注19 ここでの動作とは、加減算ユニットに加算か減算か、論理演算ユニットに演算の種別（AND、ORなど）ロードかストアかなど演算や操作を指示する情報です。
注20 より詳しくは、EXサイクルに入っている加減算、論理演算、乗算、ロード/ストアのすべてのユニットが実行ユニットです。EXユニットとも呼ばれます。

そして、1サイクルで演算が終わる命令の場合は、EXサイクルにコピーされた出力レジスタ番号(❺)を使って汎用レジスタ(❻)に結果を書き込みます。EXに2サイクルを必要とする命令の場合は、もう1回WBサイクルにコピーした出力レジスタ番号(❼)を使うことにより、結果の生成のタイミングと合わせて汎用レジスタへの書き込みができるようにします。

ロード/ストアユニット

図2.11ではメモリをアクセスするロード/ストアユニットは1つの箱で表していますが、その中身は**図2.12**のようになっています。

前出の図2.5に示したSPARCの命令(固定長)の場合、メモリアドレスは入力レジスタ1と入力レジスタ2、あるいは13ビット直値の和となりますので、図2.12の上側にある❶加算器で、この加算を行います。なお、図2.11では図を簡単にするため、直値を供給する経路は省略しています。

❶加算器で計算されたメモリアドレスが通常のメモリを指す場合は、まず❷キャッシュメモリにそのアドレスのデータがあるかどうかを検索します。読み込むデータがキャッシュメモリに入っている場合は❷キャッシュメモリからデータを読み出して、「WBステージ」に送ります。一方、デー

図2.12 ロード/ストアユニットの構造

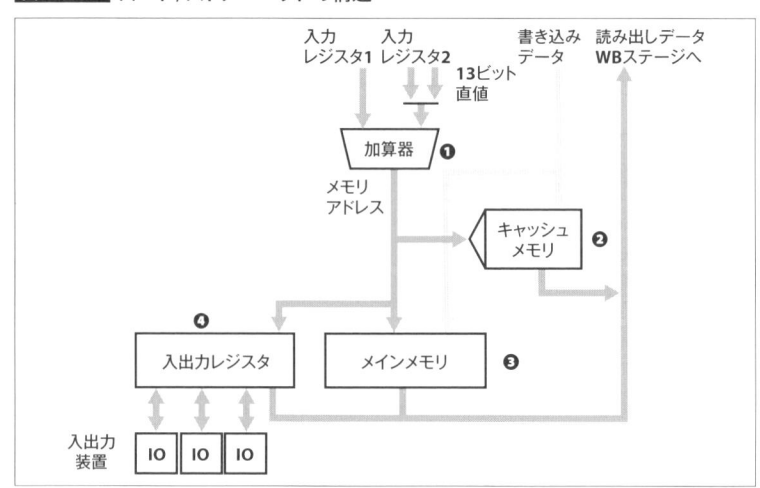

タがキャッシュメモリに入っていない場合は、❸メインメモリから読み出してWBステージに送ります。

SPARCの命令では、書き込みの場合はストア命令の結果レジスタ欄に書かれた番号のレジスタの内容が書き込みデータとなり、キャッシュメモリ、あるいはメインメモリにデータを送って書き込みます。

なお、キャッシュの詳しい動きについては2.4節で説明しますので、そちらを参照ください。

そして、入出力装置を制御する❹入出力レジスタも、❸メインメモリと同様にロード/ストアユニットが読み書きのアクセスを行います。

条件分岐命令の処理 —— 命令の実行の順序を変える命令

2.1節冒頭「プロセッサの実行環境」項の、命令セットアーキテクチャの説明箇所で登場したStatusレジスタの中に、「Condition Code」(CC)と呼ばれる欄があり、整数演算を行った場合、結果をレジスタに格納するとともに、結果がゼロ、正、負となった、あるいはオーバーフロー(レジスタのビット数で表せる最大の数を超えた)などの状態をCC欄に記憶させる命令があります。

この記憶されたCCを使って、命令の実行の順序を変える命令が**条件分岐命令**です。たとえば、以下のようなプログラムを書くと、❷のいろいろな計算を10回繰り返して実行できます。

❶ レジスタ1に「10」を入れ
❷ <いろいろな計算を行い>
❸ レジスタ1を「-1」して、「結果」をレジスタ1に格納するとともに、「状態」をCCにも格納
❹ 条件分岐命令：CCが0(ゼロ)を示していなければ❷に分岐し、CCが0(ゼロ)なら❺に進む
❺ <次の計算>

また、繰り返しだけでなく、前の演算結果に従って、それぞれ異なる命令を実行させることもでき、C言語で言えば、for文やif文はこの条件分岐命令を使って実現されます。少しでもプログラムを書いた経験のある人

なら、for文やif文は不可欠で、条件分岐命令はコンピュータには欠かせない命令であることがわかるでしょう。

分岐ユニット

条件分岐命令を処理する分岐命令処理ユニット（以下、**分岐ユニット**）機構は、**図2.13**のような構造になっています。

条件分岐命令は、条件分岐命令自体のアドレスにオフセットを加算した相対位置で分岐先の命令アドレスを指定するというのが一般的な方法であり、デコードユニットは分岐を行う条件指定（❶）と直値として書かれたオフセット（❷）を命令から取り出して分岐ユニットに送ります。また、条件分岐命令自体のアドレスはIPレジスタから読み（❸）、タイミングを合わせるため2回コピーして、❹加算器に入れます。

通常の演算ではOPは入力オペランドを読み出すサイクルですが、条件分岐命令の入力は、条件分岐命令を読み出した時点のIPをコピーしたレジスタとStatusレジスタの中の❺CC欄と決まっているので、OPサイクルで条件の一致の判断（❻）と、条件分岐命令のアドレスにオフセットを加算する処理（❼）をやってしまいます。

図2.13 分岐ユニットの構造

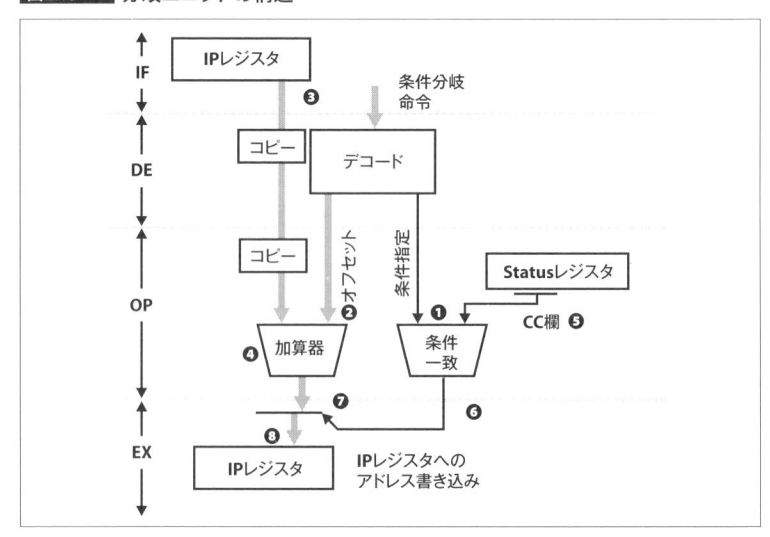

2.2 プロセッサの基本構造 ── マイクロアーキテクチャの基礎

　そして、条件が一致している場合は、次のEXサイクルで分岐先の命令アドレスを❽IPレジスタに書き込みます。一方、条件が一致しない場合は、図2.7に示したように、IPレジスタには条件分岐命令の次の命令のアドレスが書き込まれているので、このアドレスを使います。なお、図2.13ではIFサイクルとEXサイクルにIPレジスタが書かれていますが、これは同一のレジスタの読み出しと書き込みを表したものです。

　この分岐ユニットを使って処理を行うと、**図2.14**のように実行が進みます。図2.14では、第1サイクルに、CC欄に演算結果の条件を書き込む引き算命令(SUBcc)をフェッチして、実行を開始します。SUBcc命令は第4サイクルに引き算を行い、第5サイクルに引き算の結果を整数レジスタ、条件をStatusレジスタのCC欄に書き込みます。

　次の条件分岐命令(Bcc)を第2サイクルにフェッチし、第3サイクルにデコードしますが、CC欄のデータがまだ書かれていないので、デコードユニットが命令をイシューするのは第6サイクルとなります。分岐ユニットは、第6サイクルに条件の一致の判定を行い、分岐する場合は第7サイクルでIPレジスタに分岐先のアドレスを書き込みます。

　命令フェッチユニットは第3サイクルに条件分岐命令の次の命令を読もうとしますが、デコードユニットがふさがっているので、読み込みを待ち、結果として第5サイクルにこの命令を読みます。そして第6サイクルにDE、第7サイクルにOPと処理を進めていきます。

　しかし、分岐条件が成立し、第7サイクルにIPレジスタの内容を書き換えると同時に、分岐ユニットは実行パイプラインに対して実行中の命令をキャンセルするように指示します。これにより、実行を始めた条件分岐命令の次の命令やそれ以降の命令は取り消され、第8サイクルに更新されたIPレジスタに基づいて分岐先の命令をフェッチして、処理を始めます。

図2.14 　条件分岐命令の実行の様子[※]

サイクル	1	2	3	4	5	6	7	8	9
SUBcc	IF	DE	OP	EX	WB				
Bcc		IF	DE	DE	DE	OP	EX	WB	
次命令					IF	DE	OP	IF	DE

[※] 1列めの「SUBcc」「Bcc」「次命令」は、命令(の種別)。

条件分岐命令はコンピュータには不可欠な命令ですが、図2.14の例に見られるように「StatusレジスタのCC欄が確定するのを待つ」ことと、「IPレジスタの値が変わってから分岐先の命令をフェッチする必要がある」ため、多くの待ちサイクルが発生してしまいます。

入出力装置との接続 —— メモリと入出力レジスタ、メモリマップドI/O

64ビット命令アーキテクチャであれば、$0～2^{64}-1$の範囲のアドレスが指定できます。**図2.15**に示すように、このうちの一部はデータや命令を記憶する「メモリ」、別の部分は入出力装置とのインタフェースとなる多数の「入出力レジスタ」に割り当てるというやり方が一般的です。

このような入出力装置を制御するレジスタをメモリと同様にアクセスするやり方を**メモリマップドI/O**(Memory mapped Input/Output)と言います。なお、64ビット空間は広いので、メモリやI/Oレジスタが存在するアドレスはごく一部で、対応するメモリやレジスタが存在しないアドレスが大部分ということになっています。

この場合、入出力レジスタに割り当てられたメモリアドレスに書き込みを行うと、それはデータの値をメモリに記憶するのではなく、入出力装置に何らかの動作をさせたり、プリントや表示する文字などの出力データを出力装置に与えたりすることになります。また、入力レジスタに割り当て

図2.15 64ビットメモリ空間の割り当ての例

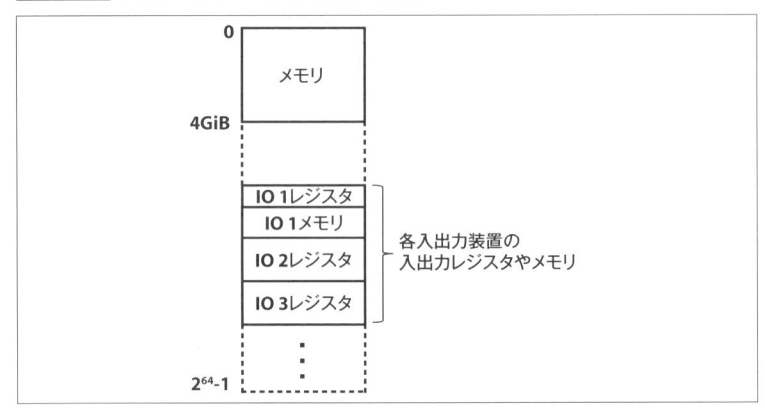

られたメモリアドレスを読むと、それは入力装置からの入力データであったり、入出力装置の状態を示すデータであったりするわけです。

最近では、入出力装置の中にプロセッサが入っていたりする高機能な入出力装置が多くなっており、1つの入出力装置が数百個の入出力レジスタを持つことも珍しくありません。また、入出力装置が内部にメモリを持ち、そのメモリがプロセッサのメモリアドレス空間に置かれて、プロセッサからも読み書きができるという構造も一般的です。

アクセスするメモリアドレスが入出力装置のアドレスである場合は、キャッシュメモリはアクセスせず、アドレスに従って「各入出力装置のレジスタやメモリ」を読み書きします。これにより、入出力装置の動作を指令したり、プロセッサと入出力装置の間でデータのやり取りをしたり、入出力装置の状態を読み取ったりします。

デバイスドライバ

それぞれの入出力装置がどのようなレジスタを持ち、レジスタの各ビットがどのような意味をもっているのかはまちまちで、制御の手順も装置ごとに異なります。このため、入出力装置には**デバイスドライバ**というソフトウェアが付いていて、これらの入出力レジスタを操作して、OSから見ると標準的なリード(Read)/ライト(Write)インタフェースで読み書きなどができるようになっています。

2.3 演算を速くする

直前の命令の演算結果を使う場合は、前の命令の演算が終わって結果が使えるようになるまで、次の命令の実行は始められません。このような「真のデータ依存性」(2.5節で後述)があるケースを速く実行するためには、演算自体の実行を速くすることが重要です。本節では、演算器をどのように高速化するかを見ていきます。

数値の表現

第1章で、基本的な2進数の表現について説明しました。しかし、計算を行うには正の整数だけではなく、負の整数も必要になります。また整数だけでなく、小数点を含む数が必要になることも少なくありません。

負の整数をどう表すか——コンピュータでは「2の補数表現」が使われる

日常の10進数の場合は正の「43」に対して、「−43」のように頭に−(マイナス)を付けて負の数を表しています。これと同様に、左端の1ビットを符号として使って、このビットがゼロの場合は正、1の場合は負の数を表すという方法が考えられます。左端のビットが符号(Sign)、残りのビットが絶対値(大きさ、Magnitude)を表すことになるので、この方法は **Sign-Magnitude表現**(符号付き絶対値表現)と呼ばれます。

一方、10進数で言うと−42を(100−42)=58と表す方法があります。このように負の数を表す方法を「100の補数表現」と言います。この場合、表現できる負の数は−1〜−50の範囲となり、値としては99〜50となります。そして、この方法で表せる正の数は0〜49となります。

わかりにくいと思うかもしれませんが、「45と−42の足し算」を考えると、45+(100−42)=103となり、100を無視すると45+(−42)で3となって45−42が正しく求まります。また、40+(100−42)=98となり、98は(100−2)ですから、−2の100の補数表現になっています。このように補数表現を使うと、正の数と負の数の足し算も正の数同士の足し算と同じように行うことができるので、一種類の演算器で足し算と引き算を行えます。

このため、コンピュータでは整数の表現には2進の補数表現が使われます。そして、整数をNビットで表現する場合、「$2^N - 1$」に対する補数表現を「1の補数表現」と言い、「2^N」に対する補数表現を「2の補数表現」と言います。

実は、「$2^N - 1$」はNビットすべて1(11111…1)という数値で、ここから正の数Mを引くことは、それぞれのビット位置でMが0ならば1、Mが1ならば0となり、1の補数表現はMの各ビットを否定(not)したものとなります。そして、2の補数表現の$2^N - M$は、not(M)+1ということになります。

図2.16に+42の2進表現と、+42の各ビットを否定した-42の1の補数表現と、それに+1した-42の2の補数表現を示します。

正の数と負の数の加算結果が正となる場合、1の補数表現の場合は$2^N - 1$、2の補数表現の場合は2^Nを引く必要がありますが、後者は最上位ビットからの桁溢れを無視するだけで済み、処理が簡単です。このため、コンピュータでは負の整数の表現には「2の補数表現」が使われます。

小数点を含む数字をどう表すか —— IEEE 754浮動小数点数のフォーマット

2進の整数は、最下位（右端）のビットの右隣に小数点がある数と考えることができます。この考え方を拡張すると、小数点より左のビットは順に2^0、2^1、2^2、…で、小数点より右側のビットは順に2^{-1}、2^{-2}、2^{-3}、…つまり、0.5、0.025、0.0125を表すことになります。このようにして小数点の位置を決めれば、小数を表すことができます。このやり方を固定小数点と言います。なお、普通、コンピュータは固定小数点の計算を行うハードウェアや命令は持っておらず、プログラマが、ここに小数点があるとみなして計算するプログラムを書くことになります。

しかし、このやり方では、電子の電荷は$-1.60217653 \times 10^{-19}$クーロンのような小さな数や太陽の質量は$1.9891 \times 10^{30}$kgというような大きな数が出てくるとお手上げです。このような数を表すため、コンピュータは浮動小数点という数値表現をサポートしています。**図2.17**に示すように、浮

図2.16 2進数の補数表現

	ビット	7	6	5	4	3	2	1	0
+42	(2進表現)	0	0	1	0	1	0	1	0
−42	1の補数	1	1	0	1	0	1	0	1
	2の補数	1	1	0	1	0	1	1	0

図2.17 IEEE 754浮動小数点数のフォーマット

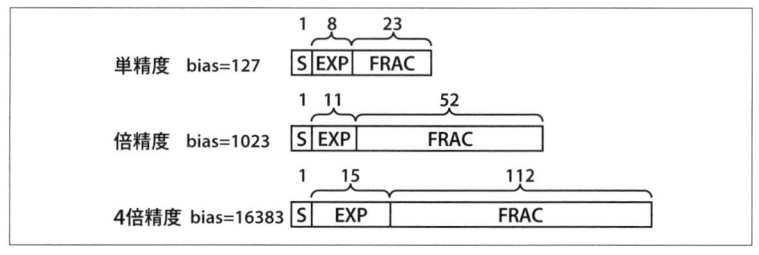

単精度　bias=127　　S | EXP(8) | FRAC(23)

倍精度　bias=1023　　S | EXP(11) | FRAC(52)

4倍精度　bias=16383　S | EXP(15) | FRAC(112)

※各形式とも上側の数字はS、EXP、Fraction各部のビット数を示す。

動小数点形式では、符号を表すS（*Sign*）部、1.60217653や1.9891を表すFRAC（*FRACtion*）部と10^{-19}や10^{30}を表すEXP（*EXPonent*）部を持っています。

図2.17に示すように、IEEE 754規格では32ビットの単精度、64ビットの倍精度、128ビットの4倍精度の浮動小数点数のフォーマットが規定されています。

整数の場合、負の数は2の補数表現を使いますが、浮動小数点数では1ビットのS部が0の場合は正、1の場合は負という表現を使います。

そして、IEEE 754規格では、EXP部は、$2^{(EXP-bias)}$を意味することになっています。このbiasは、単精度の場合は127、倍精度の場合は1023、4倍精度の場合は16383となります。

EXPの値が1つ増えると2倍の数になりますから、FRAC部としては1.0以上、2.0未満の数値が表せれば十分です。このため、FRAC部のビットの最上位のビットの左に小数点があり、さらにその左の1（1.0に相当）を省略した表現になっています。つまり、IEEE 754形式の浮動小数点数は、$(-1)^S \times 1.FRAC \times 2^{(EXP-bias)}$という数を表すことになります。

加算器の高速化 ── フルアダー

2の補数表現の整数の加算を行うには、2進数の加算器を用います。2進数の加算も10進数と考え方は同じで、最下位の桁から始め、各桁の数を足し、結果が2を超えたら上位の桁に桁上げを行うという操作を繰り返せばよいのです。1ビット分の入力AとBと下位の桁からの桁上がりCin（*Carry in*、キャリー入力）を加えるのは簡単で、和（*Sum*）、桁上がりはそれぞれ、以下❶❷のような論理回路で計算できます。

❶ S=A ⊕ B ⊕ Cin（⊕はXORを示す）
❷ Cout=A・B + A・Cin + B・Cin（・はAND、+はORを示す）

この回路を**フルアダー**（*Full adder*、全加算器）と言います。

基本のリップルキャリーアダー

1つのフルアダーでは1ビットの加算しかできませんが、これを順につなげると、長いビット数の2進数の加算ができます。**図2.18**で「FA」と書

かれた下向きの台形はフルアダーで、A入力は（A_{31}、A_{30}、…A_3、A_2、A_1、A_0）、B入力は（B_{31}、B_{30}、…B_3、B_2、B_1、B_0）の32ビットで、最下位桁にCin_0が入力されています。

図2.18の構成ではA_0、B_0、Cin_0の和をS_0として出力し、桁上がり信号を上位桁のフルアダーのCinにつないでA_1、B_1と加えています。このように下位の桁上がりを次々と伝搬させるので、これが水面に小石を投げたときにさざ波（Ripple）が広がるようだということから、この構成は**リップルキャリーアダー**（Ripple carry adder）と呼ばれます。

接続するフルアダーの個数を変えれば、32ビットでも64ビットでも加算はできるのですが、最悪の場合、最下位の入力から最上位の出力まで、ビット数分のフルアダーを信号が通過するので、計算に非常に時間が掛かるのが問題です。このため、より速く加算を行う方法が盛んに研究されました。

上位のキャリーを速く求める —— G信号とP信号

各桁の和S_iを見ると、$S_i = A_i \oplus B_i \oplus Cout_{i-1}$となっています。このうち、$A_i$と$B_i$は外部からの入力で、加算の開始時点で値が決まっています。問題は$Cout_{i-1}$で、これが速く求まれば、和が速く求まります。

このためにG（Generate）信号とP（Propagate）信号という考え方を導入します。G_i信号はi桁からキャリーが出るという信号です。A_iとB_iがともに1の場合はキャリーが出るので、G_i信号は$A_i \cdot B_i$で生成できます。P_i信号は、下位の桁からの$Cout_{i-1}$が1の場合にキャリーが出るという信号で、A_i、あるいはB_iが1であれば、下位の桁からの桁上がり信号が上位の桁に伝わります。なお、P_iは両方の入力が1というG_i信号が1となる場合を含んでいます。つまり、

図2.18 フルアダーを使った32ビットリップルキャリーアダー

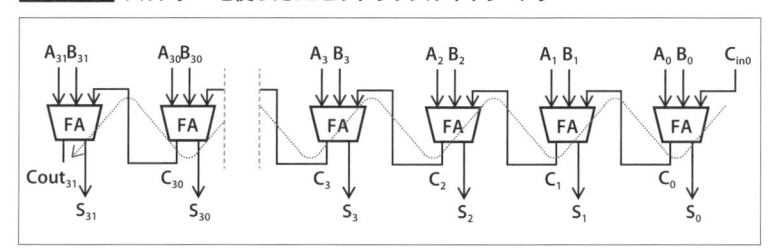

$$G_i = A_i \cdot B_i$$
$$P_i = A_i + B_i$$

となります。

ここでi + 1桁めからキャリーが出るのは、G_{i+1}が1でi + 1桁めからキャリーが出るか、P_{i+1}が1で下位からの$Cout_i$の1が上位桁に伝わる場合となります。そして$Cout_i$が1となるのは、G_iが1かP_iが1で$Cout_{i-1}$が1の場合となります。つまり、$Cout_i$=0の場合でもキャリーが出るのは、G_{i+1}=1の場合と$P_{i+1} \cdot G_i$=1の場合、$Cout_i$=1が$Cout_{i+1}$に伝わるのは$P_{i+1} \cdot P_i$=1となります。

これを式で書くと、i + 1桁とi桁の隣接する2ビットのグループのG信号とP信号は次のようになります。

$$G[i+1, i] = G_{i+1} + P_{i+1} \cdot G_i$$
$$P[i+1, i] = P_{i+1} \cdot P_i$$

これは隣接する2ビットのグループのG信号とP信号が1ビットのG信号とP信号から作れることを意味しています。そして、同様にして4ビットグループのG、P信号は隣接する2つの2ビットグループのG、P信号から作れ、8ビットグループのG、P信号は隣接する2つの4ビットグループのG、P信号から作れます。

このようにすると、$Cout_{31}$はG[31,16]とP[31,16]とG[15,1]とP[15,0]とCin_0から作れ、G[31,15]はその半分のG[31,24]、P[31,24]とG[23,16]とP[23,16]から作れるというように、ビット数をNとすると、$Log_2 N$回のG、P信号の組み合わせで作れることになります。

G信号の組み合わせはAND-OR、P信号の組み合わせはANDだけで、フルアダーのキャリーを作る論理回路より簡単です。そして、リップルキャリーアダーの場合はビット数Nに比例して信号が通過する段数が増えるのに対して、このようにG、P信号の組み合わせで各桁へのCinを作ると$Log_2 N$段の通過で済みます。64ビットの加算の場合、これは64段と6段の違いで、加算に必要な時間を1/10以下に短縮できます。

ここでは、最上位桁からのCoutの生成だけに絞って説明を行いましたが、

2.3 演算を速くする

それ以下の桁のCoutも同様に分割して階層的に作ることができます。そのとき、どのように分割していくかには自由度があり、いろいろな方式が考案されています。

その中でも、**図2.19**に示す「Kogge-Stoneのキャリー生成回路」(*Kogge-Stone adder*、Kogge-Stoneアダー)が最も高速な回路として知られています。図2.19の上側からの入力は各ビットのP_iとG_iのペアの信号で、四角の箱はP、G計算回路で、$G[i+1, i] = G_{i+1} + P_{i+1} \cdot G_i$と$P[i+1, i] = P_{i+1} \cdot P_i$を計算する回路です。そして、三角はP、G信号のバッファです。

図2.19のキャリー計算回路は、最大、$Log_2 N$段のP、G計算回路を通過するだけであり、また、それぞれのP、G計算回路の出力は2つのP、G計算回路を駆動するだけで済み、負荷が小さいので高速に動作します。

このキャリー計算回路を使い、**図2.20**のように、各桁のP、Gの生成回路と各桁のA_i、B_iと計算されたC_{i-1}を加算する回路を付け加えると、高速のアダーを作ることができます。なお、図2.20で破線で囲んだG_0、P_0を作る部分を右側の張り出しのように変更すると、各桁の桁上がり信号C_iはG_iと等しくなり回路を簡単にすることができます。

このようにG、P信号を使って高速に各桁のキャリーを求めて加算を高速に行うタイプのアダーは、リップルキャリーアダーと比較すると2〜3

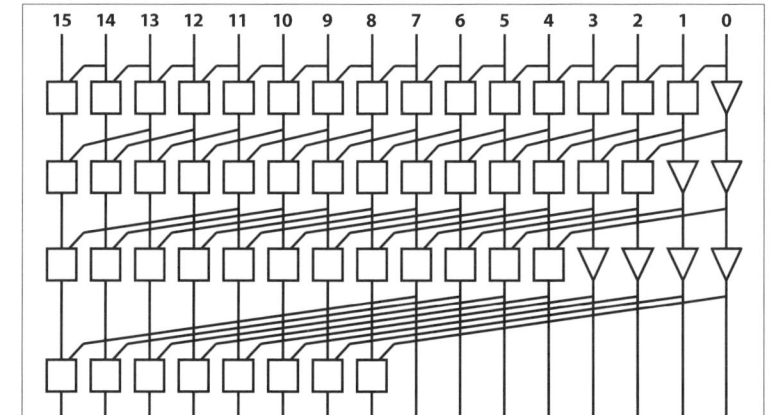

図2.19 16ビットのKogge-Stoneアダーのキャリー計算回路

倍のトランジスタを必要としますが、最近のプロセッサでは、トランジスタは潤沢に使えるので、このような高速アダーが使われます。その結果、整数の加減算は64ビット長であっても1サイクルで実行するというプロセッサが一般的です。

引き算はどうするのか

A − Bの計算は、A + (− B)としてAに − Bを加えることで計算できます。2の補数表現の − Bは、Bの各ビットを否定し、さらに + 1することで作れます。各ビットの否定は簡単ですが、 + 1は桁上がりが伝搬していく場合もあり、 − Bを作るのは面倒です。

図2.21に示す回路では、 − Bを直接に作らず、この問題を回避するようになっています。選択信号がADD(足し算)の場合は、A、Bは入力その

図2.20 高速のキャリー計算回路を用いる加算器の構成

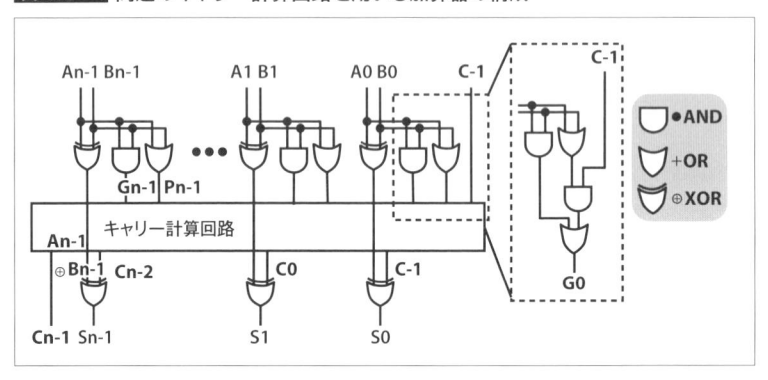

図2.21 加減算を行う回路

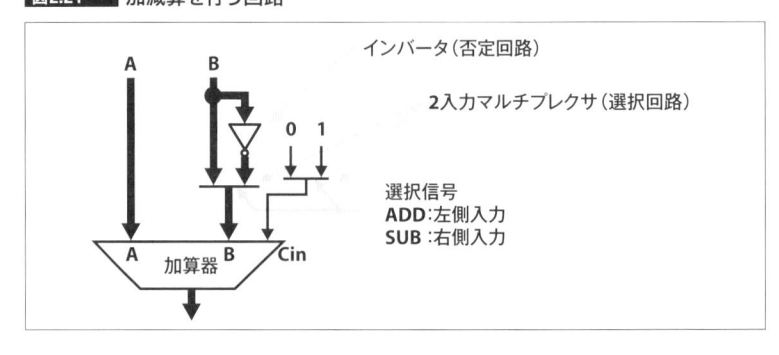

まま、Cin=0で、加算器は単純にAとBの足し算を行います。一方、選択信号がSUB(引き算)の場合は、加算器のB入力にはBの否定が入力され、Cinに1が入ることで+1をして、結果として2の補数表現の−Bを加算することができます。

なお、図2.21の回路のB入力を否定するインバータ(否定回路)と加算器のB入力を選択する2入力マルチプレクサ(選択回路)は、Bのビット数分の個数が必要になります。

リザルトバイパス —— 汎用レジスタをバイパスして、演算結果を次の演算に渡す

このように1サイクルで64ビットの数値の加算ができる加算器を使っても、演算結果をレジスタに書き込み、次の命令で、それを読み出すという第1章で述べたやり方では、図2.22のように、命令1のEXと命令2のEXの間に2サイクルの空きが生じてしまいます。

しかし、第4サイクルの終わりには計算が終わっているので、演算器の出力を直接、次の演算に使えば、レジスタへの書き込みとそこからの読み出しを待つ必要がなくなります。

図2.23のように演算器の入力にマルチプレクサ(選択回路)を設けておき、演算結果を次のサイクルの演算に使いたい場合は、演算器の出力そのままのBP0信号[注21]、1サイクル置いて次のサイクルに使いたい場合は演算器出力を1サイクル遅延したBP1信号を選択して演算器の入り口のレジスタに

図2.22 レジスタ経由で直前の命令の演算結果を使う命令は2サイクルの空きサイクルが入る

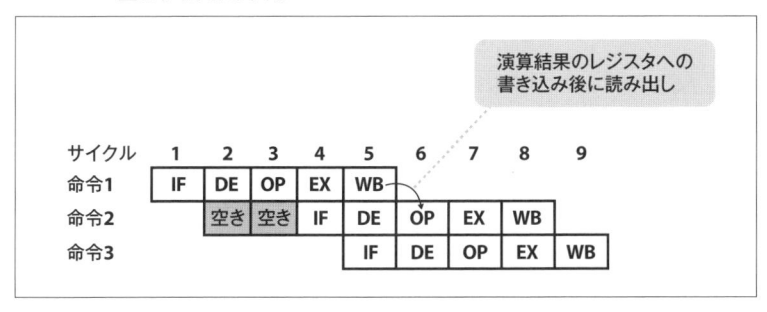

サイクル	1	2	3	4	5	6	7	8	9
命令1	IF	DE	OP	EX	WB				
命令2		空き	空き	IF	DE	OP	EX	WB	
命令3					IF	DE	OP	EX	WB

演算結果のレジスタへの書き込み後に読み出し

注21 BP0は信号名で、ここでのBPはバイパスの略として使っています。

第2章 プロセッサ技術

格納できるようにします。この方法は、演算結果を、汎用レジスタをバイパスして次の演算に渡すので、リザルトバイパス（*Result bypass*）と呼ばれます。

このようにすると**図2.24**に示すように、直前の命令の演算結果を使う命令も空きサイクルなく実行できるようになります。

図2.23 演算結果を、汎用レジスタを経由せず次の演算に使うリザルトバイパス

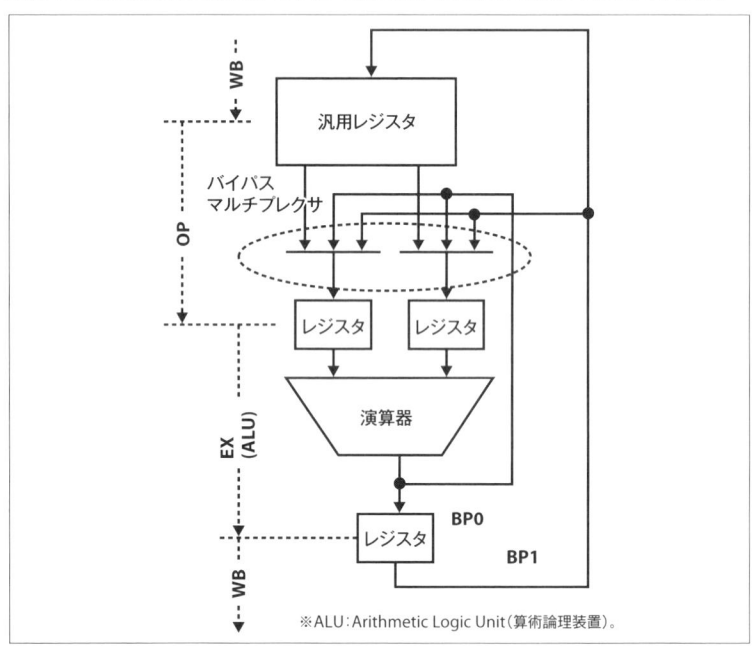

※ALU：Arithmetic Logic Unit（算術論理装置）。

図2.24 リザルトバイパスを行う場合の実行状況

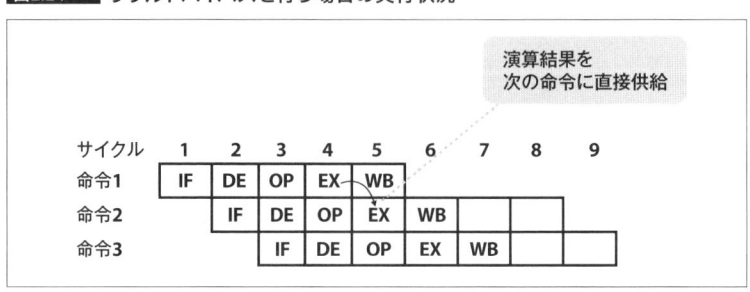

演算結果を次の命令に直接供給

サイクル	1	2	3	4	5	6	7	8	9
命令1	IF	DE	OP	EX	WB				
命令2		IF	DE	OP	EX	WB			
命令3			IF	DE	OP	EX	WB		

乗算器とその高速化

筆算で掛け算を行う場合は**図2.25**のように、被乗数に乗数の各桁の数を掛けて部分積を作り、これらの部分積の合計を求めて、結果となる積を計算します。

2進数の場合も、これと同じで、被乗数に乗数の各桁を掛けて部分積を作ります。そして、それらの部分積の合計を求めます。このプロセスを高速化するのが、**変形ブースエンコード**(*Modified Booth encode*)という方法と、**ウォレスツリー**(*Wallace tree*)という方法です。順に見ていきましょう。

変形ブースエンコード

2進法の乗数の各桁は0か1で、「0」の場合は部分積は0、「1」の場合は部分積は被乗数そのものですから部分積の計算は簡単です。しかし、乗数のビット数だけの部分積ができてしまいます。

これを乗数の各ビットではなく、2ビットの乗数、あるいは3ビットの乗数で1つの部分積を作るという方法で、部分積の数を減らそうというのが「変形ブースエンコード」という方法です。

2ビット分の乗数は0、1、2、3の4通りの値をとります。「0」「1」の場合の部分積は1ビットの場合と同じで簡単に作れます。また、「2」の場合も1ビット左にずらすだけですから、これも簡単です。問題は「3」の場合で、これを今回は被乗数の1倍を引いておいて、次に計算する上位の2ビットのときに1倍を足すというふうに処理します。そうすると、次の2ビットの処理では2ビット左に桁がずれているので、これは被乗数の4倍を加えることに相当し、今回の-1倍と合わせると、3倍を加えたことになります。

図2.25 筆算による掛け算

			3	4	5	6	被乗数
		X)		9	8	7	乗数
			2	4	1	9	2	部分積1
		2	7	6	4	8		部分積2
	3	1	1	0	4			部分積3
	3	4	1	1	0	7	2	積

部分積の数を減らすブースのアルゴリズム

　この方法を規則的に適用するには、**図2.26**のように、乗数の最下位の右に1ビットの0、最上位の左に2ビットの0を補い、下位のほうから3ビットずつ乗数を見ていきます。

　そして、図2.26の中の表に示すように、「3ビットの乗数」に応じて被乗数の＋0、＋1、＋2、－2、－1、－0倍を部分積として行きます。

　次の部分積を求める3ビットの乗数ですが、前の3ビットと1ビットの重なりを設けることにより、上の桁での補正を実現しています。

　なお、ここでの説明は、乗数2ビットに対して1つの部分積を作るやり方ですが、乗数3ビットに1つの部分積を作るというやり方も可能です。ただし、この場合は「被乗数の3倍」をあらかじめ作っておく必要があります。

部分積の和を高速化するウォレスツリー

　ブースの方法で、2ビットごとに部分積を作れば、乗数1ビットに対して1つの部分積というやり方に比べて部分積の数は約1/2に減るのですが、それでも32ビットの掛け算では、17個の部分積の和を求める必要があります。これを16回の足し算で求めるとすると、1サイクルで加算ができる加算器を使っても16サイクル掛かってしまいます。

図2.26 2ビット単位のブースの方法は3ビットを見て部分積を作る

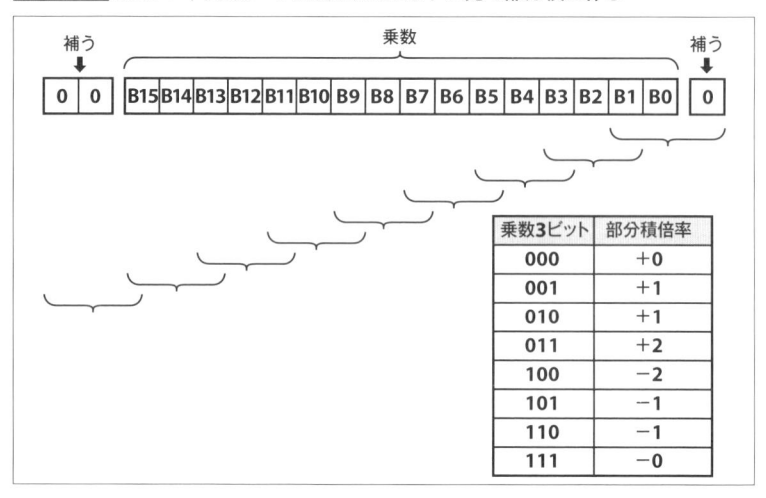

乗数3ビット	部分積倍率
000	＋0
001	＋1
010	＋1
011	＋2
100	－2
101	－1
110	－1
111	－0

2.3 演算を速くする

これをより短い時間で行おうというのがウォレスツリーという方法です。筆算を行う場合も、図2.25の部分積1と部分積2の和を計算してから、それに部分積3を加えるという計算は行いません。3つの部分積の各桁の数を加算して和と桁上がりを求め、桁上がりを含めて次の桁の加算を行ってその桁の和と桁上がりを求めるというのが学校で習ったやり方です。

ウォレスツリーは、この各桁のすべての部分積、そして下位の桁からの桁上がりをフルアダーのツリーで計算します。

図2.27は9個の部分積の場合の1桁分の計算回路を示したもので、FAは加算器のところで出てきた3つの1ビット入力の和と桁上がりを計算するフルアダーです。この例は部分積の入力が9個の場合ですが、加算する部分積の数が多い場合は、1段めのフルアダーの個数を増やし、それに対応して、2段め、3段め、…のフルアダーの個数も増やします。

そして、フルアダーの桁上がり出力Cは重みが2倍ですから、上位の桁のウォレスツリーに送ります。

1段めのフルアダーのS出力と、下位の桁からの桁上がり信号を2段めのフルアダーで加算し、C信号出力は上位の桁に送り、S信号は3段めのフルアダーに送ります。3段めのフルアダーはこの2段めからのS信号と、下位の2段めのフルアダーからの桁上がり信号を加算します。なお、この

図2.27 1桁分の部分積の合計を計算するウォレスツリー

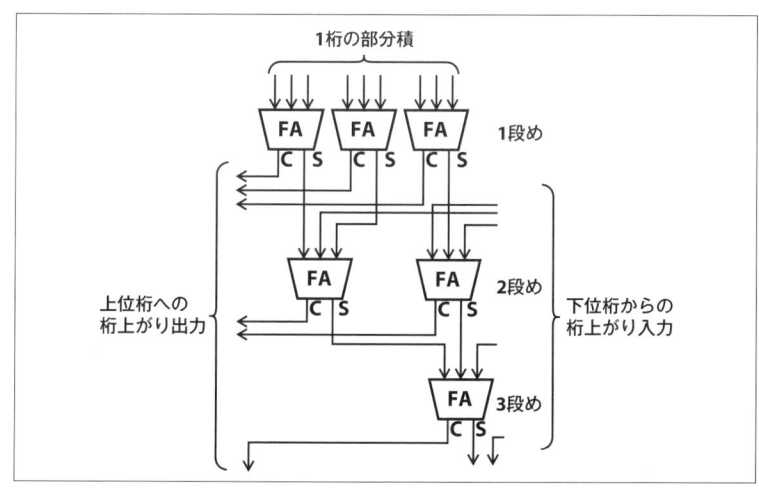

9入力の例では3段のフルアダーでその桁の和Sと上位の桁への桁上がりCが求まっていますが、入力数が多くなると、フルアダーの段数と個数を増やす必要があります。

このように、部分積のビットは第1段めのS出力と下位の桁からの第1段めのC出力を2段めのフルアダーに入力し、2段めのS出力と下位の桁からの2段めのC出力を3段めのフルアダーに入力するというように接続を行っていけば、桁が上がるごとに1段下のフルアダーに信号が伝わるので、積のビット数が長くても、信号の伝搬は1桁分のウォレスツリーのフルアダーの段数となり、比較的小さい遅延時間で済みます。

ウォレスツリーからは積の各ビットについて和S_iと、下位の桁からの桁上がりC_{i-1}の2つの信号が出てくるので、このS項とC項を、前に説明した高速のKogge-Stoneアダーなどを使って加算して最終的な積を求める必要があります。

このため、ブースエンコーダ(*Booth encoder*)とウォレスツリーの部分に1〜2サイクル、アダーに1サイクル掛かり、全体では乗算には2〜3サイクル必要というプロセッサが一般的です。

しかし、この乗算器はパイプライン的に動かすことができるので、毎サイクル新しい入力データの乗算を開始することができます。

除算器とその高速化

学校で習った10進数の割り算は、除数の何倍が被除数から引けるかという1桁の商の見当をつけて、除数×1桁の商を引くという操作を繰り返して計算します。ただし、引いた結果が負になる場合は引き過ぎで、商を1つ小さくして、計算を行います。

2進数の場合も10進数と同様に、商の各桁を0、または1として、上記のプロセスを繰り返しても良いのですが、これとは異なり、商を＋1、または－1とするというやり方があります。商を＋1と考え、除数の1倍を引いて部分剰余が負になった場合は、1ビット右にずらした次の回に商を－1とすれば、結果として＋1－1/2＝1/2で前回の引き過ぎを補正できます。

このやり方では商の各桁は＋1か－1となりますが、非除数の残りである部分剰余が正なら商は＋1、部分剰余が負なら商は－1となるので、引

き過ぎを気にすることなく自動的に計算を行うことができます。この割り算のやり方を「引き放し法」と言います。

詳細は省略しますが、これを拡張して、各桁の商として取り得る値を＋2、＋1、0、－1、－2とすると、正規化された部分剰余と、正規化された除数と商の関係は**図2.28**のようになります。

図2.28のグラフには5本の斜めの線が引かれています。太い3本の線は上限、細い2本の線は下限で、グラフ右側に2と書かれた上限の線と下限の線の間の領域では商として2を選ぶことができます。また、グラフ右側に1と書かれた上限の線と下限の線の間の領域では商として1を選べます。

図2.28に見られるように、商として2を選べる領域と1を選べる領域はある程度オーバーラップしており、1の上限と2の下限の線の間の領域では、その後の計算で補正できるので、その桁の商としては1を選んでも2を選んでも良いことになります。この自由度を利用して、図2.28のようにそれぞれのマスで商としてどの値を選ぶかを塗り分けることができます。図2.28では除数は0.125刻み、部分剰余は0.25刻みですから、除数と部分剰余の上位の数ビットだけを見て商の値を決められます。

つまり、このような表を作ると1回で2ビット分の商を求めることができ、1ビットずつの処理と比べると、部分商を求める回数をほぼ半分にすることができます。この除算法は、発明者3人の姓(Sweeney、Robertson、Tocher)の最初の文字をとって**SRT法**と呼ばれています。

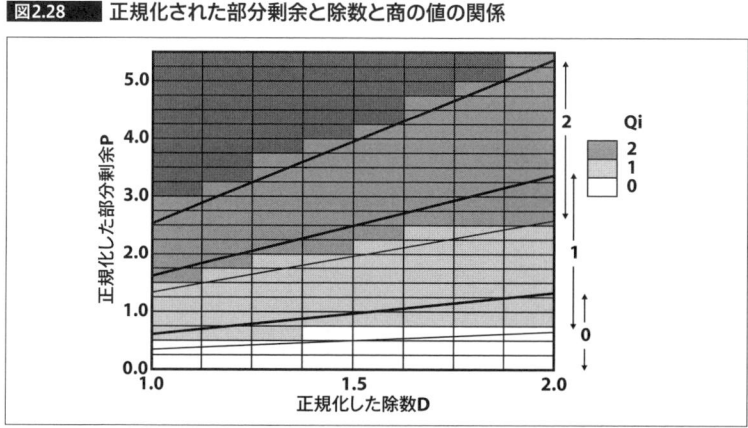

図2.28 正規化された部分剰余と除数と商の値の関係

SRT法で1回に3ビット、あるいはそれ以上の商を求めることも原理的には可能ですが、テーブルが大きくなったり、除数の3倍や5倍を作っておく必要があったりして複雑になるので、商用のプロセッサに採用されたという例は聞きません。一方、IntelのCoreプロセッサでは、2ビットずつ商を求めるSRT除算を1サイクルに2回実行するようにして、1サイクルに4ビットの商を作っています。

このような方法で1サイクルに2〜4ビットの商を作るのですが、それでも32ビットの商を計算するには16〜8サイクル掛かります。また、除算回路はパイプライン処理ができないので、演算の開始から終了まで除算回路を占有してしまいます。このため、高性能を実現するという観点からは、できるだけ割り算は使わないようにプログラムを書くことが有効です。浮動小数点数の除算も整数除算と同じで長い時間除算器を占有してしまいます。このため、たとえば3.0で割るという計算が複数回ある場合は、1/3.0を計算しておき、それを掛けるというようにプログラムを書き換えれば割り算の回数を減らして、プログラムの実行時間を短縮することができます。

浮動小数点演算器

前出の図2.17で示したように、浮動小数点数は指数を表すEXP部と数値を表すFRAC部を持っています。FRAC部は1.xxxという数値のxxxの部分だけなので、まず省略された1.の部分を補って1. FRAC1と1. FRAC2とします。加減算の場合は桁を合わせる必要があるので、**図2.29**に示し

図2.29 浮動小数点数の桁合わせ

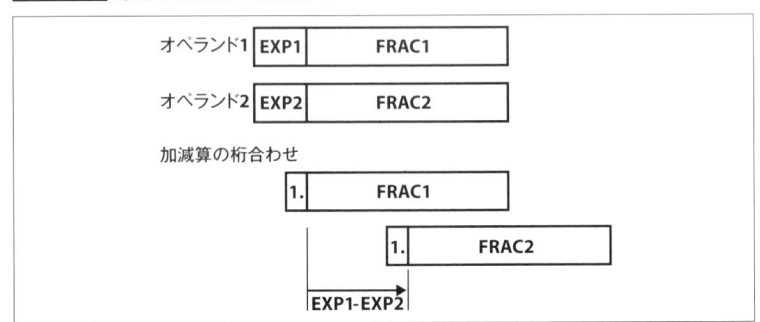

たようにEXP1とEXP2の差を計算してシフトを行って桁合わせをしてから整数として加減算を行います。このように桁合わせを行うので、FRAC部のビット数の2倍の長さのビット数の加算器が必要となります。

　乗算の場合は、1.を補ったオペランドを掛け算して積を求め、2つのオペランドのEXP部の和が指数部となります。また、除算の場合は、数値はオペランドの数値の割り算、指数部は被除数のEXP部から除数のEXP部の値を引くことになります。

　そして、演算の最終結果は、IEEE 754規格に規定されたEXP部やFRAC部の形式に合わせる必要があります。図2.29のような加減算を行うと結果のビット数はFRAC部のビット数より長くなってしまいます。また、乗算もFRAC部の長さの約2倍のビット数になります。このため、規定のEXP部とFRAC部の形式になるように正規化をする必要があります。このとき、長いFRAC部は丸めを行って規定の長さに収めます。

　IEEE 754規格では、2種類の最も近い値への丸めと、切り捨て、$+\infty$方向に丸める(切り上げ)、$-\infty$方向に丸める(切り下げ)という計5種の丸め方が規定されています。最も近い値への丸めは、演算結果がちょうど中間の値(FRACの最下位となるビットの下のビットが1000...)の場合、FRACの最下位ビットが0になるように丸めるというやり方と、0から遠い方(絶対値としては四捨五入)に丸めるという2つのやり方が規定されています。

　IEEE 754規格ではEXP部の最大値と最小値は特別な用途に使われており、EXP部の値が最大値でFRAC部のビットがすべて0の場合は、無限大を表します。またFRAC部のビットがすべて0ではない場合は、NaN(*Not a Number*、非数)を表します。NaNを含む演算の結果はNaNとなりますので、プログラムの中でメモリ領域を確保したときに配列の各要素をNaNで埋めておけば、初期化していない配列要素を使って演算を行った結果はNaNとなるので、値の決まっていない変数を使って演算しているというバグを容易に見つけることができます。

SIMD演算ユニット —— SSE、AVX

　x86アーキテクチャのプロセッサは、**SSE**(*Streaming SIMD Extensions*)と呼ぶ命令群をサポートしています。また、最近の第2世代以降のIntelの

CoreファミリープロセッサはAVX(Advanced Vector eXtensions)と呼ぶ命令群をサポートしています。

x86命令アーキテクチャの通常の命令は1/2/4/8バイトのサイズのデータの1つ演算を行いますが、SSEやAVXの命令は複数のデータに対して複数の演算(演算の種類はすべて同一)を同時に実行します。1つの命令で複数のデータを扱うので、このような処理方法をSIMD(Single Instruction Multiple Data)と言います。1つの演算と同じ時間で複数の演算を行うことができるので、その分、演算性能が上がります。このため、オーディオやビデオのように次々と入ってくるストリームデータのエンコードやデコード処理に最適です。また、SSE 2.0やAVXは浮動小数点演算も並列に実行できるので、大量の浮動小数点演算を必要とする科学技術計算にも有効です。

SIMD演算は専用のビット長の長いレジスタを使う

SSE命令やAVX命令専用の汎用レジスタが設けられており、SSEやAVX命令では、整数演算用の汎用レジスタや浮動小数点演算用の汎用レジスタは原則として使用されません。SSE/AVX命令用のレジスタとして、図2.30に示すように、128ビット長のXMMレジスタが16個、それとペアになる128ビット長のYMMレジスタが16個あります。

SSE命令は128ビットを一括して処理する命令で、XMMレジスタだけを使います。一方、AVX命令は128ビット一括と256ビット一括の2種の命令群があり、128ビット処理の場合はSSEと同様にXMMレジスタだけを使い、256ビットを一括して処理する場合はYMMとXMMレジスタをつないで256ビットレジスタとして扱います。

図2.30 SSE/AVX命令用のXMM、YMMレジスタ

	YMM	XMM
0	128ビット	128ビット
1	128ビット	128ビット
2	128ビット	128ビット
15	128ビット	128ビット

SIMD命令は長いレジスタを分割して並列に演算する

図2.31に示すように、128ビットのXMMレジスタは16個の8ビットデータを演算器に供給します。通常の演算器は指定されたデータサイズの演算を1個実行するだけですが、SSE命令の場合は、SIMD演算器はデータサイズが8ビットの場合は、16個の演算を並列に実行し、16個の8ビットの演算結果を出力します。

また、データサイズが16ビットの場合は、2つの8ビット入力データを結合して8個の16ビット演算を実行して8個の16ビットデータを生成し、16個の8ビットデータとしてレジスタに書き戻します。データサイズが32ビット、64ビットの場合も同様で、必要な数の8ビットデータを結合して並列に演算を行います。

なお、この説明はSSE命令の場合で、256ビットを一括して処理するAVX命令の場合は32個の8ビットデータを一括して並列に処理することになります。

このようにSIMD命令を使うと、通常の演算命令の何倍もの演算を並列に実行することができるので、並列に演算する分、性能が高くなります。

また、SSE命令やAVX命令にはメモリとYMM/XMMレジスタの間で128ビット、あるいは256ビットのデータ転送を行うロード/ストア命令が含まれています。しかし、これらのロード/ストア命令は指定されたメモリアドレスから、連続する16バイト、あるいは32バイトをYMM/

図2.31 SSEの128ビットレジスタと演算器の関係

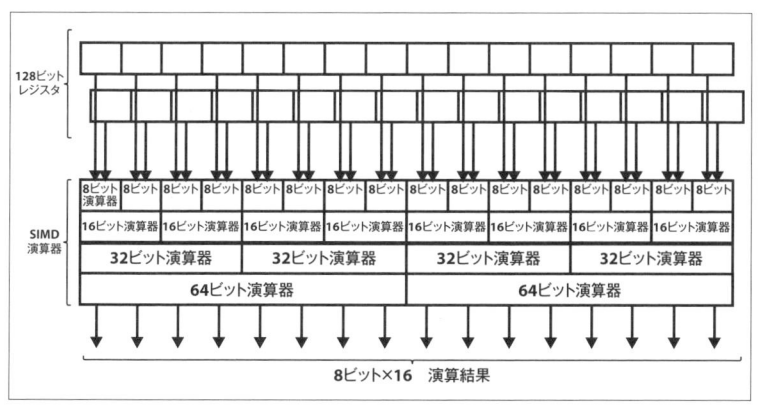

XMMレジスタに読んできたり、レジスタからメモリに書き出したりする命令で、並列に処理したいデータが連続したメモリアドレスに並んでいる場合は良いのですが、メモリ上で、データがとびとびに存在する場合には一括してデータを読み書きすることができません。

　このような場合は、通常のロード命令で、処理するデータサイズのデータをメモリから整数用の汎用レジスタに読み込み、それをYMM/XMMレジスタに転送するという操作を繰り返すことになります。あるいは、YMM/XMMレジスタの中の要素の順番を入れ替えてコピーする命令などを使って一部のデータを抽出したり、並べ替えたりすることになります。また、ストアの場合は、この逆に、YMM/XMMレジスタから、データを1つずつ整数レジスタに転送し、通常のストア命令でメモリに書き込むことになります。

　なお、AVX2ではとびとびのデータを一括して読むギャザー(Gather)命令が追加されましたが、とびとびのアドレスにYMM/XMMレジスタのデータを分解して書き出すスキャッタ(Scatter)命令はサポートされていません。

2.4 高速化を支えるキャッシュメモリ

　1.2節で、メモリを階層化することで実効的なメモリアクセス時間を大幅に改善することができることを説明しました。本節では、メモリ階層化の中心となるキャッシュメモリについて詳しく見ていきます。

キャッシュメモリの構造

　前述のとおり、現在のプロセッサからDRAMで構成されるメインメモリをアクセスするには、数百サイクル掛かります。**キャッシュメモリ**(*Cache memory*)は、メインメモリの中から、頻繁に使用される一部のデータ(あるいは命令)を格納している部分をコピーしてきて、プロセッサから高速にアクセスできるようにします。キャッシュメモリのアクセスに必要な時

間は、16KiBとか32KiBといった小容量の1次キャッシュの場合は数サイクルで、256KiB～1MiB程度の2次キャッシュの場合でも10～20サイクル程度とメインメモリに比べると非常に高速です。

しかし、問題は、どうやって頻繁にアクセスされるデータをキャッシュメモリに入れるかです。

プロセッサがアクセスするメモリアドレスは、完全にランダムではありませんが、それでもメモリ空間の中のあちこちのデータをアクセスします。命令は連続したアドレスでアクセスされる傾向がありますが、分岐命令や関数の呼び出し（CALL）命令や復帰（RETURN）命令が出てくると別のアドレスに跳んでしまいます。

このため、あまり大きな単位でメモリからコピーしてきても、使われないデータが多くて無駄が大きくなります。また、容量が16KiBのキャッシュに1KiBの単位で読み込むと、16ヵ所のデータしか入れられず、頻繁にアクセスするデータでも場所がなくてキャッシュに入れられないという問題も起こります。一方、あまり小さな単位では、後に述べるタグのオーバーヘッド（*Overhead*）[注22] が大きくなってしまいます。

キャッシュライン、キャッシュラインサイズ

このような考慮から、最近では、メモリからキャッシュにコピーするデータの大きさは64バイト（64B）というプロセッサが多くなっています。

このメモリからのコピーを格納する場所を**キャッシュライン**（*Cache line*）と呼び、そのサイズを**キャッシュラインサイズ**（*Cache line size*）と呼びます。つまり、キャッシュラインサイズが64バイトなら16KiBのキャッシュに256ヵ所のアドレスのデータが入れられるということになります。そして、**図2.32**に示すように、メインメモリのあちこちアドレスから64バイトのデータを持ってきてキャッシュに格納します。どのアドレスのデータをキャッシュに入れるのかについては後述します。

注22　元々は間接費の意味で、本来の機能（ここでは頻繁にアクセスするデータを格納すること）以外に必要になるものを指します。

第2章 プロセッサ技術

図2.32 64バイト単位でメインメモリのあちこちの内容をコピーしてくるキャッシュメモリ

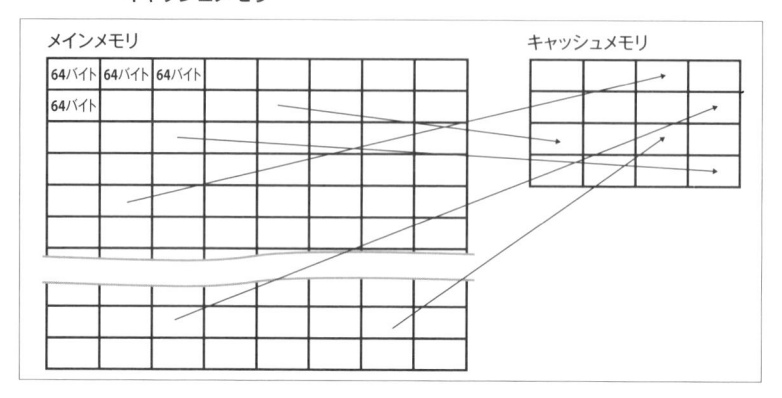

キャッシュメモリのアクセス —— キャッシュラインとタグ

前述のとおり、**キャッシュ**(*Cache*、宝物の隠し場所)メモリはハードウェアが管理するデータの秘密の隠し場所で、その隠し場所は「ソフトウェアからは見えない」ようになっています。つまり、プロセッサはメインメモリをアクセスしているつもりなのですが、読み出すべきアドレスのデータがキャッシュメモリに入っていれば、ハードウェアがキャッシュメモリから読み出し、入っていない場合はメインメモリから読み出すという動作をします。

このように動作するためには、キャッシュラインごとに、メインメモリのどのアドレスのデータが入っているのかを覚えておく必要があります。この情報を**タグ**(*Tag*)と言います。タグは荷札の意味で、キャッシュラインという容器に入っている内容に関する情報を書いた荷札というわけです。

そして、キャッシュメモリは、プロセッサからアクセスされたアドレスのデータが、どれかのキャッシュラインに入っているのか、どのキャッシュラインにも入っていないのかをタグをチェックして判定する必要があります。

フルアソシアティブキャッシュ —— 自由度が高い方式

どのメモリアドレスのデータでも、どのキャッシュラインに入れても良いということにすると、すべてのキャッシュラインを有効に利用できますが、アクセスされたアドレスのデータの有無を調べるには、全部のキャッ

シュラインのタグを調べる必要があります。これを順番に調べるのでは時間が掛かってしまうので、全部のキャッシュラインにタグの内容とアクセスするアドレスが一致しているかどうかを検査する回路を設けて、並列にチェックします。

　この構造のキャッシュメモリを**フルアソシアティブ**（Full associative）キャッシュと言います。フルアソシアティブキャッシュは、どのキャッシュラインにどのアドレスのデータでも入れられるので自由度が高いのですが、それぞれのキャッシュラインにタグとアドレスの一致を検出する回路が必要で、キャッシュメモリのチップ上の面積や消費電力が大きくなるという問題があります。このため、フルアソシアティブ方式は、おもに128キャッシュライン以下の比較的規模の小さいキャッシュで使われます。

ダイレクトマップキャッシュ ── 構造が簡単な方式

　一方、メモリアドレスの値から、それを格納するキャッシュラインを1ヵ所に限定するという構成が考えられます。この構造は、メモリアドレスからそのデータが入る可能性のあるキャッシュラインが直接決まるので、**ダイレクトマップ**（Direct map）と言われます。

　図2.33の例では、0〜16KiB-1までアドレスは、64バイトごとに次々と別のキャッシュラインに対応させ、その次の16KiBからのアドレスは、最

図2.33 ダイレクトマップ方式のキャッシュの構造

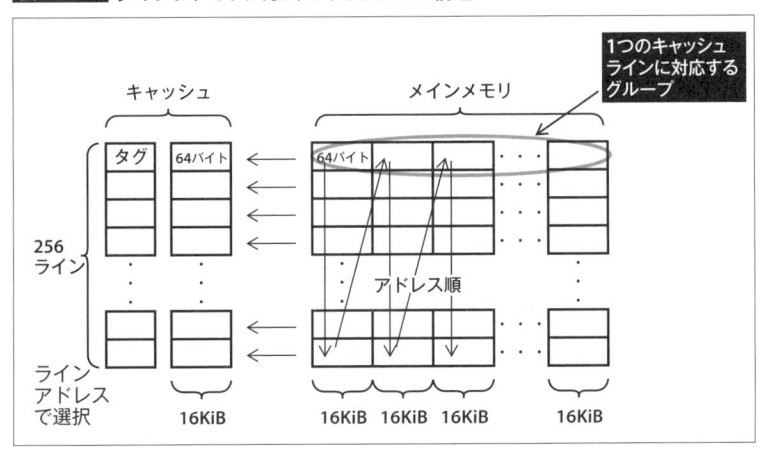

初のキャッシュラインに戻って、また、順に次のキャッシュラインにという具合に対応させていきます。つまり、図2.33で横一列に並んでいるメインメモリの64バイトブロックは同じ1つのキャッシュラインに対応させます。

このようにすると、メインメモリのアドレスから、そのデータが入っているキャッシュラインは1ヵ所に決まるので、そのキャッシュラインのタグの内容とメモリアドレスを比較して、一致していればヒット(*Hit*)で、そのキャッシュラインに目指すアドレスのデータが入っています。一方、一致していなければミス(*Miss*)で、キャッシュメモリには目指すデータが入っていないので、メインメモリから読んでくることになります。

ダイレクトマップキャッシュは、ヒットかミスかの検査は容易ですが、1つの時点では、図2.33で横方向に並んだ64バイトブロックのグループの中のどれか一つしかキャッシュに入れることができません。このため、同じグループの中の別のアドレスをアクセスすると、それまでのデータをキャッシュラインから追い出して、新しくアクセスしたアドレスのデータを入れるということが必要となります。そして、このような入れ替えが毎回起こるようなアクセスの場合は、常にメインメモリからデータを読み出すことになり、キャッシュを設けた意味がなくなってしまいます。

セットアソシアティブキャッシュ —— 良いとこ取りの中間的な方式

フルアソシアティブとダイレクトマップの折衷案が、**セットアソシアティブ**(*Set associative*)**キャッシュ**という構成です。ダイレクトマップは横方向に並んだ64バイトのグループに対応するキャッシュラインは1つしかなかったのですが、セットアソシアティブキャッシュでは、**図2.34**のように複数のキャッシュラインを対応させます。図2.34では、グループに対応するキャッシュラインは2つで2wayのセットアソシアティブ構成ですが、8way、16wayと多くのキャッシュラインを対応させるものや、5wayとか6wayとか2の冪でない数のwayを持つ構成も見られます。

セットアソシアティブ方式では、メモリアドレスが決まると、それに対応するキャッシュラインのセットがわかります。そしてセットの中のすべてのキャッシュラインのタグをメモリアドレスと一致するかどうかを検査します。しかし、Way数はたかだか16程度ですから、フルアソシアティブ方式のように大量の一致回路が必要になるという問題はありません。

また、横方向に並んだ64バイトブロックのグループの中で2〜4個が同時にキャッシュに格納できれば、ダイレクトマップのように、同一グループの中のアドレスが異なる64バイトブロックのアクセスが続いて、古いキャッシュラインの追い出しと、メモリから読み込んだ新しいデータのキャッシュへの格納が頻繁に起きるという問題もほとんど発生しません。

このため、データや命令を格納するキャッシュメモリには、セットアソシアティブ方式を使うのが一般的です。

頻繁に使われるデータをキャッシュに入れるには？

キャッシュメモリには頻繁に使用されるデータを入れておきたいのですが、プロセッサには、どのデータが頻繁に使われるのかはわかりません。したがって、プロセッサが要求したアドレスのデータがキャッシュに入っていない場合は、メモリから読み出して、キャッシュに格納してしまいます。しかし、これを続けているとすべてのキャッシュラインが使われてしまい、その次は、どれかのキャッシュラインの内容を追い出す必要が出てきます。

図2.34 2wayセットアソシアティブ方式のキャッシュの構造

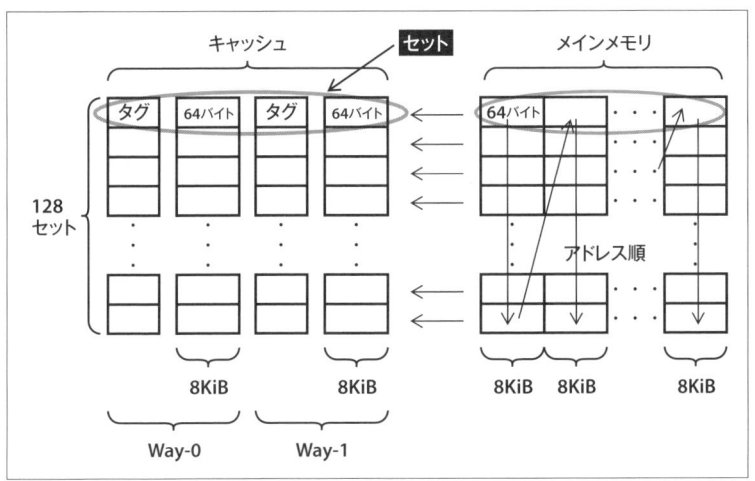

LRU

　この追い出しには、事務机の引き出しのような管理方法を取ります。事務机の引き出しにはいろいろなものが入っていますが、取り出して使ったものをしまうときには手前のほうに入れておけば、頻繁に使うものは手前にあり、長らく使われなかったものは奥のほうにしまい込まれてしまいますが、結果としては便利な格納になっています。

　これと同じで、近い過去に使われたアドレスのデータは、近い将来にも使われる可能性が高いのでキャッシュに置いておき、新たなデータをキャッシュに入れる場合にセットに空きラインがない場合は、長く使われていない一番古いキャッシュラインの内容をメモリに追い出します。このやり方を **LRU**(*Least Recently Used*)注23 と言います。LRUを使うと、頻繁に使われるデータがキャッシュに残るということが経験的に確認されています。

　キャッシュのタグの部分を拡張して、セットの中の各キャッシュラインがアクセスされた順番を示すビットを付け加え、キャッシュミスが発生した場合には一番古いキャッシュラインの内容をメインメモリに追い出して空きラインを作り、メインメモリから読んだ新たなアドレスのデータを入れます。そして、キャッシュラインの入れ替えの有無にかかわらず、アクセスされたキャッシュラインを最新とし、その他のラインの順番を1番繰り下げて、アクセスの順番を示す情報を更新します。

キャッシュコヒーレンシの必要性

　1つのファイルを何人もの人が同時に編集してしまうと、一人の人の変更が他の人のファイルには反映されていないとか、編集したファイルを格納すると、前に格納した人の変更が上書きされて消えてしまうというような不都合が起きます。

　最近ではマルチコアのプロセッサチップが一般的になっていますが、このようなチップを使うシステムは、共有のメモリをアクセスするマルチプロセッサシステムとなります。複数のプロセッサコアがそれぞれにキャッシュを持って、メモリの内容のコピーを入れるだけでなく、コピーのデー

注23　最後に使われてからの時間が最も長いラインを追い出すという意味です。

2.4 高速化を支えるキャッシュメモリ

タの書き換えを行うと、これと同じような不都合が出てしまいます。

図2.35に示すように、プロセッサ1とプロセッサ2がそれぞれキャッシュ1とキャッシュ2を持ち、両方が1つのメインメモリを共用している共有メモリ型のマルチプロセッサ構成を考えます。

まず、プロセッサ1がメインメモリのあるアドレスのデータを読み、図2.35 ❶でメインメモリから読まれた64バイトブロックがキャッシュ1に入ります。そして、読まれたデータを❷でキャッシュ1からプロセッサ1に送ります。次に、プロセッサ2が同じアドレスのデータを読むと、❸で同じアドレスのデータがキャッシュ2に入り、❹でプロセッサ2に送られます。

ここで、❺でプロセッサ1が、メモリから読み込んだアドレスに書き込みを行うと、データが書き換えられて、キャッシュ1の内容はキャッシュ2やメインメモリの内容とは違った状態になります。

たとえば、このデータが銀行口座の残高で、プロセッサ1は自動引き落としの処理のためにメモリから残高を読み込み、プロセッサ2はATMでの引き出しの処理のためにメモリから同じ口座の残高を読み込み、その後、プロセッサ1は自動引き落としを処理して減少した残高を書き込んだとすると、プロセッサ2が古いデータを使っていると、矛盾が生じてしまいます。

ということで、キャッシュを持つ複数のプロセッサがメインメモリを共用するシステムでは、各プロセッサのキャッシュ間で同じアドレスに異なるデータが存在するという矛盾した状態ができないようにする必要があります。

図2.35 キャッシュを持つプロセッサが複数あるシステム

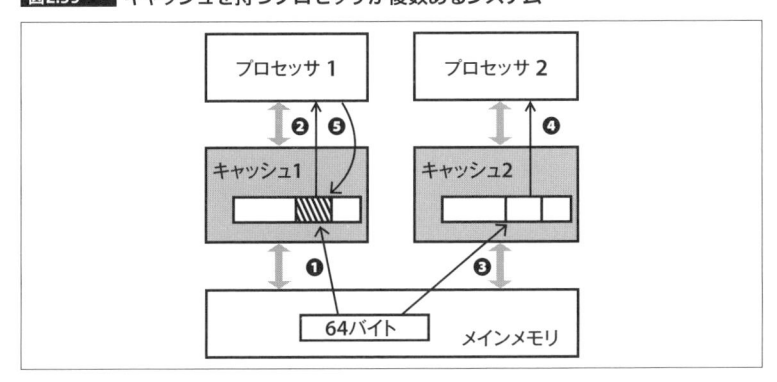

MSIプロトコル —— キャッシュコヒーレンシを実現する基本手順

複数のプロセッサのキャッシュの間で矛盾が出ないようにするためには、キャッシュの間で一定の手順で連絡を取り合う必要が出てきます。このやり取りは、元来は外交儀礼を意味する言葉の**プロトコル**(*Protocol*)と呼ばれています。

キャッシュ間で矛盾がないようにする基本的な方法は**MSIプロトコル**と呼ばれるものです。MSIは以下のような意味を持ちます。

- **M**(*Modified*)：キャッシュラインにプロセッサから書き込みが行われて、そのアドレスのメモリの内容からデータが変更されていることを示す。あるアドレスのM状態のキャッシュラインは、プロセッサとキャッシュのペアが何組あっても、1ヵ所だけに限られる
- **S**(*Shared*)：キャッシュラインの内容は、そのアドレスのメモリの内容と一致していることを示す
- **I**(*Invalid*)：キャッシュラインの内容は無効で、そのキャッシュラインは空きであることを示す

MSIプロトコルでは、各キャッシュラインのタグ部を拡張して、MSIの3つの状態を記憶できるビットを付け加えます。

ストアの前に同一アドレスのキャッシュラインを無効化する

図2.35のところで説明したように、プロセッサ1とプロセッサ2のキャッシュが同じアドレスのデータを持った状態から、プロセッサ1が書き込みを行うと矛盾が生じるので、MSIプロトコルでは**図2.36**に示すようにキャッシュ間でやり取りを行います。

図2.36 ❶のようにプロセッサ1がストア命令を実行して、メモリに書き込みを行おうとする場合、キャッシュ1はタグを見て、そのアドレスのキャッシュラインがあるかどうかをチェックします。ヒットの場合は、❷で他のキャッシュに、そのアドレスのキャッシュラインを持っている場合はそのキャッシュラインを無効化(*Invalidate*)してくださいという**無効化要求**を送ります。図2.36では他のキャッシュは1つだけですが、よりプロセッサの数が多い場合は、無効化要求はすべてのキャッシュに送ります。これを無効化要求の**ブロードキャスト**(*Broadcast*、放送)と言います。

無効化要求を受け取ったキャッシュは、そのアドレスのS状態のキャッシュラインがある場合は、そのキャッシュラインの状態をI状態に変更して、❸で無効化完了という応答を要求元に送ります。なお、M状態のキャッシュラインを持っている場合は、まず、メモリに書き戻してから、キャッシュラインをI状態に変更する必要があります。また、そのアドレスのキャッシュラインを持っていないキャッシュは、直ちに❸で無効化完了という応答を送り返します。

キャッシュ1は、自分以外のすべてのキャッシュからの無効化完了応答を受け取ると、❹でストアデータをキャッシュラインに書き込み、そのデータはメモリとは異なっているので、キャッシュラインをM状態とします。

この手順を踏むと、他のプロセッサのキャッシュにそのアドレスのキャッシュラインがあっても、プロセッサ1がキャッシュに新しい値を書き込む前に無効化されてしまっているので、同じアドレスのデータが異なるという問題は発生しません。

なお、書き込みを行おうとするキャッシュラインがM状態の場合は、他のキャッシュには同じアドレスのキャッシュラインは存在しないことが保証されているので、❷、❸を省いて、直接❹のキャッシュラインへの書き込みを行えます。

ロードの前にキャッシュの「スヌープ」を行う

次にプロセッサ2が同じアドレスのデータを読もうとすると、**図2.37**

図2.36 MSIプロトコルでのストアの処理

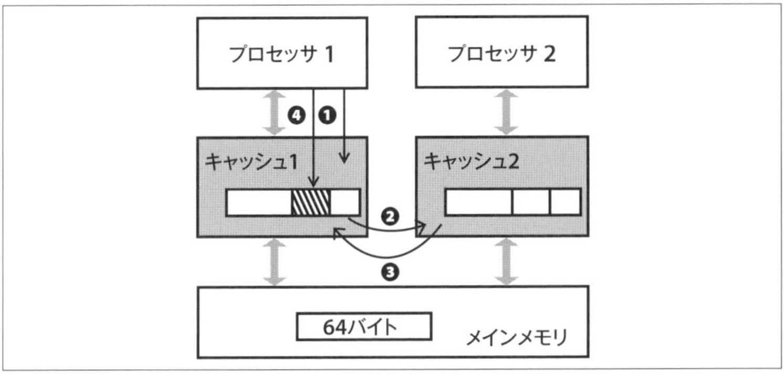

のような手順となります。

❶でプロセッサ2がキャッシュ2をアクセスしようとすると、そのアドレスのキャッシュラインは無効化されているのでミスとなります。そして、❷でキャッシュ2は、他のすべてのキャッシュにそのアドレスのM状態のキャッシュラインを持っていたらメモリに書き戻してくださいという要求を送ります。これを**スヌープ**(*Snoop*)のブロードキャストと言います。

この例ではキャッシュ1にM状態のキャッシュラインがあるので、❸でキャッシュ1はメインメモリにデータを書き戻します。これでキャッシュ1とメモリのデータは一致するので、キャッシュラインの状態をS状態に変更します。そして、❹でメモリへの書き戻し終了を通知します。一方、そのアドレスのキャッシュラインを持っていない、あるいはS状態のキャッシュラインを持っているキャッシュは、❸は跳ばして❹で書き戻し終了(あるいは書き戻し不要)の応答を返します。

要求元のキャッシュ2は、自分以外のすべてのキャッシュから書き戻し終了の応答を受け取ると、メモリには最新の状態が書き込まれていることが保証されているので、❺でメモリからデータを読み込み、❻でプロセッサ2にロードデータを送ります。このキャッシュラインのデータはメモリと一致しているので、キャッシュラインの状態をS状態とします。

このMSIプロトコルを使えば、複数の「プロセッサ-キャッシュペア」があるシステムで、キャッシュ間で矛盾が起こらないようにすることができますが、現在のプロセッサではより効率を改善したプロトコルが使われています。

図2.37 MSIプロトコルでのロードの処理

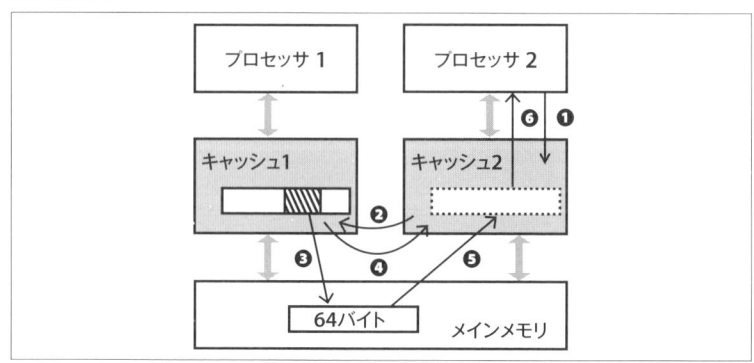

MESIFプロトコル —— Intelが採用している

　Intel の Core ファミリープロセッサは、MSI に「Exclusive」と「Forward」という状態を付け加えた **MESIF プロトコル** を使っています。

　メモリから読んだままでメモリと内容は一致しているけれど、自分のキャッシュ以外には同じアドレスのキャッシュラインは存在しないという状態が Exclusive 状態で、Exclusive 状態のキャッシュラインへの書き込みの場合は無効化要求のブロードキャストを省くことができます。

　MSI プロトコルでは、スヌープのブロードキャストに対して S 状態のキャッシュラインは何もしないで、要求元はメモリからデータを読むことになります。これに対して、MESIF プロトコルでは、メモリと同じ内容の S 状態のキャッシュラインの代表選手を Forward 状態ということにして、スヌープに対して F 状態のキャッシュラインから要求元に直接データを送ります。これにより、アクセスするデータがどこかのキャッシュラインに存在する場合は、長い時間が掛かるメモリからの読み込みを高速のキャッシュライン間のデータ転送に変えて、性能を改善することができます。

　MESIF プロトコルでは、他のキャッシュにデータを供給したキャッシュラインは F 状態から S 状態になり、データを受け取ったキャッシュラインが F 状態となり、Forward 状態の代表選手は交代していきます。

MOESIプロトコル —— AMDが採用している

　AMD の Opteron プロセッサは、MSI に「Owned」と「Exclusive」という状態を付け加えた **MOESI プロトコル** を使っています。Exclusive 状態は Intel の Exclusive 状態と同じで、書き込みの際の無効化のブロードキャストを省くものです。

　MSI プロトコルでは、スヌープに対して M 状態のキャッシュラインを持っていればメモリに書き戻しを行いますが、MOESI プロトコルではメモリへの書き戻しは行わず、M 状態のキャッシュラインのデータを要求元に送ります。そして、M 状態のキャッシュラインを Owned 状態に変更します。また、データを受け取った要求元のキャッシュラインは S 状態とします。MSI プロトコルでは時間の掛かるメモリへの書き込みが必要となるのに対して、MOESI プロトコルでは、これを高速のキャッシュ間のデータ転送に置き換えて性能を上げることができます。

第2章 プロセッサ技術

なお、MSIプロトコルやMESIFプロトコルの場合は、LRUで古くなったキャッシュラインのデータがキャッシュから追い出されるときに、状態がM状態であればメモリへの書き戻しを行います。これに対して、MOESIプロトコルの場合は、M状態とO状態の場合にメモリへの書き戻しを行います。

キャッシュの階層化 ── メモリアクセス時間の改善

例として、**図2.38**に示す16KiBのキャッシュのアクセス時間が2サイクルで、キャッシュにヒットする率が90％、残りの10％はキャッシュミスして400サイクル掛かるメインメモリをアクセスするコンピュータを考えてみます。

図2.38に示すように、90％のメモリアクセスは1次キャッシュにヒットして折り返すので、2サイクル待ちでデータが得られますが、10％は1次キャッシュをミスしてメインメモリをアクセスすることになります。したがって、プロセッサがメモリのアクセスに要する平均的なサイクル数は以下で計算できます。

T_a=キャッシュアクセスサイクル数×ヒット率
　　＋メモリアクセスサイクル数×ミス率

そして、想定したコンピュータでは、以下のようになります。

T_a=2×0.9+400×0.1
　　=41.8サイクル

キャッシュがなく、すべてのアクセスがメインメモリという場合の400サイクルと比較すると約1/10の時間でアクセスできることになります。

図2.38 想定するコンピュータのメモリアクセスの様子

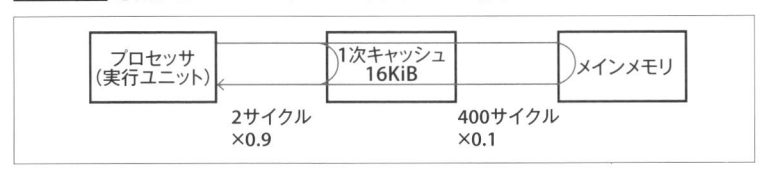

しかし、それでもプロセッサはメモリを読むのに平均40サイクル余り待つことになっています。

上記の式を見ると、これをさらに速くするにはミス率の10%を減らすことが重要であることがわかります。キャッシュに、より多くのデータを入れられれば、アクセスするアドレスのデータが入っている確率が大きくなり、ヒット率が上がり、ミス率は減ります。

あちこちのアドレスのデータをアクセスするプログラムでは大容量のキャッシュでもミス率が高く、アクセスするアドレスがまとまっているプログラムでは小容量のキャッシュでもミス率は小さくなり、キャッシュ容量とミス率の関係はプログラムの性質に大きく依存します。

ということで、一概には言えないのですが、ここで実行するプログラムでは「キャッシュ容量の平方根の逆数」に比例してミス率が減ると想定します。つまり、キャッシュメモリを4倍の64KiBにすればミス率は半分の5%になると考えます。そうすると、Taは21.9サイクルと16KiBの場合と比べて、ほぼ半減します。

しかし、キャッシュ容量を大きくすると、そのぶん、トランジスタが多く必要となり、チップ面積が増えます。それだけでなく、大容量のキャッシュはアクセスに掛かる時間も長くなってしまい、キャッシュサイクル数×ヒット率の項が大きな比重を占めるようになってきてTaが減らなくなってしまいます。たとえば、キャッシュ容量を256KiBに増やしてミス率が2.5%に改善しても、アクセス時間が10サイクルになったとすると、Taは19.75サイクルとなり約2倍の改善に留まります。

キャッシュの階層化のしくみ

この問題を解決するのが「キャッシュの階層化」です。図2.39に示すように、プロセッサに近い1次キャッシュは小容量で高速アクセス、これに

図2.39 2次キャッシュを持つコンピュータのメモリアクセスの様子

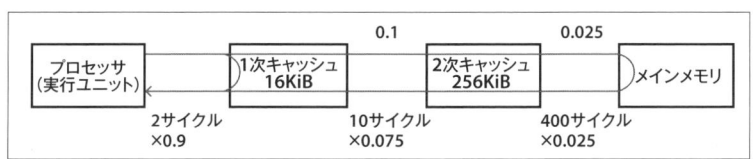

加えて大容量で中速アクセスの2次キャッシュを付け加えます。この構成では、プロセッサからのメモリアクセスは、まず1次キャッシュをアクセスし、1次キャッシュをミスした場合は2次キャッシュをアクセスし、2次キャッシュアクセスがミスとなった場合はメモリをアクセスするという動作となります。

ミス率は容量の平方根に逆比例と考えると、256KiBのキャッシュのミス率は2.5%となります。2次キャッシュをアクセスする比率は全体の10%ですから、2次キャッシュだけで見ると、7.5%のアクセスはヒットし、2.5%のアクセスはミスということになります。

そして、平均アクセスサイクル数は以下のようになります。

Ta=1次キャッシュアクセスサイクル数×1次キャッシュヒット率
（2次キャッシュアクセスサイクル数×2次キャッシュヒット率
＋メモリアクセスサイクル数×2次キャッシュミス率）

典型的な値として図2.39の構成で、2次キャッシュは256KiBで、10サイクルのアクセス、ミス率は2.5%と想定すると、以下のようになります。

Ta=2×0.9+(10×0.075+400×0.025)
   =1.8+10.75=12.55

16KiBの1次キャッシュだけの場合の41.8サイクルと比べると3倍以上高速で、256KiBの1次キャッシュだけを使う場合と比べても1.5倍程度高速でアクセスできるようになります。

このようにキャッシュメモリを階層化することにより、メモリアクセスに掛かる平均的なサイクル数を大幅に減らすことができるので、高性能のコンピュータでは1次キャッシュに加えて2次キャッシュを持つという構成が一般的です。また、最近では2次キャッシュよりさらに大容量の3次キャッシュを持つプロセッサが増えています。

ハーバードアーキテクチャ —— 命令、データ分離キャッシュ

1944年に作られた、Harvard UniversityのHoward Aiken博士の設計に基づくHarvard MARK Ⅰというコンピュータは、命令とデータの記憶を

分離していました。このコンピュータにちなんで、命令とデータを分離して格納する方式を「ハーバードアーキテクチャ」と呼びます。

プロセッサは命令を読み、命令に従ってデータを読み書きします。この命令とデータを格納するメモリを分離すれば、両方のアクセスが重なることがなくなるので、メモリアクセスがスムーズになります。

最近のコンピュータは、命令とデータは共通のメインメモリに格納する「ノイマンアーキテクチャ」(Neumann architecture)となっているのですが、**図2.40**に示すように、命令用の1次キャッシュとデータ用の1次キャッシュを分離して持つハーバードアーキテクチャを使うことにより、命令とデータのアクセスを同時に実行できるというメリットが得られます。

また、図2.40に見られるように、1次命令キャッシュはフェッチユニットからアクセスされ、1次データキャッシュはロード/ストアユニットからアクセスされるので、CPUチップ上で、1次命令キャッシュはフェッチユニット、1次データキャッシュはロード/ストアユニットの近くに配置することにより、配線も短くなり、より高速にアクセスすることができるというメリットもあります。

このため、最近のコンピュータでは、命令とデータを分離した1次キャッシュを持つプロセッサが一般的になっています。一方、2次キャッシュは、1次キャッシュをミスしたアクセスだけを処理するので、1次キャッシュ

図2.40 ハーバードアーキテクチャの1次キャッシュを持つ構成

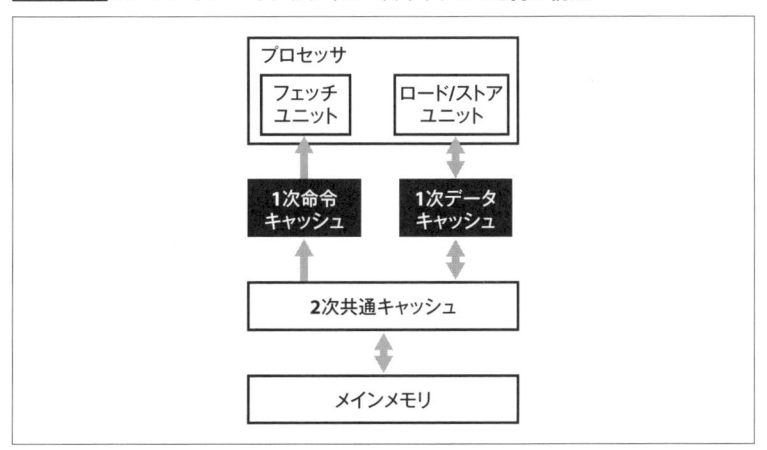

の1/10以下とアクセス頻度が低くなり、1次キャッシュほど忙しくありません。このため、命令とデータは分離せず、共通のキャッシュとするのが一般的です。

2.5 プロセッサの高速化技術

　ここまで説明してきたように演算やメモリアクセスの性能を改善してきたプロセッサですが、さらに性能を改善したいという要求は強く、複数の命令を同時に実行したり、入力オペランドの揃わない命令は後回しにして、実行条件の整った命令を先に実行したり、条件分岐命令は分岐方向を予測して実行を進めてしまうなどの方法を用いた性能改善が行われてきています。本節ではさらなる高速化技術について見ていきましょう。

スーパースカラ実行

　これまで説明してきたプロセッサは、パイプライン処理を行い、毎サイクル1命令を実行していくものでした。これを毎サイクル2命令を読んで、解釈し、実行させるということにすれば、理想的には性能は2倍に上がります。1つずつ順に命令を実行していく方式のプロセッサを**スカラプロセッサ**(*Scalar processor*)と呼び、このように、毎サイクル複数の命令を実行するプロセッサを**スーパースカラプロセッサ**(*Super scalar processor*)、その実行方式を「スーパースカラ実行」と呼びます。

　しかし、2つの命令を同時に実行するには2つの実行ユニットが必要になります。このため、初期のスーパースカラプロセッサでは、並列に実行できるのは整数演算命令と浮動小数点演算命令のペアだけということになっていました。1命令ずつ実行するスカラプロセッサでも、整数演算と浮動小数点演算では使用する汎用レジスタも演算器も別々になっていたので、実行ユニットを追加しないで、このペアの演算を実行できたからです。

　図2.41に示すスーパースカラプロセッサのフェッチユニットは、命令

2.5 プロセッサの高速化技術

キャッシュ(あるいはフェッチユニット内の命令バッファ)から連続する2つの命令を読んできます。そして、次のサイクルには、2つの命令をデコードユニットに送ります。

デコードユニットは、2つの命令の一方が整数演算命令、もう一方が浮動小数点演算命令であれば、それぞれの演算ユニットに命令を発行して実行させます。一方、両方の命令が整数演算命令、あるいは両方の命令が浮動小数点演算命令の場合は、先行する命令1を実行ユニットに発行しますが、後側の命令2は実行ユニットがないのでこのサイクルには発行できません。この場合は、次のサイクルに残った命令を単独で発行したり、残った命令を命令1、フェッチユニットからの新しい命令を命令2として2命令の発行を試みたりするという方法が取られます。

その後、ムーアの法則で使用できるトランジスタ数が増えるに伴って、整数演算ユニットを2ユニット装備して1サイクルに最大2つの整数演算命令を並列に実行できるようにしたものが出てきました。しかし、スーパースカラ実行を行っても、命令1の演算結果を命令2が入力オペランドとして使うような依存関係がある場合には、両方の命令を同時に発行することはできないので、並列にデコードする命令数を増やしても性能の向上は飽和して行く傾向にあります。

図2.41 整数演算命令と浮動小数点演算命令を並列に実行できるスーパースカラプロセッサ(初期)の構成

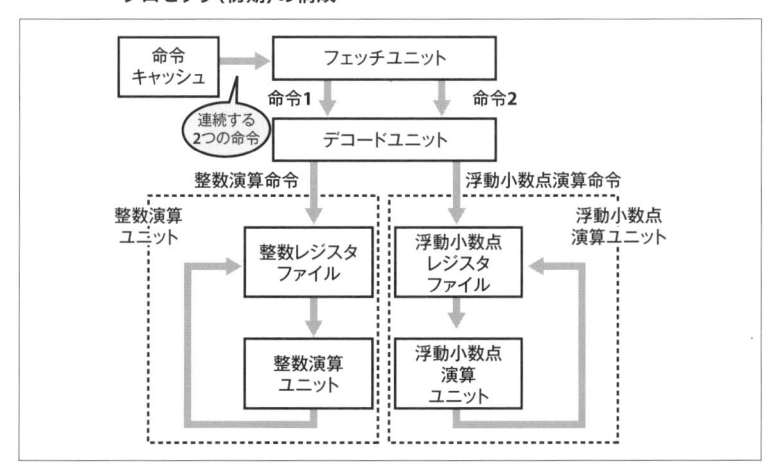

Out-of-Order実行

前の命令の演算結果を後の命令が入力オペランドとして使う場合は、前の命令の実行が終わり、結果が生成されなければ、後の命令を実行することはできません。これを「真の依存性」と言います。このような真の依存性がある命令は、実行の順序を保つ必要がありますが、真の依存性がない命令同士の実行は、どのような順で実行しても良いはずです。このように、真の依存性がない命令の実行順序をプログラムに書かれた命令の順序とは異なる順に、ハードウェアとしてやりやすいように実行する方式を**Out-of-Order実行**と言います。

実行時間の長い除算命令やロード命令などの後に、その命令の演算結果を使わない加算命令がある場合などは、実行時間の長い命令の終了を待たずに、Out-of-Order実行で後の加算命令をやってしまえば、より効率的に命令を実行できます。

このように、Out-of-Order実行を行うと同時に実行できる命令が増えるので、Out-of-Order実行プロセッサでは3～4命令を並列にデコードするというのが一般的です。

リザベーションステーション —— 入力オペランドが揃うと実行を開始する

Out-of-Order実行を行うには、**図2.42**に示すように**リザベーションステーション**(*Reservation station*)という機構を使うのが一般的です。

デコードユニットは、解釈した命令を実行パイプラインに直接発行するのではなく、それぞれの実行パイプラインのリザベーションステーションに送ります。リザベーションステーションは、命令の実行に必要な入力オペランドが前の命令での演算処理が終わって、レジスタファイルから読み出し可能(真の依存性を満足している)であるか、演算器を使用できるかなどを監視しており、実行条件が整った命令をそれぞれの演算パイプラインに送り出します。この命令の送り出しはリザベーションステーションに書き込まれた順とは必ずしも一致せず、命令の実行は順不同(*Out-of-order*)になります。

演算パイプラインで実行を終わった命令は整数レジスタファイル、あるいは浮動小数点数レジスタファイルに結果を書き込むと同時に、リザベー

ションステーションにも演算結果を送ります。そして、リザベーションステーションは自分が持っている命令が待っている演算結果であるかどうかをチェックして、入力オペランドが揃ったかどうかをチェックします。そして、入力オペランドが揃った命令を演算パイプラインに送り出します。

なお、図2.42では整数、浮動小数点数、ロード/ストアとそれぞれの演算パイプラインごとにリザベーションステーションを設けていますが、最近のIntelやAMDのプロセッサでは、命令の種類で区別せず、1つのリザベーションステーションで全部の演算パイプラインに命令を供給する構造になっています。そして、その機構はすべての命令の実行をスケジュールするので、**スケジューラ**(*Scheduler*)と呼ばれています。

レジスタリネーミング —— 逆依存性を解消する

入力オペランドが揃うと実行を開始するリザベーションステーション機構を使うと、Out-of-Order実行ができるのですが、まだ問題があります。それは「逆依存性」という問題です。例として以下の命令列を考えます。

```
LD   r1,[a];     ← ❶ LD命令：メモリ上の変数aを読みレジスタr1に格納
ADD  r2,r1,r5;   ← ❷ ADD命令：レジスタr1とr5を加算してr2に格納
SUB  r1,r5,r4;   ← ❸ SUB命令：レジスタr5からr4を引いてr1に格納
```

図2.42 リザベーションステーションを使ってOut-of-Order実行を行う

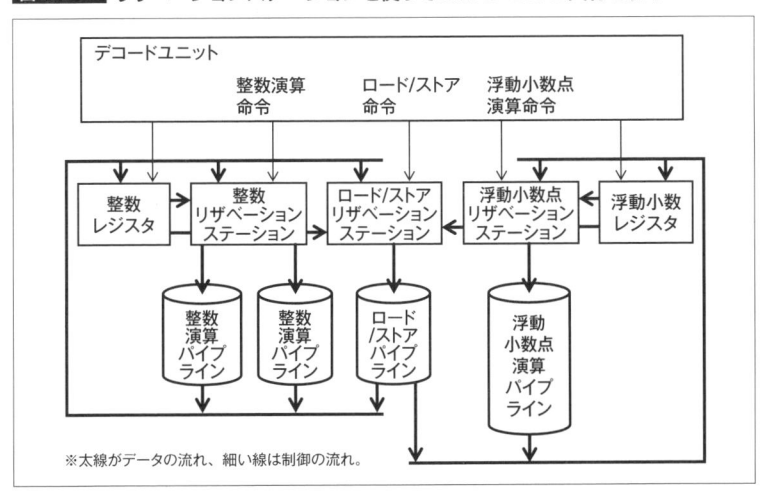

最初の❶LD命令がキャッシュをミスしてメモリにアクセスする場合には、結果がr1に格納されるまでに長い時間が掛かります。そして、次の❷ADD命令はr1が入力オペランドになっているので、r1にLD命令の結果が格納されるまで実行を開始できません。一方、❸SUB命令の入力オペランドはr4とr5でr1には依存していないので、すぐに実行を開始できます。

この場合、まず❶LD命令の実行が開始されますが、LD命令の結果がr1に書き込まれる前に、❸SUB命令が実行されて演算結果をr1に書き込んでしまいます。そうすると、❷のADD命令はLD命令の結果ではなく、後のSUB命令のr1への結果の格納で入力オペランドが揃ったことになり、実行されてしまいます。また、最後にLD命令の結果がr1に書き込まれ、SUB命令の結果を上書きしてしまうので、以降の命令ではr1はSUB命令の結果ではなく、LD命令の結果が使われてしまいます。

このケースでは、LD命令の結果の格納とSUB命令の結果の格納が同じr1レジスタとなっていることから、LD命令とSUB命令の結果の格納の順序が逆転することで問題が出ています。また、ADD命令の入力オペランドr1と後のSUB命令の結果を格納するr1が同じレジスタとなっているので、ADD命令とSUB命令の実行順序が逆転することでも問題が出ます。このように、後続の命令の結果を格納するレジスタが、前の命令の結果を格納するレジスタとなっているケースや、前の命令の入力オペランドのレジスタとなっているケースを逆依存性があると言います。

レジスタリネーミングの実行の様子

この逆依存性の問題をなくすには、**レジスタリネーミング**(Register renaming)という手法が用いられます。レジスタリネーミングでは、プログラムに書かれたr1、r2、…という「論理レジスタ」にp1、p2、…という「物理レジスタ」を対応させる**リネームテーブル**(Rename table)という対応表を使います。この対応表を更新して、各命令の結果を格納するレジスタには、必ず空き物理レジスタを割り当てるようにします。そうすると、上の命令列は次のようになります。

```
LD   p11,[a];      ← ❶ LD命令：メモリ上の変数aを読みレジスタp11に格納
ADD  p12,p11,r5;   ← ❷ ADD命令：レジスタp11とr5を加算してp12に格納
SUB  p13,r5,r4;    ← ❸ SUB命令：レジスタr5からr4を引いてp13に格納
```

2.5 プロセッサの高速化技術

　上記では❶LD命令の結果は物理レジスタ「p11」に書き込むようにリネームされ、❷ADD命令はp11とr5から入力オペランドを読み、演算結果を「p12」に書き込むようにリネームされます。そして、❸SUB命令は演算結果を「p13」に書き込むようにリネームされます。その結果、これらの命令は図2.43のように実行されます。

　ここでのポイントは、同じ論理レジスタr1がLD命令とADD命令では「p11」に割り当てられているのに対して、SUB命令では「p13」に割り当てられていることです。このように実体のレジスタが異なるので、ADD命令とSUB命令の実行順序が逆転しても問題は発生しません。また、LD命令の結果の書き込みがSUB命令より後になってもp13は書き換えられず、SUB命令の結果も正しく保存されます。

　この例では、一時的には、p11とp13がr1のリネームのために使われています。したがって、物理レジスタの個数は論理レジスタより多く必要になり、たとえば、32個の論理レジスタに対して48個の物理レジスタを持つというという構成が採られます。

分岐予測 —— 条件分岐命令の条件成立/不成立を予測する

　第1章で触れたとおり、条件分岐命令はif文やfor文を実現するためには不可欠の命令です。しかし、条件の成立/不成立で次に実行する命令が変わり、空きサイクルが発生して性能を低下させます。これを、条件分岐命令を実行する前に、条件の成立/不成立を予測して、予測に基づいて次の命令を命令キャッシュから読んできて実行することができれば、空きサ

図2.43 レジスタリネーミングを行った場合の実行の様子

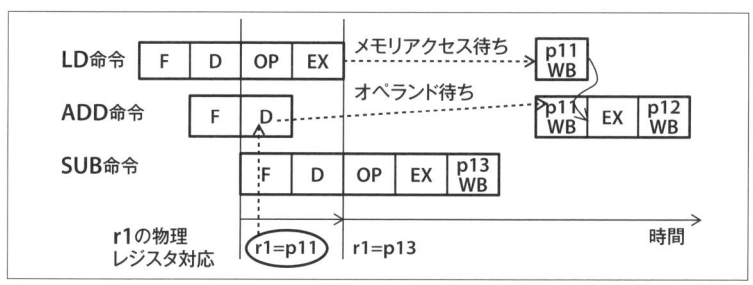

101

イクルを減らすことができます。この条件分岐命令の条件が成立するか不成立かを予測するのが**分岐予測**(Branch prediction)です。

分岐予測が成功した場合は、次に実行する命令は早く読み出して実行を開始できるわけですが、一方、分岐予測を誤ると、本来実行すべきでない命令を読み出して実行してしまいます。この場合は、間違って実行してしまった命令を取り消し、改めて正しい方向の命令を読み出して実行する必要があり無駄なサイクルが発生します。

たとえば、分岐予測が成功した場合は2サイクル得をし、分岐予測を誤った場合は6サイクル損をするというプロセッサでは75%以上の予測が成功でないと得になりません。

分岐予測とループの回数

条件分岐命令が、for文の終了条件の判定に使われる場合、大部分のケースではループを回る方向に分岐し、終了条件が成立してループを抜ける方向に分岐するのは、最後の1回だけです。このケースは、条件分岐命令のアドレスより前方(より小さいアドレスの命令)に分岐する場合は成立、後方(より大きいアドレスの命令)に分岐する場合は不成立と予測すれば、ループを回る場合は正しい予測となり、予測が外れるのは最後の1回だけです。つまり、ループ回数が100回の場合は、99%は正しい予測ができます。

問題はループ回数が少ない場合で、3回しか回らないループの場合は、この方法では2回は成功ですが1回は予測が外れるので66.7%の成功率ということになってしまいます。また、if文のようにループがない場合は完全に当てずっぽうになってしまいます。

2ビット飽和カウンタを用いる分岐予測
――過去に分岐が行われた履歴を記憶しておく

2ビット飽和カウンタは、+1する場合は、0、1、2、3と値が増加していきますが、3になると飽和して+1しても3に留まります。また、-1していき、0になると飽和して、-1しても0に留まるというカウンタです。

条件分岐命令ごとに2ビット飽和カウンタを設け、条件が成立して分岐する場合(**Taken**)は+1し、条件不成立で分岐せず、次のアドレスの命令を実行する場合(**Not Taken**)は-1します。この2ビット飽和カウンタの

状態遷移は図2.44のようになります。0の状態はNot Takenが続いている状態ですから、次回も分岐は起こりそうにないのでStrongly Not Takenの状態、1の状態はどちらかと言えば分岐しないWeakly not Taken状態です。一方、3の状態はTakenが続いているので、次回も分岐が起こる可能性が高いStrongly Taken、2の状態はどちらかと言えば分岐が起こるWeakly Takenの状態と考えます。

　そして命令をデコードして、それが条件分岐命令であることがわかると、その命令に対応する2ビット飽和カウンタを読み、その値が2以上のWeakly TakenかStrongly Taken状態なら条件成立、1以下のWeakly not TakenかStrongly not Taken状態なら条件不成立と予測し、予測した方向の命令を読み出して実行します。

　そして、予測がどちらであったかにかかわらず、正しい実行がTakenであればカウンタを+1し、Not Takenであれば−1します。

　for文の場合は、C言語の言語仕様で最初に条件を判定する[注24]ので、ループを回る場合はNot Taken、最終回はTakenとなってループを抜けます。カウンタの初期状態が1であればループの1回めはNot Takenと予測され、正しい実行もNot Takenであったのでカウンタは0になります。ループを回っている間は、これが繰り返されます。そして、最終回はカウンタの状態は0なのでNot Takenと間違った予測をしてしまいます。そして正しい実行はTakenであるのでカウンタは+1されて1となります。

　このようにループの場合は前方分岐はNot Takenという方法と成功率は変わらないのですが、条件分岐命令ごとに2ビットカウンタを持ち前回の

図2.44　2ビット飽和カウンタの状態遷移

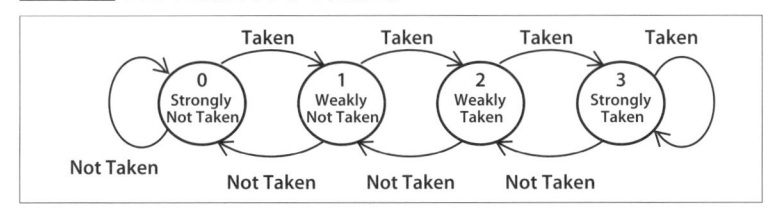

[注24] C言語以外の例としては、FORTRANのDO文はループの終わりで終了を判定して、ループする場合はループの先頭にジャンプバックします。C言語のfor文はループの最初で条件を判断するので0回のループがあり得ますが、FORTRANのDOループは少なくとも1回はループを実行します。

結果を覚えているので、条件の成立、不成立に偏りがあり、Takenが多い条件分岐命令はカウンタの状態が2か3になりTakenと予測し、Not Takenが多い条件分岐命令はカウンタが1か0になりNot Takenと予測することが多くなり、偏りのあるif文の予測成功率を高められます。

2ビット飽和カウンタの構造

2ビット飽和カウンタは、原理的にはそれぞれの条件分岐命令に2ビット飽和カウンタを割り当てるのですが、これは多くのハードウェアを必要とするので、現実には**図2.45**のように、条件分岐命令のアドレスの一部で指される、ある程度の大きさの2ビットメモリと1個の飽和カウンタロジックで実現します。2ビットのメモリに0〜3の状態を記憶し、これを読み出して、正しい実行がTakenであれば飽和カウンタロジックで+1、Not Takenであれば-1を計算して2ビットメモリを更新します。これで2ビットメモリのエントリの数だけの飽和カウンタができます。

図2.45の場合、2ビットメモリは8192($= 2^{13}$)エントリあり、条件分岐命令の格納されているアドレスのうちの13ビットでどのエントリを選択するかを決めます。もし、このアドレスの内の13ビットが同じで上位のビットだけが異なる条件分岐命令があると、これらの複数の条件分岐命令が同じカウンタを共用することになり、複数の条件分岐命令のTaken、Not Takenのカウントが入り混じってしまい、条件分岐命令ごとのカウンタと

図2.45 2ビット飽和カウンタの構造

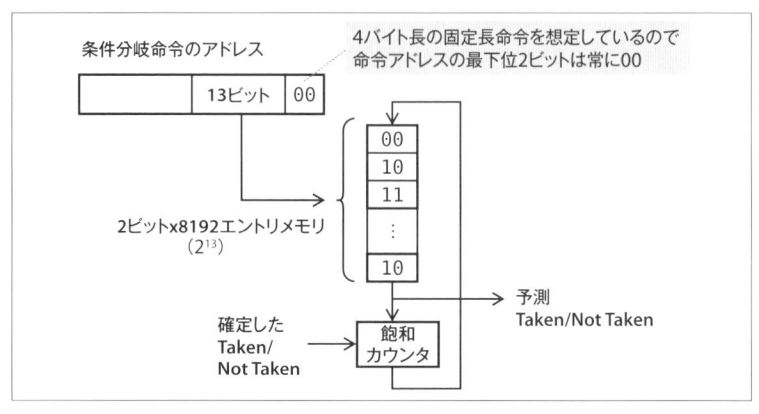

ローカル履歴を用いる分岐予測
——ループ回数が少ない場合の予測精度の向上に効果あり

偏りのあるif文の分岐に加えて、回数が少ないループの予測率を改善しようというのが**ローカル履歴**を用いる分岐予測という方法です。この分岐予測では、条件分岐命令ごとに、過去のTaken、Not Takenの履歴を記憶する数ビットのメモリを持たせます。そして、**図2.46**のように、この履歴と条件分岐命令アドレスの一部のビットを連結したもので2ビット飽和カウンタを選択します。

図2.46ではローカル履歴は3ビットで、条件分岐命令アドレスの内の10ビットと結合して、8192個の2ビット飽和カウンタを選択しています。この構造では、それぞれの条件分岐命令に対して過去3回の履歴ごとに異なる2ビット飽和カウンタを持っていることになります。

ループ回数が3回のfor文では、Not Taken、Not Taken、Not Taken、Takenという実行になります。したがって、このforループを何回か実行している内には、Not Taken、Not Taken、Not Takenというローカル履歴に対応するカウンタは3になりTakenと予測し、それ以外の履歴に対応するカウンタは0になってNot Takenと予測することになり、100％正しい

図2.46 ローカル履歴を用いる分岐予測

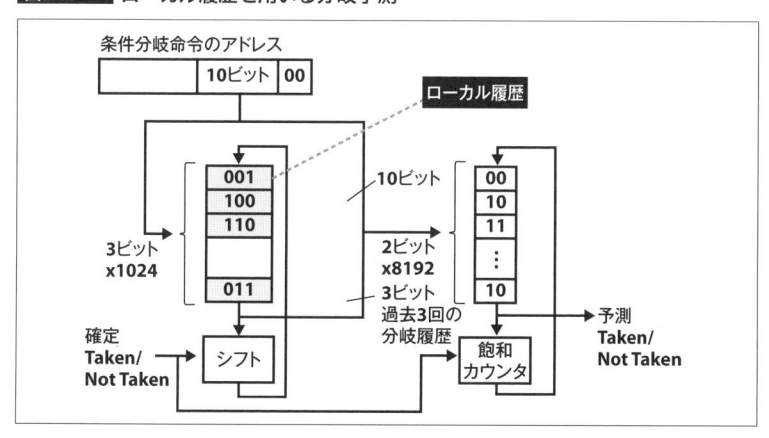

予測を行えるようになります。

このようにローカル履歴を用いる分岐予測は、ループ回数が少ない場合の予測精度の向上に大きな効果があります。

その他の分岐予測

詳しい説明は省きますが、分岐予測を行おうとする条件分岐命令だけでなく、その直前の何個かの条件分岐命令のTaken、Not Takenの履歴を用いる「**グローバル履歴**」を用いる方法や、ローカル履歴とグローバル履歴の両方の予測機構を持ち、予測成功率が高い方の予測を使う「**ハイブリッド分岐予測**」など分岐予測には多くの方法が考案されており、現在でも改良が続けられています。

分岐予測ミスからの回復 —— 投機実行とレジスタリネーム機構の利用

分岐予測は当たれば効果が大きいのですが、予測が外れて損失をこうむることがあります。そのため、このような見込みによる命令実行を**投機実行**と言います。そして、投機が外れた場合は、誤って実行してしまった命令を取り消して、投機の前の状態に戻す必要があります。この取り消しにはOut-of-Order実行のところで説明した**レジスタリネーム機構**が使われます。

レジスタリネームでは、次々と実行される命令の処理結果を格納するレジスタとして空き物理レジスタを割り当てます。つまり、取り消す命令に割り当てられている命令の処理結果を格納している物理レジスタの割り当てを解放すれば、その命令を実行しなかったことになってしまいます。

分岐予測ミスが検出されると、命令の順序と逆にレジスタリネームを取り消して、予測ミスが発生した条件分岐命令の実行の直前まで戻して、再び条件分岐命令を実行すれば、その時には分岐方向が確定しているので正しい方向の命令を実行することができ、予測ミスから回復することができます。

リターンアドレススタック —— リターン命令の分岐先のアドレスを予測する

C言語のプログラムでは関数呼び出しが頻繁に使われます。関数はCALL命令で呼び出されて何らかの処理を行い、RETURN命令でCALL命令の次の命令に復帰します。あちこちから呼び出される関数の戻り先のアドレ

スはまちまちですが、そのとき呼び出しを行ったCALL命令の次の命令のアドレスがRETURN命令のジャンプ先ということは変わりません。

この性質を利用して、リターン命令の分岐先のアドレスを予測するのが**リターンアドレススタック**(*Return address stack*)という機構です。なお、スタックは両方向にシフトできる「シフトレジスタ」(*Shift register*)で、新しいアドレスをプッシュ(*Push*)すると以前の内容が1つ下側にシフトし、プッシュされたデータが一番上に入ります。そしてポップ(*Pop*)すると一番上の内容が取り出され残りのデータが1つ上にシフトされます。

呼び出された関数の中から、さらに子関数を呼び出し、子関数の中で孫関数を呼ぶというような多重の関数呼び出しが行われるので、**図2.47**のようにCALL命令が出てくると、その次の命令のアドレスをスタックにプッシュし、RETURN命令が出てくるとスタックからポップしたアドレスをRETURN命令の分岐先と予測します。

この機構は簡単で実現に必要なトランジスタ数も少なくて済みます。CALLとRETURNがペアになっていればRETURNアドレスを正しく予測できるので、現在では多くのプロセッサで採用されています。

BTB —— 分岐先アドレスを予測する

前に述べた分岐予測は、命令がデコードされて条件分岐命令であることがわかってから分岐先を予測するので、1次命令キャッシュから分岐先の

図2.47 リターンアドレススタック

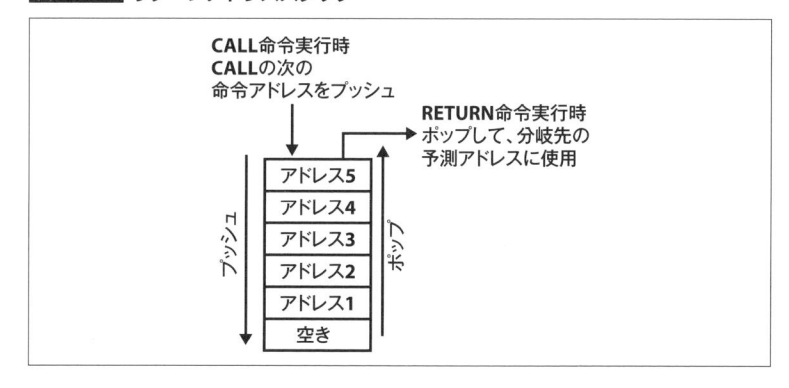

命令を読んでくるとしても、空きサイクルが入ってしまいます。

多くの分岐命令はいつも同じアドレスに分岐するので、前回の分岐先を覚えておいて、次回もそこに分岐するとみなすという予測方法があります。1次命令キャッシュと並列に**BTB**(*Branch Target Buffer*)という分岐先アドレス記憶用のキャッシュメモリを設けます。

そして、分岐命令の条件が成立して分岐を行った場合は、分岐先のアドレスを分岐命令のアドレスに対応するBTBのエントリに記憶させ、タグの**Vビット**(*Valid bit*)を立てておきます。

そして、命令をフェッチする時にはBTBをチェックし、BTBのエントリがValid場合は、また同じ分岐が起こるとみなして、BTBの内容をアドレスとして次の命令をフェッチするようにします。このようにすると、命令をデコードして分岐命令であることがわかり分岐先アドレスを計算するよりも早いタイミングで分岐先の命令を命令キャッシュから読み出し始めることができ、性能を改善することができます。

BTBのアクセスは、分岐予測の場合と同様に「命令アドレスの一部」(インデックス部)を使って行われます。このため、アドレスの上位ビットが異なる分岐命令が同じエントリに重なり、間違った予測をして命令を読み込んでしまうことが起こります。このような間違いの確率を減らすため、**図2.48**

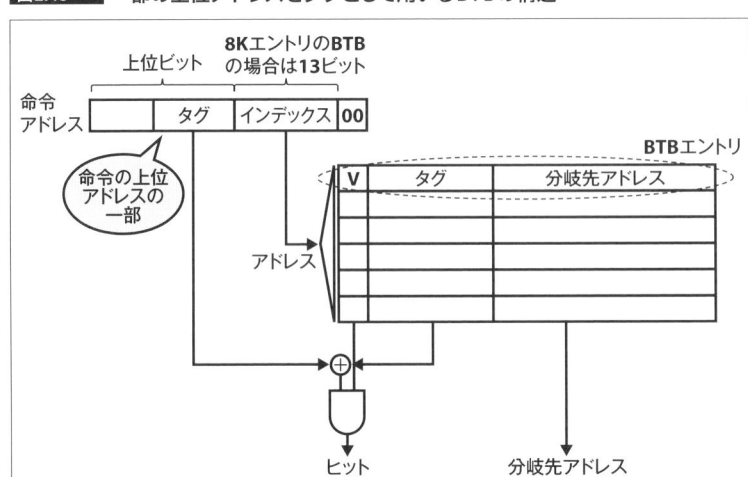

図2.48 一部の上位アドレスをタグとして用いるBTBの構造

に示すBTBの場合は、各エントリに命令の上位アドレスの一部を「タグ」として持たせて一致を確認しています。また、命令の一部をデコードして分岐命令であることを確認して誤った予測を減らすことも行われています。

BTBの予測が当たれば、分岐命令の実行が速くなります。外れた場合は無駄な命令を命令キャッシュから読んでくることになりますが、分岐予測の誤りのように間違った命令を実行してしまうことはないので、回復のためのロスはありません。

このようにBTBを使うとフェッチユニットだけで、(正しいとは限りませんが)分岐先の命令のアドレスがわかり、次々と命令を読んでそれをデコードしてリザベーションステーションに入れて行くことができます。

リザベーションステーションに命令が溜まっていると、フェッチユニットの命令の読み込みが1次命令キャッシュミスなどでしばらく止まっても、実行ユニットはリザベーションステーションの命令を実行し続けることができ、実行ユニットの稼働率を高めることができます。

プリフェッチ —— 先回りしてデータをキャッシュに入れる

前述のとおりプロセッサのサイクルタイムで数えると、メモリからデータを持ってくるのには数百サイクル掛かってしまいます。これを、あるアドレスのデータが必要となった時点で、メモリを読みに行くのではなく、そのアドレスが近い将来に使われると予想される場合は、事前にキャッシュに入れておこうというのが**プリフェッチ**(*Prefetch*)です。

ネクストラインプリフェッチ

図2.49の上側の図に示すように図2.49❶で、あるアドレスのメモリがアクセスされたら、❷でそのアドレスを含むキャッシュラインがメモリから読まれてキャッシュに格納されますが、そのときに、❸のように次のキャッシュラインも読んできてキャッシュに入れるというやり方を**ネクストラインプリフェッチ**(*Next line prefetch*)と言います。

命令は順にアクセスされる傾向が強いので、あるアドレスの命令がアクセスされるとその次のキャッシュラインの命令も近い将来アクセスされる可能性が高いので、次のキャッシュラインも1次命令キャッシュに入れる

というのは効果的です。また、データでも配列を順にアクセスするようなケースではネクストラインプリフェッチは有効です。

ストライドプリフェッチ

また、図2.49の下側の図のように、❶❸❺とアドレスの間隔が一定のメモリアクセスが続いた場合は、その次も同じ間隔のメモリアドレスがアクセスされる可能性が高いと言えます。メモリコントローラ[注25]に、アクセスされるメモリアドレスの間隔を監視する機能を設けて、❼でアドレスが一定の差分で増減することがわかると、❽で次のアドレスのデータを含むキャッシュラインを先に読み込んでおくという**ストライドプリフェッチ**(*Stride prefetch*)を行うプロセッサも多くなっています。

ストライドプリフェッチは配列アクセスに有効

C言語の2次元配列は列番号が先に変わる順にメモリに格納されるので、配列C[i][j]をjを+1しながらアクセスすると連続したアドレスのアクセスとなり、ネクストラインプリフェッチを行っていれば、次の要素はプリフェッチでキャッシュに格納されている状態になります。一方、iを+1してアクセスすると、列の要素数の間隔のアクセスとなり、ネクストライ

図2.49 ネクストラインプリフェッチとストライドプリフェッチ

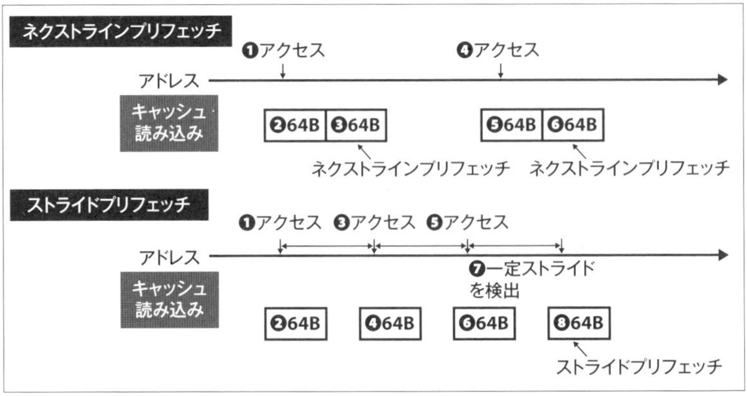

注25 メインメモリのDRAMをアクセスする機構。

ンプリフェッチではカバーできませんが、ストライドプリフェッチの機能を持つプロセッサであれば、間隔を検出するための最初の数回の後は、次の要素が自動的にキャッシュに格納されるようになります。

ソフトウェアプリフェッチ

このように規則的にメモリアクセスが行われる場合は、ハードウェアが自動的にプリフェッチを行うことができますが、ハードウェアにはわからない場合もあります。その場合もソフトウェアは、ループの次の回に使うデータのアドレスがわかるので、そのアドレスのデータをプリフェッチしてメモリからキャッシュに持ってくることを事前の指示できれば効果的です。このソフトウェアからプリフェッチを指示するプリフェッチ命令を持つプロセッサも一般的です。

必要なデータを含むキャッシュラインをロード命令でアクセスすれば、そのアドレスを含むデータがキャッシュに入りますが、ロード命令の場合は、アクセスしたデータがレジスタに入ることになり、それがすぐに使うデータでなければ、1個レジスタが無駄に使われてしまうことになります。ソフトウェアプリフェッチ命令の場合は、データをキャッシュに持ってくるだけで、レジスタにはデータが入らないので、レジスタが無駄にならないという違いがあります。

このように、ソフトウェアプリフェッチを使うことで事前に必要なデータをキャッシュに入れておいてメモリアクセス時間を短縮することができるのですが、たくさんのプリフェッチを行うと、そのデータをキャッシュに入れるために、必要だったキャッシュラインが追い出されてしまい、逆に性能が下がってしまうということも起こります。とくに、容量の小さな1次データキャッシュではこの問題が発生しやすいので、プリフェッチ命令に1次データキャッシュまでデータを持ってくる、データを持ってくるのは2次キャッシュまでで1次キャッシュには持ってこないなどを指定できるプリフェッチ命令となっているプロセッサもあります。この場合は、使用する確度が高く、短いアクセスタイムを必要とするデータは1次キャッシュまでプリフェッチし、データ量が多く、ある程度のアクセスタイムを許容できるデータは2次キャッシュまでのプリフェッチに留めるという使い分けが行われます。

第2章 プロセッサ技術

可変長命令をRISC命令に分解して実行
――Nx586プロセッサ、μOP、μOPキャッシュ

　IntelやAMDのx86命令アーキテクチャは、メモリからオペランドを読み、演算を行ってメモリにデータを書き込む可変長の命令を持っています。この命令をそのまま実行するためには、ロードユニット➡演算ユニット➡ストアユニットという長い実行パイプラインが必要になります。そして、入力オペランドや結果の格納がレジスタの場合でも、パイプラインを構成するロードユニットやストアユニットを動かすサイクルが必要となり、効率も良くありません。

　これに対して、1994年にNexGenという会社が発表したNx586プロセッサは、x86命令をRISCプロセッサのようなレジスタ間の演算命令とロード/ストア命令に分解して実行するという方式を使いました。このように固定長のRISCのような命令に変換すると、各種の演算ユニットとロード/ストアユニットが並列に並んだ実行パイプラインで命令を効率良く処理することができます。

　1994年にNexGenはAMDに買収され、Nx586の設計はAMDのプロセッサに受け継がれます。また、Intelもこの設計思想を採用し、現在ではx86アーキテクチャの高性能プロセッサは命令セットアーキテクチャは可変長のCISCですが、内部のマイクロアーキテクチャはCISC命令をRISC命令に変換し、RISCのようなパイプラインで実行するという構造になっています。

　このような構造の採用で、x86プロセッサの実行効率はRISCプロセッサに近づいたのですが、x86命令からIntelが**μOP**[注26]と呼ぶ固定長の内部命令への変換が必要となります。

　IntelのCoreプロセッサは、**図2.50**に示すように、1つのx86命令が1μOPに対応する簡単な変換を行うユニットを3個と1つのx86命令が最大4μOPに対応する複雑な命令の変換ユニットを1個持ち、この命令変換を行っています。そして、4μOPを超えるx86命令の場合は、マイクロコードROM[注27]から1サイクルに4μOPずつ読み出して変換を行います。

注26　「マイクロオプ」と発音する人が多いようです。
注27　三角関数や冪乗などを計算する命令は純粋なハードウェアで実現することは難しいので、いくつかの内部命令を使って機能を実現しています。この内部命令をマイクロコードと言います。そして、この命令を格納している読み出し専用メモリをマイクロコードROMと呼んでいます。

命令長の検出と変換には最低でも2サイクルを必要とし、そのぶん分岐などの場合に実行パイプラインに命令を供給できるタイミングが遅くなります。また最近では、変換部分が消費する電力も無視できないという状況になってきています。

これに対して、Intelの **Sandy Bridge**（第2世代Coreファミリー）プロセッサでは、1次命令キャッシュから読んだx86命令をμOPに変換してデコーダに送るのと並列に、変換した命令をμOPキャッシュに格納するという方法を取っています。

次に実行するときにμOPキャッシュにヒットしていればμOPキャッシュから命令を読むので、アクセス時間、消費電力ともにx86→μOP変換のオーバーヘッドはありません。μOPキャッシュをミスした場合は、1次命令キャッシュからx86命令を読んできてμOPに変換してμOPキャッシュに格納するための時間と電力が必要になりますが、1.5K命令を格納できるμOPキャッシュのヒット率は80%程度と言われ、μOPキャッシュがない場合と比べるとx86→μOP変換の頻度は1/4程度に低減され、変換に必要な電力も減少します。

図2.50 Intelの第2世代CoreファミリープロセッサのμOP命令変換

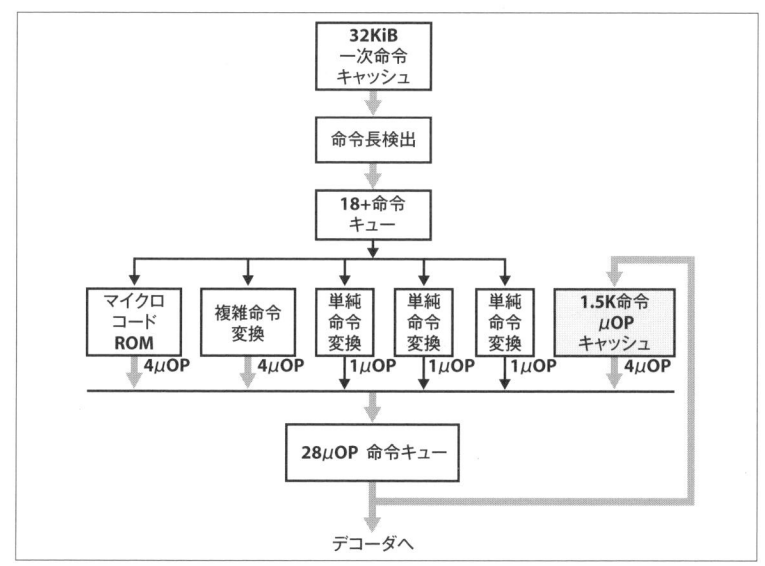

2.6 プロセッサの性能

プロセッサの性能は、ベンチマークなどを実行したときに毎秒何命令を処理できるかという指標（IPS、後述）で見積もれます。この性能がどのように決まっているのか、実際のプロセッサではどの程度の性能になっているのかを見ていきます。そして、2.5節までで学んだプロセッサの構造の知識を元にプロセッサの性能を引き出すプログラムの書き方を考えましょう。

命令実行に必要なサイクルを数える ── IPS、IPC

IPS（Instruction Per Second）は、毎サイクル何命令を実行できるかという **IPC**（Instruction Per Cycle）と毎秒、何サイクルを実行するかというクロック周波数f_{clock}の積で表されます。つまり、以下のとおりです。

$$IPS = IPC \times f_{clock}$$

Clockは、半導体技術でトランジスタが微細化されて高速で動作するようになるに伴って向上するという面も大きいので、マイクロアーキテクチャの性能を議論する場合は、IPCという単位が用いられます。また、プロセッサの性能をその構造から見積もる場合は、IPCの逆数で、1命令を実行するのに必要なサイクル数である**CPI**（Cycle Per Instruction）という数え方をします。

第1章で述べた理想的なパイプライン実行をするプロセッサでは、毎サイクル1命令を実行するので、CPIは1.0ということになります。しかし、2.4節の階層キャッシュのところで述べたように、メモリアクセスが平均12.55サイクル掛かるとすると、演算などの1サイクルの実行に比べて、10倍以上の長い実行時間が必要となります。メモリをアクセスする命令の実行頻度が30％とすると、平均的なCPIは、

$$CPI = 1.0 \times 0.7 + 12.55 \times 0.3 = 4.465$$

となり、メモリアクセスのために、平均的には約4.5サイクルに1命令の実行性能ということになってしまいます。

また、条件分岐命令の出現頻度は20%程度で、TakenとNot Takenが50% - 50%、Takenの場合は3サイクルの空きサイクルが入ると想定すると、条件分岐命令による追加分は3 × 0.5 × 0.2 = 0.3サイクルと見積もれます。

結果として、CPI = 4.465 + 0.3 = 4.765となります。内訳を見ると、1.0サイクルが基本的な1命令/サイクルのパイプライン実行の分、メモリアクセスによる増加が3.465サイクル、条件分岐命令による増加が0.3サイクルであり、メモリアクセスの影響が一番大きいことがわかります。

このように、基本的なパイプライン実行プロセッサに2レベルのキャッシュを設けたコンピュータでは5サイクルに1命令程度の性能となります。

これに対し現在のプロセッサでは、スーパースカラ実行で1サイクルに複数命令を発行したり、Out-of-Order実行で並列実行できる命令数を増すなどして性能を上げています。条件分岐命令については、分岐予測を使って空きサイクルの発生を抑えて無駄な追加サイクル数を減らしています。

そして、最大のサイクルを必要としているメモリアクセスに対しては、Out-of-Order実行によるメモリアクセスの並列化、プリフェッチによるメモリアクセス時間の隠ぺい、キャッシュ容量の増大によるミス率の低減で影響を小さくしてきています。

図2.51はHot Chips 24という学会で富士通が発表したスライドで、12種類のプログラムを、前世代のSPARC64 VII + CPUと新しいSPARC64 Xで実行した場合のCPIを棒グラフで示しています。前の計算では、平均的なプログラムでのメモリアクセス命令や条件分岐命令の出現比率を使って計算を行いましたが、実際には、実行するプログラムによりSPARC64 VII + CPUのCPIは0.7〜3.7の範囲でばらついており、SPARC64 XのCPIも0.5〜1.7の範囲でばらついています。

そして、破線の楕円で囲んだ右端の2本の棒グラフが全体の幾何平均となっています。この幾何平均で見ると、SPARC64 VII +はCPIが0.9程度であったのに対して、SPARC64 Xでは0.8程度に改善されています。そして、その改善のおもな原因はメモリコントローラを内蔵してメモリレイテンシ[注28]を短縮、2次キャッシュを巨大化してミス率を削減、分岐予測を改

注28 ロード命令でメモリアクセスを開始してから、データが実行ユニットに届いて処理を始められるようになるまでの時間。

第2章 プロセッサ技術

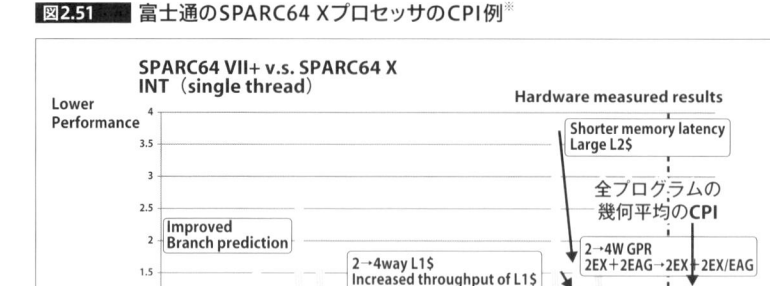

図2.51 富士通のSPARC64 XプロセッサのCPI例※

※出典:Takumi Maruyama「SPARC64 X：Fujitsu's New Generation 16 Core Processor for the next generation UNIX server」(p.18、Fujitstu Limited、2012.8.29)
URL http://jp.fujitsu.com/platform/server/sparcenterprise/event/12/hotchips24/pdf/HotChips24_Fujitsu_presentation.pdf
棒グラフは2本ずつがペアで、左がSPARC64 VII+、右がSPARC64 Xのデータである。横軸は左から順に、perlbench、bzip2、gcc、mcfなどのプログラムの結果が並んでいる。そして、縦軸がCPIである。

善して条件分岐命令のオーバーヘッドを減らし、さらに1次キャッシュを2wayから4way化したことが効いていると評価しています。

階層キャッシュの速度を測ってみる

C言語で簡単なプログラムを作って、階層キャッシュの速度を測ってみましょう。

キャッシュの速度測定プログラム

```
01  #include <stdio.h>
02  #include <stdlib.h>
03  #include <string.h>
04  #include <time.h>
05  #include <errno.h>
06
07  double    lp_time(int, int, int);
08  double    second(void);
09  unsigned long long int rdtsc();
10
```

次ページに続く

2.6 プロセッサの性能

```
11  long    array[64000000];
12  int     rsum;
13  double  sec;
14
15  int main(int argc, char **argv)  ←測定のメインプログラム
16  {
17      unsigned int i;
18      int     n, step, mode;
19      double  time;
20
21      n=10000;  ←アクセス回数10000回
22      if(argc != 3) {  ←コマンド引数のチェック
23          fprintf(stderr, "Usage: a.exe mode step\n");
24          exit(1);
25      }
26      sscanf(argv[1], "%d", &mode);  ←第1引数modeの読み込み
27      if((mode<0  || mode>2 ) {
28          fprintf(stderr, "Mode=%d, is not supported\n", mode);
29          exit(1);
30      }
31
32      sscanf(argv[2], "%d", &step);  ←第2引数 stepの読み込み
33      if((abs(step) > 6400) || step == 0) {
34          fprintf(stderr, "Step=%d, is 0 or too large\n", step);
35          exit(1);
36      }
37
38      fprintf(stderr, "mode=%d, step=%d, n=%d\n", mode, step, n);
        ↑mode、step、nのプリント
39      for(i=0; i<20; i++) {  ←測定を20回繰り返し、結果をプリント
40          time = lp_time(mode, step, n)/(double)n;
41          fprintf(stdout, "time=%e [cycles] with mode,step=%d %d\n",
            time, mode, step);
42      }
43  }
44
45  __inline__ unsigned long long int rdtsc()  ←タイムステップカウンタ
                                                  の読み込み関数
46  {
47      unsigned long long int x;
48      __asm__ volatile ("rdtsc" : "=A" (x));  ←asm文でrdtsc命令を埋め込み
49      return x;
50  }
51
52  double  lp_time(int mode, int step, int n) {  ←アクセス時間の測定関数
53                                                      次ページに続く
```

第2章 プロセッサ技術

```
54  int     sum = 0;
55  int     i, j;
56  unsigned long long int start, end;
57
58      if(mode==0) {   ←Mode=0の場合はarray[0]～[7]を読む
59          for(i=0; i < n; i++) {   ←ダミーの読み込みでキャッシュに入れる
60              sum += array[i & 0x7];
61          }
62          start = rdtsc();   ←開始時のカウンタを読む
63          for(i=0; i < n; i++) {   ←10000回同じキャッシュラインを読む
64              sum += array[i & 0x7];
65          }
66          end = rdtsc();   ←終了時のカウンタを読む
67      } else if (mode==1) {   ←Mode=1の場合はarrayをstep跳びに読む
68          for(i=j=0; i < n; i++, j+=step) {   ←キャッシュへのダミーの読み込み
69              sum += array[j];
70          }
71          start = rdtsc();   ←開始時のカウンタを読む
72          for(i=j=0; i < n; i++, j+=step) {   ←10000回読み込み
73              sum += array[j];
74          }
75          end = rdtsc();   ←終了時のカウンタを読む
76      } else {   ←Mode=2の場合は読んだ値が次のarrayの要素番号
77          sum = 0;
78          for(i=0; i < n; i++) {   ←arrayの要素に次の要素番号を書き込んでおく
79              array[sum] = sum + step;   ←Mode=1と同じアクセスにする
80              sum += step;
81          }
82          sum = 0;
83          start = rdtsc();   ←開始時のカウンタを読む
84          for(i=0; i < n; i++) {   ←array要素を読み、それを次の要素番号として使う
85              sum = array[sum];
86          }
87          end = rdtsc();   ←終了時のカウンタを読む
88      }
89
90      rsum = sum;
91      return (double)(end - start);   ←終了と開始時のカウンタの差を計算してリターン
92  }
```

　上記のプログラムは、4バイトアクセスでメモリを10000回読み、1回のメモリアクセスに掛かる平均サイクル数を出力します。メモリの読み方には3つのモードがあり、Mode=0は1つのキャッシュラインに入ってい

るデータを繰り返し読みます。Mode=1は、先頭アドレスからステップおきのアドレスを順に読んでいきます。Mode=2は、最初に読んだアドレスに次に読むアドレスが書いてあり、メモリの読み込みが終わらないと次のアドレスがわからないという読み方になっています。しかし、書いてあるアドレスをたどると、Mode=1とまったく同じアドレスをアクセスするようになっています。

　プログラムの43行めまでは、modeやstepの値の読み込みや測定結果のプリントアウトを行う部分です。そして、45行めから50行めの部分がインラインアセンブラ（*Inline assembler*）[注29]という機能を使ってrdtscという命令を呼び出す関数になっています。この命令は「TSC」（*Time Stamp Counter*）というプロセッサのサイクルごとにカウントアップされるカウンタを読み出します。

　そして52行め以降が3つのモードでのメモリの読み出しを行い、その開始カウントと終了カウントを測定するlp_timeという関数になっています。

メモリアクセスサイクルの測定結果

　図2.52が、上記のキャッシュの速度測定プログラムを使ってノートPC（使用CPUはCore i5-2410 M）のメモリアクセスサイクル数を測定した結果をプロットしたものです。グラフの縦軸はサイクル数、横軸はステップ値となっています。Mode = 1、Mode = 2のどちらのモードでもステップ値が8まではサイクル数の増加は緩やかですが、Mode = 2ではステップ値が32から64のあたりでサイクル数が急増しています。

　図2.53は、ステップ値が小さい部分を拡大した図です。

　図2.52でも図2.53でも、同じステップ値でも測定値がかなりばらついているのが見られます。Windows OSの環境ではタイマー割り込みなどの処理がバックグラウンドで動いており、それが測定開始のTSC読み込みから終了のTSC読み込みの間に割り込んで実行されるということが起こります。そうすると測定された時間が非常に大きくなり、それが10,000回のうちの1回としても、このように正しい値と考えられる点より上のほ

注29　C言語などの高級言語のソースの中にアセンブラを記述する機能。測定プログラムの48行めのように記述します。

第2章　プロセッサ技術

うにばらつくことになります。

　一般のプログラムの実行時にもこのような割り込みが入るので、実行時間がばらつきます。余談ですが、スーパーコンピュータの場合は、このよ

図2.52 Mode＝1とMode＝2でのメモリアクセスサイクルの測定結果

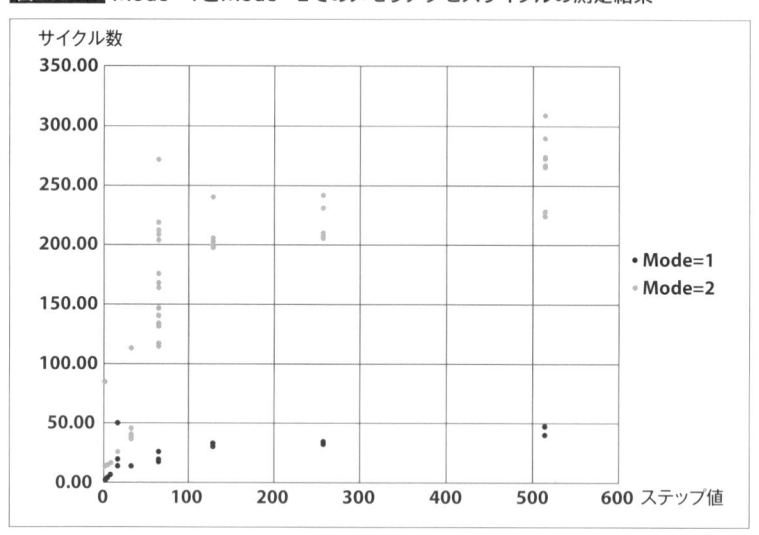

図2.53 メモリアクセスサイクルの測定結果。ステップ値＝64までの拡大図

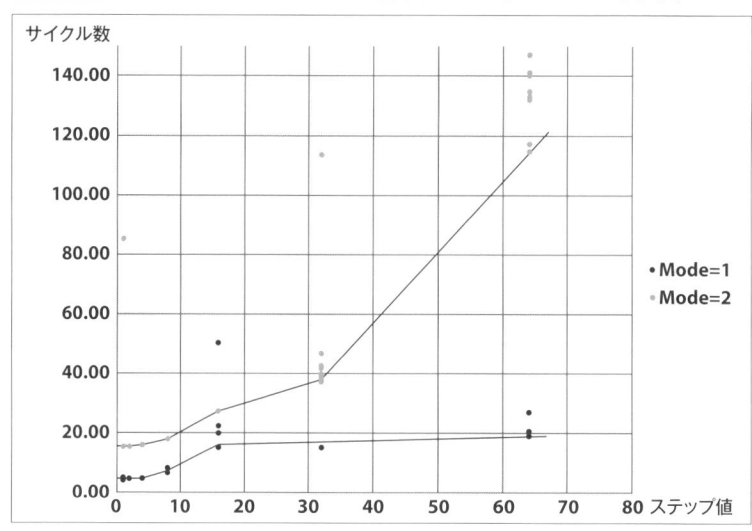

うな実行時間のばらつきが大きな問題となるので、できるだけ割り込みが少ないように改良したOSが使われます。

キャッシュやメモリのアクセスには何サイクル掛かっているのか

前述の測定で使用したCore i5 CPUのキャッシュラインサイズは64バイトで、1次データキャッシュは32KiB、2次キャッシュは256KiB、3次キャッシュは3MiBの容量となっています。

1次キャッシュからの読み込みのケース

キャッシュラインサイズが64バイトなので、1つのキャッシュラインには4バイトのarray要素が16個入ります。これをステップ値＝1で読むと、1つのキャッシュラインが16回の読み込みに使え、1次キャッシュのミス率は6.25％なのでほとんどは1次キャッシュをアクセスしていることになります。

図2.53から、Mode＝1、ステップ値＝1の時は1回のアクセスに3～4サイクル掛かっています。これは、1次データキャッシュのアクセスに必要なサイクルとアドレス計算やループを回す命令の実行時間の合計ですが、キャッシュアクセスと次のアドレス計算などの部分とはOut-of-Order実行でオーバーラップして実行されると考えると、1次データキャッシュのアクセスは実効的には3～4サイクル程度掛かっていると見られます。一方、Mode＝2では14～15サイクル掛かっています。Mode＝2の場合は読み込んだデータから、次にアクセスするメモリアドレスを計算する必要があるので、Mode＝1より遅くなるのは当然ですが、Intelの同世代のプロセッサでもMode＝1とほぼ同じサイクル数でアクセスできるプロセッサもあり、この11サイクルの差は謎です。

1次キャッシュをミスして2次、3次キャッシュから読み込む

ステップ値＝2では1つのキャッシュラインが使えるのは8回の読み込み、…となり、ステップ値＝16では1回だけの読み込みになってしまいます。また、32KiBの1次キャッシュにはキャッシュラインは512しかなく、ステップ値＝16の場合は512個のデータしか格納できません。このため、ステップ値＝16では、毎回、1次データキャッシュはミスして、2次キャッ

シュをアクセスすることになります。

　そして、前出の図2.34のセットアソシアティブキャッシュの構成を思い出してもらうと、ステップ値＝32になると使用するセットが2つ跳びになり、ステップ値＝64では4つ跳び、ステップ値＝128では8つ跳びとなります。つまり、10000回の読み込みのすべてのデータを入れておくには4B×ステップ値×10000の容量が必要です。256KiBの2次キャッシュはステップ値＝8以上になるとすべてのデータを入れられず、毎回ミスとなって3次キャッシュをアクセスすることになります。

　つまり、ステップ値＝8では1次キャッシュは2回に1回はミスで、ミスの場合は2次キャッシュもミスして3次キャッシュをアクセスすることになります。そしてステップ値＝16になると、1次キャッシュも毎回ミスして3次キャッシュをアクセスすることになります。

　図2.53でMode＝1、ステップ値＝16のときのアクセスサイクル数は14〜15程度で、これが3次キャッシュのアクセスサイクルと考えられます。なお、Intelの資料では3次キャッシュのアクセスは26〜31サイクルと書かれており、後述のOut-of-Order実行が効いてこれよりも少ないサイクル数になっていると考えられます。一方、Out-of-Order実行ができないMode＝2では38サイクル程度となっており、Intelの数字より大きい値となっています。なお、Intelの資料では2次キャッシュのアクセスは12サイクルとなっていますが、この測定では2次キャッシュの影響は直接的には見えなくなっています。

ステップ値が80を超えるとメインメモリへのアクセスが出てくる

　ここで使用しているキャッシュの速度測定プログラムでは、ステップ値＝80を超えると3MiBの3次キャッシュに10000回の全部のデータは入らなくなり、メインメモリへのアクセスが起こってきます。なお、測定データを見るとステップ値＝64でもメインメモリアクセスが始まっており、3MiB全部をこのデータの格納には使えないようです。

　そして、ステップ値＝160以上では毎回メモリにアクセスすることになります。このため、ステップ値＝64と128の間でアクセスサイクル数が急増しています。毎回メモリをアクセスするのでアクセスサイクル数はほぼ一定になり、図2.52を見ると、この値は、Mode＝1では40〜50サイク

ル、Mode = 2では200〜220サイクルとなっています。

なお、ページ(後述)境界をまたいだプリフェッチは行わないので、ステップ値が大きくなるとプリフェッチの効果が小さくなります。また、2.7節で述べるTLBのミスが増えるので、毎回メモリをアクセスするはずのステップ値 = 160以上の領域でも、アクセスサイクル数は緩やかに増加していきます。

ステップ値 = 512でのアクセス時間が約230サイクルということは、測定に使ったノートPCのクロックは2.3GHzなので実時間では約100nsとなり、概ねメモリのアクセス時間に近いと考えられます。

Mode = 1とMode = 2の違い

Mode = 1とMode = 2ですが、図2.54に示すように、Mode = 1ではアクセスするメモリアドレスが事前にわかっているので、Out-of-Order実行を行うCore i5プロセッサはロード命令をオーバーラップして実行するのに対して、Mode = 2では、前のメモリアクセスが終わって次にアクセスするアドレスがわかってからアクセスを開始することから、この違いが出ています。測定に使用したプロセッサでは、Mode = 2のアクセスサイクル数はMode = 1の4〜5倍となっており、平均的に4〜5個のロード命令が実行されていると考えられます。

ステップ値が大きい場合のようにアクセスするアドレスがばらばらで、多くのキャッシュラインを必要とするようになると、キャッシュミスが増えて、より速度の遅い大容量のキャッシュやメモリにアクセスするようになりメモリアクセスに時間が掛かるようになります。

また、この実験から、Out-of-Order実行を行うプロセッサでは、アク

図2.54 Mode = 1とMode = 2のロード命令の実行状況の違い

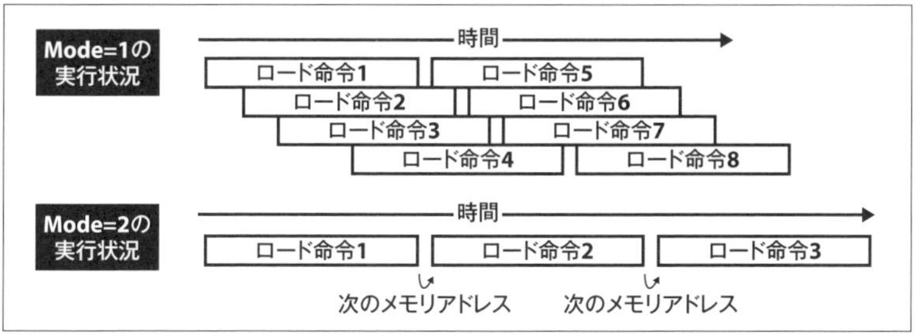

セスするメモリアドレスが早くわかっていれば並列にロード命令を実行することができ、実質的なメモリアクセスサイクル数を小さくすることができることがわかります。

性能を引き出すプログラミング

これまで見てきたように、現在のプロセッサには、性能を上げるためのハードウェア的な機構が数多く実装されています。このため、プログラムを書く時にあまり細かいことを考えなくても性能が出るようになっているのですが、それでもソフトウェアの作り方で性能を改善できる点が多くあります。

キャッシュを有効に使う

メモリアクセスのオーバーヘッドを減らすには、キャッシュを最大限有効に使うことが重要です。

キャッシュのところで述べたように、現在のプロセッサでは64バイト（64B）のキャッシュラインサイズのものが一般的で、64バイトのグループでメモリからデータ転送されます。しかし、アクセスするアドレスがとびとびだと、せっかく、持ってきた64バイトの1部しか使われず、残りは無駄なデータ転送となってしまいます。また、キャッシュラインの一部しか使わなければ、64バイト全体を使う場合と比べると、より多くのキャッシュラインを必要とするので少しのデータしかキャッシュに入らず、ミスが増えてしまいます。

C言語の2次元配列は、列番号方向に連続（2番めの添え字が+1）となる順にメモリに格納されます。したがって、列方向に順にアクセスする場合（2番めの添え字を+1）は連続アドレスのアクセスとなるのですが、列を固定して行方向にアクセスする場合はとびとびのアクセスになり、キャッシュの利用効率が落ちてしまいます。したがって、列方向に順にアクセスすることが多くなるように配列を作るのが有利です。

構造体の配列

次のように整数iと倍精度浮動小数点数dの組を1つの要素として、こ

れを10000個並べる配列を作るやり方を**構造体の配列**（Array of structures）と言い、メモリ上では図2.55のように配置されます。

```
struct {
    int i;
    double d;
} array[10000];
```

浮動小数点数dは8バイトなので、8バイトの整数倍のアドレスにしか配置できないというのが一般的で、整数iは4バイトですが、その後に4バイトの空き領域が置かれてしまいます。

そして、1つの構造体の1つの要素のサイズは16バイトとなり、64バイトのキャッシュラインには配列arrayの4要素しか入りません。これをarray[i++].dのようにiの順にアクセスしていくと1つのキャッシュラインには4回しかヒットしません。そして、構造体のサイズが大きくなると、よりとびとびのアクセスとなりキャッシュの利用効率が下がってしまいます。

配列の構造体

一方、以下のように、iとdの配列を要素とする構造体として定義するやり方は**配列の構造体**（Structure of arrays）と呼ばれ、メモリ上の配置は図2.56のようになります。

図2.55 構造体の配列のメモリ上での配置

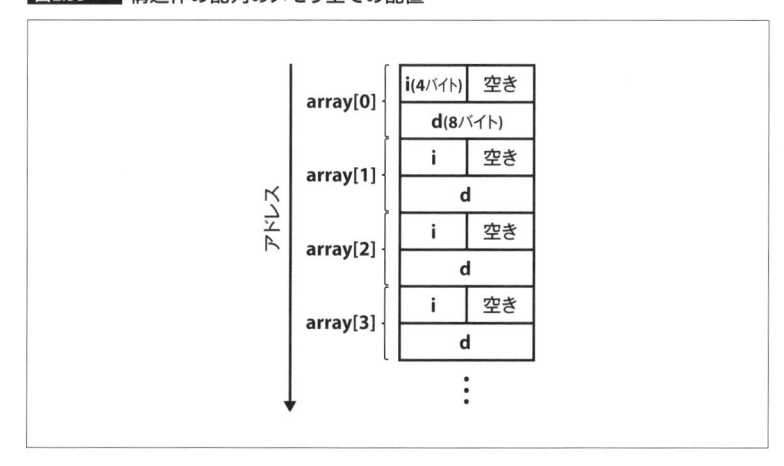

```
struct {
  int    i[10000];
  double d[10000];
} a;
```

　図2.56のようにメモリ上に配置されると、64バイトのキャッシュラインにdならば8要素が入り、順にアクセスすれば8回キャッシュラインがヒットすることになります。このため、構造体の配列の場合と比較すると、dのアクセスに伴うキャッシュミスの回数が半減します。また、4バイトの整数iの場合は、4回のヒットと16回のヒットの違いとなりキャッシュミスの回数は1/4に減ることになります。

構造体の配列か、配列の構造体か

　プログラムの書き方という点では構造体の配列のほうが綺麗ですが、後者の配列の構造体としたほうがキャッシュラインを有効利用でき性能を高めることができます。

　また、コンパイラは連続して定義された変数は連続したアドレスに配置するのが一般的なので、頻繁に使う変数は連続して定義しておくと、1つのキャッシュラインを有効に使うことができます。

図2.56 配列の構造体のメモリ上での配置

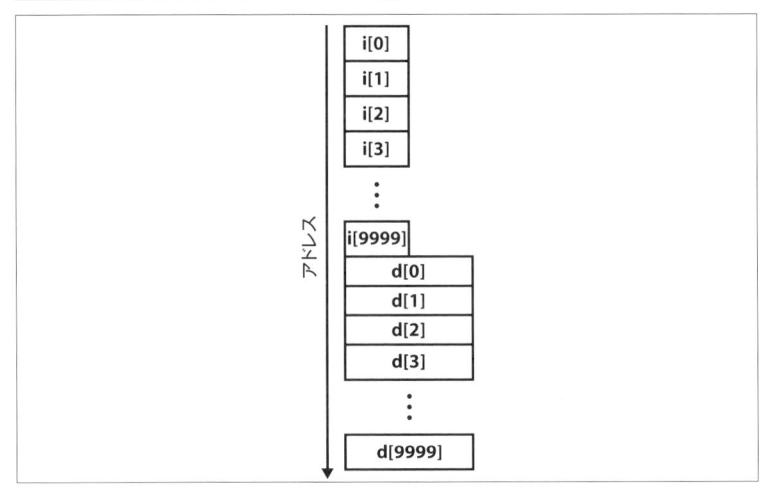

アドレス
i[0]
i[1]
i[2]
i[3]
⋮
i[9999]
d[0]
d[1]
d[2]
d[3]
⋮
d[9999]

ソフトウェアプリフェッチを使う

　前述のネクストラインプリフェッチはもはや常識、ストライドプリフェッチをサポートするプロセッサも一般的ですが、それでもカバーできないケースでは、ソフトウェアプリフェッチを使って目的のデータを事前にキャッシュに持ってきておくと、メモリのアクセス時間を短縮することができます。

　gccコンパイラの場合は、

```
void __builtin_prefetch( const void *addr, int rw, int locality );
```

という組み込み関数を呼び出すことで、ソフトウェアからプリフェッチを指示することができるようになっています。ここで、*addrはプリフェッチするメモリアドレスです。

　rwはプリフェッチされたキャッシュラインが読み出しだけに使われる（rw=0）か、書き込みを行う（rw=1）かを指定するものです。localityは、読み込んだキャッシュラインが一度しか使われない場合は0を指定し、繰り返し使われる回数に応じて1〜3の値を指定します。コンパイラは、この値が低いキャッシュラインは、次のプリフェッチなどに使用するので、上書きして消されてしまう確率が高くなります。

```
 i=0回めのデータのプリフェッチ 
for(i=0; i<N; i++) {
     i+1回めのデータのプリフェッチ 
     i回めの処理 
}
```

のようなプログラムを書くと、i回めのループの処理を実行する前に、i＋1回めの処理で使うデータのプリフェッチを開始します。Prefetch命令は、メモリからの読み込みを開始するだけでキャッシュへのデータの読み込みの完了を待たないので、メモリからの読み込みとi回めのループの処理を並行して実行することができます。

　このi回めのループの処理の間にi＋1回めのデータがキャッシュに読み込まれれば、長いメモリアクセス待ちをすることなく、次のi＋1回めの処理を開始することができます。

　また、ループ1回の処理時間ではメモリアクセス時間をカバーできない場合は、2回先、3回先のデータをプリフェッチするということも行われ

ます。ただし、あまり先までプリフェッチをすると1次キャッシュの容量が不足して、必要なデータがキャッシュから追い出されてしまい、逆に性能が低下してしまうということも起こるので、様子を見てチューニングを行うのが良いでしょう。

演算時間の長い命令は避ける

　メモリアクセスはキャッシュをミスすると長い処理時間が掛かりますが、割り算も長い処理時間が掛かります。また、割り算はパイプライン処理ができないので、1つの割り算が終わるまで、次の割り算を開始できません。このため、割り算が連続する部分では、割り算命令数に比例して処理時間が長くなってしまいます。

　しかし、1/2の計算ならば、整数の割り算ではなく算術シフト命令を使って1ビット右シフトを使うことで実行時間を短縮することができます。同様に1/4なら2ビット、1/8なら3ビットの右シフトで済みます。なお、算術シフトは右にシフトして空いた最上位ビットには元の最上位ビットをコピーするという動作で、負の整数の場合でも1/2、1/4、1/8などが正しく行えます。

　また、浮動小数点演算で同じ数での割り算を複数回行う場合は、あらかじめy = 1/xを計算しておき、a/xはa*y、b/xはb*yと計算するほうが実行時間が短くなります。

　浮動小数点数の加減算や乗算は5サイクル程度で演算ができますが、

```
c=a+b;
e=c+d;
g=e+f;
```

のように、前の演算の結果を使う演算が長く連続すると、Out-of-Order実行の効果は発揮できず、それぞれの演算に5サイクルが必要となってしまいます。

性能を左右する最内ループ

　処理時間の長いプログラムでは、必ずループで同じコードを繰り返し実行する部分があります。それも一重のループではなく、ループの中にまた

ループがあるという二重、三重のループというのが普通です。このような多重のループでは、一番内側の最内ループの中のコードが一番多くの回数実行され、これがプログラムの実行時間を決めるというケースがよく見られます。このような最内ループの部分では、コンパイラの作ったアセンブラ命令列[注30]を見たり、プロファイラなどの性能測定ツールを使って実行状況をチェックしたりすれば、「真の依存性」による演算レイテンシの問題の有無はわかります。ただし、これにはかなりの知識を要するので上級者向けです。

コンパイラを使う場合はプログラムの書き方でレイテンシの長い命令が連続するのを避けるのは難しいのですが、最内ループでAの処理の次にBの処理を行っている場合で、本来、AとBの処理は無関係で並列に実行できる場合は、A1、B1、A2、B2、…のようにA、Bの処理を細分化して交互に実行するようにプログラムを変更すると、A1とB1、A2とB2の処理をオーバーラップさせ、性能を改善できる場合があります。

2.7 マルチプロセス化の技術

コンピュータが高速になるにつれて、1つのプログラムだけを実行するのでは能力が余ってしまうので、複数のプログラムを並列に実行しようということになってきました。しかし、プログラムAがプログラムBのデータを破壊してしまったりすると困るので、これらを分離して互いに干渉しないように実行するメカニズムが必要となります。

メモリ管理機構

複数のプログラムを分離して実行できるようにするための一番重要な機

[注30] 多くのコンパイラでは、コンパイル時のスイッチ（引数）でバイナリの命令ではなく、アセンブラ命令を出力することができるようになっています。

構が**メモリ管理機構**（*Memory Management Unit*、MMU）です。プロセッサは広いメモリ空間を持っているので、メモリ管理機構を使ってこれを分割して、それぞれのプログラムに分け与えます。

また、プログラムはどれも、自分だけがプロセッサやメモリを使って動くという前提で作られており、プログラムはメモリの0番地から配置されるようになっています。しかし、これでは複数のプログラムをメモリに入れようとするとアドレスが重なってしまうので、プログラムに与えられたメモリ空間に収まるようにアドレスをずらすのもメモリ管理機構の役目です。

セグメント方式のメモリ管理

個々のプログラムが認識しているアドレス空間を「論理アドレス空間」と呼びます。そして、**図2.57**に示すように、プログラムP1が使用する領域[注31]は論理アドレスと物理アドレスが一致しますが、P2のセグメントの先頭アドレスはP1の後、P3セグメントの先頭アドレスはP2の後というふうに、先頭アドレスをずらせてメモリの物理アドレス空間に配置します。

このため、論理アドレスと物理アドレスは異なっています。このように先頭アドレスのずれ（オフセット）と長さを持つセグメントという単位でメモリを管理するので、この方式は**セグメント方式**のメモリ管理と呼ばれます。

図2.57 セグメント方式のメモリ管理の論理アドレス空間と物理アドレス空間の対応

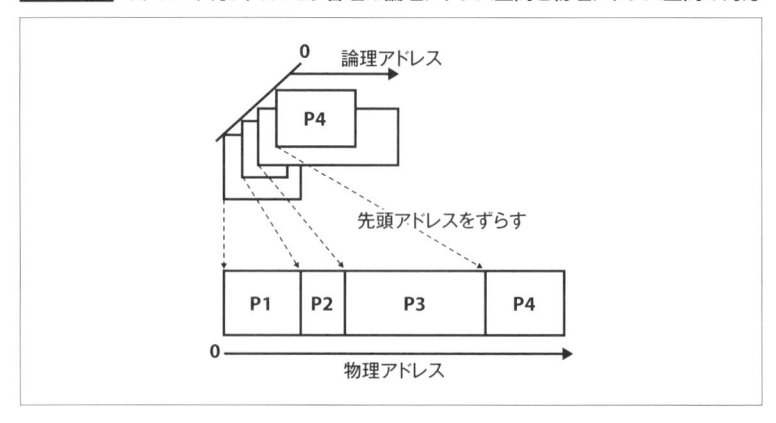

注31 メモリ管理の観点では「セグメント」（*Segment*）と呼びます。

2.7 マルチプロセス化の技術

　このようなプロセッサのメモリ管理機構は図2.58のようになっています。ロード/ストア命令がアクセスしようとするメモリアドレスは論理アドレスなので、メモリ管理機構がその論理アドレス空間の先頭物理アドレス（図2.58❶オフセット）を❷加算器で加算して、メモリをアクセスする❸物理アドレスに変換します。また、メモリ管理機構はアクセスする❹論理アドレスと長さを❺減算器で比較し、アクセスするアドレスがプログラムに割り当てられた論理アドレス空間の大きさの範囲に入っているかどうかのチェックを行います。ここで、範囲外のアドレスのアクセスが検出されると、アクセス違反の割り込みとしてOSに通知されます。

　図2.57ではプログラムごとに1つのセグメントになっていますが、実際にはそれぞれのプログラムに「命令」「データ」「スタック」「ヒープ」という4つのセグメントが使われるのが一般的で、命令セグメントは書き込み禁止、その他のセグメントは読み書き許可というような属性が付けられます。そして、メモリ管理機構は、1つのプログラムが使用する4つのセグメントに対応するレジスタを持ち、アクセスする❻各セグメントの属性とプロセッサからのメモリアクセスのタイプ（読み/書き/命令実行）を比較し、属性で許可された以外のアクセスを検出すると「割り込み」でOSに通知します。

図2.58 セグメント方式のメモリ管理機構

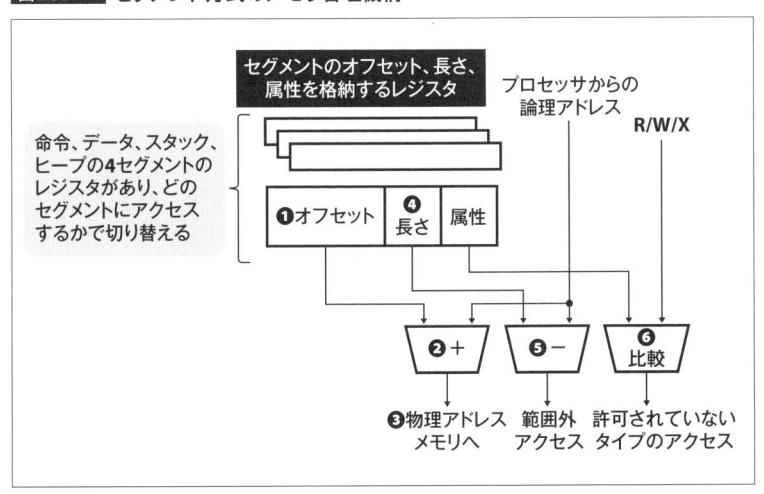

断片化の問題

しかし、いろいろなサイズのプログラムの実行によるメモリの獲得と、プログラムの終了によるメモリの解放をを繰り返すと、メモリの空き領域がばらばらに残る「断片化」(Fragmentation、フラグメンテーション)が起こります。そして、小さな断片には領域1つが入らず、使えないメモリなってしまうという問題が起こります。

ページ方式のメモリ管理

断片化を避けるため、現在のプロセッサではセグメントという単位ではなく、**ページ**(Page)という固定長の単位でメモリを管理しています。なお、x86アーキテクチャではページのサイズは4KiBとなっています。

そして、**図2.59**に示すように、プロセッサがアクセスする論理アドレスのページ番号と実際のメモリ上のページの先頭物理アドレスを対応付ける**ページテーブル**(Page table)を使ってメモリを管理します。

ページのサイズが4KiBの場合は、ページ内のバイトを指定するアドレスは12ビット必要なので[注32]、たとえば、32ビットアドレスの場合は、この下位12ビットを除いた論理アドレスの上位20ビットが「ページ番号」と

図2.59 ページテーブルの構造

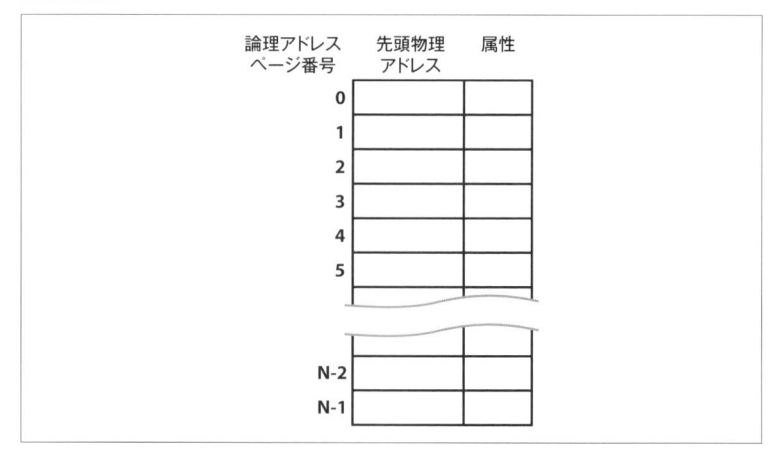

論理アドレス ページ番号	先頭物理 アドレス	属性
0		
1		
2		
3		
4		
5		
N-2		
N-1		

注32 4KiB、すなわち4096は2の12乗ですから、バイト単位のアドレスの指定には12ビットが必要となります。

なります。そして、「ページテーブルの先頭アドレス」欄には、そのページの上位物理アドレスの20ビット[注33]が書かれ、「属性」欄には読み込みだけ/読み書き可能などの属性が書かれます。

そして、ロード/ストア命令がアクセスしようとする論理アドレスの上位20ビットの論理ページ番号を使ってテーブルを引き、上位20ビットを物理アドレスに変換します。また、同時に属性で決められたアクセス方法になっているかどうかがチェックされます。

ページテーブルを使うメモリ割り当てとプロセスの分離

ページ単位でメモリを管理すると、あるプログラムがより多くのメモリを必要として後続の論理ページを必要とする場合、その論理ページとして空いている物理ページのアドレスを先頭物理アドレス欄に書き込んで、物理ページを割り当てることができます。ちょうど、リングバインダー型のノートの必要な箇所に新しいページを追加するように、メモリを追加することができます。また、不要になったページをリングバインダーから取り外すようにメモリを減らすこともでき、ページ単位で自由に論理－物理アドレスの対応を操作できるので、断片化は起こりません。

ページテーブルは、プロセス（実行するプログラム）ごとに作られ、プログラムAが使用する物理ページは、プログラムBのページテーブルには含まれないように割り当てを行えば、プログラムBからはその物理ページをアクセスすることはできなくなり、プログラムAとB、それぞれが使用するメモリ空間を分離することができます。

ページテーブルをキャッシュするTLB

1GiBのメモリを4KiBのページに分割すると、256Kページとなります。ここで、ページテーブルの各エントリのサイズを4バイトとしても、ページテーブルのサイズは1MiB、8バイトとすれば2MiBの記憶領域が必要となります。このページテーブルは必要な記憶領域が大きいので、メインメモリに置かれます。

注33　32ビットのアドレスには、ページ内アドレスの12ビットが含まれているので、ページを識別する情報としては32－12＝20ビットあれば済みます。

第2章 プロセッサ技術

しかし、メモリアクセスを行うロード/ストア命令のたびにメモリからページテーブルを読むのでは、メモリアクセスの回数が2倍になってしまいます。このため、メモリに置かれたページテーブル専用のキャッシュメモリをプロセッサ内部に設けます。このキャッシュメモリはアドレスの変換(*Translation*)専用に使われるので、**TLB**(*Translation Lookaside Buffer*)と呼ばれます。

図2.60はTLBの構造を示す図です。TLBは、ページごとに「物理アドレス」と「属性」を記憶するエントリを持っています。そして、各エントリには、ページ番号の上位論理アドレスビットの「タグ」が付けられています。図2.60では図を簡単にするため、キャッシュ方式として前述のダイレクトマップ方式の構造を書いていますが、実際にはセットアソシアティブ方式のキャッシュが多く使われます。また、エントリ数が少ないTLBではフルアソシアティブ方式のものも見られます。

図2.60で、❶ロード/ストアユニットからの論理アドレスは3つに分けられ、❷下位アドレスと書かれた部分でTLBのエントリを選択します。

図2.60　TLBによる論理➡物理アドレスの変換

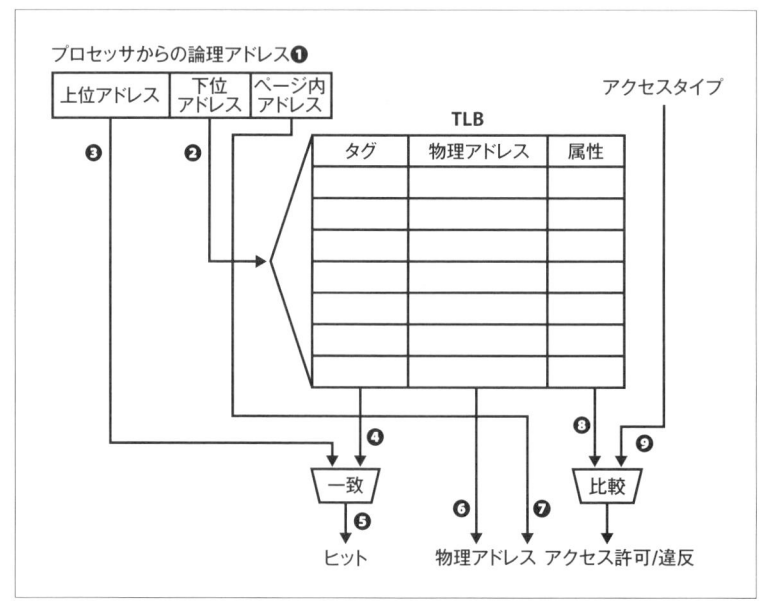

134

そして、❸上位アドレスと❹TLBから読み出したタグが一致すればヒット(❺)で、論理アドレスの上位と下位アドレス部分をTLBから読み出された物理アドレス(❻)で置き換えます。❼ページ内アドレスは変換されずに物理アドレスの一部として使われます。また、❽TLBから読み出された属性と❾アクセスのタイプが比較され、許可されたアクセスであるかどうかがチェックされます。

このように、アクセスする論理アドレスのページテーブルエントリが、TLBに入っていれば、メモリからページテーブルを読んでくる必要はなく、ほとんどオーバーヘッドなく、論理アドレスを物理アドレスに変換してメモリアクセスを行うことができます。

TLBミスとメモリアクセス時間、ラージページでTLBミスを低減

しかし、TLBに入っていない(**TLBミス**)論理アドレスをアクセスする場合は、メモリ[注34]からページテーブルのエントリを読み出してTLBに格納する必要があり、データや命令の1次キャッシュをミスしたのと同程度の追加のアクセス時間が掛かってしまいます。

TLBのエントリ数は典型的には64〜512程度で、それぞれが4KiBのページに対応しますから、一時には256KiB〜2MiB程度の論理アドレス空間しかカバーできません。このため、広いメモリ領域をとびとびにアクセスするプログラムでは、TLBミスが頻発してメモリアクセス時間が延び、性能が低下する場合があります。

このため、多くのプロセッサでは**ラージページ**(*Large page*)というサイズの大きいページをサポートしています。Intelなどのx86アーキテクチャのプロセッサでは、基本の4KiBのページに加えて2MiBと1GiBのページをサポートしており、大きなメモリ領域を使うDB(*Database*、データベース)処理や科学技術計算などでは、ラージページを使うとTLBミスの頻度を減らし、性能を改善することができます。

注34 実際は1次データキャッシュや2次キャッシュから読まれる場合が多いです。

スーパーバイザモードとユーザモードによる分離

2.1節で説明したように、通常の演算命令のような汎用レジスタを読み書きする命令は**ユーザモード**でも**スーパーバイザモード**でも使用できますが、特権レジスタを読み書きする特権命令はスーパーバイザモードでしか使用することができません。もし、ユーザモードで特権命令を実行しようとすると、利用者権限を逸脱しているという通知(特権違反割り込み)がOSに送られ、通常、OSはその命令を実行しようとしたプログラムの実行を打ち切ります。

プロセッサがスーパーバイザモードであるかユーザモードであるかを決めるレジスタは特権レジスタであり、スーパーバイザモードで実行しているOSからユーザモードに切り替えてアプリケーションプログラムの実行を開始することはできますが、その逆はできません。

このため、ユーザモードのアプリケーションがOSに成りすまして、ページテーブルの先頭アドレスを格納する特権レジスタを書き換えてしまうことはできませんし、OSが管理する他のアプリケーションプロセスのページテーブルを書き換えることもできません。

図2.61に示すように、OSはスーパーバイザモードの壁を使って、意図的あるいはプログラムのバグによって、他のプロセスのメモリ領域を読み取ったり書き換えたりしてしまうことができないようにしています。

バッファオーバーフロー攻撃

プログラムでは、サブルーチン(C言語では関数)が使う変数や領域をス

図2.61 OSは、スーパーバイザモードの壁でユーザ間を分離する

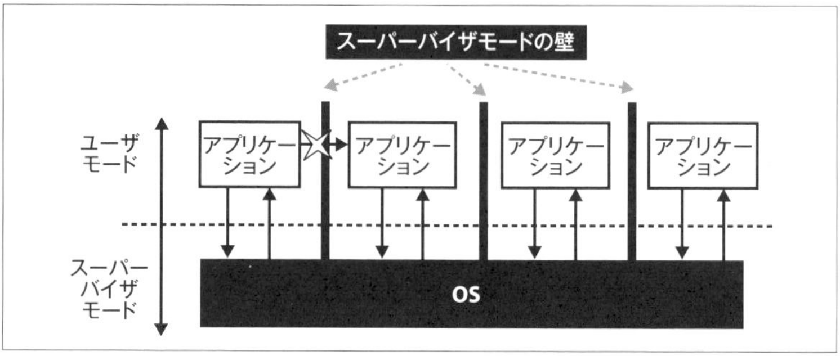

タック領域に格納するという構造が使われます。スタック領域はメモリ上に作られ、アドレスの大きいほうから小さいほうへと必要に応じて拡張してしていきます。サブルーチンが呼ばれると、図2.62に示すように、スタック領域にリターンアドレス、引数などに続いて、サブルーチン内部で使うバッファ領域などが取られます。

バッファオーバーフロー攻撃(*Buffer overflow attack*)は、スタック上に確保したバッファ領域を超える長さの文字列を読み込ませて、リターンアドレスを上書きして変えてしまいます。このとき、バッファ領域にはウイルスの機械命令となる文字列を読み込ませておきます。

この文字列を読み込むプロセスはスーパーバイザモードで動作するプロセスで、文字列の読み込みを終わってリターンしようとすると、書き換えられたリターンアドレスに跳ぶことになります。このリターンアドレスには、バッファ領域に上書きされたウイルスの先頭命令アドレスが書かれており、スーパーバイザモードのままウイルスの命令が実行されてしまいます。

こうなると、ウイルスの命令は特権レジスタを操作することができるので、コンピュータがウイルスに乗っ取られてしまいます。

バッファオーバーフロー攻撃とその対策 —— NXビット、XDビット

この問題の原因は、入力文字列の読み込みを確保したバッファの長さで打ち切らず、リターンアドレスを上書きしてしまうバグにあるのですが、

図2.62 スタックの構造と上書きの発生

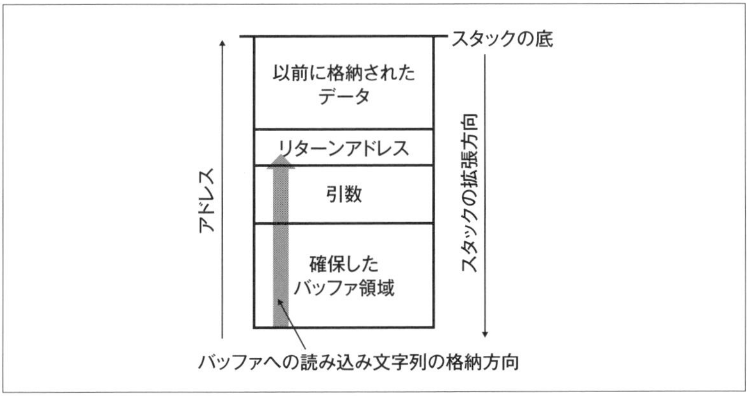

上書きしてしまっても、スタック上に書かれたウイルスの機械命令が実行されなければコンピュータが乗っ取られるという最悪の事態は避けることができます。

このため、ページの属性として、読み込み可能、読み書き可能に加えて、「命令として実行不可」という属性を追加します。実行不可という属性は、RISCプロセッサでは早くから実装されていたのですが、x86アーキテクチャのプロセッサでは、AMDのAMD64アーキテクチャのプロセッサでの採用が最初で、この属性を示すビットを **NX**(*Never eXecute*)ビット呼んでいます。その後、IntelもPrescottコアのPentium 4プロセッサからこの機能を採用し、**XD**(*eXecute Disable*)ビットと呼んでいます。

そして、スタック領域のページは読み書き可能ですが、実行は不可という属性としておけば、リターン先のウイルスの命令をフェッチしようとした時点でアクセス違反が検出され、入力の読み込みを行っていたプロセスの実行は打ち切られますが、コンピュータがウイルスに乗っ取られるという事態は防げます。

このようにNXビットの追加でウイルス攻撃に対する安全性は増したのですが、新たな弱点を狙った攻撃が次々と出てきていますので、安心はできません。

図2.63 割り込み処理のメカニズム

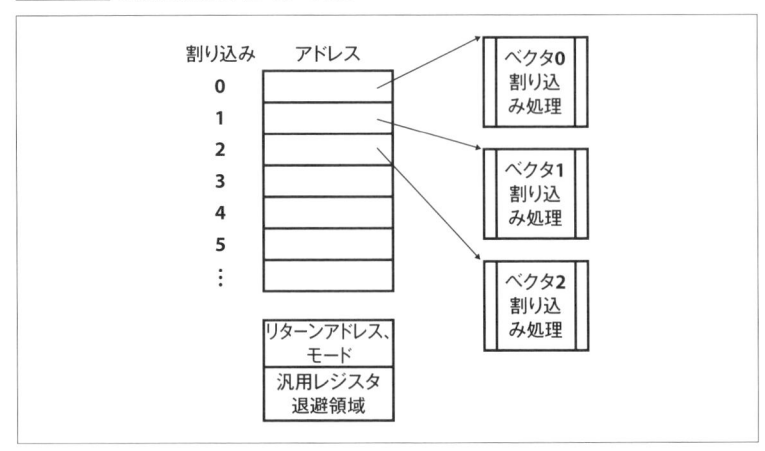

割り込み

　入力機器にデータの読み込みを依頼し、入力データが入ったかどうかをチェックするために、ループで繰り返し入力機器の状態をチェックするやり方を**ポーリング**(*Polling*)と言います。しかし、繰り返し頻繁に状態をチェックしていると他の仕事ができません。

　このため、入力データが入ってきたら、入力機器のほうからプロセッサに通知を送るという方法が使われます。このような通知を受け取ると、プロセッサは実行していたプログラムの処理を中断し、入力機器からのデータを受け取る処理を実行します。そして、入力機器からのデータを受け取ると、以前に実行していたプログラムの実行を再開します。このため、このような通知を**割り込み**(*Interrupt*)と言います。

　割り込み処理のメカニズムは**図2.63**のようになっています。それぞれの割り込みは原因別に「ベクタ」(*Vector*)という番号が付けられており、入出力機器が割り込みを行うときは、ベクタ番号を付けて、どの割り込みの通知であるかを示します。割り込みを受け付けると、割り込み処理機構は、中断した処理の次の命令のアドレスをリターンアドレスレジスタ、作業用に使う汎用レジスタを退避領域に格納し、ベクタで指定されたエントリのアドレスを使って、それぞれのベクタ番号の割り込み処理ルーチンにジャンプします。このとき、実行中の処理モード情報を退避し、プロセッサをスーパーバイザモードに切り替えます。

　そして、割り込み処理を行った後、退避した汎用レジスタを復元し、リターンアドレスに復帰して割り込まれた処理を再開します。また、リターンアドレスに戻るときに元のモードに戻します。

　このような割り込みは入出力装置が依頼された動作を完了したときや、キーボードが押されたとかマウスが動いた、LANインタフェースからメッセージが届いたなどの場合にも発生します。

　また、プロセッサの内部のタイマーが15.6msごとに定期的に割り込みを発生し、このタイマー割り込みを契機として、実行条件の整ったプロセスの実行を開始させたり、OSの各種のハウスキーピング(*House keeping*)[注35]を

注35　元々は「家事」を意味する言葉。コンピュータを家にたとえ、その中の状態を整える各種の処理を指します。Windows OSのデスクトップ画面右下の時計の更新はハウスキーピングの一例です。

行うプロセスを動かしたりするということも行われます。

例外

　元々、割り込みは、実行中のプロセスの命令とは直接関係なく発生する通知を処理するという目的であったのですが、ユーザモードで特権レジスタをアクセスする命令を実行しようとしたとか、定義されていない未定義命令を実行しようとした、0で割るという演算を実行しようとしたなどの、命令の実行に伴う各種の異常状態でも割り込みを発生させてOSに通知し、適切な回復処理を行わせるという使い方もされています。

　このような、実行する命令が直接の原因となる割り込みを、命令実行とは非同期に発生する割り込みと区別するため、例外（*Exception*）と呼ぶこともあります。

スーパーバイザコール —— ソフトウェア割り込み

　そして、割り込みのもう一つの使い方として、プログラムの命令で割り込みを発生させる**ソフトウェア割り込み**という命令があります。

　ユーザモードのアプリケーションプログラムがメモリ領域を要求する場合や、入出力などを行おうとする場合は、OSにそれらの処理を依頼する必要があります。この場合、アプリケーションプログラムは、依頼する処理に引き渡す情報を一定の場所に格納して、ソフトウェア割り込みを発生させる命令を実行します。

　そうすると、プロセッサはスーパーバイザモードに切り替わって、ソフトウェア割り込みの処理ルーチンが起動されます。この処理ルーチンの中で、引き渡された情報を読んで、依頼が正当なものであるかどうかをチェックし、OKなら、OSの中のメモリ管理モジュールや入出力ルーチンを実行させて、依頼された処理を行うというやり方が取られます。ユーザモードのアプリケーションからスーパーバイザモードのOSを呼び出すので、このような呼び出しは**スーパーバイザコール**（*Supervisor call*、あるいは**システムコール**）と言います。

◆　◆　◆

　このように割り込み処理メカニズムを使ってOSに特権レジスタを操作する必要がある処理の実行を依頼すれば、アプリケーションプログラムに

特権レジスタを直接操作させる必要がなくなり、アプリケーションプログラムが他のアプリケーションプログラムに干渉することを防げます。

仮想化技術

ユーザモードとスーパーバイザモードを使い分けることにより、ユーザ間の分離を実現しているのですが、さまざまなセキュリティホールを突いて、スーパーバイザモードで実行権を得る新たなウイルスが出てきています。

このため、より強固なユーザ間の分離を行う技術として**仮想化**(*Virtualization*)という技術が使われています。仮想化は、孫悟空のように、1台のコンピュータから複数台の分身を作る技術で、分身を作る仕掛けは**ハイパーバイザ**(*Hypervisor*)あるいは**VMM**(*Virtual Machine Monitor*)と呼ばれます。そして、それぞれの分身を「仮想マシン」(*Virtual Machine*、**VM**)と言います。

仮想化を使うコンピュータシステムの基本的な構造は**図2.64**のようになります。通常のコンピュータではプロセッサハードウェアを動かすのはOSですが、仮想化を行う場合は、VMMがハードウェアを制御して複数の仮想マシンを作り出します。そして、それぞれの仮想マシンでOSを動

図2.64 仮想化を使うコンピュータの階層構造

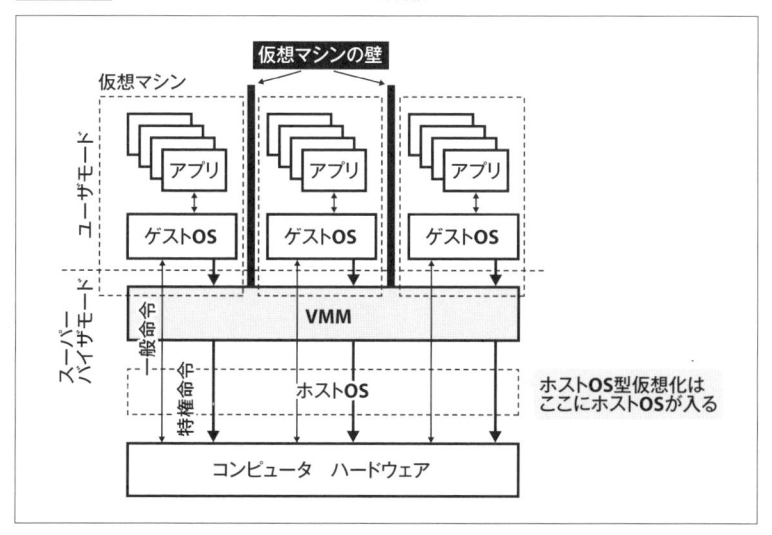

かし、そのOSの上でアプリケーションプログラムを動かします。

ベアメタル型とホストOS型

図2.64の構造は、ハードウェアの上でVMMを動かすので「ベアメタル」（Bare metal）型[注36]の仮想化と呼ばれます。

これに対して、図2.64で破線で書いたように、VMMとハードウェアの間にホストOSと呼ぶOSを挟むというやり方を「ホストOS」型の仮想化と呼びます。

ベアメタル型のほうがオーバーヘッドが少なく効率は良いのですが、VMM用に入出力装置のデバイスドライバを開発する必要があります。一方、ホストOS型では、ホストOSとしてWindowsやLinuxを使えば、すでにデバイスドライバは揃っているので、VMM用にデバイスドライバを作る必要がないというメリットがあります。

VMM上でのゲストOSの動作

ここで特徴的なことは、VMMの上で動作させるOSは、仮想化を行わない場合と同じバイナリのOSですが、仮想化を行わない場合はスーパーバイザモードで動くのに対して、VMMを使う場合は、これをユーザモードで動かすという点です。このVMMの上で動作させるOSを「ゲストOS」と呼びます。

ゲストOSは、自分がハードウェアを直接制御していると思っているので、特権レジスタを読み書きする命令を実行しようとします。しかし、実際はユーザモードで動いているので、特権命令を実行しようとすると「特権違反の割り込み」が発生します。

VMMを使う場合は、この割り込みはVMMに通知されます。そして、VMMは割り込みの原因を調べ、それがゲストOSの特権命令の実行であることがわかると、VMMはゲストOSが実行しようとしていることが問題ないかどうかをチェックし、問題ない動作であれば、その動作をVMMが替わって実行して、ゲストOSの特権命令が実行されたのと同じ状態にしてゲストOSに復帰します。このため、ゲストOSからはVMMが介在

注36 むき出しのハードウェアを意味します。ベアメタル型はハイパーバイザ型とも呼ばれます。

していることはわかりません。

このため、ウイルスがゲストOSを乗っ取って、特権レジスタを操作する命令を実行したとしても、他の仮想マシンに悪影響を与えるような命令であれば、VMMはそれを実行せず、乗っ取られたゲストOSを異常終了させてしまいます。そして、他のゲストOSやその上で動いているアプリケーションは問題なく動作を続けられます。

このように、ゲストOSからVMMに対しては、スーパーバイザコールのような明示的に動作を要求するインタフェースがなく、仮想マシンの壁で隔てられた1つのゲストOSが他のゲストOSに悪影響を及ぼすということが非常に起こりにくい構造になっています。

「二重のアドレス変換」を行うメモリ管理機構

仮想化を効率的に実現するための重要な技術が「二重のアドレス変換」を行うメモリ管理機構です。ゲストOSはアプリケーションの論理アドレス空間と自分が管理するメモリ空間のページアドレスの対応表（ページテーブル）を作ります。しかし、ゲストOSが管理するメモリ空間はハードウェアの実メモリではなく、VMMがハードウェアの実メモリのページをそれぞれの仮想マシンに分割して割り当てた仮想物理アドレス空間となっています。そして、VMMは実メモリのページとゲストOSの仮想物理アドレス空間のページの対応を示すページテーブルを作ります。

このため、仮想化を行う場合は**図2.65**に示すように、まず論理アドレスから仮想物理アドレスに変換し、次に仮想物理アドレスから本当の物理アドレスに変換するという二重のアドレス変換が必要になります。

仮想化が普及し始めたころのプロセッサは、1段階のアドレス変換の機能しか持っておらず、これで2段階のアドレス変換を行おうとするとオーバーヘッドが大きく、仮想化による性能低下が大きかったのですが、最近のプロセッサは、この2段階のアドレス変換を行うハードウェアを装備し、仮想化による性能低下も10%以下に改善されています。

仮想化とWeb、データセンターの世界

Webの世界になり、Webサーバを貸す商売が続々と出てきたわけですが、1台のサーバハードウェアを4〜16台の仮想マシンに分割して、それぞれ

の仮想サーバを貸し出せば、丸1台の(物理)サーバマシンより安い価格で貸すことができます。仮想化を使えば、ユーザ間の分離が強固なので、情報を盗まれるというような心配もほとんどありません。

多くのWebサイトでは平均的なトラフィック(Traffic、交通量)はあまり多くはないので、分割された仮想マシンでも十分にトラフィックを捌けます。また、アクセスが集中した場合にも、他の仮想マシンの負荷が高くなければ、処理能力を融通してもらうこともできます。仮想化は1967年にIBMのメインフレームで実用化された長い歴史を持つ技術ですが、Webサーバのホスティングで一気に普及が加速しました。

さらに、1台の大きめのサーバを仮想化で分割して、従来は別個のサーバで実行していた処理をそれぞれの仮想マシンで実行させる**サーバ統合**(Server consolidation)を行うと、必要なサーバ台数が減り、ハードウェアコストや電力コストが減ることから、企業での仮想化の導入が進みました。

また、仮想化を使うと、1つの仮想マシンで動いていたOSやアプリケー

図2.65 仮想化をする場合は、二重のアドレス変換が必要になる

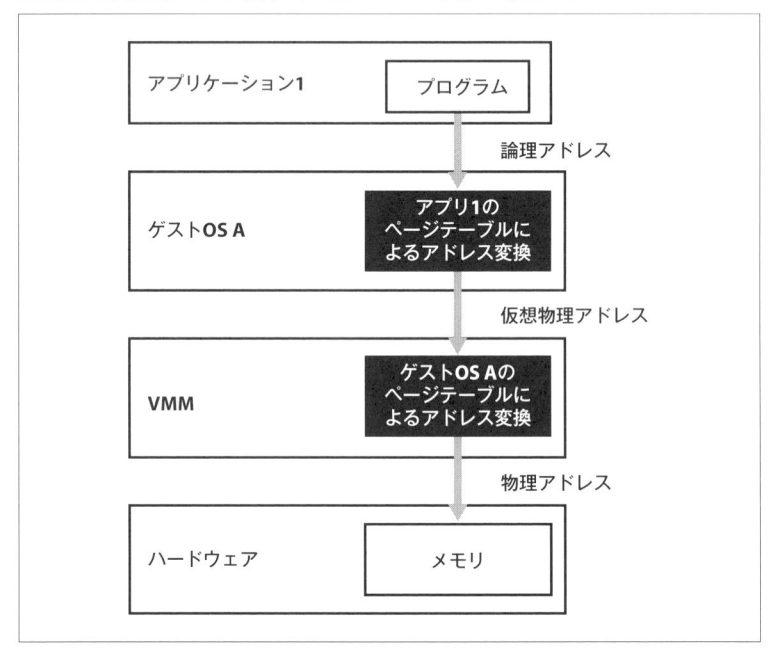

ションを、実行を中断することなく、別の仮想マシンに移す**ジョブマイグレーション**(*Job migration*)も可能になります。大きなデータセンターなどでは、このマイグレーション技術を使って、全体の仕事が少なくなると、少数のサーバハードウェアに仕事をまとめ、残りのサーバは電源を落として節電するという使い方も行われています。このように、現在では、仮想化はデータセンター運用の柔軟性を確保する上で不可欠の技術となっています。

2.8 まとめ

　本章では2.1節〜2.5節にわたって、プロセッサの基本的な構造と、演算速度の向上や命令の実行に必要なサイクル数の低減、キャッシュによるメモリアクセス時間の短縮などによる高性能化について説明してきました。プロセッサがどのようなしくみで、命令の実行性能を改善しているかを理解できたでしょう。

　そして2.6節では、プロセッサ性能の見積もりや、メモリアクセス速度の実測、そして、性能を上げるプログラミング法などプログラマの役に立つ情報を解説しました。最後の2.7節では、多数のプログラムを干渉なく動かすためのメモリ管理技術や、仮想化について説明しています。単純に命令の実行性能を上げるだけでなく、より広汎な使い方をサポートするためにアーキテクチャの拡張が行われていることを理解ほしいと思います。

第2章　プロセッサ技術

Column

デナードスケーリングとは何か？ —— 性能向上の鍵

　ムーアの法則の素子数の増加は、素子の寸法を小さくすることで実現されており、縦横のサイズを0.7倍にすると同じ面積に2倍の素子を詰め込むことができます。これはほぼ同じ製造コストで2倍のトランジスタが作れる、あるいは同じトランジスタ数ならほぼ半分のコストで作れることを意味しており、経済的に大きなインパクトがあります。

　ムーアの法則はトランジスタや配線のサイズを平面方向に縮小することで実現されますが、これに加えて、ゲート酸化膜の厚みやトランジスタのスレッショルド電圧、電源電圧も同じ比率で縮小することを提唱したのが、IBMのRobert H. Dennard博士らのグループです。このようにして、すべてを1/2に比例縮小すると、回路の動作速度（クロック周波数）は2倍、消費電力は1/4になることを理論と実験で示しました。この比例縮小は「デナードスケーリング」と呼ばれます。

　結果として、寸法を半減し、デナードスケーリングを行うと、同じサイズ、同じ値段のチップに4倍のトランジスタが作れ、クロック周波数は2倍で動作し、チップ全体の消費電力は同じという驚異的な改善が得られます。これが、コンピュータの性能と性能/電力の急速な改善を可能にした主因で、1970年のIntel 4004と比較して現在のプロセッサは10億倍の性能になっています。

　本書の主題であるアーキテクチャは、増加するトランジスタを有効に利用して性能を上げたり、新たな機能を実現したりしており、微細化とアーキテクチャの進歩はコンピュータの発展の両輪となっています。

　しかし、2000年代に入り電源電圧が1V程度となると、電源電圧の低減が難しくなってきて、完全なデナードスケーリングが成り立たなくなってきました。その結果、1/2縮小すると、同一クロック周波数で単位チップ面積あたりの消費電力は2倍となってしまいます。トランジスタの能力としてはより高いクロック周波数で動作できるのですが、消費電力が制約となってクロックを上げられないという状況になっています。このため、本書で説明した各種の省電力手法が重要になってきています。

第3章

並列処理

3.1
OSによるマルチプロセスの実行

3.2
マルチコアプロセッサとマルチプロセッサ

3.3
排他制御

3.4
巨大プロセスで多数のコアを使う

3.5
分散メモリシステムと並列処理

3.6
並列処理による性能向上

3.7
まとめ

第3章 並列処理

　図3.Aは、Hot Chips 25という学会で発表されたKabini（カビーニ）というコードネームで開発されてきたAMDのノートPC、タブレッド向けのSoCチップのフロアプラン（Floor plan、配置図）です。

　図3.A中の「Jaguar Core」と書かれている部分がプロセッサで、4個のプロセッサコアが搭載されており、その左側に2MiBの共有L2（Level 2、2次）キャッシュが置かれています。また、3Dグラフィックスの表示処理などを分担するグラフィックスコアがJaguarコアとL2キャッシュを囲むように逆L字型に配置されています。

　このように、最近のプロセッサチップは、複数のプロセッサコアや、グラフィックスコアなどを搭載するマルチコアが普通になっており、各コアが並列にプログラムを実行することができるようになっています。

　逆に言うと、すべてのコアでプログラムを実行させないと、マルチコアチップの性能をフルに引き出すことはできず、使っていないコアは宝の持ち腐れになってしまいます。本章では、「並列処理」と題して「どのようにすれば複数のコアを有効利用できるのか」を見ていきましょう。

図3.A　AMDのノートPC、タブレッド向けのKabini SoCのフロアプラン[※]

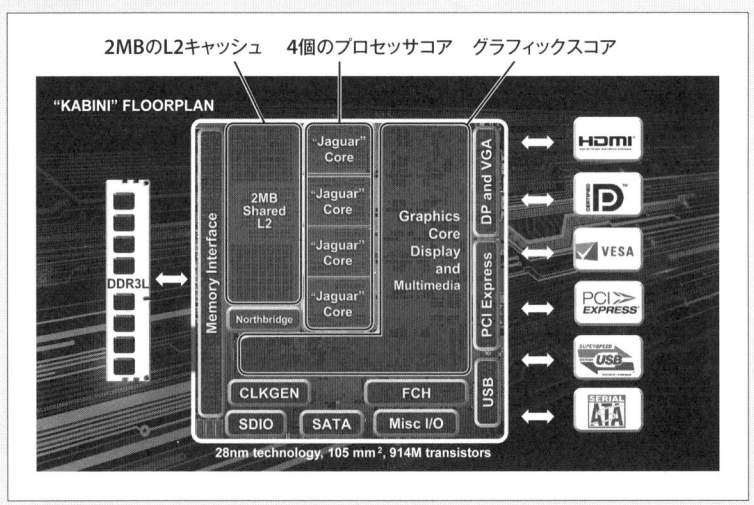

※出典：Dan Bouvier、Ben Bates、Walter Fry、Sreekanth Godey「AMD's Kabini APU SoC」(p.2、Hot Chips 25、2013.8)

3.1 OSによるマルチプロセスの実行

　PCの画面を見ると、いろいろなウィンドウが並んでいます。これはWindowsなどのOSが複数のプログラムを同時に実行する機能を持ち、ウィンドウごとに対応するプログラムを実行することで実現されています。

OSは多くのプロセスを並列に実行する

　OSはこれらのプログラムを「プロセス」という単位で実行します。なお、以下ではプログラムの実行とプロセスの実行という言葉は、ほぼ同じ意味で使っています。

　たとえば、Windows PCのキーボードの[Ctrl]+[Alt]+[Del]を押して[タスクマネージャ]を起動して、[プロセス]タブを表示すると、ウィンドウに対応するものや、アイコン状態で実行されるのを待っているものなど、何十個ものプロセスが存在するのがわかります。

　図3.1はマルチプロセスの処理のやり方を示したもので、これらの[プロセス]タブに表示されたプロセスは、図3.1の実行待ちプロセスのプールに入っています。

　上のプールから実行条件が整ったプロセスを選んで実行を行います。そ

図3.1 タイムスライスによるマルチプロセスの処理のやり方

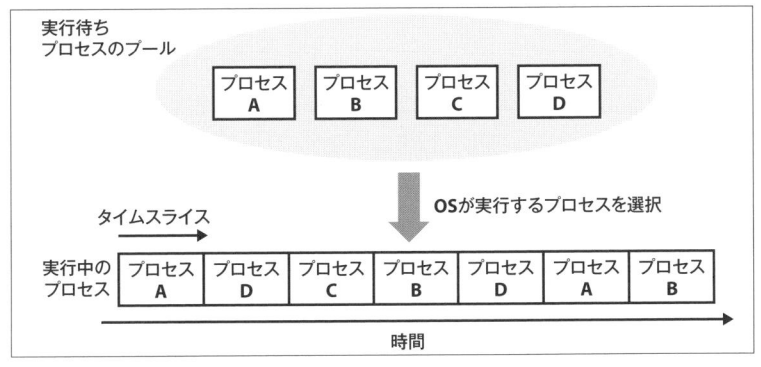

して、図3.1の下の図がプロセッサでのプロセスの実行の様子を示しています。最初のタイムスライスはプロセスAを実行し、その次はプロセスDを実行し、その後はプロセスC、プロセスB、プロセスDと実行して、その後(プロセスAが要求したIO処理などが終わって)プロセスAが実行されるという様子を示しています。

OSは、実行待ちのプロセスのプールの中から、実行条件の整ったプロセスを選んで(図3.1ではプロセスA)プロセッサに実行を開始させます。しかし、たくさんのプロセスが待っているので、1つのプロセスがプロセッサを使えるのは、10〜20ms程度の「タイムスライス」(*Timeslice*)と呼ばれる短い期間で、この時間が過ぎると実行中のプロセスは中断されて実行待ちのプールに戻されます。また、タイムスライスの時間が残っていても、ディスクのアクセスなどの時間が掛かる入出力を行う場合には、一旦、実行を中断して実行待ちのプールに戻され、ディスクアクセスが終わって実行を続ける条件が揃うと次の実行プロセスの候補になります。

そして、OSは、プロセスの優先順位や過去にどれだけの時間プロセッサを使ったかなどを考慮して、次に実行するプロセスを選んで(図3.1ではプロセスD)実行を開始させます。これを繰り返して、すべてのプロセスが公平に実行されるようにしていきます。

実際には、このように各プロセスは細切れに実行されているのですが、タイムスライスが短いので、人間には複数のプロセスが同時並列的に実行されているように見えるわけです。

OSで複数のプロセッサを使う

共有メモリシステムでは、メモリ上にあるプロセスの命令やデータはどのプロセッサからでもアクセスができ、どのプロセッサでもそのプロセスを実行できます。プロセスを実行するプロセッサが複数ある共有メモリシステムでは、**図3.2**に示すように、実行可能になったプロセスをOSがプールから取り出して、各プロセッサのタイムスライスに順に割り当てて行けば、プロセッサの数に逆比例して実行時間を短縮することができます。これが、OSが複数のプロセッサを利用する基本的なメカニズムです。

タイムスライスを使い切ったり、入出力を行うため中断されて実行待ち

プールに移されたプロセスの実行を再開する場合、共有メモリシステムでは、どのプロセッサを選んでも実行できるのですが、中断期間が短い場合はキャッシュに情報が残っている可能性が高いので、以前に実行を行っていたプロセッサで実行させるほうが有利です。このため、OSは元のプロセッサを優先して使うという割り当てを行うのが一般的です。一方、中断期間が長い場合は、以前の実行とは関係なく空いているコアを割り当て、コアの空きを減らすようにします。

3.2 マルチコアプロセッサとマルチプロセッサ

　最近ではマルチコアプロセッサが一般的ですが、マルチスレッドという言葉も聞かれます。また、マルチプロセッサとかマルチソケットとかいう言葉もあります。これらは何が違うのでしょうか。

図3.2　プロセッサが2個ある場合のプロセスの実行

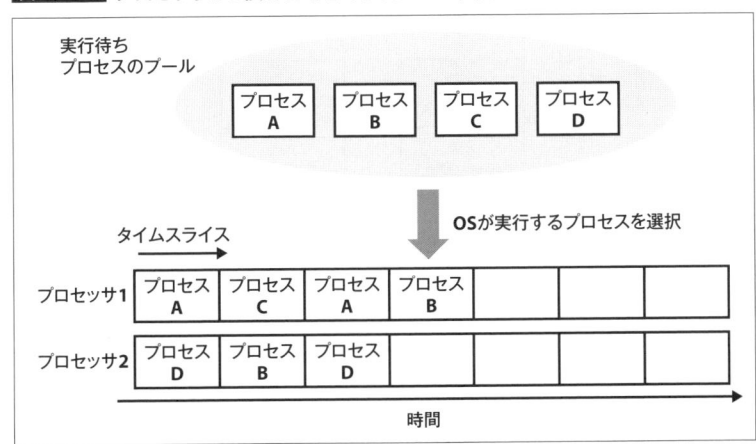

マルチコアプロセッサ

半導体の微細化技術の進展で、複数のプロセッサが「1つの半導体のチップ」に集積できるようになってきました。このとき個々のプロセッサとチップ全体を区別するため、個々のプロセッサを「プロセッサコア」、あるいは単に「コア」という呼び方が使われるようになりました。

「マルチコアプロセッサ」は、文字どおり複数のプロセッサコアを1つのチップに収めたものを意味します。**図3.3**はマルチコアチップの構成例を示す図で、プロセッサコアには1次キャッシュと2次キャッシュが付属しています。そして、図3.3では4個のプロセッサコアが**インターコネクト**（*Interconnect*）と呼ぶ高速のデータの通路につながっています。また、3次キャッシュ、メインメモリ、入出力などのチップ外への接続インタフェースもインターコネクトにつながっています。

マルチコアプロセッサの要件は複数のプロセッサコアが存在することで、3次キャッシュを持たない構成もありますし、入出力の接続はいろいろな形態があります。また、本章冒頭の図3.Aで示したようにグラフィックスコアなどを集積したものもあります。

図3.3 マルチコアプロセッサの構成例

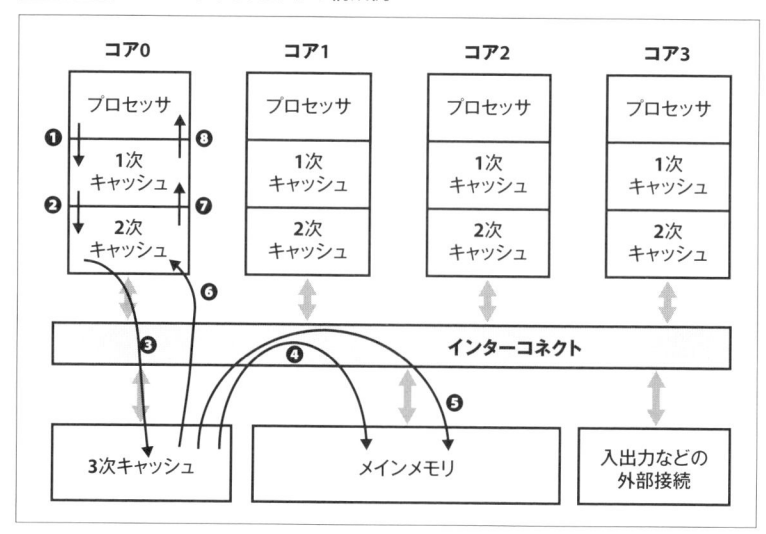

マルチコアプロセッサのメモリアクセス

　図3.3の構成では、プロセッサコアがメモリをアクセスする場合は、自分の❶1次キャッシュ、❷2次キャッシュにそのアドレスのデータがあるかを探し、見つからない場合はインターコネクトを通して❸3次キャッシュにアクセスします。そして、3次キャッシュにもそのアドレスのデータがない場合は、3次キャッシュがインターコネクトを通してメインメモリにデータの読み込みを依頼する（❹）という流れになります。

　そして、メモリから読み込まれたデータは、逆に、❺3次キャッシュ、❻2次キャッシュ、❼1次キャッシュを経由して❽プロセッサコアへと送られます。

　マルチコアプロセッサでは通常、すべてのプロセッサコアのキャッシュはコヒーレンス（*Coherence*）が保たれており、どのプロセッサコアがメモリに書き込んだ情報も、他のプロセッサから見えるという状態が実現されています。このようにすべてのプロセッサからメモリが等距離に見えるシステムを **SMP**（*Symmetric Multi-Processor*）と呼びます。

　SMPでは、メモリ上のデータはどのプロセッサコアからでも読み書きできるので、プロセスの実体であるメモリ上に置かれたプログラムやデータは、どのプロセッサコアでも同じようにアクセスすることができます。つまり、SMPシステムでは、OSが次に実行するプロセスを選択すると、どのプロセッサコアでも、空いているプロセッサコアがあれば、そのプロセスを実行させることができます。

マルチプロセッサシステム

　プロセッサコアが複数あり、複数のプロセスを同時に実行できるシステムは**マルチプロセッサシステム**と呼ばれます。マルチコアプロセッサを使ったシステムは、プロセッサチップが1個でもマルチプロセッサシステムです。

　しかし、サーバでは**図3.4**に示すようなマルチコアチップを複数個使った構成も多く使われており、これもマルチプロセッサシステムです。このようなサーバでは、プリント基板にプロセッサチップ[注1]を直接半田付けしているものもありますが、ソケットを使いプロセッサチップを着脱可能に

注1　正確にはプロセッサチップを収めたパッケージです。

しているものもあります。このため、4個のプロセッサチップを搭載できるシステムを4ソケットシステムと呼ぶ場合があります。このような複数のプロセッサチップを使えるようになっているシステムをマルチソケットシステムと呼びます。

図3.4でグレーの矢印で描かれた **QPI**(*Quick Path Interconnect*)はIntelが開発したプロセッサチップ間の高速インターコネクトで、4個のXeonプロセッサチップのキャッシュ間のコヒーレンスを保ち、それぞれのプロセッサチップに接続されたメモリも全体で1つの連続したメモリとして扱えるようになっています。8コアのXeonプロセッサチップを4個接続した図3.4の構成では、全体では32コアのマルチプロセッサシステムとなり、それぞれのプロセッサに32GiBのメモリを付けると、全体では128GiBという広大なメモリ空間を持つ共有メモリシステムを構成することができます。

マルチスレッドとマルチコア

キャッシュミスで次に実行する命令の読み込みが間に合わなかったり、演算に必要なデータが到着しなかったりして、プロセッサの実行が止まってしまうことが起こります。このようなときにプロセッサを遊ばせてしまうのはもったいないので、別のプロセスを実行させてプロセッサを有効利用しようというのが**マルチスレッド**(*Multi-threading*)というやり方です。

マルチコアの場合、各コアが命令の解釈から実行を行うユニットを持っ

図3.4 4ソケット構成のIntelのXeonプロセッサシステム

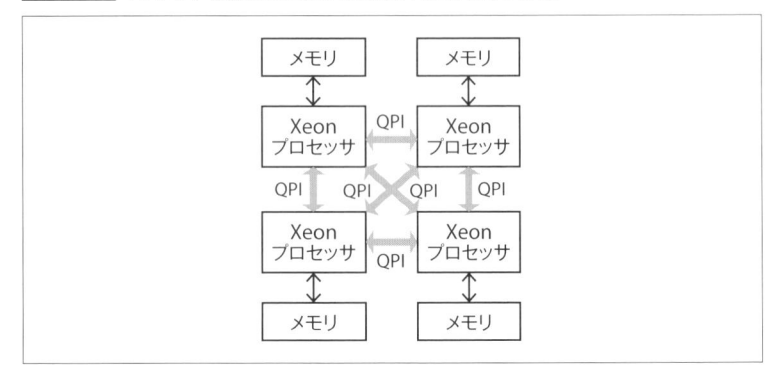

ています。マルチスレッドの場合、命令をどのメモリアドレスから読んでくるかという部分はプロセスごとに個別ですが、それ以降の命令の解釈から実行を行うユニットは、汎用レジスタなどのスレッド固有の状態を記憶するレジスタ以外は1コア分のハードウェアを共用する構成が一般的です。

IntelのCoreプロセッサの大部分はマルチスレッド機能を持ち、2つのプロセスを並列に実行することができますが、元々の1コア分にプラスアルファ程度のハードウェアの追加で、プロセッサコアの空き時間を有効に使おうというやり方ですから、合計の性能が2倍になるわけではありません。マルチスレッドでどの程度性能が上がるかは、実行するプロセスにどの程度のプロセッサの空き時間があるのかによるので一概には言えませんが、10％～30％程度というのが一般的なようです。

それぞれのスレッドは別個のプロセスを実行することができるので、論理的にはそれぞれのスレッドは、プロセッサコアと同じ働きをします。したがって、4コアでそれぞれが2スレッドを実行できるプロセッサは、OSから見ると8コアに見えます。たとえば、Windows PCで[Ctrl]＋[Alt]＋[Del]で[タスクマネージャ]を起動し[パフォーマンス]タブを出すと、**図3.5**に示すように、上側にCPUの使用率の履歴を表示する8個のCPUの窓が表

図3.5 4コア×2スレッドのIntel Coreプロセッサの[タスクマネージャ]の[パフォーマンス]タブの画面の例

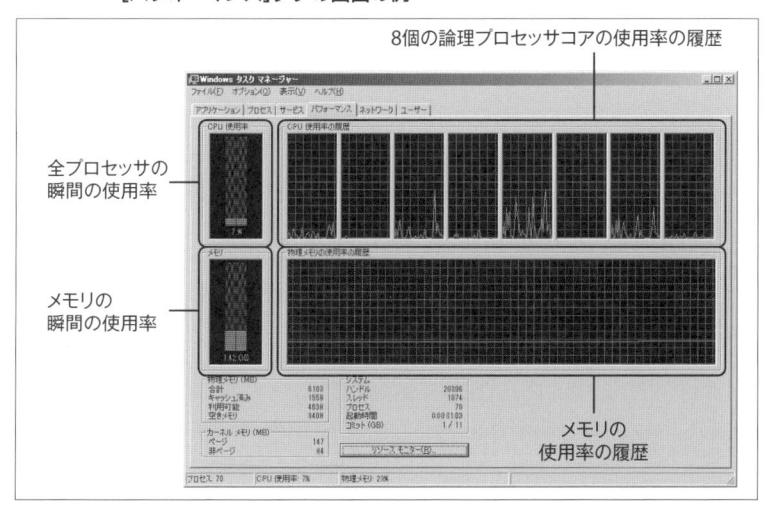

示されます。なお、下側はメモリの使用履歴を示す窓です。

　図3.5で隣接した2つの窓が同じコアで動く2つのスレッドに対応しており、どのペアも左側の窓の第1のスレッドのアクティビティが高く、右側の窓の第2のスレッドの使用率は低いという使い方になっています。Windowsは論理的には8コアと表示しているのですが、対等な8コアではなく、4コア×2スレッドと認識して、空いている物理コアを優先して仕事を割り当てていると考えられます。

Column

マルチXX ── プロセス、スレッド、タスク、マルチコア

　「プロセス」と「スレッド」はソフトウェアの概念で、プロセスはプログラムの命令列とメモリ空間から構成されており、プロセスを実行することにより、一連の命令が実行され処理が行われます。プロセスから新しいプロセス（子プロセス）を生成して実行させることができますが、通常の子プロセスは、親プロセスとは別のメモリ空間を持つことになります。しかし、処理によっては新たなメモリ空間を作らず、親プロセスのメモリ空間を共用することで済ませる場合があります。このように親プロセスのメモリ空間を共用する子プロセスをスレッドと呼びます。

　「タスク」はある仕事を行うというまとまりという意味で、1つの親プロセスから作られるすべての子プロセスやスレッドのまとまりをとその実行を意味します。

　ハードウェアの観点では、命令のフェッチから実行までプロセッサの機能をすべて備えているものをプロセッサコアと呼びます。このようなプロセッサコアを複数個集積している半導体チップを「マルチコア」プロセッサと言います。マルチプロセッサという言葉もあり、こちらは1チップに集積されているか複数のチップからなっているかとは無関係に複数のプロセッサコアが含まれているシステムをマルチプロセッサシステムと呼びます。

　ハードウェアの方では、1つのプロセッサコアで複数の命令列を並行して実行できる能力を持つ場合、プロセッサが「マルチスレッド」機能を持つと言います。これらの命令列が使用するメモリ空間は同一である必要はなく、論理的にはマルチコアと同じという作りが一般的です。このようにソフトウェアの本来のスレッドとハードウェアのスレッドは意味が違い紛らわしいので、ハードウェアの方は「マルチストランド」と呼ぶ会社もあります。ストランドはロープなどを撚る子縄で、複数の命令列を単一のコアで実行していることから名付けられています。

3.3 排他制御

1つのファイルを複数の人が編集して勝手に書き換えると、前の人の編集が後の人の書き換えで消えてしまったりするというような問題が発生します。これと同じで、複数のプロセッサがメモリをアクセスして、勝手な書き換えを行うと処理に矛盾が出てきてしまうということが起こります。「排他制御」は勝手なメモリアクセスを排除して、このような矛盾が起こらないようにします。

複数プロセッサのメモリアクセスで矛盾が起こる

図3.6は、2つのプロセッサが同じ変数にアクセスする場合の問題を表すために、2台のプロセッサが同じ銀行口座から現金を引き出す処理を行っている状況を書いた図です。まず、プロセッサ1が、入力の引き出し額を

図3.6 2つのプロセッサが同じ変数をアクセスする場合の問題

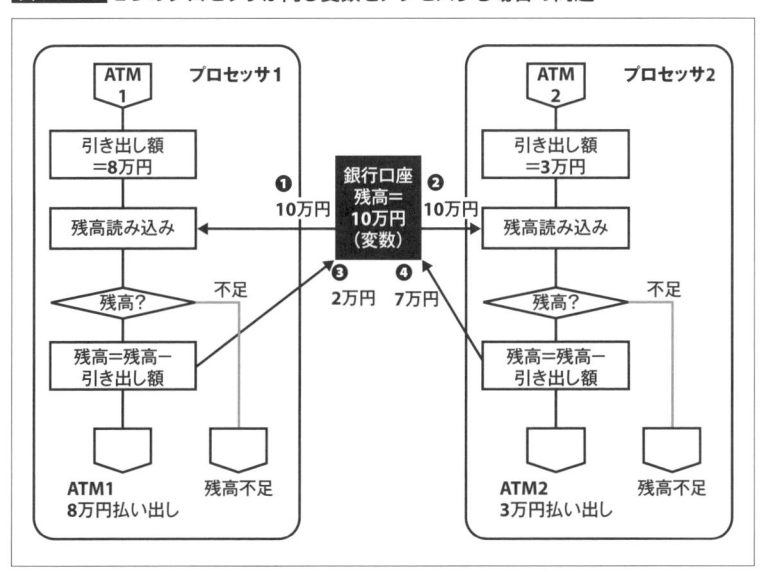

読み、次に口座の残高を読みます。そして、残高をチェックして引き出しができる額であれば、残高を更新し、引き出し額をATMから払い出します。

しかし、同時にプロセッサ2も同じ口座の引き出し処理を行っていて、図3.6❶でプロセッサ1が残高を読んだ直後に、❷でプロセッサ2が残高を読むと、両方のプロセッサで残高=10万円となります。そして、プロセッサ1が8万円の引き出しで残高=2万円を❸でメモリに書き込みますが、その後、❹でプロセッサ2が残高=7万円をメモリに上書きしてしまいます。

結果として、残高10万円の口座から8万円と3万円を引き出したのに、残高として7万円が残っているというおかしなことになってしまいます。

図3.6の例のように、複数のATMから同じ口座に同時にアクセスすることは起こりそうにありませんが、オンライン販売の在庫管理などでは、複数の端末から同じ商品の在庫量へのアクセスが発生します。

このような問題が起こるのは、プロセッサ1が引き出し処理を行って残高を更新する前に、プロセッサ2が残高を読んでしまったことが原因です。つまり、メモリからの残高の読み込みから更新のためのメモリへの書き込みまでの期間、他のプロセッサは残高にアクセスできないようにすれば問題は起こりません。

アトミックなメモリアクセスとロック

他のプロセッサに変数「残高」をアクセスさせないようにするには、**ロック**（*Lock*、錠前）**変数**という変数をメモリ上に作り、鍵をかけて残高へのアクセスを制限します。ロック変数の値が0なら鍵は開いている状態で残高を読み書きしても良い、その値が非ゼロなら鍵が閉まっていて誰かが使っているので、残高をアクセスしてはいけないというふうにすれば良いのですが、まだ問題があります。

ロック変数を読むと0で、誰もロックしていないので、ロック変数に1を書き込んで鍵をかけるのですが、ロック変数に1を書き込む前に、他のプロセッサがロック変数を読んでしまうと、両方のプロセッサともに鍵が開いていると思い、残高をアクセスできることになってしまいます。

このため、マルチプロセッサ構成が可能なプロセッサは、メモリに対して**アトミックアクセス**（*Atomic access*）を行う命令を備えています。アトミッ

3.3 排他制御

クアクセス命令は、メモリからのデータの読み込み、判定、メモリへの書き戻しという3ステップの動作を、他のプロセッサからのアクセスを排除した状態で連続して行う命令です。一番基本的なTest & Set命令は**図3.7**に示すように、オペランド1で指定したメモリアドレスのデータを読み、その値が0の場合は、オペランド2で指定したレジスタの値[注2]を同じアドレスに書き込みます。そして、メモリから読み込んだ値を結果レジスタに格納して返します。

Test & Set命令で0が読まれた場合は、他のプロセッサがそのアドレスからロック変数を読む前に、オペランド2の非0の値をメモリに書き込んでしまうので、他のプロセッサも0を読んでしまうということは起こらず、1つのプロセッサだけがロックを獲得するようにできます。

このTest & Set命令で読まれたロック変数の値が0であれば、自分がロックを獲得したことがわかるので、排他制御を必要とする残高などのクリティ

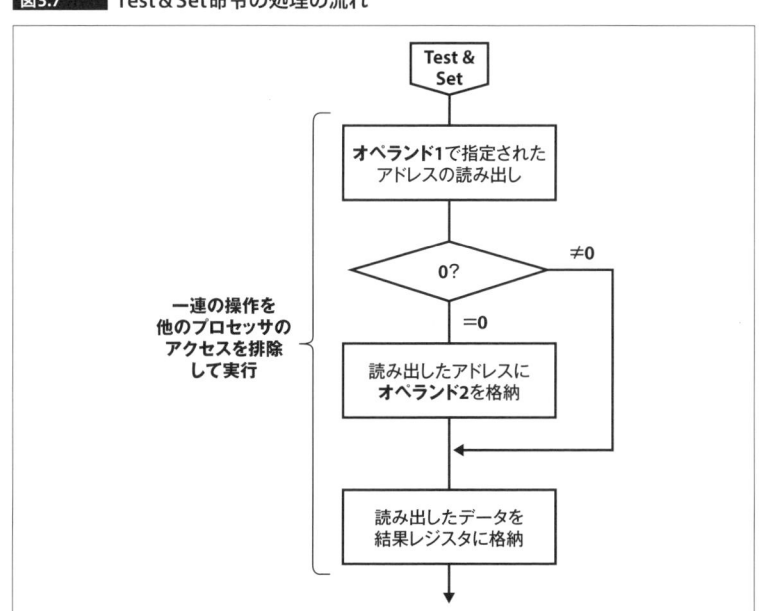

図3.7 Test & Set命令の処理の流れ

注2 これは非0の値を入れておきます。

カルな変数をアクセスします。そして、必要な処理が終わったら、ロック変数に0をストアして鍵を開け、他のプロセッサがロックを獲得してクリティカルな変数を使えるようにします。

一方、メモリから読んだロック変数が非0の場合は、他のプロセッサがロック中であるので、オペランド2の値は格納しません。そして、結果レジスタに入ったデータが非ゼロであるので、ロックを獲得できなかったことがわかります。ロックを獲得できなかったプロセッサは、しばらく時間を置いてTest & Set命令を実行して、再度、ロックの獲得を試みます。

マルチプロセッサをサポートするコンパイラはロックを行うための手段をサポートしており、gccコンパイラの場合は、__atomic_test_and_set (void *ptr, int memmodel)という組み込み関数を呼び出すと*ptrのアドレスに対するTest & Set命令を実行し、メモリから読まれた値を関数の戻り値として返します。また、詳細は省略しますが、gccではTest & Set以外にも多くのアトミックアクセスのバリエーションが使えるようになっています[注3]。

なお、ロックによる排他制御は物理的にメモリへのアクセスを排除するわけではなく、ロックを無視して他のプロセッサがクリティカル変数に対してロード/ストア命令を実行するとアクセスができてしまいます。したがって、すべてのプロセッサで実行されるプログラムは、ロック変数を尊重してその状態に従うという造りになっていることが必要です。

ロックの問題点 ── ロックの粒度とデッドロック

プロセッサ1が口座Aから口座Bへの振り込みを処理する場合、まず、口座Aの残高をロックして、次に口座Bの残高をロックしようとします。しかし、プロセッサ2が、口座Bから口座Aへの振り込みを処理するため、口座Bの残高をロックした状態であると、プロセッサ1、2ともに振り込み先の口座の残高のロックが獲得できずに**デッドロック**(*Dead lock*)になってしまいます。これはごく簡単な例ですが、より複雑な依存関係になると

注3　詳しく知りたい方は、以下にgccのAtomicアクセス関係の組み込み関数の記述があるので参考になるでしょう。
　　　URL http://gcc.gnu.org/onlinedocs/gcc-4.4.5/gcc/Atomic-Builtins.html

デッドロックの発生を避けるのは容易ではありません。

ロックを獲得したプロセッサはすべての口座の残高にアクセスができ、ロックを獲得していないプロセッサは、どの口座の残高にもアクセスできないということにすれば、デッドロックは起こりませんが、一時には1つのプロセッサしか処理ができないので、ロック獲得の競合が激しくなり、ロックの獲得までに長い時間が掛かるということになってしまいます。

このように、大きな粒度(ここでの例では全口座の残高)でロックを設けると、デッドロックの危険性は減りますが、ロックの獲得待ちのプロセッサがたくさんになり、ロックの獲得にに時間が掛かるようになり性能が出ません。また、同時に処理が実行できるプロセッサ数が減り、マルチプロセッサにした効果が薄れてしまいます。

一方、細かい粒度(ここでの例では個々の口座の残高)でロックを設けると、ロック獲得の競合は稀になり、複数のプロセッサで並列に処理を行えますが、デッドロックのリスクが高くなるという問題があります。

トランザクショナルメモリ

このロックの問題に対する解決策として提案されたのが、**トランザクショナルメモリ**(Transactional memory)という方法です(**図3.8**)。プログラムの中で他のプロセッサのメモリアクセスが割り込んでは困る一連の処理を実行する部分を「トランザクション」(Transaction)と呼びます。前のATMでの引き出しの例では、残高の読み込みから更新した残高の書き込みまでがトランザクションになります。

トランザクションを処理するコードの直前でトランザクション開始命令を実行し、トランザクションを処理する命令を実行した直後にトランザクション終了命令を実行します。

プロセッサは、トランザクション開始命令を実行すると、それ以降に読み込みを行ったメモリアドレスを「リードセット」(Read set)に記憶していきます。また、トランザクションを開始してから書き込みを行ったメモリアドレスとデータを「ライトセット」(Write set)に記憶します。そして、ライトセットのデータはプロセッサ内部に留めて置き、自プロセッサから見ると、ライトセットのアドレスのデータは書き換わっているのですが、他

のプロセッサから見ると、元の値のまま、書き換わっていないように見えるようにしておきます。

そして、トランザクション終了命令を実行した時点で、リードセットのアドレスに他のプロセッサからの書き込みがあったか、ライトセットのアドレスを他のプロセッサが読み込んだかどうかをチェックします。このようなメモリアクセスがない場合は、他のプロセッサが、トランザクションが使用したメモリにアクセスすることは起こらなかったわけで、トランザクションの実行は成功です。

それから、トランザクションが書き換えたライトセットのデータをアトミックに（一括して他のプロセッサのメモリアクセスが割り込まないように）メモリに書き込んで、他のプロセッサから見える状態に変更します。

一方、リードセットに他のプロセッサが書き込みを行ったり、ライトセットのアドレスの読み込みを行ったりした場合は、メモリアクセスの干渉が

図3.8　トランザクショナルメモリの処理[※]

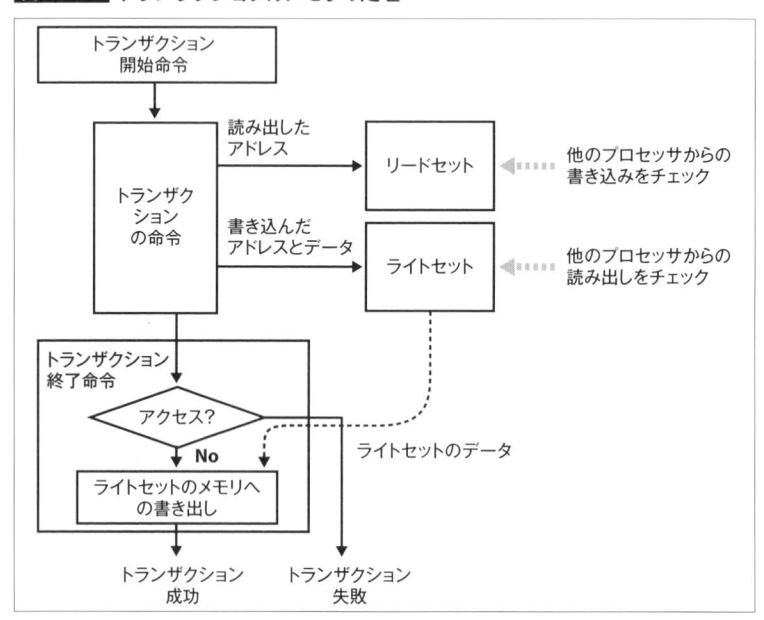

※図中「他のプロセッサからの書き込みをチェック」「他のプロセッサからの読み出しをチェック」をするのは「プロセッサ」。トランザクション開始命令を実行した「プロセッサ」がリードセット、ライトセットを記憶し、他のプロセッサからのアクセスのチェックも行う。

あったので、トランザクションの実行は失敗です。トランザクションが失敗した場合は、リードセットやライトセットのアドレス、ライトセットへの書き込みデータをキャンセルして、トランザクション開始命令を実行する直前の状態に戻します。

◆ ◆ ◆

　以上のようにすると、それぞれのプロセッサのリードセットと他のプロセッサのライトセットが独立の場合にはすべてのトランザクションが成功し、マルチコア並列処理を行うことができます。一方、他のプロセッサの処理と干渉するトランザクションは失敗し、やり直しを行うことになります。

　つまり、ロックを使わず、勝手にマルチコアで並列に実行を行い、干渉が起こった場合だけやり直しを行うことになるので、デッドロックのリスクがなく細粒度のロックと同程度の並列処理を行えることになります。

トランザクショナルメモリの実現方法

　このようなトランザクショナルメモリをソフトウェアだけで実現するというやり方も発表されていますが、高い性能を実現するには、リードセットへの他のプロセッサからの書き込みやライトセットのアドレスへの他のプロセッサのアクセスの監視を行うハードウェアのサポートが必要になります。また、ライトセットのデータを保持して、トランザクション終了時に一括してメモリに書き込む機構も必要になります。

　なお、ハードウェアでのリードセットやライトセットの記憶は、記憶量に制限があり、これを超えるトランザクションは失敗となります。このような場合はソフトウェアによるトランザクショナルメモリやロックを使用する方法に切り替えて処理を行えるようなプログラムとしておく必要があります。

　Intelの第4世代Coreシリーズプロセッサは、市販のマイクロプロセッサではじめてトランザクショナルメモリのサポートを実装したプロセッサで、トランザクション処理の利用を促進し、ロックを必要とする処理の効率を高めることができると期待されています。

3.4 巨大プロセスで多数のコアを使う

　マルチプロセッサOSは、実行可能となったプロセスを空いているプロセッサコアに割り付けることで複数のコアを有効に利用します。この方法は、小さいプロセスを多数実行するなど、ほぼ同じ大きさのプロセスが何個もある場合には良いのですが、科学技術計算などの実行時間の長い巨大プロセスでも1つのコアだけで実行されてしまい、このような場合はマルチコアが活きません。

プロセスを分割して並列実行する

　このようなケースでは、巨大プロセスを多くの並列に実行できるプロセスに分割したプログラムとすることにより、マルチコアを有効に使って実行時間を短縮することができます。

　たとえば、1万回実行されるループがある場合、プロセッサ0は1回め〜2500回めの実行を分担し、プロセッサ1は2501回め〜5000回め、...というように仕事を分割できれば、4個のプロセッサコアで並列に実行することが可能となります。

スレッド

　この場合、プロセスの一種である「スレッド」を作成するのが一般的です。メインプログラムから関数を呼ぶと、メインプログラムの実行は止まって関数だけが実行されるのですが、スレッドを呼び出した場合は、メインプログラムと呼び出された関数のスレッドの両方が実行されます。この場合、呼び出しで作られたスレッドは、3.1節で説明した実行待ちのプロセスのプールに入れられて、OSによるコアへの割り当てによって並列に実行されていきます。

　ソフトウェアで言う「プロセス」は、個別の命令とデータ空間を持って動作し、子プロセスを生成する場合は、親プロセスのデータ領域をコピーして、子プロセスに与えます。しかし、大量のデータをコピーするには時間

が掛かりますし、必ずしも独立したデータ領域が必要でない場合もあります。このような場合は、親プロセスと共通のデータ領域を使って動作するプロセスを生成するということが行われます。この親プロセスと共通のメモリ領域を使うプロセスを「スレッド」と呼びます。

　用語が紛らわしいのですが、p.156のコラムで説明したとおり、ハードウェアで言う「マルチスレッド」は、それぞれのスレッドが個別の命令とデータ空間を持つプロセスを実行することができ、ソフトウェアで言うスレッドしか実行できないということはありません。

　なお、複数の「スレッド」に分割して実行する場合、これらの子スレッドは親のスレッドと同じデータ領域を共用するので、スレッド間のメモリアクセスの排他処理が必要になることがあります。

pthreadライブラリでスレッドを生成

　スレッドの生成には、POSIXの標準スレッド仕様に基づく**pthread**というライブラリを使うのが一般的です。この場合、親となるプログラムから`pthread_create( )`関数を呼び出して、子スレッドを作って実行させます。このとき、作られたスレッドに引数を渡すことができるので、ループの分割の例で言えば、子スレッド1は開始インデックスが1でループ回数は2500回、子スレッド2は開始インデックスが2501でループ回数が2500回のように引数を与えてやればよいわけです。pthreadライブラリを使って4つの子スレッドを生成する様子を表したものが**図3.9**になります。

　なお、図3.9の例ではすべてのスレッドが同じ関数を実行することになりますが、pthreadでは、それぞれ異なるコードを実行するスレッドを作ることもできます。

　そして、それぞれのスレッドは仕事を終わると、`pthread_exit( )`を呼び出して終了します。`pthread_create( )`で子スレッドを呼び出した親スレッドは`pthread_join( )`を呼び出すと、子スレッドが`pthread_exit( )`を呼び出すのを待ち、子スレッドの終了を確認してから、その先の文を実行するようになります。

　このようにして4つの子スレッドを生成して、1つの仕事を4コアに分割して並列に実行することにより、ループの実行時間をほぼ1/4に短縮することができます。

図3.9 pthreadライブラリを使って4つの子スレッドを生成する※

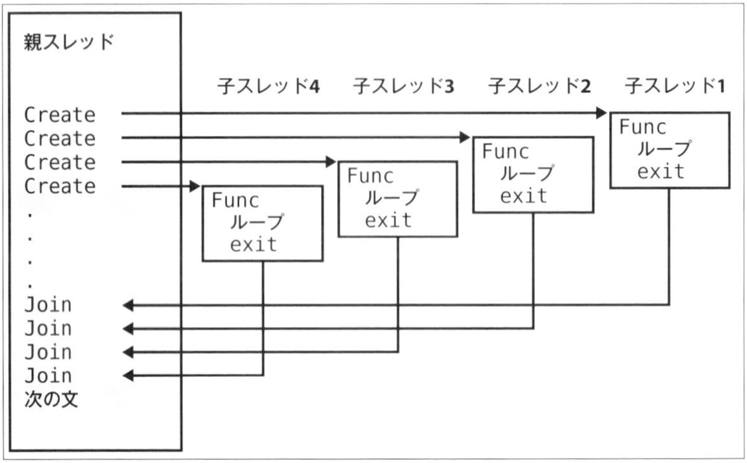

※図中の「create」「join」「exit」は略記。それぞれ、本文の「pthread_create( )」「pthread_join( )」「pthread_exit( )」を指している。

OpenMPを使う

並列プログラムを比較的容易に書けるようにする **OpenMP** という標準が作られています。OpenMPを使うと、pthreadのような子スレッドへの分割を簡単に記述できます。OpenMPをサポートしているCコンパイラで、

```
int main(int argc, char *argv[])
{
    int i;
#pragma omp parallel for
    for(i = 0; i <= 10000; i++)
    {
        // (処理するプログラム)  ←並列実行が可能
    }
}
```

のように#pragma omp parallel forを入れると、次の行のforループをOMP_NUM_THREADS環境変数で指定したスレッド数に合わせてループを分割して、多数のプロセッサで実行することができるコードが生成されます。なお、生成するスレッド数は実行時に決められ、実行コードには

スレッド数は書き込まれていません。

ここでfor文のループを分割する例を示しましたが、#pragma omp parallelと書くと、次の{ }で囲まれた文を並列に実行させることができ、OpenMPはループ以外の処理も並列化できます。

OpenMPのソースプログラムは#pragma omp文をコメントとして無視してコンパイルすると、並列化を行わない実行コードを生成することができます。1つのソースプログラムから、コンパイルのやり方だけで、並列化なし/ありの両方の実行コードを作ることができるので、プログラムの開発にあたっては、まずは並列化なしの版でデバッグを行ってプログラムを完成させ、その後#pragma omp文を生かして並列化し、それでも計算結果は変わらないということを確認するというやり方が良いでしょう。

OpenMPを使う上での注意点

OpenMPはプログラマが分割を考えて、pthreadの関数呼び出しを書くという手間を省いてくれるのですが、言われたとおりに並列化してしまうので注意が必要です。

ループの中の処理がx[i]=(x[i] + x[i-1])/2のようにループの前回の処理結果x[i-1]に依存するようなプログラムとなっている場合は、OpenMPで4分割してしまうと、第1のスレッドの2500回の計算は良いのですが、第2のスレッドのi=2501の計算で出てくるx[2500]の値は第1スレッドの計算結果ではなく、このループに入る以前の値を使ってしまい、計算結果が間違ってしまいます。OpenMPで並列化する処理の間で、このような依存関係がないコードとしておくのはプログラマの責任です。

また、ループの開始時点でループ回数がわからないループは、どのように分割してよいかわかりません。このためOpenMPでは、回数が不明なループを並列化することはできません。

3.5 分散メモリシステムと並列処理

共有メモリのマルチプロセッサシステムは、ソフトウェア的には使いやすいのですが、プロセッサのキャッシュ間のコヒーレンシの維持のための通信の負担が大きいので大規模なシステムを作ることが難しくなります。このため、大規模なシステムでは2～4ソケットの共有メモリのコンピュータをLANなどで多数台接続する「分散メモリシステム」が使われます。

分散メモリ型クラスタシステム

共有メモリ型のマルチプロセッサシステムでキャッシュのコヒーレンシを維持するプロトコル(キャッシュ間でのコヒーレンシ情報のやりとりの手順)について2.4節で説明をしました[注4]が、キャッシュミスが起こると、システムの中の全部のプロセッサのキャッシュに問い合わせを送る必要があります。この通信の宛先は、システムに含まれるプロセッサの数に比例して増加します。そして、プロセッサが問い合わせを送る回数もプロセッサ数に比例するので、キャッシュコヒーレンシを維持するための通信回数はプロセッサ数の2乗に比例して増加します。このため、プロセッサ数の多いシステムではキャッシュコヒーレンシの維持のための通信の負担が非常に大きくなり、ハードウェアが複雑となり高価なシステムになってしまいます。

GoogleやFacebookなどのデータセンター[注5]は、大量のデータを処理するのですが、多数のプロセッサを持つ共有メモリシステムではなく、2ソケット程度のコンピュータをGbit EthernetなどのLANで接続した構成になっています。このLAN通信路をリンク(*Link*)、リンクで接続される単位コンピュータをノード(*Node*)と呼びます。

[注4] 2.4節ではキャッシュのコヒーレンシを維持するためのキャッシュ間での情報のやり取りのプロトコルとして、MSI、MESIFなどを取り上げました。キャッシュコヒーレンシプロトコルは本書で取り上げた以外にも多くのバリエーションがあります。

[注5] 詳しくは第9章で取り上げます。以下にGoogleのデータセンタのビデオや説明があります。
URL http://www.google.com/about/datacenters/
また、Hot Chips 23のOpen Computeのチュートリアルに、米国オレゴン州にあるFacebookのPrinevilleデータセンターの説明があります。

3.5 分散メモリシステムと並列処理

　EthernetなどのLANはデータを送ることはできますが、キャッシュコヒーレンシを維持する働きはなく、このようなシステムでは、それぞれのコンピュータのメモリは独立になっているので、**分散メモリ型**のシステムと呼ばれます。また、単にコンピュータが集まっているだけであるということから、**クラスタ**(*Cluster*)**型**とも呼ばれます。

　図3.10に、共有メモリと分散メモリの違いを示します。上側の共有メモリシステムでは、プロセッサとメモリの間にクロスバースイッチ(*Crossbar switch*)[注6]が入っており、どのプロセッサからどのメモリにもアクセスすることができます。そして、メモリのアドレスの振り方は、すべてのメモリ

図3.10 共有メモリと分散メモリシステムの違い

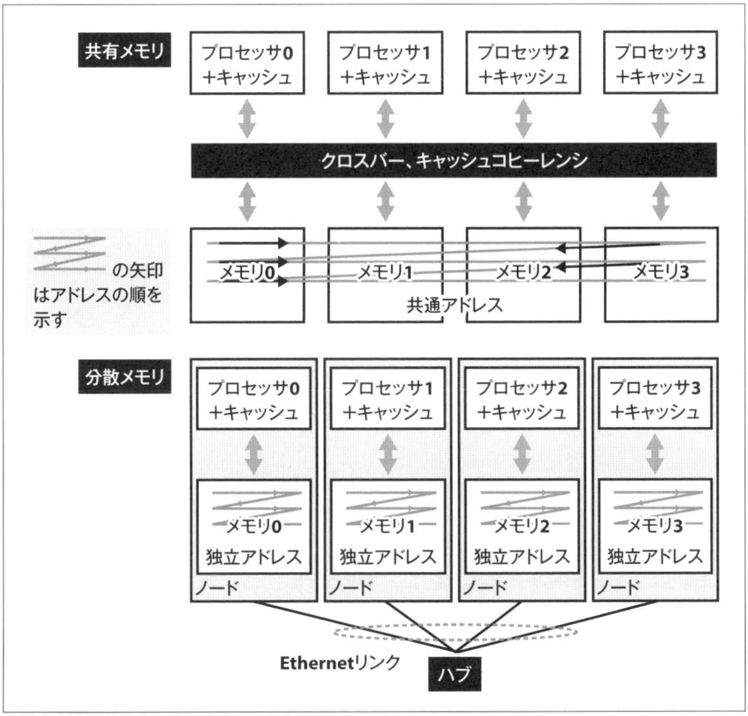

注6　クロスバースイッチの語源は縦線と横線の交点にスイッチがある電話交換機のスイッチから来ています。プロセッサに内蔵されているクロスバースイッチは、n個の出力それぞれにm入力のマルチプレクサを置き、m個の入力からn個の出力の任意の位置に接続できる構造になっています。したがって、並列のデータの転送が行えます。

で共通で、キャッシュラインサイズの単位で、最初のアドレスをメモリ0、次のアドレスをメモリ1、その次をメモリ2、メモリ3に割り当て、5番めは、またメモリ0に戻るというように割り当てるのが一般的です。

　図3.10の下側の図は分散メモリのシステムで、それぞれのプロセッサのメモリは、それぞれ独立のアドレスを持ち、それぞれのプロセッサは自分に接続されているメモリにはアクセスすることができますが、その他のメモリにはアクセスすることはできない構造になっています。

　喩えて言うと、共有メモリは大広間のようなもので、他のコンピュータのやっていること（メモリアクセス）が全部見えます。一方、分散メモリは個室で、他のコンピュータのやっていることは見えず、連絡がなければ何が起こっているのかわかりません。

　分散メモリのシステムで、他のノードのメモリのデータを必要とする場合は、LANを経由して相手ノードのプロセッサに目的のデータを読み出して欲しいという要求を送り、読み出し結果をLAN経由で送り返してもらうという手続きが必要になります。

　なお、図3.10では1個のプロセッサに1つのメモリがつながっていますが、それぞれのプロセッサ部分がマルチプロセッサになっていても良く、現実の分散メモリシステムでは各ノードのプロセッサはマルチコアプロセッサチップを1個～4個使用するものが使われるのが一般的です。

分散メモリ型のマルチプロセッサシステムの実現

　分散メモリ型のマルチプロセッサシステムは、キャッシュコヒーレンシの維持のための機構がいらないので、数百～数千台のコンピュータをつないでマルチプロセッサシステムを作ることができます。このように拡張が容易なので、Googleなどのデータセンターでは分散メモリ型のマルチプロセッサシステムが使われています。また、スーパーコンピュータも非常に多くのプロセッサを使う分散メモリ型の巨大システムとするのが一般的です。スーパーコンピュータ「京」の場合、それぞれのノードは8コアのSPARC64 VIIIfxチップ1個とメモリから構成されており、8万個余りのノードを専用のネットワークで接続した分散メモリ型のシステムとなっています[注7]。

注7　「京」については、以下にシステム構成の説明（概要）があります。
　　 URL http://www.aics.riken.jp/jp/k/system.html

分散メモリシステムでの並列処理

　共有メモリでは、他のプロセッサに仕事を依頼する場合は、このアドレスのプログラムを実行してと依頼すれば、プログラムの命令は読めるし、処理に必要なデータも読み書きできるのですが、分散メモリ型のシステムでは、そう簡単にはいきません。

　それぞれのノードは独立ですから、1つのノードで動いているマスタープログラムが、別のノードに仕事を依頼する場合は、まず、ネットワークを経由して先方のノードにプログラムやデータを送ってやる必要があります。また、依頼した仕事の処理結果もネットワーク経由で受け取る必要があります。ということで、分散メモリ型のシステムでは、並列処理を行うためのオーバーヘッドが大きく、前述のOpenMPの場合よりももっと大きな単位で仕事を切り出して通信がネックにならないように並列化するプログラムを作る必要があります。

　分散メモリ型のマルチプロセッサシステムでは、**MPI**(*Message Passing Interface*)というライブラリを用いて並列化するのが一般的です。MPIでは初期化を行うときに、システム内のすべてのノードにプログラムをコピーして動作させます。そして、MPI_send( )で宛先のノードを指定してデータを送り、スレーブノードはMPI_recv( )でマスターノードからのデータを受け取って処理を行います。そして、処理結果もMPIでマスターノードや他のスレーブノードに送るというようにして並列処理を行います。

　また、このような1対1の通信ではなく、全部のノードに同じデータを送るブロードキャストや、全部のノードの処理結果の合計を求めるようなMPI関数も用意されています。

　ただし、MPIは、通信を行うという機能だけで、OpenMPのように自動的にループを分割して並列化してくれるというような機能はありません。あくまでも、プログラムを作る人が、どのように処理を分割して並列化し、どのタイミングで、どのノードと、どのようなデータを送受信するかをプログラムに明示的に書く必要があります。

▍分散メモリを共有メモリに近づける —— ビッグデータ時代の工夫

　最近では**ビッグデータ**(*Big data*)が注目されていて、大量のデータを巨

大なメモリの上において、HDDのアクセスを省いて高速に処理したいというニーズが増えています。しかし、共有メモリのシステムでは、キャッシュコヒーレンシの点であまり大きなシステムが作れず、共有メモリの量を十分に大きくすることができません。

一方、分散メモリのシステムでは、総メモリ量は大きくても、ノード単位の個室に仕切られているので、大量のデータを自由にアクセスすることができません。

このため、分散メモリのハードウェアを基本として、それらをうまくつなぐことで巨大な共有メモリ空間を実現するというシステムが工夫されています。

ccNUMAシステム ── ハードウェアで共有メモリを作る

巨大な共有メモリシステムを作る一つの方法が、**ccNUMA**(*Cache Coherent Non Uniform Memory Architecture*)です。キャッシュコヒーレンシの維持のための通信量がノード数の2乗に比例してしまうのは、キャッシュミスのときに他のノードのキャッシュにそのアドレスのデータがないかという問い合わせ(スヌープ)をすべてのノードに送ってしまうからです。これを闇雲に全部のノードに送るのではなく、そのアドレスのデータを持っているノードだけに送るようにすれば、通信量を減らすことができます。

図3.11はccNUMAシステムの動きを示した図で、ccNUMAは論理的には共有メモリのシステムですから、すべてのノードのメモリに連続したアドレスを付けます。そして、各ノードのプロセッサとメモリの間にccNUMA制御を行うユニットが挟まったハードウェア構成になっています。

プロセッサ0からのメモリアクセスは、ccNUMAユニットがアドレスを見て、そのメモリがどのノードにあるかを判断します。そして、アクセスするアドレスが他のノード(図3.11ではノード1)のメモリである場合は、❶でネットワークを経由してノード1に読み出し要求を送ります。ノード1はメモリを読み、❷で読み出しデータを要求元のノード0に送り返します。

このとき、ccNUMAシステムでは、❸で専用の輸出先メモリ[注8]に、そのアドレスのデータをどのノードに送ったかを記憶します。

注8　キャッシュライン単位のデータを送った先のノード番号を記憶する専用のメモリ。

3.5 分散メモリシステムと並列処理

　データを受け取ったプロセッサ0は、繰り返し使用する場合に備えて自分のキャッシュにも格納します。

　その後、他のノードがこのアドレスに書き込みを行おうとする場合は、そのアドレスのメモリを管理するノード1に要求を送りますが、ノード1は輸出先メモリを見て、コピーがノード0に存在することがわかります。したがって、ノード0に当該キャッシュラインの無効化要求を送ります。このようにデータの輸出先ノード番号を記憶しておけば、キャッシュコヒーレンシを維持するための問い合わせや無効化などの要求を全ノードに送るのではなく、記憶された輸出先ノードだけに送ることができます。

　一般に、データの輸出先の数はそれほど多くはなく、システムの全ノード数に比例して増えるわけではないので、このような方法を取ることによりキャッシュコヒーレンシ維持のための通信量を減らして、多くのプロセッサとメモリを持つコンピュータを作ることができます。

　このやり方では、全ノードのメモリが共有メモリで、キャッシュコヒーレンシが維持されているのですが、自分のノードにあるメモリをアクセスする場合と、他のノードにあるメモリをアクセスする場合の所要時間が一様でない（*Non uniform*）ことから、ccNUMAという名前がついています。

ディレクトリベースのキャッシュコヒーレンシ維持

　Silicon Graphics（SGI）のUV2000システムは代表的な商用ccNUMAマ

図3.11 ccNUMAシステムはデータの輸出先を記憶する

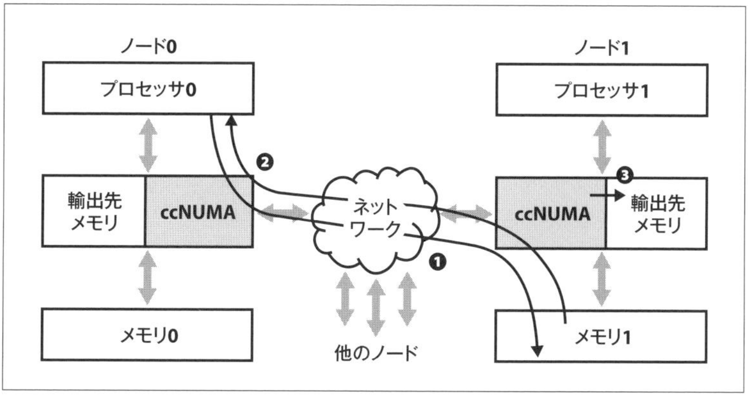

シンで、4ソケットのXeon E5 CPUを搭載するノードを最大64台、NUMAlinkと呼ぶ専用のネットワークで結合して最大2048コアで64TiBという巨大な共有メモリ空間を使えるようになっています。

このキャッシュラインの輸出先と状態を記憶して、スヌープや無効化を送る機構を**ディレクトリ**(*Directory*)と言い、ディレクトリを使ってキャッシュコヒーレンシを維持する方法を**ディレクトリベースのキャッシュコヒーレンシ維持**と呼びます。

Silicon Graphicsはディレクトリベースのシステムの商用化の先駆けとなった会社です。同社の初期のシステムでは、自ノードのメモリに比べて他ノードのメモリのアクセスには5倍かそれ以上の時間が掛かり、ccNUMAは使いにくいと言われたのですが、現在では、CMOS回路の高速化などで、ディレクトリ処理や通信処理に掛かる時間が短縮され、他ノードのメモリアクセスの所要時間も3倍以下になってきています。これに伴い、他社の大型サーバもディレクトリベースのシステムとなってきています。

仮想マシンで共有メモリを実現する

通常の仮想化は1つのコンピュータを複数の仮想マシンに分割するのですが、この逆に、複数のコンピュータを1つの仮想マシンにまとめてしまう仮想化があります。ハードウェアとしては、分散メモリのクラスタなのですが、各ノードにそれぞれ異なるアドレス範囲を分担させます。そして、メモリをアクセスするときに、そのアドレスが他のコンピュータに存在する場合は、VMMが間に入って、そのメモリアドレスを分担するコンピュータにネットワーク経由でメッセージを送ってメモリアクセスを依頼します。そして、送り返されてきた読み出しデータを、メモリをアクセスしたソフトウェアには、共有メモリから読んだように見せかけてデータを返します。

つまり、SGIのUV2000ではハードウェアで行っているccNUMA制御の部分をVMMで実現して、多数のプロセッサと巨大な共有メモリ空間を持つシステムを実現するわけです。

ScaleMP社のvSMP Foundation Advanced Platformという仮想化ソフトウェアでは、最大128ノード、256TiBの共有メモリシステムが実現できるという仕様になっています。

3.6 並列処理による性能向上

多数のプロセッサコアを使って性能を上げるためには、すべてのコアに有効に仕事をさせることが重要です。つまり、並列処理をするプログラムの書き方で、1コアでの処理に比べてどれだけ性能を上げられるかが変わってきます。本節では、並列プログラムを書く上で注意する点を見ていきましょう。

並列化する部分の狙いを定める

並列化を検討する場合、まず、並列化前のプログラムを実行し、プロファイラなどを使って、プログラムのどの部分でどれだけ実行時間が掛かっているかを把握します。プロファイラは関数(サブルーチン)単位での実行時間を教えてくれます。また、ソースコードの行ごとに実行時間を出すツールもあります。これらのツールからの情報を使って、実行時間が長いものから順に並列化の候補を選びます。

そして、それらの候補のソースコードを眺めて、並列に実行できそうかどうかを考えます。ソースコードによっては、そのままでは並列には実行できないけれど、ループの順番を入れ替えるなどの多少の書き直しを行うと、並列に実行できるようになるものもあり、そのような場合は、ソースコードを変更します。

理想的に並列化ができたとすると、実行時間は、並列に実行するコア数をNとして元の関数の実行時間の1/Nとなります。これで大雑把に、候補とした関数を並列化した場合のプログラム全体の実行時間を見積もれます。

これで十分な性能が達成できる見通しが得られれば、実際にそれらの関数の並列化を行うことになります。一方、性能改善が不足の場合は、残っている実行時間の長い関数の並列化を検討することになります。しかし、あまり実行時間の長くない関数を並列化しても短縮できる実行時間はわずかで、くたびれ儲けということになりかねません。

第3章 並列処理

アムダールの法則

　プログラムの中には、1コアでしか実行できない部分とマルチコアで並列に処理できる部分があります。1コアで実行する場合、前者の実行にはTsの時間が掛かり、後者の実行にはTpの時間が掛かるとします。

　このプログラム全体を1つのプロセッサコアで実行すると、実行時間はTs + Tpとなります。一方、Tpの部分をN個のコアで均等に分担することができれば、実行時間はTs + Tp/Nとなり、並列実行による性能向上Pは、以下の式で表されます。

$$P = (Ts + Tp)/(Ts + Tp/N)$$

ここで、Ts + TpをTと書くと、以下のようになります。

$$P = N\left(\frac{1}{1 + (N-1)T_s/T}\right)$$

　つまり、全体の実行時間Tの中のTsの比率が0であれば、NコアでN倍の性能が得られますが、Tsの比率が増えると性能向上率はNから下がっていきます。そして、Nをいくら大きくしても、PはT/Tsに漸近して飽和してしまいます。この関係を**アムダール**(*Amdahl*)**の法則**と言います。

　言い換えると、並列実行で高い性能を出すためには、全体の実行時間の中の、1コアでしか実行できない時間Tsを小さくすることが重要です。また、並列実行で得られる性能向上はT/Tsで頭打ちとなりますから、並列実行に使うプロセッサコア数はT/Tsの1〜3倍が上限で、それ以上に増やしてもあまり性能は上がらず無駄になります。

すべてのコアの実行時間を均等に近づける

　Nコアで並列処理を行う場合、各プロセッサコアでの処理時間が一定であれば、その部分の処理時間はTp/Nとなります。しかし、次のようなプログラムでは、内側のループの回数はi回なので、子スレッドを担当する各コアの処理時間が変わってしまいます。

```
#pragma omp parallel for private(j)
    for(i = 0; i <= 10000; i++)
    {
        for(j= 0; j <= i; j++)
            {
            sum[i]+=a[i][j];
            }
    }
```

　なおOpenMPでは、並列化されるfor文のループ変数iと、privateと宣言されたjはスレッドごとに独立の変数が作られますが、その他のsum[ ]やa[ ][ ]などは、すべてのスレッドで同じアドレスのメモリが使われます。

　前述の例以外にも、ループの中の処理にif文が含まれており、中間の計算結果でその後の処理が変わり、並列化するループ1回の実行時間が変わるというプログラムは珍しくありません。また、まったく同じ命令列を実行したとしてもキャッシュミスの有無が違うと処理時間が異なってしまいます。さらに、2.6節のキャッシュの速度測定のところで見たように、OSの処理が割り込んだ場合には、割り込まれたコアの実行時間が長くなってしまいます。

　結果として、実行時間は図3.12のようにスレッドごとにばらつきます。1コアで実行した場合Tpの時間が掛かる部分を、理想的に4コアで並列に実行すると、Tp/4の時間で実行できるのですが、各コアでのスレッドの実行時間にばらつきがある場合は、図3.12の右側の図のようにTp/4よりも長い時間がかかってしまいます。

　また、次の処理を開始するためにはすべてのコアでの実行が終わったことを確認する必要があるのが普通で、この確認のための同期時間（pthreadの場合のjoinの時間）が必要となります。

OpenMPではスレッド数に注意

　OpenMPではOMP_NUM_THREADSで指定した数のスレッドを作り出します。このスレッド数は任意の値を指定できます。しかし、このスレッド数がプロセッサコア数より少なければ、仕事がないコアが出てきてしまいます。また、このスレッド数をプロセッサコア数＋1に指定すると、ど

れか1つのコアだけが2つのスレッドを実行することになります。このため、並列に実行できる部分の処理時間はTp/Nではなく、$2Tp/(N+1)$となり、ほぼ2倍の時間が掛かってしまいます。

スレッド数をプロセッサコア数よりずっと大きく、たとえば10倍に取ったらどうでしょうか？ 実行の状態を詳細に見ると、まず全コアに1つずつのスレッドが割り当てられて実行が行われます。そして、OSは、早く実行が終わったコアに次のスレッドを割り当てて実行させていきます。一方、実行時間の長いスレッドを受け持ったコアは、次のスレッドの割り当てが遅くなり、結果として平均より少ない数のスレッドしか実行しないということも起こります。このように、たくさんのスレッドがあれば、スレッドの実行時間のばらつきを吸収することができます。

しかし、スレッドの開始、終了処理にはある程度の時間がかかるので、処理を細分化して各スレッドの実行時間が短くなると、これらのオーバーヘッドの割合が増加してしまいます。どの程度の数のスレッドに分割するのが良いかはケースバイケースですから、OMP_NUM_THREADSの指定、あるいは実行プログラムの最初で、omp_set_num_threads( )関数を呼び出してスレッド数を変えてトライしてみて、実行時間が短くなる値を選ぶのが良いでしょう。

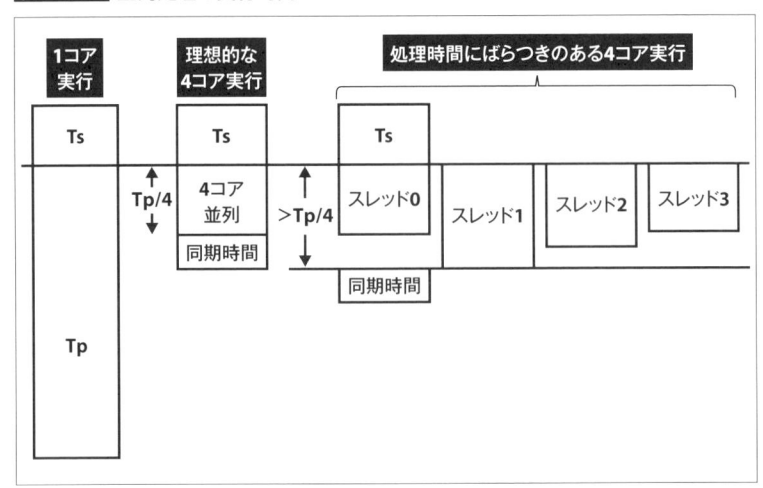

図3.12 並列処理の実行時間

3.7 まとめ

　今や、スマートフォンやPCのプロセッサもマルチコアという時代になっています。本章では、OSがプロセスを実行するしくみを説明し、どのような場合に、多数のコアを利用して性能が上げられるのかを説明しています。

　複数のコアで並列処理を行う共有メモリシステムでは、コア間のメモリアクセスが干渉するという問題が出てきます。これを避けるためのロックによる排他制御やトランザクショナルメモリについても、説明を行っています。

　小さなプロセスが多数ある場合は、OS任せでもマルチコアを使って性能が上がるのですが、巨大なプロセスを実行する場合は1つのコアしか使用できず、多数のコアがあっても自動的に性能が上がるわけではありません。マルチコアを有効に利用するためには、巨大プロセスを並列に実行する多数のスレッドに分割する必要があることを説明し、pthreadやOpenMPによる並列に実行されるスレッドの作り方や、性能を上げるためのプログラミング上の注意点について説明しました。また、プロセスを分割して並列に実行する場合の性能向上の指針を与えるアムダールの法則についても説明を行っています。

　並列処理を行う場合、PCや小規模なサーバでは、すべてのプロセッサが1つの共有メモリを使うという構成が使われますが、規模の大きいデータセンターやスーパーコンピュータでは分散メモリのマルチプロセッサシステムが使われます。本章では、この分散メモリシステムの構成と並列処理のやり方についても説明しています。

　本章の説明で、なぜマルチコアで性能が上がるのか、性能を改善するためにはどのようにプログラムを書く必要があるのかについて、イメージを掴めたのではないでしょうか。

Column

GPUを含むシステムの並列化を行う OpenACC

　GPUの詳細は第5章で説明しますが、GPUはCPUより高い数値計算性能を持つプロセッサです。しかし、CPUとGPUのメモリは独立で、分散メモリの並列プログラムを書く必要があり、プログラム作成のハードルが高いことGPUコンピューティングの普及の障害となっています。

　この問題を解決しようとする一つのアプローチが「OpenACC」です。共有メモリのOpenMPと同様に、forループの前に`#pragma acc parallel loop`という指示行を入れると、forループをGPUで並列に実行するカーネル(Kernel)プログラムに変換し、カーネルプログラムの実行の前にCPUメモリからGPUメモリへの入力データのコピーやカーネルプログラムの処理結果をGPUメモリからCPUメモリへコピーするコードをコンパイラが生成してくれます。

　しかし、カーネルプログラムの呼び出しのたびにすべてのデータをCPUメモリとGPUメモリの間で転送が必要とは限らず、最初に一度CPUからGPUにコピーすれば以降はそれを使えばよいとか、計算結果は次の呼び出しで使うので、CPUメモリにコピーする必要はないという場合もあります。この無駄なコピーを省くためには、メモリのコピーの要否を書いた指示行を加える必要が出てきます。

　C言語のプログラムではポインタを使うケースが多いのですが、ポインタを要素とする構造体や配列を使っているプログラムでは、この構造体や配列をGPUメモリにコピーしても、ポインタが指す本当のデータはコピーされないので、GPUはデータにアクセスすることができません。このため、現在のOpenACCでは、ポインタを含む構造体などを扱うforループをGPU並列化することはできない仕様になっています。

　このため、このような問題のないプログラムは、OpenACCを使うことにより少ない手間でGPU並列化ができるのですが、ポインタを含む構造体を多用しているプログラムの場合は、元のソースプログラムの書き換えが大量に発生するという問題が残っています。

第4章

低消費電力化技術

4.1
CMOSの消費電力

4.2
消費電力を減らす技術 —— プロセッサコア単体での電力削減

4.3
プロセッサチップの電力制御

4.4
コンピュータとしての低電力化

4.5
省電力プログラミング

4.6
まとめ

第4章 低消費電力化技術

　電源電圧があまり下げられない現状では、ムーアの法則でプロセッサチップのトランジスタ数が増えていくと、何もしなければ消費電力は増え続けます。高い消費電力は、PCやサーバ用のプロセッサでも問題ですが、スマートフォンやタブレットのように電池で動かす機器では、さらに大きな問題です。このため、プロセッサの消費電力を減らす、あるいは1Wの電力あたりのプロセッサの性能を上げるということが最もホットな技術開発目標になってきています。

　消費電力を減らすには、「デジタル回路のスイッチ1回あたりの電力消費を減らす」ことと「本当に必要な部分だけをスイッチさせ、その他の部分の消費電力を極力小さくする」ことが重要です。

　図4.Aは、Intelの第3世代Core iシリーズプロセッサチップの3つの動作状態でのトランジスタに流れる電流の分布を観測した写真で、動作状態によって電力消費の様子が大きく変わっていることがわかります。

　本章では、どのようにして、このような電力制御を実現しているのか、どのようにプログラムを書けば低電力になるのかを見ていきます。

図4.A　IntelのIvy Bridge（第3世代 Core iシリーズプロセッサ）の3種の動作状態でのトランジスタ電流の分布[※]

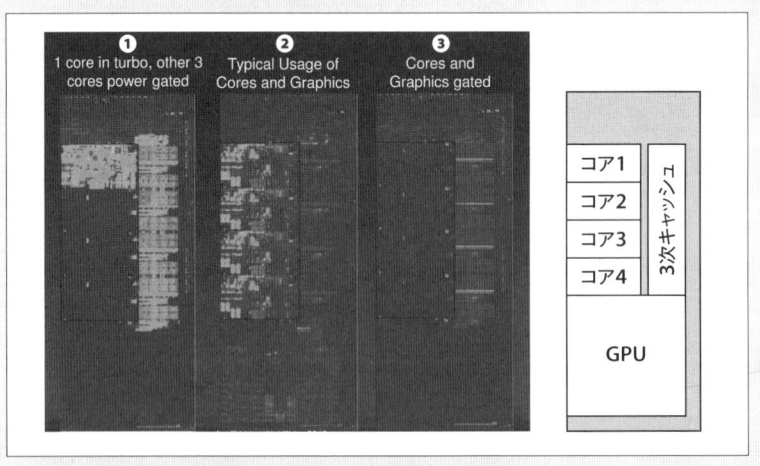

※出典：S. Jahagirdar、V. George、I. Sodhi、R. Wells.「Power management of the third generation Intel Core micro architecture formerly codenamed Ivy Bridge」(p.14、Hot Chips 24、2012.8)
　詳しくは上記資料を参照。実際の画像はカラーでより見やすく表示されている。赤が最も高電力である。

4.1 CMOSの消費電力

消費電力を減らすためには、コンピュータのどの部分で、どのように電力が消費されるのかを理解する、すなわち敵を知ることが重要です。まず、CMOS論理回路はどのようにして電力を消費するのかを見ていきます。

スイッチに伴う電力消費

プロセッサを構成しているデジタル回路は電気で動いているので、電気を消費するのは当たり前と思うかもしれませんが、原則的にはCMOS論理回路は仕事をしないで止まっているときには電気を消費しません。

どのような時に電気を消費するかというと、回路の出力が0→1、あるいは1→0と**スイッチ**(*Switch*)するときにエネルギーを消費します。**図4.1**に示すように、出力Xが0(0V)から1(Vdd)に変化するには、PMOSトランジスタを通して負荷容量C_Lを充電する必要があります。また、出力XがVddから0Vになるには、C_Lに溜まった電荷をNMOSトランジスタを通して放電する必要があります。このため、第1章で前述したとおり、1回の0V→Vdd→0Vの変化で、$C_L \times Vdd^2$のエネルギーが消費されます。

図4.1 CMOSゲートは負荷容量C_Lの充放電の時だけ電流が流れる

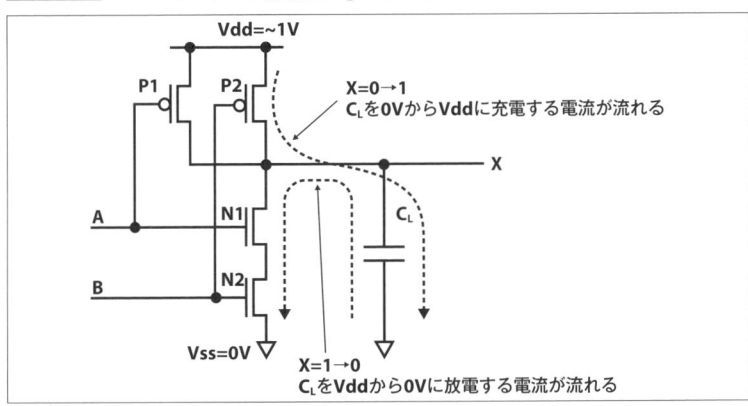

これがアクティブ電力(あるいはダイナミック電力)と言われるもので、スイッチ回数、つまり行った仕事量に比例した電力が消費されます。

エネルギーの単位はJ(*Joule*、ジュール)で、1秒あたり消費されるエネルギーJ/s(*Joule per second*)が消費電力W(*Watt*、ワット)となります。ワットはエネルギーを消費する速さを表す単位で、使ったエネルギーを表す単位ではないのですが、これに時間を掛けたWs(*Watt second*、つまりJ)、あるいはWH(*Watt Hour*)とよく混同して用いられます。本書でもこの慣行に沿って、消費電力(W)という言葉を、消費エネルギー(J = Ws)と明確に区別せずに使っています。

漏れ電流による電力消費

理想的なMOSトランジスタはオフの状態では電流は流れないのですが、実際は微小な**漏れ電流**が流れます。2000年頃までは、この漏れ電流は無視できる程度だったのですが、微細化が進むにつれて漏れ電流が大きくなってきました。

図4.2に示すように、高性能のマイクロプロセッサ用の高速MOSトランジスタは、スイッチを速くするためたくさんの電流が流せるように造ります。水道で言えば、少し栓を緩めただけで大量の水がほとばしるようになっています。そのため、栓を閉めた状態でも止まりきらず、水がぽたぽ

図4.2 トランジスタがオフ状態でも流れる漏れ電流が無視できなくなっている

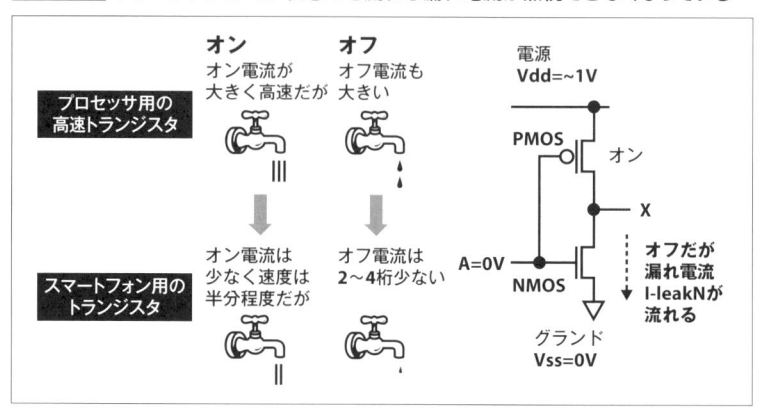

たと漏れる状態になっています。一方、スマートフォン用のプロセッサのトランジスタは、水道で言うなら栓を全開しても高速MOSトランジスタほどたくさんの水は出ないのですが、栓を閉めた場合の水漏れが、高速トランジスタと比べると、2桁〜4桁小さくなるように造られています。

図4.2の右側の図は否定回路に0Vを入力した状態を示しています。このとき、NMOSトランジスタはオフですが、「I-leakN」と書いた漏れ電流が流れます。また、入力がVddの場合は、NMOSがオンでPMOSがオフとなりますが、この場合も、PMOSトランジスタの漏れ電流「I-leakP」が流れます。両者の平均をI-leakと書くと、漏れ電流による消費エネルギーは「Vdd × I-leak × t」と表されます。ここでtは時間です。

負荷容量を充放電するアクティブ電力は仕事をしなければ消費されないのですが、漏れ電流による消費電力は電源が入っている時間はスイッチの有無にかかわらず連続して消費されるスタティックな電力で、スマートフォンなど常時、電源がオンで使われる機器では電池寿命に大きな影響があります。このため、携帯デバイス用のプロセッサでは、動作速度は高性能マイクロプロセッサ用より遅いのですが、漏れ電流の少ないトランジスタが使われるというわけです。

漏れ電流の小さいFinFET

Intelは22nmプロセス[注1]から、図4.3に示すFinFET（Intelの名称は「Tri-

図4.3 FinFETは両側にゲートを持ち、漏れ電流が小さい

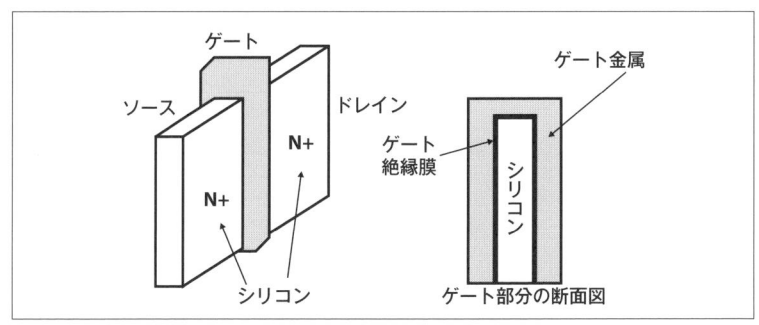

注1　最小寸法が22nmのLSI製造プロセス。

Gate」)という構造のトランジスタを使い始めました。FinFETは、その名のとおり、薄いシリコンのフィン(Fin、魚などのひれ)を作り、それを囲むようにゲート絶縁膜とゲート電極を形成します。薄いシリコンの両側から電圧を掛けて電流を制御するため、第1章で説明した平面型のMOSトランジスタよりも電流の漏れを小さくすることができます。また、図4.3の断面図のようにシリコンの3面にゲートがあり、この部分が電流を流せるので、チップ面積あたりのトランジスタのオン電流を大きくすることができ高速化にも寄与します。

このため、Intel以外のメーカーも14nm世代[注2]ころからFinFETを使うための開発を進めています。

4.2 消費電力を減らす技術 ── プロセッサコア単体での電力削減

CMOSデジタル論理回路回路は、スイッチをする場合だけアクティブな電力を消費します。したがって、論理回路が1回のスイッチで消費するエネルギーを減らすことや論理回路がスイッチする回数を減らせばアクティブな電力消費を減らすことができます。また、漏れ電流を減らして、仕事をしていない待ち受け時間の消費電力を減らすことも重要です。

スイッチ1回あたりのエネルギーを減らすDVFS

CMOSのスイッチに伴うエネルギー消費は、前の項で述べたように、$C_L \times Vdd^2$で、毎サイクル0→1→0の変化を繰り返す場合、クロック周波数をf_{clock}とすると、消費電力は$C_L \times Vdd^2 \times f_{clock}$となります。プロセッサの中で、毎サイクルすべての論理回路がスイッチするわけではなく、平均的にスイッチする率をαとすると、$\alpha \times C_L \times Vdd^2 \times f_{clock}$が平均的な論理回路の消費電力となります。$\alpha$は回路の構成によっても違うのですが、通常

注2　22nmの次の世代の製造プロセス。

のマイクロプロセッサでは0.05以下の値となっています。

MOSトランジスタは電源電圧を高めると、より多くの電流を流すことができるのでスイッチする速度が速くなり、クロック周波数を上げることができます。**図4.4**はISSCC 2012という学会でIntelが発表した論文の抜粋で、横軸が電源電圧で、左側の縦軸が正常に動作する最大のクロック周波数を示しています。このデータでは、電源電圧が0.8Vのときは500MHzまでしか動作しませんが、1.2Vに上げると915MHzまで動作しています。

図4.4の右側の縦軸は消費電力で、0.8Vの時は174mW（*milliwatt*）だったのですが、1.2Vでは734mWと4倍以上に消費電力が増えています。これは、Vddが1.5倍、クロック周波数が1.803倍になるので、$\alpha \times C_L \times Vdd^2 \times f_{clock}$は4.12倍に増加するからです。なお、この倍率から計算すると1.2Vでの消費電力は716mWとなり、実測のほうが少し大きくなっています。これは、漏れ電流による消費電力分を無視して計算していることが原因と考えられます。

このように、電源電圧を上げるとクロック周波数を上げることができるのですが、消費電力は大幅に増えます。これは逆に言えば、クロックを下げてもよければ、電源電圧も下げて大幅に消費電力を減らせることを意味しています。

図4.4 電源電圧に対するクロック周波数と消費電力の関係※

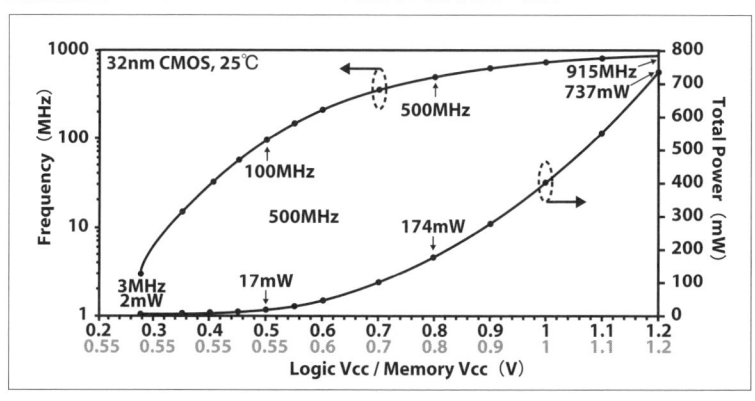

※出典：Shailendra Jain et. al.「A 280mV-to-1.2V Wide-Operating-Range IA-32 Processor in 32nm CMOS」(p.67、Figure 3.6.4、IEEE、2012)

この原理を使って、処理する仕事量が多いときには電源電圧を上げてプロセッサのクロック周波数を高くして動作させ、暇なときにはクロック周波数と電源電圧を下げて動作させるというように、仕事量に応じてクロック周波数と電源電圧を変えるという手法を **DVFS**(*Dynamic Voltage Frequency Scaling*)と言います。DVFSを使うプロセッサでは、プロセッサの動作率をモニタして必要とされるクロック周波数を決め、そのクロック周波数で動作させるのに必要な電源電圧を選んで、**ボルテージレギュレータ**(4.4節で後述)に指令を送ってVddの電圧を設定します。

サーバでは連続して負荷が高いというケースもありますが、PCや携帯機器では、人間からの入力待ちでプロセッサはほとんど仕事をしていない時間が長く、DVFSを使って処理負荷に応じてクロック周波数と電源電圧を下げることで、大きな消費電力低減効果が得られます。

ARMのbig.LITTLE

先に述べたように、DVFSを使うことにより、高速、高電力の動作から、電源電圧とクロックを下げて低電力の動作までカバーすることができるのですが、プロセッサが正常に動作するにはある程度の電圧が必要であり、消費電力には下限があります。このため、高性能で多数のトランジスタを使い、チップ面積が大きいプロセッサコアは、最低動作電圧でもある程度の電力を消費してしまい、スマートフォンなどの待ち受け時の電池寿命には大きな負担となります。

この問題に対して、ARM社は、大型、高性能のCortex-A15コアと、小型で低電力のCortex-A7コアのbigとlittleのペアを使うという方式を開発し、これを **big.LITTLE** と呼んでいます。

Cortex-A15とCortex-A7は同じARMv7命令アーキテクチャのコアで、どちらもまったく同じ命令セットを実行することができます。このペアのプロセッサの間でプロセッサの内部状態をやり取りすることで、Cortex-A15で実行していたプロセスをCortex-A7に移して実行を続けたり、その逆にCoretex-A7からCortex-A15にプロセスを移動して実行を続けることができます。

図4.5はCortex-A15とCortex-A7コアの性能を横軸に取り、縦軸に電

力を取った図で、それぞれの線は、DVFSでクロック周波数と電源電圧を変えた場合に取り得る性能と電力の軌跡を示しています。

　Cortex-A15は高性能ですが、最低性能の状態にしてもある程度の電力を消費します。これに対して、Cortex-A7は、最高性能でもCortex-A15の最低性能をわずかに上回る程度ですが、Cortex-A15の半分程度の電力で動作します。そして、DVFSで最低電圧、クロックまで下げると、消費電力はCortex-A15の最低消費電力の1/10程度になります。

　このように大小2つのコアを負荷状態に応じて切り替えて使うことにより、単一のプロセッサコアのDVFSに比べて、より広い性能、電力範囲で動作するプロセッサを実現することができます。big.LITTLEは、スマートフォンのようにアイドル（Idle）[注3]や低負荷の時間は長いのですが、3Dゲームのような高負荷時には高い性能が必要という用途に適した方式です。

スイッチ回数を減らすクロックゲート

　プロセッサの各部には、サイクルの開始/終了を告げるクロック[注4]が供

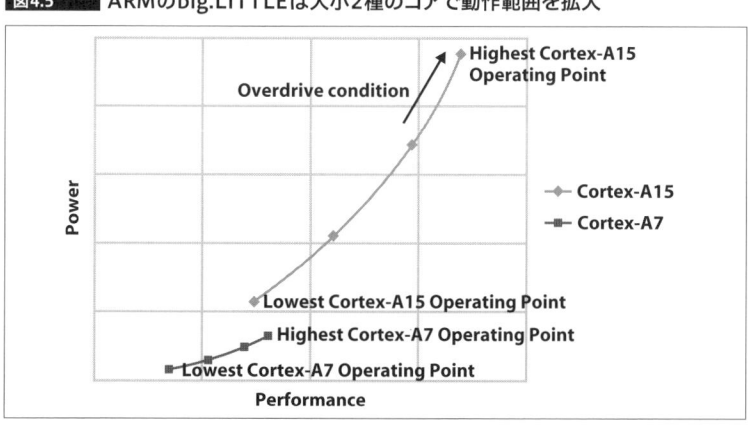

図4.5　ARMのbig.LITTLEは大小2種のコアで動作範囲を拡大※

※出典：Peter Greenhalgh「Big.LITTLE Processing with ARM Cortex-A15 and Cortex-A7」（p.5、ARM Limited、2011.9）　　URL http://www.arm.com/files/downloads/big.LITTLE_Final.pdf

注3　ユーザの入力待ちで何もしていない状態。
注4　このクロックは、通常のクロック信号と同じものです。クロックはパイプラインなどを動かすサイクルの開始と終了を告げるもので、この信号に従って回路が動作します。

給されています。クロックは毎サイクル0➡1➡0と変化する信号で動作率 α =1.0ですから、α が0.05以下の一般の論理回路に比べて大きな電力を消費します。プロセッサにもよりますが、クロックをチップの全域に供給するためにチップ全体の消費電力の10%～15%程度を必要とするのが一般的です。

　また、論理回路ブロックにクロックが供給されることにより、内部の論理回路がスイッチして電力を消費します。

　しかし、プロセッサの動きを詳細に見ると、浮動小数点演算ユニットは、浮動小数点演算命令を実行するとき、メモリをアクセスするロード/ストアユニットは、ロード/ストア命令を実行するときには動作する必要がありますが、対応する命令を実行していない時には、動作する必要はありません。このように、ある機能を使わない期間は、その機能を実行する回路ブロックへのクロックの供給を止めてCMOS回路がスイッチを行わないようにするのが**クロックゲート**(*Clock gate*)という手法です。

　これは、使っていない会議室の電気やエアコンを消すようなもので、省エネ効果があります。

　最近のプロセッサの設計ではクロックゲートを徹底して、動作する必要のない回路ブロックへのクロックを止めるから、より細かい単位で本当に動作が必要な部分だけにクロックを供給するというレベルの設計になってきています。

低リーク電流トランジスタで漏れ電流を減らす

　前に述べたように、高速のマイクロプロセッサではトランジスタを高速化するために漏れ電流が大きくなっているのですが、携帯機器向けプロセッサのトランジスタは速度は遅いものの漏れ電流は2～4桁小さくなっています。

　高速のマイクロプロセッサでも、どの論理回路も最高速度で動く必要があるというわけではなく、一定のサイクルタイムに間に合うように仕事ができれば良いわけです。複雑な仕事をする部分は最高速で動く必要がありますが、それほど複雑でない仕事をしている部分は、最高速のトランジスタでなくてもサイクルタイムに間に合わせることができます。

このため、高速トランジスタに加えて、スイッチする速度は高速トランジスタより20%ダウンですが、漏れ電流は1/10という低リーク電流トランジスタを造り、多少遅くても間に合うという部分は、このトランジスタを使うことにより漏れ電流を大幅に減らすという設計が行われています。

最近のプロセッサでは、これが徹底し、高速トランジスタを使う部分は、プロセッサチップ全体の数％で、大部分は低リーク電流トランジスタを使うという設計になってきています。

漏れ電力をさらに減らすパワーゲート

低リーク電流トランジスタの採用で漏れ電流を減らしたのですが、それでもまだ、漏れ電流による電力消費は無視できない量です。そこで最近のプロセッサに取り入れられている手法が、CMOS論理回路の電源供給経路に電源スイッチに相当するトランジスタを入れ、そのユニットを使わない場合は、電源スイッチを切る**パワーゲート**（*Power gate*）という手法です。

パワーゲートを用いる場合は、**図4.6**に示すようにプロセッサコアなどを単位として「電源スイッチ」を入れます。図4.6ではプロセッサコアのグランドとチップのグランドの間にNMOSのスイッチを入れるという回路になっていますが、電源側にPMOSのスイッチを入れるという設計もあります。プロセッサチップには常時動作する必要がある回路もあり、その

図4.6 パワーゲートを使ったプロセッサの構成

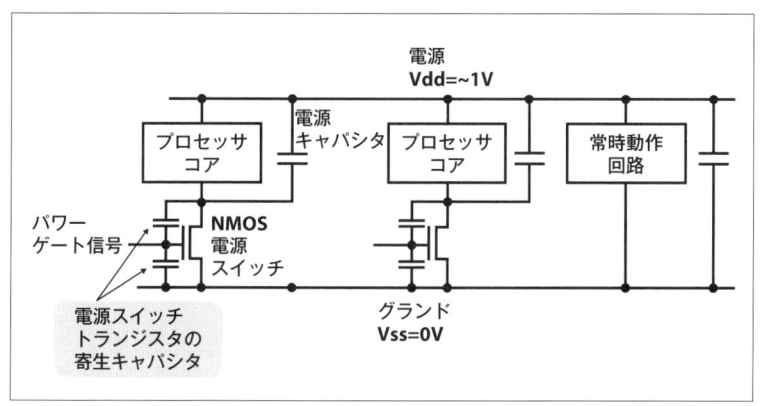

ような部分は電源スイッチなしで電源とグランドに接続されます。

電源スイッチのトランジスタの漏れ電流が大きくては電源スイッチの役目を果たせませんから、前述の低リーク電流トランジスタよりも漏れ電流の少ないトランジスタ[注5]が使われます。また、電源スイッチがオンの時には回路に大きな電流を供給する必要があります。このため、電源スイッチは非常に多くのトランジスタを並列につないで作られます。このような大きな電源スイッチトランジスタは寄生容量も大きく、スイッチを入れたり、切ったりするにはエネルギーが必要です。

CMOS回路の電源線には、電源の電圧を保ち、電源の雑音を抑える「電源キャパシタ」が付いています。電源キャパシタは、動作中はVddに充電されているのですが、電源を切ると、このキャパシタ（Capaciter）に溜まっている電荷は放電されてしまい、無駄にエネルギーを消費してしまいます。また、次に電源スイッチを入れる時には、このキャパシタをVddまで充電するためにエネルギーを必要とします。

このパワーゲートによる消費電力の変化を示したのが**図4.7**です。プロセッサはアイドルで仕事をしていないので、パワーゲートを行わない場合でも

図4.7　パワーゲートの様子とブレークイーブンタイムの考え方

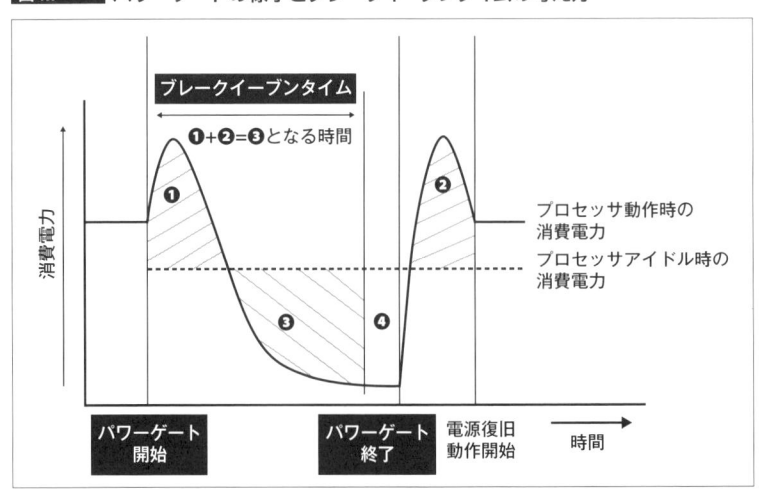

注5　補足しておくと、オン電流とオフ電流の比はテクノロジーで決まりますが、どの程度のオフ電流を許容しているのか各社で設計に差があるようです。

動作時よりも消費電力が下がります。どの程度下がるかは、単に命令の実行を止めるだけかクロックゲートを行うかによっても変わります。

　一方、パワーゲートを行うと、電源スイッチを切ったり、電源キャパシタを放電することによる余計な電力❶を消費します。しかし、電源スイッチトランジスタがオフになり、漏れ電流が減るので、その後消費電力は減少していきます。

　そして、動作を再開するためにパワーゲートをオフ（電源スイッチをオン）する場合にも、スイッチトランジスタをオンにし、電源キャパシタをVddまで充電するための電力❷を消費します。

　このパワーゲートで電源のオン、オフを行うための電力である❶と❷の合計が、❸電源オフによる削減と等しくなるオフ期間を**ブレークイーブンタイム**（Break even time）と呼びます。つまり、ブレークイーブンタイムしか電源をオフできない場合は、損得ゼロで、それよりも長くオフを続けることによる❹の部分が消費電力の純削減分となります。

　電源スイッチをオフにしたのですが、急に仕事が入ってきてブレークイーブンタイムより短い時間でオンにする必要が出ると消費電力の節約にはならず、逆に消費電力が増えてしまいます。このため、一般にある程度長めの休止期間が発生する可能性が高い場合だけ電源をオフするという控えめな戦略がとられます。

4.3 プロセッサチップの電力制御

　4.2節ではプロセッサコア単体での電力削減技術について説明しましたが、これらの技術を組み合わせて、「プロセッサチップ」全体としての消費電力を制御し、エネルギー効率を高める技術の開発にも力が注がれています。

Cステートによる電力制御

　プロセッサチップ全体をまとめてクロックゲートやパワーゲートを行う

第4章 低消費電力化技術

のではなく、それぞれのプロセッサコアの動作状態に基づいてクロックゲートやパワーゲートをきめ細かく適用するのが効果的です。Intelのプロセッサでは、システムの状態を**図4.8**のようにまとめ、それぞれの状態で最適な省電力技術をプロセッサコアに適用しています。

プロセッサの状態の大きなグループとして、プロセッサが動作状態のG0ステート、プロセッサがストップしているスリープ状態のG1ステート、そしてハードウェア的に電源オフのG2ステートがあります。

G0ステートの中の、プロセッサが動作しているS0ステートには、各プロセッサコアの状態としてC0〜C7のステートがあります。C0ステートはプロセッサが動作している状態で、C1以下のステートは、すべてプロセッサは停止している状態ですが、ステートの数字が大きくなるにつれて省エネ効果は大きくなります。一方、C0ステートから移行したり、C0ステー

図4.8 Intelプロセッサを使うPCの電力ステート※

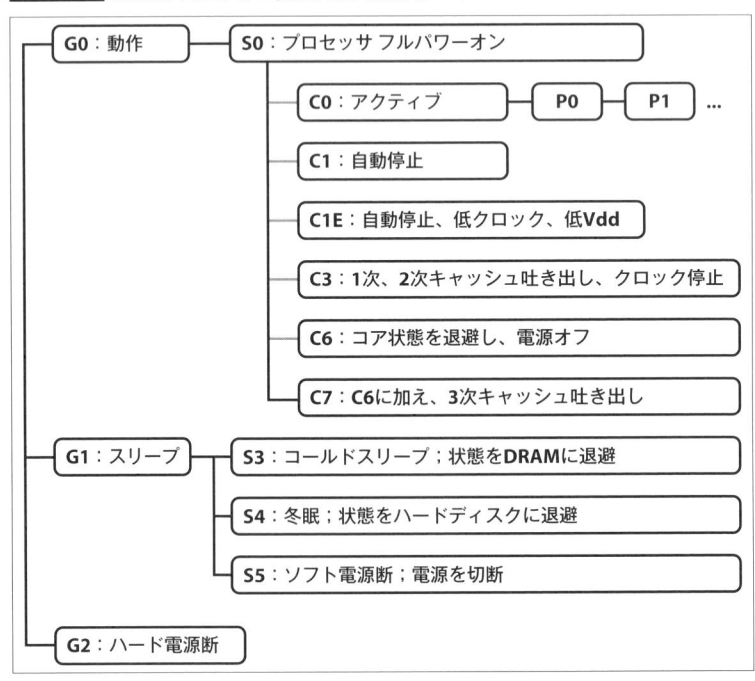

- G0:動作
  - S0:プロセッサ フルパワーオン
    - C0:アクティブ — P0 — P1 …
    - C1:自動停止
    - C1E:自動停止、低クロック、低Vdd
    - C3:1次、2次キャッシュ吐き出し、クロック停止
    - C6:コア状態を退避し、電源オフ
    - C7:C6に加え、3次キャッシュ吐き出し
- G1:スリープ
  - S3:コールドスリープ;状態をDRAMに退避
  - S4:冬眠;状態をハードディスクに退避
  - S5:ソフト電源断;電源を切断
- G2:ハード電源断

※出典:「Desktop 4th Generation Intel Core Processor Family Datasheet」(p.49、Volume 1 and 2、Intel、2013/07)

トに戻るのに必要な時間が長く、移行に必要なエネルギーも大きくなります。したがって、ブレークイーブンタイムを考えて深い(数字の大きい)Cステートに入るかどうかを判断する必要があります。

プロセッサコアの動作状態はC0〜C7ステートまであるのですが、Haswell以前の第3世代までのIntelのマルチコアプロセッサでは、すべてのプロセッサコアの電源電圧とクロック周波数は同じになっています。このため、電源電圧やクロック周波数は、ステートの数字が一番小さく、最もビジーなプロセッサコアに合わせて設定されます。つまり、C0状態のコアが1個でもあれば、その他のコアがC3〜C6状態でも、コア全体の電源、クロックはC0状態のコアに合わせるわけです。

図4.9はC0〜C7ステートの移動とそれに伴って発生する動作を示しています。

C0ステートはプロセッサがフルに動作し命令列の実行を行っている状態です。といっても、C0ステートの中には、クロック周波数が最高のP0ステートから、クロックの低いP1、P2、…のステートがあり、フルに動作と言っても処理速度が最高の状態だけを指すわけではありません。

C1ステートはHALT(停止)命令やMWAIT(C1)命令の実行の結果、プロセッサコアが命令の実行を停止している状態で、ロックの解放を待つなどの場合に使われます。C0からC1ステートになると、プロセッサは命令を実行しなくなるので、自動的に論理回路のスイッチが減るのに加えて、多くの部分でクロックゲートが行われて、アクティブな電力を減らすことができます。

C1E以下のステートは、MWAIT(Cn、nは1E〜7)というCステートの変更を要求する命令を実行した場合に移行する省エネステートです。

C1EステートはC1ステートの拡張版で、命令の実行を停止するとともに、

図4.9 Cステートの移動とそれに伴う動作

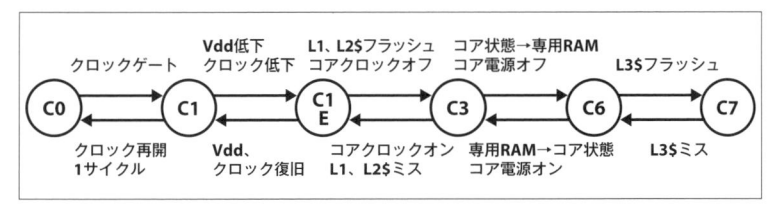

クロック周波数を下げ、電源電圧 Vdd も低くして C1 ステートよりも低電力の状態になります。C1 ステートより消費電力は減るのですが、移行する時と復旧する時には電源電圧を変える必要があり、状態移行に数～数 10 μs オーダーの時間がかかります。

C3 ステートは、プロセッサコアに付属する 1 次キャッシュ、2 次キャッシュの内容を 3 次キャッシュに吐き出し、プロセッサコアのクロックを停止して電力消費を減らします。C3 ステートでは、コアに付属している 1 次、2 次キャッシュは空になっているので、キャッシュコヒーレンスを維持するためのスヌープに応答する必要がなく、アクティブな消費電力を下げることができます。また 1 次キャッシュ、2 次キャッシュは動作する必要がないので、消費電力を減らすことができます。

しかし、C3 ステートに入ると、1 次キャッシュ、2 次キャッシュの内容が消えてしまうので、動作を再開したときに、これらのキャッシュのミスが多発します。再開自体は数～数十 μs オーダーで可能ですが、キャッシュミスのため、再開後しばらく性能が低いということが起こりえます。

C6 ステートでは、プロセッサコア内部のレジスタなどの状態をチップ内の専用のメモリに退避し、パワーゲートでプロセッサコアとコアに含まれる 1 次、2 次キャッシュの電源をオフにして、漏れ電流を抑えます。そして、C6 ステートから復旧する場合は、電源をオンにして電源電圧が正常な電圧に復旧するのを待ち、コアの内部状態を専用メモリから読み出して回復する必要があります。

また、C6 ステートではパワーゲートを行うので、電源を ON/OFF するために図 4.7 に示したように、余計なエネルギーを必要とします。

そして、C7 ステートでは、C6 ステートに加えて 3 次キャッシュの内容もメインメモリに吐き出して 3 次キャッシュの動作を止め、この部分のアクティブ電力を減らします。C7 ステートに入ると、3 次キャッシュの内容が消えてしまうので、再開の後、3 次キャッシュのミスが多発して性能が下がるというロスが発生します。また、詳細に見ると、3 次キャッシュミスでメモリへのアクセスを行うと、3 次キャッシュから読めた場合に比べて大きなエネルギーを消費するというロスもあります。

これらの C0～C7 ステート間の移行は、電力管理ソフトウェアにより自動的に行われ、アクティビティの低い状態では深い C ステートに移行して、

消費電力を削減します。また、Intel の第4世代 Core ファミリープロセッサでは、使用されていない回路ブロックのクロックゲートやパワーゲートをハードウェアが自律的に行う S0ix という状態が追加されています。

　G1 のスリープ状態は、コンピュータは動作していない状態で、実行中のプロセスなどの状態を DRAM に退避するコールドスリープ状態の S3 ステート、実行中のプロセスの状態を DRAM ではなく HDD に退避して DRAM の動作を止める冬眠状態の S4 ステート、ソフト的に電源を切ってしまう S5 ステートがあります。

　S3 ステートは Windows の終了メニューのスリープ、S4 ステートは休止状態、S5 ステートはシャットダウンに使われています。

　そして、G2 状態は、物理的に電源がオフになっている状態です。

◆ ◆ ◆

　ここでは Intel プロセッサの電力ステートを説明しましたが、AMD のプロセッサもほぼ同じステートを持っており、その他のプロセッサでも同様な考え方が取り入れられています。

チップ温度の余裕を利用するターボブースト

　最近のプロセッサチップは、消費電力を抑えるために最高動作クロック周波数を抑えた仕様になっています。つまり、消費電力を増やしても良い状態では、より高速のクロックで動作できる実力を持っています。

　プロセッサチップの仕様は、たとえば、チップ温度 100℃ が上限で、この温度の場合、2.3GHz のクロックで動作できるというように決められています。そして、PC メーカーは、気温の高い夏に全コアがビジーで動作してもチップ温度が上限を超えないように冷却する設計を行います[注6]。しかし、想定された最高の気温で使われることは稀ですし、全コアがビジーで最大の電力を消費することも稀です。このため、通常、チップ温度は 100℃ の上限より低い温度で動作しています。

注6　最近では、プロセッサチップが上限の温度を超えそうになると、自動的にクロックを間引いて発熱を抑えるようなしくみが導入されており、ノートPCなどは必ずしもこの設計にはなっていないようです。

第4章　低消費電力化技術

　この使用状態では、チップ温度が100℃を超えない範囲で、電源電圧とクロック周波数を上げて消費電力を増やして使うことが可能です。これを行うのが**ターボブースト**(*Turbo boost*)と呼ばれる機能です。個々の命令を実行するのに必要なエネルギーはVdd^{2}に比例するので、同じ仕事をするのに必要なエネルギーが増え、プロセッサだけを見ると、ターボブーストは省エネにはなりません。

　しかし、PC全体で見ると、プロセッサチップ以外にメインメモリのDRAM、HDD、ディスプレイなどがあります。これらのメモリや入出力装置はプロセッサがアクセスすることでエネルギーを消費するという面もありますが、かなりの部分は動作状態にはよらないで一定の電力を消費します。

　一方、CPUの消費電力は、標準のクロック速度の場合Pcpuで、クロックを上げるためには概ねクロックに比例して電源電圧もあげる必要があるので、クロックの3乗に比例して消費電力が増加します。しかし、クロックに逆比例して処理時間は短くなります。

　標準のクロック周波数をf_0とし、ある仕事を処理するのに必要な時間をT_0とします。また、ここではメモリや入出力装置の消費電力はクロックによらず一定のPioとします。このとき、PC全体の消費電力は、次の式で表されます。

$$P = \left(P_{io} + P_{cpu} \times \left(\frac{f}{f_0} \right)^3 \right) \times \left(\frac{f_0}{f} \right) \times T_0$$

$$= \left(P_{io} \times \left(\frac{f_0}{f} \right) + P_{cpu} \times \left(\frac{f}{f_0} \right)^2 \right) \times T_0$$

　この式は、Pio成分はクロックに逆比例して減少し、Pcpu成分はクロックの2乗に比例して増加することになります。仮に、PioがPcpuの4倍の場合、fをf_0の20%アップとすると、Pioは4Pcpu/1.2=3.33Pcpuとなり、Pcpuは1.44Pcpuとなります。合計では4.77Pcpuとなり、f_0で動作させる場合の合計5.0Pcpuよりわずかですが電力は減少します。このようにPioがある程度大きければ、CPUに余計に電力を使っても、処理時間を短くするほうがエネルギー的に有利というわけです。現在のサーバやPCではこの条件が成り立っているので、全速力で走ってできるだけ長く休む

Race to Idle[注7]が処理あたりのエネルギーの点で有利になります。

プロセッサコア間やコアとGPUの間で電力枠を融通

マルチコアチップの場合、1つのコアだけがビジーで、残りのコアは暇ということが発生します。この場合、ビジーなコアは大きな電力を消費しますが、暇なコアはあまり電力を消費しません。

マルチコアチップでは、チップ温度の観点からは、同一チップに搭載されたすべてのコアの合計の消費電力が問題になります。したがって、暇なコアの消費電力が少なくて浮いた分の電力をビジーなコアに融通して、ビジーなコアの電源電圧とクロックを引き上げるターボブーストを行うことができます。

第3章のアムダールの法則のところで説明したように、プログラムには1コアで実行しなければならない部分があり、この部分の実行時間を短くすることが重要と書いたのですが、このコア間で電力を融通するターボブーストを使うと、1コアしか必要ない処理を実行するときには、その他のコアをクロックゲートやパワーゲートして、1つのコアに電力余裕を注ぎ込んで最高速度で動かすことができ好都合です。

また、CPUとGPUを集積したチップの場合はCPUとGPUの間で消費電力枠を融通して、CPUあるいはGPUのクロックを上げるターボブーストも使われています。

パッケージの熱容量を利用して瞬間ダッシュ

チップは電力を消費すると温度が上がりますが瞬間的に温度が上がるわけではなく、パッケージを暖めながらじわじわと温度が上がっていきます。中学の理科で習った比熱があり、パッケージは温度上昇に伴って熱を蓄積するからです。この比熱で、パッケージが溜められる熱量をパッケージの熱容量と言います。

そのレベルの電力を消費し続けると上限のチップ温度を超えてしまう場合でも、パッケージの熱容量が温度上昇を抑えている短い時間なら温度は上限を超えません。Intelのターボブースト2.0テクノロジーでは、前項で

注7　Dash to Haltとも言います。

説明したチップ温度の余裕を利用したブーストに加えて、熱容量を利用して、短時間ですがさらにクロック周波数を上げるという機能を加えています。

昔はこのような危ないことはできなかったのですが、チップの各所に温度センサーを埋め込んで温度をモニタしたり、動作状態から発熱を計算して温度上昇を予測するなどの機構を組み込んでおり、本当に上限温度を超えそうになるとクロックを間引いて発熱を抑えるというセーフティーネットがしっかりしてきたので、チップが過熱して壊れることはないというIntelの自信の表れと思われます。

メモリコントローラとPCI Expressリンクなどの電力ステート

IntelのCoreファミリープロセッサは、メモリコントローラに対しても、❶通常動作、❷アクティブパワーダウン、❸プリチャージパワーダウン（*Precharge power down*）、❹セルフリフレッシュ（*Self refresh*）などのステートを持っています。

アクティブパワーダウン（*Active power down*）では、DRAM[注8]のDDRクロック（*Double-Data-Rate clock*）を止めて電力を減らしたり、DRAM内部のバンク（*Bank*）と呼ばれる記憶単位の一部を止めて電力を下げます。

プリチャージパワーダウンは、すべてのバンクを止めます。そして最も低電力のセルフリフレッシュでは、記憶データを失わないためのリフレッシュだけは内部で行うのですが、クロックを発生するためのPLL（*Phase Locked Loop*）やDLL（*Delay Locked Loop*）と言った回路も止めて節電します。しかし、PLLやDLLは復旧に時間が掛かり、プロセッサコアのCステートと同様に、電力の低減が大きくなるにつれて通常動作モードに戻るまでの時間が長く必要になります。

また、PCI ExpressリンクやUSBリンク、PCHチップを接続するDMIリンクも、フルスピード動作のL0ステートに加えてL0s、L1、L3という3段階の低電力ステートを持っています。L0sは使用していない回路をクロックゲートすることによりアクティブ電力を減らす状態で、1〜2サイクルでL0に復帰できます。L1ステートはデータを送受信する回路の大部分をパワー

注8　DRAMについて詳しくは、第6章のメモリ技術で述べます。

ダウンして大幅に消費電力を減らしますが、復帰には長い時間が掛かります。L3ステートはデータを送受信する回路の電源をオフにしてしまいます。

4.4 コンピュータとしての低電力化

1つの部品としてはプロセッサの消費電力が大きかったので、プロセッサの消費電力を減らすための技術の開発が先行しましたが、現在では、プロセッサと入出力装置、OSを含めたコンピュータ全体としての低電力化技術の開発が活発になってきています。

用事をまとめて休み時間を長くする

図4.10に示すように、何かのまとまった仕事をしていなくてもプロセッサには15.6msの周期のWindowsタイマー割り込みに加えて、入出力装置からの割り込みやメモリとのデータ転送の要求などがばらばらと入ってきます。

割り込みを受け取るとその割り込みの処理のためにプロセッサが動作する必要があります。高速の入出力装置は**DMA**(*Direct Memory Access*)機能を持ち、プロセッサが介在しなくてもメモリをアクセスできるのですが、入出力装置の読み出しアドレスの最新データがメモリではなくプロセッサのキャッシュにある場合や、入出力装置が書き込むアドレスのデータがキャッシュにある場合は、それを無効化する必要があるなど、キャッシュ

図4.10 割り込みやデータ転送要求の発生の様子

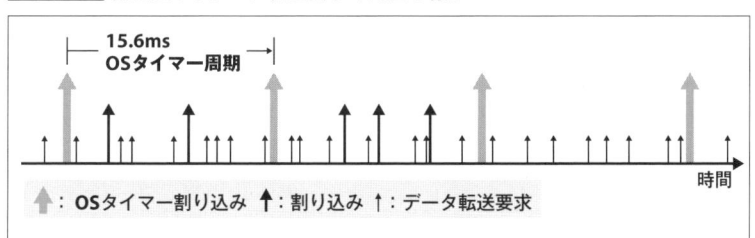

コヒーレンシの維持のためにプロセッサコアに含まれる1次、2次キャッシュも動作する必要があります。また、メインメモリやデータの通路であるリングやクロスバーも動作する必要があります。

このようにばらばらと仕事が入ってくると、プロセッサコアはのんびりと深い（数字の大きい）Cステートに入ってはいられません。

また、メモリも入出力機器からデータのDMA転送の要求がばらばらと入ってくると、前節で触れたようなセルフリフレッシュなどの低いパワー状態に入っていられません。

応答時間の余裕を知らせるLTR

入出力機器は内部にデータバッファを持っていますが、入力の場合はこのバッファが溢れるまえにデータをメモリに書き出す必要があります。また、出力の場合は、出力が途切れないようにメモリからデータを読み出してくる必要があります。このため、入出力機器は自分のバッファの状態を見て、メモリにデータのDMA転送の要求を出します。この要求が何時入ってくるかはわからないので、直ちに応答するためには、メモリは深い低電力ステートで休んではいられません。

PCI Express 3.0規格やUSB 3.0規格では、それぞれの入出力機器がDMA転送を要求する場合に、メモリ転送を開始するまでに、どれだけの時間的余裕があるのかをバスの根元のコントローラ（Root complex、ルートコンプレックス）に知らせるという機能が追加されました。この機能は、PCI Expressでは**LTR**（Latency Tolerance Report）、USBでは**LTM**（Latency Tolerant Messaging）と呼ばれます。

この時間的余裕は一定値ではなく、たとえば高速のEthernetコントローラの場合は、データを送受信していないアイドル状態ではバッファに余裕があるので長い余裕時間を通知しておき、データの送受信が始まると短い余裕時間を通知するというように、余裕時間はダイナミックに変えられます。

入出力機器からのデータ転送要求に応える余裕時間がわかると、その時間に間に合うようにフルスピードのデータ転送ができる状態に戻れば良いので、**図4.11**に示すように電力管理ソフトウェア[注9]は、Root Complexか

注9　補足しておくと電力管理ソフトウェアはプロセッサで動作します。

ら読み取った余裕時間から許容される最も低電力のメモリステートに入るようにメモリコントローラに指示します。

なお、USB 2.0規格の装置にはこのLTR機能は入っていないので、使えるのは使用状態に応じてリンクの省電力状態を変えるという機能だけになります。

寝た子を起こさないOBFF

また、PCI Express 3.0では**OBFF**（*Optimized Buffer Flush/Fill*）という機能が追加されました。

高速の入出力装置はデータ転送用にバッファを持っていますが、データの受信でバッファが溢れそうになる前にバッファのデータをメインメモリに書き出す（*Buffer flush*）必要があります。また、送信が途切れないように、メモリからデータを持ってくる（*Buffer fill*）必要があります。

PCI Express 2.0までは、入出力装置は自分の都合だけでメモリに対してBuffer FlushやBuffer Fillのためのデータ転送要求を送っていました。こ

図4.11 PCI Express 3.0やUSB 3.0では、入出力機器が応答時間の余裕を電力管理機構に知らせるメカニズムが入った

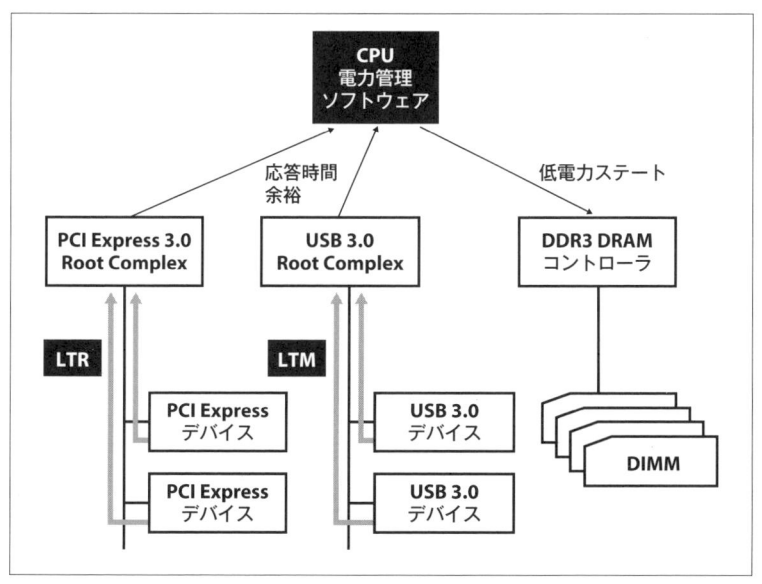

れに対して、PCI Express 3.0規格では、プロセッサの電力管理機構から WAKE# という信号線を使って PCI Express に接続されたすべての入出力装置に対して CPU Active、OBFF、Idle という3つの状態をブロードキャストするという機能が追加されました。CPU Active はプロセッサやメモリがフルに動いている状態で、割り込みやデータ転送の要求にも短時間で応じられます。OBFF 状態は、メモリはアクティブで転送を受け付けられる状態、Idle はプロセッサやメモリは低電力の状態で割り込みやデータ転送の要求にはすぐには応じられない状態です。

割り込みやデータ転送要求のタイミングを遅らせて長い休みを作る

図4.12の上の図は図4.10のコピーで、入出力機器からの割り込みやメモリとのデータ転送の要求がばらばらと入ってきて長い休みが取れません。

OSタイマー割り込みや黒矢印で書かれた緊急の割り込みやデータ転送要求は、時間をずらせませんのでプロセッサやメモリを起こしますが、結果としてプロセッサやメモリを CPU Active や OBFF 状態にします。そして、入出力装置は、グレーの矢印で書かれた時間的余裕があり遅延可能な要求は、CPU Active や OBFF 状態まで待って要求を上げるようにします。

このようにすると、タイミングがずらせない黒の矢印の要求の直後に、グレーの時間的余裕のある要求がずれて、図4.12の下の図のように、プ

図4.12 アクティビティのタイミングを揃えて長い休みを作る

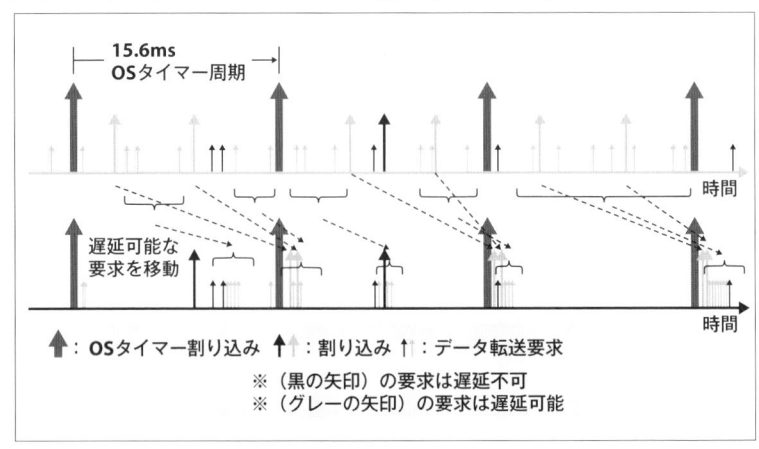

ロセッサやメモリに長い休みを作ることができるようになります。ちょうど飛び石連休を入れ替えて長い連続した休みを作るようなものです。

　また、プロセッサチップの割り込みコントローラは、起きているコアがあればそのコアに割り込みを送って処理をさせ、寝た子(スリープしているコア)は起こさず消費電力の低い状態が続けられるようにしています。

　さらに、Windows 8では、OSコンポーネントの設計を見直して、割り込みの発生を極力減らすという改良を行っています。そして、必要がない場合は15.6msのタイマー割り込みも間引いて、10ms〜1秒という長いアイドルタイムを実現しています。その結果、プロセッサが処理する割り込みの回数が減り、かつ割り込みやデータ転送要求をまとめて処理して、プロセッサやメモリが長く続けて休めるようになります。

消費電力の減少

　これらの改良により、ノートPCを閉じた状態でのアイドル状態の消費電力は、Intelの第2世代Core iシリーズプロセッサの消費電力を「1」として、第3世代Core iシリーズプロセッサの消費電力は「0.8」だったのですが、LTRやOBFFをサポートする第4世代のCore iシリーズプロセッサを使うノートPCでは「0.05」と大幅に減少しています。そして、Ultrabook[注10]は、電池での動作でも10時間の連続動作ができ、ネット接続を維持したコネクテッドスタンバイ状態を13日間続けることができるようになりました。これは2010年のノートPCと比較すると、電池での動作時間やコネクテッドスタンバイ時間が1.5倍から2倍に伸びています。

入出力装置のアイドル時の電力を減らす

　そしてコンピュータ全体の低電力化を考えると、入出力装置自体の消費電力を減らすことも重要になります。多くの入出力装置が定格の電力を消費するフルの動作状態とアイドル時の低電力状態をサポートしていますが、最近では、さらに踏み込んでアイドル時の電力を徹底的に下げようという開発が盛んになっています。

注10　ウルトラブック。薄型のノートPCのカテゴリの一つ。

SATAストレージのデバイススリープ

　SATAストレージは、アイドルでもアクセスされる可能性がある場合は、高速のシリアル伝送を行うドライバ、レシーバ(Driver、Receiver)回路、コントローラなどを動かしておく必要がありますし、HDDの場合はディスクも回転させておく必要があるので、かなりの電力を消費します。しかし、長時間ディスクへのアクセスがない場合には、これは無駄な消費電力となります。

　このため、フラッシュメモリを使うSATAストレージでは、内部回路のほとんどをパワーオフし、非常に低電力となるデバイススリープという状態を持たせるという動きが進んでいます。一例として、Intelが2013年7月に発売した530シリーズのSSDは、アクティブ時の消費電力が140mW、アイドル時の消費電力が55mWであるのに対して、デバイススリープ状態では0.2mWと大幅に消費電力を減少させることができます。

　コントローラの設定によりますが、一定時間アクセスがない場合は自動的にデバイススリープ状態に移行するので、SSDを使うノートPCなどの消費電力を減らせます。

液晶パネルのセルフリフレッシュ ── 自分でリフレッシュ

　液晶パネルのバックライトの消費電力が大きいことから、しばらくキーボードやタッチパネルからの入力がない場合はバックライトを暗くして電力消費を減らすことは以前から行われていましたが、最近では、さらに消費電力を抑える「液晶パネルのセルフリフレッシュ」という技術が使われ始めています。

　液晶パネルは、表示を維持するために毎秒60回あるいはそれ以上の回数、プロセッサ側のメモリから表示データを送って表示する絵を書き換える必要があります。これは動画のように絵が変わっているときは当然ですが、液晶パネルの特性から、まったく同じ絵を表示しているときでも同じように書き換え続ける必要があります。このため、プロセッサチップに入っているディスプレイコントローラはメインメモリに格納している画面の情報を読み出し液晶ディスプレイに送るという動作を継続することになります。

　これに対して、液晶ディスプレイ側に1画面分の小さなメモリを内蔵して表示画面の情報を記憶し、表示に変化がない場合はプロセッサからデー

タを送らずに、このメモリを読み出して液晶パネルに表示するのがパネルセルフリフレッシュというやり方です。

　液晶パネルのコントローラに1画面分のメモリを内蔵する必要がありますが、このメモリからデータを読み出して表示するために必要な電力はプロセッサがメインメモリからデータを読み出して液晶ディスプレイに送る場合と比べる小さい電力で済み、消費電力を削減することができます。

プロセッサチップへの電源供給

　プロセッサコアは、DVFSを使って負荷状態に応じて最適な電源電圧を与えることにより消費電力を抑えられますが、このためには電圧を可変できる独立の電源が必要です。また、最近のPCやスマートフォン用のプロセッサチップはGPUを内蔵するものが一般的になっています。GPUの負荷状態はCPUとは異なるので、独立したDVFS制御が行われCPUとは異なる可変電圧の電源が必要になります。

　また、全コアに共通の3次キャッシュやプロセッサチップ間のキャッシュコヒーレンシの維持などを行う部分は他のプロセッサからのアクセスに応答するため、オフにならない独立の電源を必要とします。

　このようにチップ上のいろいろな部分が異なる電源を必要とするので、Intelの第3世代Coreファミリープロセッサではプロセッサコア電源、グラフィックスコア電源、3次キャッシュやチップ全体の制御を行う部分の電源、入出力回路用の電源、DRAMインタフェース用の電源、そしてクロックを作るためのPLL用の低雑音の電源の計6種類の電源を使っています。

　このように多種の電源を用意して、プロセッサチップのそれぞれの部分を最適な電源電圧で動作させることは消費電力の削減にも貢献しています。

ボルテージレギュレータの効率改善

　ノートPCなどでは、AC(*Alternating Current*、交流)電源で動作している場合は、AC電源からスイッチングレギュレータ(*Switching regulator*)という電源電圧安定化回路で、バッテリーを充電したり、コンピュータ内部に電力を供給するDC(*Direct Current*、直流)を作っています。このスイッチ

第4章　低消費電力化技術

ングレギュレータは、ノートPCの場合はACアダプタに入っています。

　一方、AC電源に接続されていない場合はバッテリーから電力が供給されます。バッテリーは、蓄えられるエネルギーの大きいLiイオン電池が使われます。乾電池は1.5Vですが、Liイオン電池は3.7V程度の電圧があり、6セル(6個の電池が直列になっている)のLiイオン電池を使う場合は20V程度の電圧が得られます。

　しかし、プロセッサチップに供給する電圧は0.8～1.2V程度なので、バッテリーの20Vから1V程度の電圧を作る必要があります。また、プロセッサチップも何種類もの電圧を必要としますし、PCI Expressは接続する機器に12Vの電源、USBは5Vの電源を供給するので、これらの電圧も作る必要があります。

　この役目を担うのが**ボルテージレギュレータ**(Voltage Regulator、VR、電源電圧安定化回路)です。ACアダプタが生暖かくなるように、AC 100VからDC 20V、DC 20VからDC 1Vなどを作るボルテージレギュレータは電圧の変換に伴ってロスが発生して熱になります。

　ボルテージレギュレータの出力電力を入力電力で割ったものが「効率」で、効率を高めることはプロセッサやメモリ、入出力装置などの消費電力が同じでも電池から供給するエネルギーを減らせるので、コンピュータ全体として低消費電力に貢献します。

　以前は90%程度の効率のボルテージレギュレータが多かったのですが、現在では95%を超える効率の高いものも出てきています。

　また、最大出力の半分程度の電力の最も効率が高い時は90%以上の効率でも、コンピュータがアイドルで負荷が低い状態での効率は50%以下に下がってしまうというボルテージレギュレータも少なくありません。しかし、50%の効率ということは、プロセッサが本当に消費する電力の2倍の電力をバッテリーから供給する必要があるということです。アイドル時の消費電力を苦労して引き下げたことは効果があるのですが、それと同じ電力をボルテージレギュレータが消費してしまうということはもったいないので、低負荷時の効率を80%以上に引き上げるというボルテージレギュレータの開発も行われています。

オンチップレギュレータ

　現在のボルテージレギュレータは、制御用のLSIチップ、個別部品のインダクタ(*Inductor*、コイル)、キャパシタ(電界コンデンサなど)とパワートランジスタをマザーボードに搭載して作られていますが、これもCPUチップに集積してしまおうという研究が行われています。

　ボルテージレギュレータをCPUチップに集積する場合は、これらの部品をCPUチップの中に作り込む必要があります。制御用LSIやパワートランジスタはまだ良いのですが、コイルやキャパシタはサイズが大きいので問題です。

　通常のスイッチング型ボルテージレギュレータは100KHz〜1MHz程度で動作させ、1周期(10μs〜1μs)に供給するエネルギーを調整して出力電圧を一定に保っています。

　これをCPUチップに集積する場合は高速でスイッチできるトランジスタや高周波特性の良いコイルなどを使って、より高い周波数で動かします。たとえば、100MHzで動かすと周期は10nsとなり1周期に供給するエネルギーは小さくできます。そして、必要なコイルのインダクタンスやコンデンサのキャパシタンスは1MHzの1/100で済むようになります。こうなると、何とかチップ上に集積できるサイズになってきます。

　ボルテージレギュレータがCPUチップに入ってしまうと、6種類もの電源を外部から供給する必要がなくなりマザーボードの電源配線もすっきりしますしコイルなどの外付けの部品が不要になり、コストダウンの可能性が出てきます。

　また、オンチップのボルテージレギュレータ(オンチップレギュレータ、*On-chip regulator*)ならコアごとに最適の電圧の電源を供給することも可能になり、コアごとのDVFSで消費電力をさらに引き下げられます。

　しかし、チップ上の配線で作ったコイルは配線が細いので抵抗が大きく、ボルテージレギュレータの効率が下がるという問題がありますし、大電流をスイッチするパワートランジスタからのノイズがプロセッサの動作に影響を与えるという問題もあります。

IVRチップの研究と製品化

　図4.13は2010年にAPECという学会でIntelが発表した論文の抜粋で、

Core 2 Duoプロセッサチップと IVR(*Integrated Voltage Regulator*)チップを1つのパッケージ基板に搭載しています。この構成では、IVRはCPUとは別チップなのでノイズの問題は軽減されます。

また、コイルはIVRチップには集積されておらず、図4.13の左の写真の構成ではIVRとCPUチップの間に小さな個別部品のコイルが4個搭載されています。一方、右側の写真の構成ではパッケージ基板のプリント配線を利用してコイルを作っています。

このような研究の成果を踏まえて、Intelは2013年に発売を開始した第4世代のCoreファミリープロセッサの一部の品種では、このIVRのようなボルテージレギュレータをCPUチップに集積していることを発表しました。なお、インダクタはCPUチップには集積されておらず、パッケージに基板を作り込んでいます。この製品では、1.8Vの直流電源からプロセッサコア、GPU、メモリコントローラ、システムエージェントなどに供給する6種類の電源を作り出す構造になっています。CPUパッケージにはこの1.8VとDRAM用の電源の2種類の電源供給で済むので、マザーボードの電源配線が楽になることは確かです。

また、動作周波数が高いので、DVFSなどで電源電圧を可変する場合の応答が速くなり、エネルギーロスが減少するというメリットもあります。

このIntelのチップはCPUコアごとに最適な電圧の電源を供給し、理想

図4.13 Intelのボルテージレギュレータチップの論文発表※

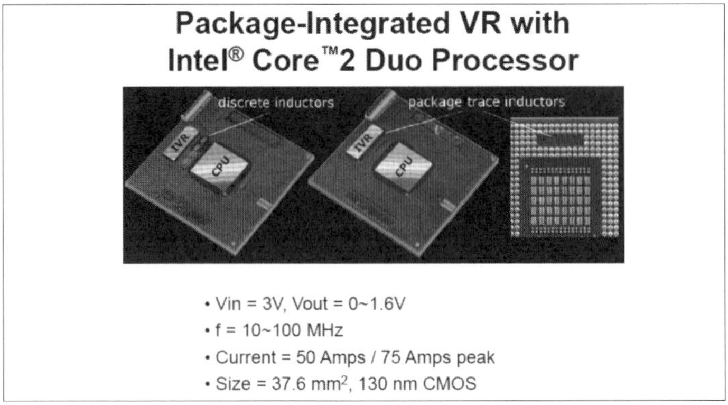
Package-Integrated VR with
Intel® Core™2 Duo Processor
discrete inductors
package trace inductors
IVR
CPU
• Vin = 3V, Vout = 0~1.6V
• f = 10~100 MHz
• Current = 50 Amps / 75 Amps peak
• Size = 37.6 mm2, 130 nm CMOS

※出典:Donald S. Gardner「Integrated Inductors with Magnetic Materials for On-Chip Power Conversion」(p.7、Hot Chips 23、2010)

的なコアごとのDVFSを実現できます。また、Hot Chips 25においてIBMのPOWER 8チップもCPUコアごとに独立した安定化電源をCPUチップに集積していると発表されました。

4.5 省電力プログラミング

　プロセッサやその他のデジタル回路はスイッチ動作を行うと、電力を消費します。したがって、消費電力を減らすためには、プログラムの最適化を行って性能を上げることや、できるだけ無駄な動作を省くことが重要です。また、漏れ電流による消費電力を減らすためには、プログラミングにより消費電力が低いステートに長く留まれるようにすることが重要になります。

プログラムを最適化して性能を上げる

　プログラムの性能が上がって一定の仕事の実行に必要な時間が短くなれば、それだけ消費エネルギーが減ります。性能の高いプログラムは速く処理ができるだけでなく、消費電力を減らすという点でも有利です。

最も重要なのは処理アルゴリズム

　処理アルゴリズムを工夫して実行時間を短縮するのは、最も重要です。また、2.6節で説明したようにキャッシュをうまく使って性能を上げるプログラミングも省電力になります。

　そして、並列に複数の演算を行うSSEやAVXなどのSIMD命令をうまく使うと、性能が向上し、処理あたりのエネルギーを減らすことができます[11]。IntelのC/C++コンパイラなどはSSEやAVX命令を使うコードを生

注11 Inteアーキテクチャに関するマニュアル「Intel 64 and IA-32 Architectures Software Developer's Manual」(Combined Volumes:1, 2A, 2B, 2C, 3A, 3B and 3C)の中のSSEやAVXの部分にSIMD関係の説明があります。「Intel Architecture Instruction Set Extensions Programming Reference」がAVXとAVX2のマニュアルです。(URL) http://www.intel.com/content/www/us/en/processors/architectures-software-developer-manuals.html

成してくれます。それから、これらの命令を使って最適化したライブラリがある場合はそれを使うようにしましょう。

ビデオのエンコードやデコード

ビデオのエンコードやデコードは、専用のハードウェアを備えているプロセッサも多く、このような専用回路を使うと、プロセッサで処理するのと比べて1/10かそれ以下の電力で済みます。専用回路がある場合は、それを使うライブラリを使うようにしましょう。

コンパイラの最適化オプション

また、コンパイラにはいろいろな最適化のオプション指定があります。細かいオプション指定は山のようにありどれを指定すればよいかは難しいのですが、-o1、-o2、-o3という汎用の最適化指定があります。この指定を付けなければ、ソースコードに書かれた処理をそのまま機械命令コードに変換します。-oの後の数字が上がるにつれて、無駄な命令を省いて性能が高い機械命令を生成します。プログラムのバグ取りが終わったら、最適化レベルを上げてコンパイルして性能向上、消費電力削減をしましょう。

無駄な動作を省いて効率的に処理を行う

アプリケーションがTwitterを頻繁にチェックするようになっていたり、自動同期の設定がされていたりして、スマートフォンの電池が異常に早く減ってしまった…といったトラブルはよく耳にします。これらのように無駄な問い合わせを行うと、それに使われたエネルギーは無駄になってしまいます。

無駄な動作を省いたプログラムを作る

たとえばTwitterの例では、ユーザがTwitter画面見ていないときには問い合わせの頻度を下げるプログラムとすれば消費電力を抑えることができます。

一般に、短いループで繰り返し状態をチェックするのは消費電力的には無駄が多く、ホールト（*Halt*、停止）命令で命令の実行を停止して、割り込

みで終了通知を受け取る形のプログラムとするほうが省電力になります。

このように、その動作は本当に必要なのかと考えて、無駄な動作を省いたプログラムを作ることで消費電力を減らすことができます。

HDDアクセス

HDDアクセスも比較的大きな電力を必要とします。HDDの物理的なアクセスはセクタ（Sector、通常512バイト）単位ですが、1セクタずつ何回ものアクセスを行うより、まとめて連続するセクタのデータを1回でアクセスする方が、単位データ量あたりのアクセスに必要なエネルギーは少なくて済みます。

なお、ディスクへのファイルの格納がフラグメンテーションを起こしている場合は、本来は連続の領域に格納されるべきファイルがあちこちに分断して置かれてしまいます。こうなると、連続したファイルを読んでいる場合でもHDDはあちこちのセクタをアクセスするので、余計なエネルギーを消費してしまいます。デフラグをしてファイルを連続にしておくことは省エネにもなります[注12]。

HDDの異なるトラックを交互にアクセスするような動作になると、ヘッド（Head）の位置を移動させる必要があるので、アクセス時間も長くなりますし、ヘッド移動にエネルギーも必要になります。複数のプログラムがHDDをアクセスする場合は、このようなアクセスになるのを避けることはできないかも知れませんが、それでも大きな単位で読めば、ヘッド移動の回数は減らせます。

Windows OSのタイマー周期

Windows OSのタイマー周期は、デフォルトでは15.6msになっています。しかし、画面で小さなアニメーションをやるときやビデオのプレイバックなどをする場合、細かい動きをさせるためにタイマーの周期を短くしたいという場合があります。この場合は、timeBeginPeriod( )を呼んで周期

[注12] 補足しておくと、フラグメンテーションが起こると、連続したファイルが切れ切れに分割してディスクに格納されます。したがって、ファイルの切れ目になると、別のトラックをアクセスするためにヘッドを移動する必要が出てきて処理速度も落ちますし、ヘッド移動のエネルギーも必要になります。デフラグして、1つのファイルは物理的に連続した領域に格納すれば、このような無駄がなくせます。

を短く設定することができますが、タイマー割り込みの回数が増え、プロセッサが連続して休める時間が短くなります。したがって、深いCステートに入ることができなくなり消費電力が増えてしまいます。Microsoftの資料[注13]によると、タイマー周期を1msにするとノートPCの消費電力が15％増え、バッテリーの寿命が1時間短くなると書かれています。したがって、不必要にタイマー周期を短くするべきではありません。また、タイマー周期を短くした場合は、必要性がなくなったらタイマー周期を元に戻すようにしましょう。

使わないファイルや入出力はクローズする

　前節で説明したように、PCI ExpressやUSB、DMIリンク（各種のI/Oとの接続を行うIntelのPCHチップとCPUチップの間の接続リンク）などは省電力モードを持っており、その先に付いているディスクコントローラやネットワークインタフェースなどのLSIも省電力モードを持つものが増えています。

　しかし、これらのリンクやLSIをいつ省電力モードにするかの判断が問題です。たとえば、あるファイルがオープンされていると、そのディスクはアクセスされる可能性があるので、パワーを維持しておく必要があります。

　一定時間アクセスがないと自動的にデバイススリープに移行するというSATAストレージも出てきていますが、通常のディスクの場合でも、プログラムの中で使い終わった時点でファイルをクローズすれば、そのファイルはもう使われないということがわかるので、OSはそのディスクを省電力モードに切り替えることができます。使わないままファイルをオープンした状態で置いておくと、省電力モードへの切り替えの機会を逃してしまいます。

　終了直前に、まとめてファイルをクローズするというプログラムも見かけますが、使用が終わったファイルなどの入出力は早めにクローズして使用終了をOSに通知しましょう。

注13　URL http://msdn.microsoft.com/en-us/windows/hardware/gg463226.aspx

4.6 まとめ

　第4章では、プロセッサおよびコンピュータシステムに適用されている低電力化技術を説明しました。基本の技術は、デジタル回路がスイッチするときのエネルギーを最適化する「DVFS技術」と不要なスイッチを止める「クロックゲート」、そして「低リーク電流トランジスタ」の使用と「パワーゲート」という漏れ電流を減らす技術なのですが、さまざまな部分にこれらの技術が適用されていることが理解できたと思います。

　そして、これらの技術の適用を徹底した結果、仕事が暇なときの消費エネルギーを大きく減らすことができるようになりました。さらに、その次の段階として仕事はまとめてやってしまい、連続して長く休むという技術の開発、実装が、現在ホットなトピックとなっています。

　プログラムでこれらの低電力化機構を直接、操作することはないのですが、間接的にはプログラムをチューニングして性能を上げる、無駄な動作を極力省く、使い終わった入出力はクローズするなど、省電力を助けるプログラミングが重要となります。

Column

ENIACとスマートフォン── 2兆倍もの進歩を遂げた演算/W

　1946年に完成したENIACは、ABCに次ぐ世界で2番めの電子計算機で、当時としては驚異的な性能のマシンで10桁の10進数の加算を毎秒5000回実行することができました。17468本の真空管をはじめ10万個程度の部品からなり、設置面積は167m^2、消費電力は150kWという巨大マシンでした。

　これに対して2013年にNVIDIAが発表したスマートフォン、タブレット向けのTegra K1 SoCは、毎秒3650億回の演算ができ、ENIACの7300万倍の性能です。これで5W程度の消費電力ですから、電力は3万分の1になっています。

　すなわち、上記を元にENIACとスマートフォン向けのTegra K1を比べると、演算/Wで約2兆倍改善されていることになります。

　そして、これが70年足らずで実現し、手のひらに載るスマートフォンに入るというのは、驚くべき進歩です。この進歩は、真空管からLSI、そして微細化で実現されています。そして、微細化で使用できるトランジスタの急増を性能向上や電力低減に転換するアーキテクチャの発展がこの進歩を可能にしています。

Column

目で見る電力制御

　トランジスタに電流が流れると大部分のエネルギーは熱になるのですが、ごく一部は赤外線になります。シリコンは可視光では不透明ですが、赤外線では透明で、この赤外光をチップの裏面から観測するという装置(*InfraRed Emission Microscope*、IREM)があります。

　このIREM装置を使うとチップの中でトランジスタに電流が流れ、電力を消費している部分を目で見ることができます。第4章の冒頭の図4.A(p.182)は、この装置を使って撮影されたものです。

　図4.A中左の❶の写真は、4コアの内のコア1だけが高クロックのターボ状態で動き、それにつれてすべての3次キャッシュにもかなりの電流が流れています。一方、動作していないコア2〜4やGPUは暗く、ほとんど電流が流れていません。図中中央❷は、典型的な使用状態の写真で、❶ほどではありませんが、4コアにある程度の電流が流れています。そして、3次キャッシュやGPUにも少し電流が流れています。

　図4.A中右の❸はすべてのコアとGPUのクロックを止めた状態の写真です。コアやGPUの領域は暗く、ほとんど電流が流れていません。一部、明るい点が見られますが、これはクロックの分配などを司る部分と思われます。また、コアやGPUからのアクセスはありませんが、3次キャッシュはクロックが入っているので、わずかに電流が流れています。

第5章

GPU技術

5.1
3Dグラフィックスの基礎

5.2
GPUとその処理

5.3
GPUの科学技術計算への利用

5.4
GPUを使いこなすプログラミング

5.5
まとめ

第5章 GPU技術

　初期のコンピュータグラフィックスは高価で大型の装置が必要でしたが、1個のLSIに大部分の機能が集積され安価になるにつれて、ゲームなどにも使われるようになってきました。そして、現在では、スマートフォンやタブレット用SoCでは、プロセッサにグラフィックス処理用に最適化された**GPU**(*Graphics Processing Unit*)を内蔵するのが常識になっています。

　一方、ゲームでもより高度な画像表現と高速応答を求めるコアゲーマーはプロセッサチップとは独立の専用GPUを使用しますし、工業デザインや映画などの**CG**(*Computer Graphics*)作成のプロも専用GPUを使用します。

　図5.Aはグラフィックスで作ったNikeの靴で、CGで材料の質感まで表現して種々の角度から見た外観を確認できるので、試作品を作る工程を省いて発売までの期間を短縮しています。図5.Bはキャタピラーの例で、3Dグラフィックスで投影表示された建設機械の下に人間が入って保守性をチェックし、試作品を作らずに設計の問題点を見つけ出しています。

　このように、グラフィックスは今や、ゲームだけでなく産業界でも活躍しています。本章では、3次元の世界をどのようにして画面に表示するのかという3D(*Three-dimensional*)グラフィックスの基礎から、GPUはどのような構造になっていて、どのように3Dグラフィックス処理を高速に行うことができるかについて説明していきます。また、3Dグラフィックスには膨大な計算が必要であり、GPUはCPUより高い演算性能を持っています。これを科学技術計算にも使おうという動きが広がっています。本章では、科学技術計算へのGPUの適用についても見ていきます。

図5.A 3Dグラフィックス表示で靴の外観をチェックする※

Nike Vapor Talon

※画像提供:㈱ナイキジャパン
URL http://nike.jp

図5.B 建設機械の下から、修理作業がスムーズに行えるかを確認する※

※画像提供:キャタピラージャパン㈱
URL http://japan.cat.com/

5.1 3Dグラフィックスの基礎

3Dグラフィックスは、私たちの周りの3次元空間にある物を眺めたように見えるように画面に表示する技術です。現実にある物の場合は写真でよいのですが、3Dグラフィックスは現実にはない物を写真に撮ったように表示します。

張りぼてモデルを作る —— サーフェスモデル

現実には物がないのですから、物に相当するモデルが必要です。3Dグラフィックスの場合は、中身のない、張りぼてのようなモデル(サーフェスモデル、Surface model)を作ります。張りぼてですから、平面のパネルを貼って表面の形を作っていきます。

ビルの壁のような平面のところは大きな1枚のパネルで表すことができます。一方、曲面の場合は、**図5.1**のように切れば、小さなパネルに分解して表現ができます。

トライアングルストリップは、りんごの皮むきのように細い帯に区切って、それを連続した三角形で近似して区切っていきます。また、頂上の付近は扇子(ファン)のように要のところで三角形をつないで近似します。そして、三角形の3つの頂点の座標を指定するとパネルの位置が決まります。

パネルは四角形やそれ以上の多角形でも良いのですが、4点以上の場合、

図5.1 平面パネルで曲面を表現

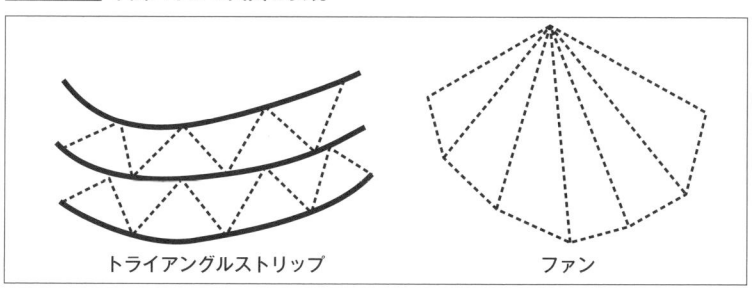

トライアングルストリップ　　ファン

平面にならないと計算が面倒です。一方、3点は必ず平面に載るので、三角形のパネルが扱いやすいのです。また、トライアングルストリップやファンは、前の三角形の2点を利用して、1つの点を追加するだけで、1つの三角形を表現できるので、データ量を減らすという点でも効率的な表現になっています。

　図5.2の場合は、3つの建物と車がありますから、それぞれを三角形パネルの張りぼてモデルで表現します。なお、図5.2は一方向から見たものですが、3Dグラフィックスのモデルでは、どの方向から見ても良いように、ジオラマの模型(縮尺立体模型)のように、すべての面を作る必要があります。

　建物には壁、屋根、窓、煙突などがありますから、それらをすべて三角パネルに分解し、座標を指定して表現します。また、車はボディーやタイヤなど、トライアングルストリップを使う曲面が多くあり、滑らかな表面にするためには、多数の三角パネルが必要になります。

　このとき、それぞれのモデルはローカル座標というモデルごとに独立の座標で表現して、その後、グローバル座標の中で、3つの建物と車を配置するというのが便利です。このように、ローカル座標とグローバル座標を使えば、建物の並びの順番を変えたり、車の位置や向きを変えたりすることが容易になります。

図5.2　3つの建物と車

モデリング変換、視点変換、モデルビュー変換
――マトリクスを掛けて位置や向きを変えて配置を決める

建物の並びや車の位置を変えるには、ローカル座標で表現されたモデルに含まれるすべてのパネルの頂点座標に、**図5.3**に示す平行移動のマトリクスを掛けてやります。また、車の向きを変えるには車を構成するパネルのすべての頂点座標に回転のマトリクスを掛けてやります。

このような平行移動や回転で、グローバル座標の中でそれぞれのモデルの位置や、向きを調整して、デジタルデータでジオラマのようなモデルを作ります。これを**モデリング変換**と言います。

ジオラマは見る角度で見え方が違うように、3Dモデルも視点をどこに置くかで見え方が違ってきます。この視点を基準とした座標に変換することを**視点変換**と言います。これらの変換は、意味としてはまったく異なる変換ですが、モデリング変換マトリクスと視点変換マトリクスを掛けた変換マトリクスを作っておくと、両方の変換を一括して行えます。この一括した変換を**モデルビュー変換**と言います。

このように変換マトリクスを掛けて一つにまとめることで演算量を減らすことができますが、多くの物体が含まれたモデルには多数のパネルが含まれるので、座標変換の計算回数は膨大な数になります。

図5.3 平行移動と回転

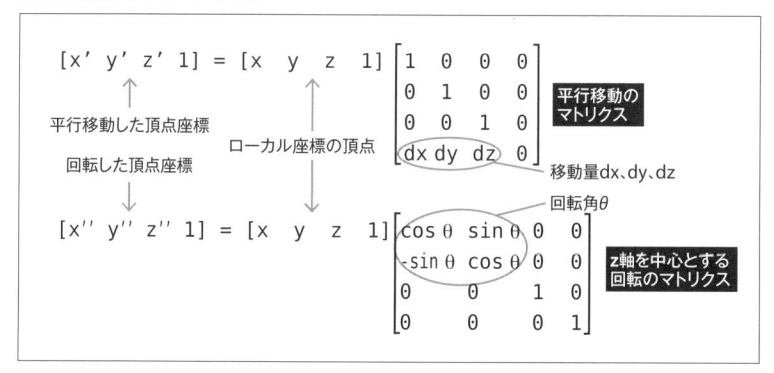

$$[x'\ y'\ z'\ 1] = [x\ y\ z\ 1]\begin{bmatrix}1 & 0 & 0 & 0\\ 0 & 1 & 0 & 0\\ 0 & 0 & 1 & 0\\ dx & dy & dz & 0\end{bmatrix}$$

平行移動した頂点座標 / ローカル座標の頂点 / 平行移動のマトリクス / 移動量dx、dy、dz

$$[x''\ y''\ z''\ 1] = [x\ y\ z\ 1]\begin{bmatrix}\cos\theta & \sin\theta & 0 & 0\\ -\sin\theta & \cos\theta & 0 & 0\\ 0 & 0 & 1 & 0\\ 0 & 0 & 0 & 1\end{bmatrix}$$

回転した頂点座標 / 回転角θ / z軸を中心とする回転のマトリクス

第5章 GPU技術

シェーディング —— 光の反射を計算する

　ものが見えるのは、光源からの光がパネル表面で反射し、その光が目に入るからです。反射の強さは、パネル面と直角の法線に対する光源からの入射角と視点の位置に対する反射角によって変わり、表面が鏡のようにツルツルしていれば、入射角と反射角が等しい方向に強く反射され、それ以外の角度にはあまり反射されません。一方、紙のような表面なら、反射角にはあまり依らずに、どの方向にも光が反射されます。

　これに色が加わると、光源のRGB(*Red Green Blue*)分布(光の色)とパネルの反射率のRGB依存性(パネルの色)によってどのように見えるかが変わってきます。また、通常、光源は一つではなく、複数あるので、それぞれの光源について計算を行う必要があります。

　図5.4のような光源の位置とパネルの位置、向きから入射角を計算し、視点の位置とパネルの位置と方向から反射角を計算し、入射角と反射角を入力として、どの程度の光が反射されるかという式を計算すれば、そのパネル面の明るさや色を求めることができます。入射角や反射角(正確には、角度ではなく、角度のコサイン)は法線ベクトルと光源、視点方向のベクトルの内積で計算できます。

　この計算を、すべてのパネルについて、表示画面のピクセルごとに計算していくのが**シェーディング**(*Shading*)という処理です。反射を計算する式の複雑さにもよりますが、この処理も膨大な計算が必要になります。

図5.4　パネルの見え方

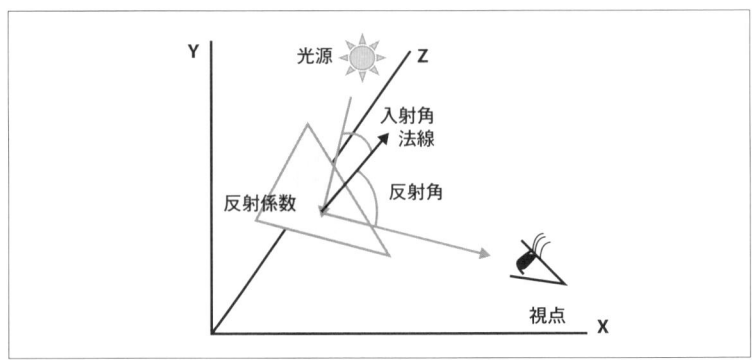

なお、詳細に言うと、視点を基準とした座標に変換されたパネルの座標から、遠近法も考慮して、それが画面上のどの位置に表示されるかを計算し、画面の外に出る部分を切り取り、画面内に入ったパネルをピクセルの集合に変換し、視点から見て他のパネルの後ろになって見えなくなるものを削除するなどの処理が必要ですが、ここでは説明を省略しています。

5.2 GPUとその処理

このように、3Dグラフィックス処理では大量の計算を必要とします。これらの計算はCPUで行うこともできますが、多数の頂点やピクセルに同じ処理を繰り返すので、専用の計算エンジンを使った方が効率良く計算ができます。また、三角パネルをピクセルに分解する「ラスタライゼーション」や前のパネルで隠れるピクセルを除く「Zバッファリング」などグラフィックス専用のハードウェアを含めて、グラフィックス処理用のプロセッサ「Graphic Processing Unit」（GPU）が作られるようになりました。

CPUとGPUの違い

CPUはOSを走らせたり、Wordのような文書処理をしたり、メールやインターネットのブラウズなど各種の処理を行います。そして、これらの処理をできるだけ短時間で実行できるように、第2章で説明したOut-of-Order実行や分岐予測など、1つのスレッドの処理を高速化する各種の機構を実装しています。

これに対して、GPUは、5.1節で説明した3Dグラフィックス処理を高速で実行できるように特化した専用のプロセッサです。3Dグラフィックス処理は、多数の頂点座標にマトリクスを掛けて座標変換したり、画面上の多数のピクセルごとに光の反射を計算したりと、大量の計算を必要とします。全体としてこれらの計算を速く実行することが求められるのですが、一つ一つの計算を速くすることは必須ではなく、多数の頂点あるいは多数

第5章 GPU技術

のピクセルを並列に処理して全体の処理を速くするという方法でもOKです。

GPUとCPUを大雑把に比較すると、**図5.5**のようになります。左はNVIDIAのGK110 GPUで、GeForce Titanというグラフィックスボードやスーパーコンピュータに使用されるK20xアクセラレータ（計算処理の加速装置）などの製品に使われています。比較するCPUはサーバ用プロセッサのIntelのXeon E5 4650です。

大きな違いは、GK110のSMXと呼ぶコア[注1]は、最大2048スレッドを並列に実行できるのに対して、E5 4650 CPUはコアあたり2スレッドしか実行できません。そして、32ビット単精度の浮動小数点の積和演算（A × B+Cという演算）は、SMXコアは1サイクルに384演算（192積と192和演算）できるのに対して、CPUコアは32演算（16積と16和演算）と大きな差があります。

一方、GPUのクロック周波数は0.837GHzですが、2048スレッドを時分割で実行するので、1つのスレッドは1/64のサイクル（32スレッドは物理的に並列に実行するので）しか使用できません。したがって、スレッドから見たクロックという観点では、約0.013GHzとなってしまいます。

図5.5 GPU（図左）とCPU（図右）の違い※

```
┌─────────────────────────────┐  ┌─────────────────────────────┐
│ GK110 GPU         14コア    │  │ Xeon E5 4650 CPU    8コア   │
│ ┌─────────────────────────┐ │  │ ┌─────────────────────────┐ │
│ │ SMX（GK110 GPUコア）    │ │  │ │ プロセッサコア          │ │
│ │ 最大2048スレッド        │ │  │ │ 最大2スレッド           │ │
│ │ 32ビット単精度積和演算  │ │  │ │ 32ビット単精度積和演算  │ │
│ │         192/サイクル    │ │  │ │        16/サイクル      │ │
│ │ クロック   0.837GHz     │ │  │ │ クロック   2.7GHz       │ │
│ └─────────────────────────┘ │  │ └─────────────────────────┘ │
│                             │  │                             │
│      L2キャッシュ 1536KiB   │  │      L3キャッシュ 20MiB     │
│                             │  │                             │
│ 288.4                       │  │                        51.2 │
│ GB/s                        │  │                        GB/s │
│ GDDR5 GDDR5 GDDR5 ... GDDR5 │  │  DDR3  DDR3  DDR3  DDR3    │
└─────────────────────────────┘  └─────────────────────────────┘
```

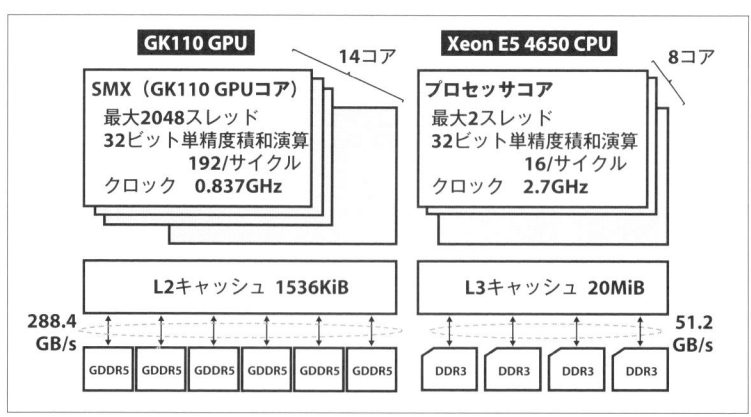

※図中「GDDR5」「DDR3」については第6章にて後述。

注1　SMXは、NVIDIAがGK110 GPUのコアに付けた名称。

CPUのほうは2.7GHzクロックですから、約200倍速いクロックということになります。

つまり、GPUコアは、CPUコアと比較すると1000倍の数のスレッドを1/200のクロックで実行しているというわけで、この積で見ると、約5倍速いということになります。

一方、32ビット浮動小数点の積和演算の性能では、サイクルあたりGPUコアはCPUコアの12倍の演算ができますが、クロックが1/3程度なので、全体では、4倍程度の演算性能ということになります。

また、CPUのコアはOut-of-Order実行や分岐予測などの技術を使って1つのスレッドの実行性能を高めていますが、GPUのコアは、チップ面積やトランジスタ数を抑えるため、このような技術は使わず、簡単なIn-Order（命令が書かれたそのままの順に実行する）実行方式を採用して多数の演算器を搭載しています。

そして、GK110 GPUは14コア、E5 4650 CPUは8コアなので、GK110は約1.8倍のコアを持っています。チップ全体では、GK110の2次キャッシュは1.5MiBであるのに対して、E5 4650は20MiBという巨大な3次キャッシュを持っています。一方、メモリバンド幅[注2]は、GK110が288.2GB/sに対して、E5 4650は51.2GB/sでGPUは約5.6倍のメモリバンド幅を持っています。

したがって、小容量の2次キャッシュでもヒット率が高い場合や、連続のアドレスのアクセスが多い場合は、GPUのメモリシステムは高バンド幅で高い性能を出せます。一方、CPUのメモリシステムは、あちこちをアクセスする大規模プログラムを大容量のキャッシュでヒット率を高めて、性能を出すという思想で作られています。

◆ ◆ ◆

つまり、処理の内容が複雑で、並列処理できる部分が少ないOSやコンパイラ、文書処理などを実行するにはCPUが良く、比較的単純な処理で、非常に多くの並列処理ができるグラフィックスや科学技術計算処理にはGPUが適しているというわけです。

注2　メモリバンド幅について詳しくは第6章で説明します。

グラフィックスパイプライン

3Dのサーフェスモデルで構成されたデジタルデータのジオラマを画面に表示する処理系を3Dのグラフィックスパイプラインと言います。基本的なグラフィックスパイプラインの構造を図5.6に示します。

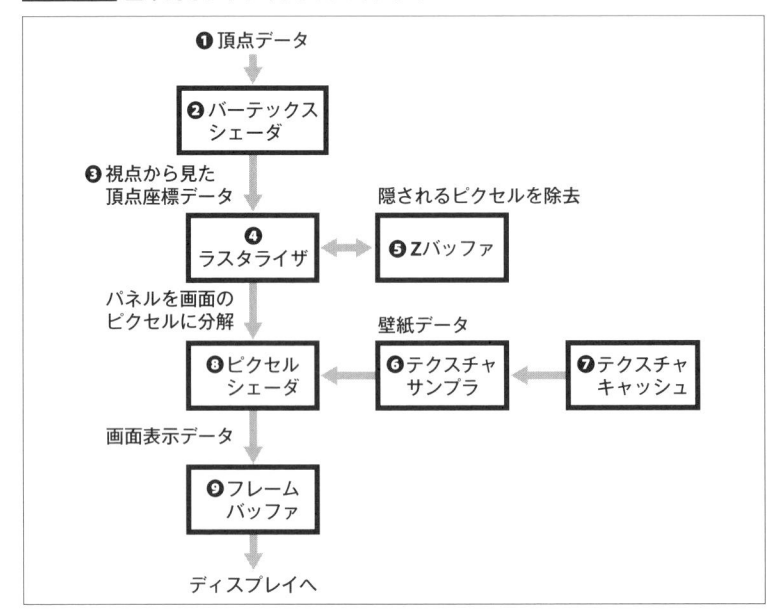

バーテックスシェーダ ── 頂点の座標変換を行う

グラフィックスパイプラインは、頂点(Vertex)データ(図5.6 ❶)を受け取り、まず、頂点座標にモデルビュー変換や視点変換を行います。この頂点座標データに変換マトリクスを掛ける部分を❷バーテックスシェーダ(Vertex shader)と言います。バーテックスシェーダは1個の頂点データを受け取り、座標変換された1個の頂点データを出力します。これで視点から見た各パネルの頂点座標(❸)が求まります。

1つの頂点座標はx、y、zとwの4要素からなり、モデルの作り方にもよりますが、これに頂点の色、後に述べるテクスチャの座標などのデータ

図5.6 基本的なグラフィックスパイプライン

❶頂点データ
↓
❷バーテックスシェーダ
↓
❸視点から見た頂点座標データ
↓
❹ラスタライザ ⇔ 隠されるピクセルを除去 ❺Zバッファ
↓
パネルを画面のピクセルに分解
↓
❽ピクセルシェーダ ⇔ 壁紙データ ❻テクスチャサンプラ ⇔ ❼テクスチャキャッシュ
↓
画面表示データ
↓
❾フレームバッファ
↓
ディスプレイへ

が付属します。頂点座標の計算は4要素のベクトルと4×4のマトリクスの積の計算となり、4回の積と12回の積和計算が必要となります。積和演算は積と和の演算ですから、1つの頂点座標の変換には4 + 2 × 12 = 28回の演算が行われます。

リアルな画面の3Dゲームでは、1画面に数万個のパネルが使われており、トライアングルストリップのように三角形のパネル1枚に1頂点としても、数万×28演算で、100万演算程度が必要です。滑らかな動画を表示するには毎秒60回程度の描画が必要なので、毎秒、6000万回の演算能力が必要となります。

なお、この演算は、32ビットの単精度浮動小数点演算で行われるのが一般的です。

ラスタライザとZバッファ

この座標変換されたパネルを表示するためには、**図5.7**のようにパネルを画素（ピクセル）に分解する必要があります。この作業を行うのが前出の図5.6❹**ラスタライザ**（*Rasterizer*）です。

ラスタライザは、パネルの3つの頂点座標から、比例配分で各ピクセルの奥行き（Z座標）を計算します。

モデルには多数のパネルが含まれますから、視点から見ると、他のパネルの後ろ側になって見えなくなってしまうものもあります。画面にこのよ

図5.7 ラスタライザはパネルをピクセルに分解する

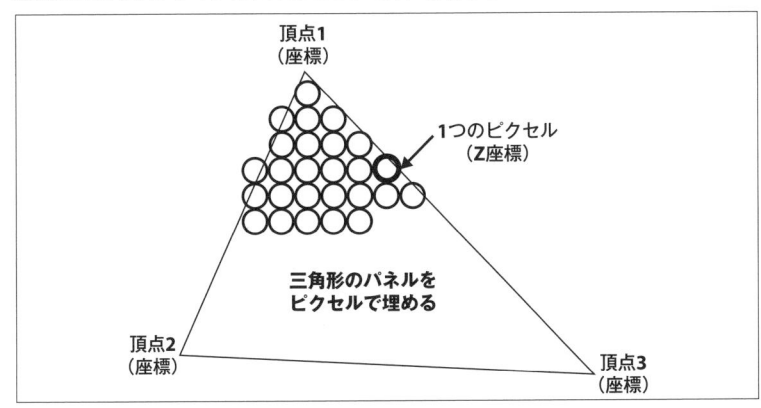

うな見えないパネルのピクセルを描いてしまうとレントゲン写真のようになってしまいます。そこで、前出の図5.6❺Zバッファ(Z buffer)を使って見えないピクセルを除去します。

Zバッファは、画面上の各ピクセルに対して24〜32ビットの情報を記憶できるメモリで、最初は奥行き最大のZ値を格納しておきます。そして、ラスタライザがパネルのピクセルの奥行き(Z座標)を計算すると、その値とZバッファの値を比較し、手前にあるピクセルの場合は、そのピクセルを描画対象とし、奥行きのZ座標をZバッファに書き込みます。

一方、Zバッファの値よりピクセルのZ座標が奥にある場合は、見えないピクセルなので、そのピクセルは、以降の描画処理から除きます。

なお、前述の図5.5のように、ピクセルシェーディング(後述)の前にZバッファ処理を行って他のパネルの後ろになるピクセルを除いてしまうと、ピクセルシェーディングの計算量を減らせますが、手前のパネルが半透明という表現ができません。半透明の処理を必要とする場合は、Zバッファの処理をピクセルシェーダの後にして、後ろのピクセルの値に手前のパネルの透過率を掛けて足し込みます。

壁紙を貼り付けるテクスチャマッピング

図5.2の絵では、建物の壁に窓が見られます。窓を壁とは別のパネルとして表現しても良いのですが、窓は壁の模様として、パネルに窓を描いた壁紙を貼り付けるという方法で処理するという手があります。この壁紙を貼るやり方をテクスチャマッピングと言います。テクスチャマッピングを使うと、模様を多数の小さなパネルで表現するのに比べて、パネルの数が増えないので、処理負荷を軽くすることができます。

しかし、壁紙の模様は視点からの距離によって拡大縮小が必要になりますし、面が斜めになっている場合はX、Y方向で倍率が異なります。図5.6❻のテクスチャサンプラは図5.6❼のテクスチャキャッシュに格納された壁紙の2次元イメージデータの読み出し方を変えて、この変形を行います。たとえば、テクスチャイメージを1ピクセルおきに読めば、1/2のサイズになりますし、斜めに読めば、イメージを回転して貼り付けられます。

ただし、1ピクセルおきに白、黒になっているテクスチャを1ピクセルおきに読むと、真っ白か真っ黒になってしまいますし、回転角によっては

ギザギザが目立ったりします。そして、奥行き方向に伸びたパネルでは、遠近法を考慮しないと違和感のあるパターンになってしまいます。これらの問題に対処するため、マルチサンプルや非等方性サンプリングなどが使われますが、詳細は本書の範囲外であり省略します。

そして、貼り付けられた壁紙は、ラスタライズされたパネルのピクセルの色情報を置き換えます。

各種のピクセルシェーディング

図5.6のグラフィックスパイプラインの最後の処理はピクセルの色や明るさを決める**ピクセルシェーディング**(*Pixel shading*)です。この作業を行うステージを**ピクセルシェーダ**(*Pixel shader*、図5.6❽)と呼びます。ピクセルシェーダは色や明るさを計算したピクセル情報をフレームバッファ(図5.6❾)と呼ぶ表示用のメモリに書き出します。

ピクセルシェーディングにはいろいろなやり方があります。一番簡単なのは、各パネルの平面と直交する法線ベクトルをとり、パネル面全体で同じ法線ベクトルを使う**フラット**(*Flat*)**シェーディング**という方法です(**図5.8**左)。フラットシェーディングは簡単ですが、パネル面の継ぎ目で法線ベクトルが不連続に変化するので、光を当てると継ぎ目がはっきりと見えてしまいます。レンガのブロックのような直方体を表現するのには良いのですが、球体を表現しようとすると、パネルの継ぎ目が目立って、滑らかな

図5.8 フラットシェーディングとグーローシェーディング

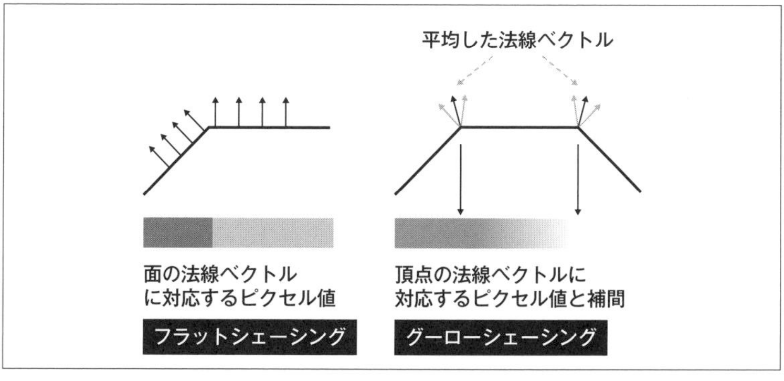

表面になりません。

　これに対して、頂点を共有するパネルの法線ベクトルの平均値を取り、これを頂点の法線ベクトルと考える方法があります。そして、この平均の法線ベクトルから反射を計算して頂点ピクセルの明るさや色（RGB値）を決め、パネル内部の各ピクセルのRGB値は3つの頂点のRGB値から補間します。この方法は、発明者の名前を取って、**グーロー**（*Gouroud*）**シェーディング**と呼ばれます（図5.8右）。グーローシェーディングを行うと継ぎ目は目立たなくなるのですが、ツルツルの球体の中で、入射角と反射角が等しくなる部分がとくに輝いて見えるというハイライト効果はうまく表現できません。

フォンシェーディング

　各頂点の法線ベクトルを平均値で求めるのはグーローシェーディングと同じですが、パネルの中の各ピクセルの法線ベクトルを、3つの頂点の法線ベクトルを補間して求めるのが**フォン**（*Phong*）**補間**という方法です。そして、

$$I = k_a I \alpha + \sum_{光源} \{k_d (L \bullet N) I_d + k_s (R \bullet V)^\alpha I_s\}$$

という式で各ピクセルの値Iを計算する方法を**フォンシェーディング**と言います（**図5.9**）。ここでIaはシーン一様にあるアンビエント光の強度、kaはパネルのアンビエント光の反射係数、Idは光源の拡散成分の強度、kd

図5.9 フォンシェーディングは法線ベクトルを補間する

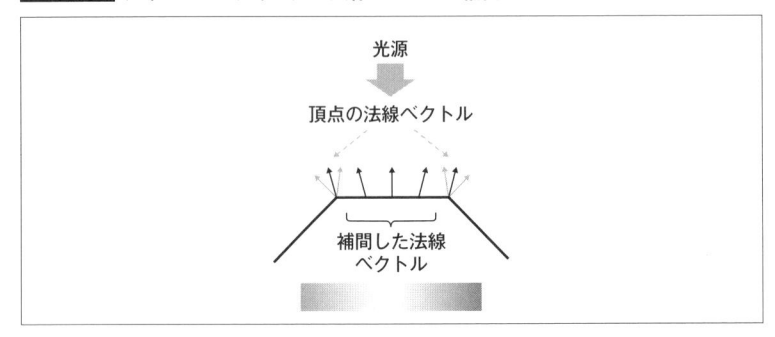

は拡散成分の反射係数、Isは光源の鏡面反射成分の強度、ksはその反射係数です。そして、ベクトルLは光源の方向、ベクトルNは法線ベクトル、ベクトルRは完全反射する方向のベクトル、ベクトルVは視点方向のベクトルで、● はベクトルの内積を意味します。

つまり、アンビエント光に対しては、面の方向とは無関係にある程度の明るさを持ち、光源に対する拡散成分は光線の方向と面の向きだけに依存し、視点の方向とは無関係な紙の表面のような反射、そして、鏡面反射は入射角と反射角が等しい方向に視点がある場合に最大になり、R・V項のα乗になっているので、αが大きい場合は、視線の方向がずれると急激に低下する反射を表します。

なめらかに法線ベクトルが変化するフォン補間と、鏡面反射の項を加えたことにより、フォンシェーディングでは、球体の一部が強く光るハイライトをうまく表現できます。

これを画面の各ピクセルの三原色について計算するのですから、ピクセルシェーディングも膨大な計算量となります。

しかし、これでも肌のような質感を出すのは難しいですし、鏡面反射で、別のものが表面に映り込む効果は扱えません。また、風景では、遠くのものは霞んで見えますが、この効果を入れないと非現実的にクリアな風景になってしまいます。

また、波立つ水やそよぐ草原、髪のように本数の多いものを扱うのも難しいということで、いろいろなアルゴリズムが現在も開発されています。これらのアルゴリズムは、一般に、フォンシェーディングより多くの計算を必要とします。

なお、髪の表現は難しいため、初期の3Dゲームではアップの場面の多い主人公は帽子や兜を被っているのが一般的でした。

ジオメトリシェーダ

曲線や曲面をきれいに表そうとすると、多数の短い線分や小さなパネルが必要になります。これでは頂点データの量が多くなって困ります。このため、曲線や曲面を式で定義しておき、グラフィックスパイプラインの中で、これを多数の小さなパネルに分解するというやり方が使われます。こ

のようなモデルの形状を変える機能を**ジオメトリ**(*Geometry*)**シェーダ**と呼びます。ジオメトリシェーダは、図5.6のバーテックスシェーダとラスタライザの間に挿入されます。

ジオメトリシェーダは滑らかな曲面を構成するために、曲面の式や隣接するパネルの頂点情報などを使って、1つのパネルを多数の小さな平面パネルに分解して出力します。バーテックスシェーダは1つの頂点に対して変換された1つの頂点データを出力しますが、ジオメトリシェーダは、入力された頂点データより多くの頂点データを出力します。

プログラマブルシェーダとユニファイドシェーダ

単なる頂点の座標変換とピクセルのフォンシェーディングあたりまでは、ハードウェアで固定した動作を行うシェーダが一般的でしたが、ジオメトリシェーダや、より高度なピクセルシェーディングが必要になってくると、ハードウェアで固定したアルゴリズムを実装するという方法では対応しきれなくなってしまいます。また、リアルタイムのゲームでは、描画速度を上げるために、画面の中で重要な部分だけに高度なシェーディングを使い、その他の部分は計算量を抑えたシェーディングアルゴリズムを使うというような使い分けも要求されてきます。

このため、シェーダをより汎用的にして、プログラムでアルゴリズムを記述する**プログラマブル**(*Programmable*)**シェーダ**が一般的になってきました。プログラマブルシェーダは、汎用のプロセッサのように、どのような計算を行うかをプログラムで制御できるようになっています。

図5.10はIntelの第4世代Coreシリーズプロセッサチップに搭載されているGPUのブロックダイアグラムですが、グラフィックスパイプラインの中の、頂点データの読み込み、ラスタライザ、テクスチャサンプラ、Zバッファなどは固定機能のハードウェアですが、シェーダの部分はメモリに格納したシェーダプログラムを呼び出して実行させています。

プログラマブルシェーダは、プログラムを変えると、どのような計算でもできるので、バーテックスシェーダとピクセルシェーダを独立に持つ必要はなく、1つの大きなシェーダハードウェアを作り、動かすプログラムによって、バーテックスシェーダとしたり、ピクセルシェーダとしたり、

あるいはジオメトリシェーダとして使うほうが便利です。

このようにハードウェアとして1つにまとめたシェーダを持つ構造を**ユニファイド**(*Unified*)**シェーダ**と呼びます。固定したハードウェアのシェーダの場合は、画面によって、頂点の数は多いが小さなパネルばかりでピクセル数は少ないとか、その逆というように計算量のアンバランスがあると、どちらか一方は能力が余ってしまうのですが、ユニファイドシェーダにすれば、このようなアンバランスは問題になりません。

SIMDかSIMTか

ユニファイドシェーダは非常に高い演算性能を必要とします。第2章で出てきたSIMD演算器は多数の演算を並列して実行できるので、高い演算性能が得られるのですが、座標変換のようにベクトルにマトリクスを掛けると、**図5.11**のようになります。

図5.10 Intelの第4世代CoreシリーズプロセッサのGPUの構造[※]

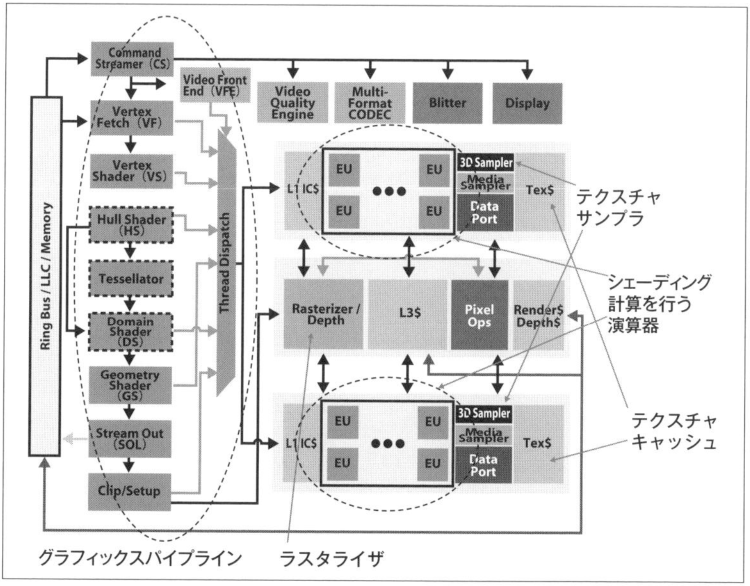

※出典:Clifton Robin、John Webb『Experience the Intel HD Graphics Capabilities of 4th Generation Intel Core Processors』(p.8、IDF 2013 Beijing, China/ARCS004、2013.4)

図5.11　ベクトルAとマトリクスBの乗算

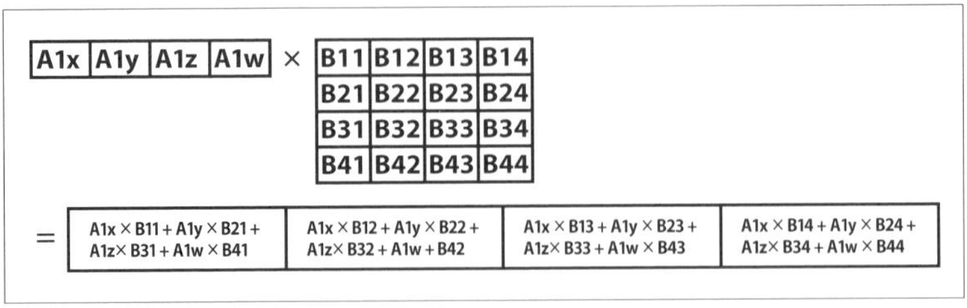

A1x	A1y	A1z	A1w	×	B11	B12	B13	B14
					B21	B22	B23	B24
					B31	B32	B33	B34
					B41	B42	B43	B44

= | A1x × B11 + A1y × B21 + A1z × B31 + A1w × B41 | A1x × B12 + A1y × B22 + A1z × B32 + A1w × B42 | A1x × B13 + A1y × B23 + A1z × B33 + A1w × B43 | A1x × B14 + A1y × B24 + A1z × B34 + A1w × B44 |

[A1x, A1y, A1z, A1w] と [B11, B21, B31, B41] を 4 並列の SIMD 演算で掛け算を行うと、[A1x×B11, A1y×B21, A1z×B31, A1w×B41] が計算できますが、SIMD 演算では、これらの和を計算することができません。

なお、これをまず [A1x, A1x, A1x, A1x] と [B11, B12, B13, B14] を掛け、次は [A1y, A1y, A1y, A1y] と [B21, B22, B23, B24] の積を足し込むといった具合に計算すれば良いのですが、ちょっと、SIMD 向きの計算法の工夫が要ります。そして、この場合は、4回の演算で図 5.11 の積のベクトルが計算できます。そして、次はベクトル A2 との積、… と計算すれば、16回の演算で A1 〜 A4 と B の積が求まります。

一方、第1の演算器では図 5.11 の答えの4項の計算を順に行い、第2の演算器では第2の点 [A2x, A2y, A2z, A2w]、第3の演算器は第3の点 [A3x, A3y, A3z, A3w]、第4の演算器は第4の点 [A4x, A4y, A4z, A4w] の計算を並列に行えば、各点の値は通常のプロセッサのプログラムと同様に計算することができます。この場合、積の計算を順に行うので、第1の演算器では16回の演算でベクトル A1 とマトリクス B の積が計算できます。しかし、同時に演算器2ではベクトル A2、演算器3ではベクトル A3、演算器4ではベクトル A4 とマトリクス B の積が求まるので、16回の演算で A1〜A4 と B の積が求まるのは、SIMD の場合と同じです。

後者のやり方では、4つの演算器にはすべて同じ命令を供給して、並列に実行するので、同じ命令列を実行する4つのスレッドを並列に実行していると考えることができます。そのため、このような実行方式を SIMT（*Single Instruction Multiple Thread*）と呼んでいます。SIMD 方式のシェーダを持つチップもありますが、SIMT 方式のほうが通常のプロセッサと同じ計算順序のプログラムが使え、SIMD より自由度が高いので、現在の NVIDIA や

AMDのGPUのシェーダはSIMT方式を使っています。

なお、日本ではSIMDを「シムド」と発音する人が多いのですが、欧米の人は「シムディー」と発音し、SIMTも「シムティー」と呼んでいます。

SIMTの実行ユニット —— プレディケード実行

SIMTでは、すべての演算器は同じ命令を実行するのが原則ですが、プログラムにif文があると、ある演算器で実行されているスレッドは条件が成立して、if｛文｝の中の文を実行し、他のスレッドは条件が成立しないので、実行しないということが起こります。

このため、SIMTでは、各命令に**プレディケート**（*Predicate*）という特別の欄が付いていて、命令を実行するかしないかを制御するようになっています。

if文の条件を判定し、演算結果に応じて条件ビットをセットする命令で、たとえば条件ビット1をセットするようにします。そして、コンパイラはifの中の文の各命令には、条件ビット1がセットされていれば実行し、セットされていなければ実行しないというプレディケートを書き込んでおきます。

そして実行時には、すべての演算器は同じifの中の文に対応する命令列を実行するのですが、**図5.12**に示すように、各演算器は、命令のプレディケート欄（Pred）の値（❶）とセットされている条件ビット（❷）が一致したスレッドの命令の演算結果（❸）はレジスタファイルに格納するのに対して、一致しないスレッドでは命令の演算結果を捨ててしまいレジスタファイルに書き込みを行いません。結果として、条件が成立したスレッドではifの中の文の命令は実行され、条件が不成立のスレッドではifの中の文の命令は実行されないことになります。このような実行のやり方を**プレディケート実行**と言います。この説明では1つの条件ビットしか使っていませんが、多重のif文などに対応するため、条件ビットは複数設けられており、プレディケートでは、それらの条件ビットの組み合わせを指定して、命令の実行の可否を決められるようになっています。

プレディケートの条件が不成立で、命令を実行しないスレッドの演算器は遊んでしまうのですが、同じ実行時間が掛かるので、if文の終了後に、

スレッドによって実行する命令が違ってしまうということはありません。

なお、無駄な電力を消費しないため、命令を実行しないスレッドは、レジスタファイルからの入力オペランドの読み出しや演算は行わず、結果のレジスタファイルへの書き戻しも行いません。

SIMDのロード/ストア命令は、1つのアドレスから連続して演算器の数の分のデータを一括してアクセスするのですが、SIMTの場合は、各スレッドがロード/ストア命令を実行し、アドレスを指定します。このため、SIMTのハードウェアは、各スレッドがばらばらのアドレスを指定しても対応できるように作られます。

GPUコアの構造

SIMT方式のGPUコアの全体構造は**図5.13**のようになっています。プロセッサの汎用レジスタに相当するのが、レジスタファイルです。そして、中心となる演算器として32ビットの単精度浮動小数点の積和演算器があり、メモリのデータをアクセスするロード/ストアユニットがあります。**SFU**（*Special Function Unit*）は、グラフィックス計算でよく使われる三角関数や平方根、逆数や平方根の逆数などを計算する特別な演算ユニットです。

そして、演算ユニット群は、if文の成立などの条件を記憶するビットを

図5.12 プレディケート実行のしくみ（1スレッド分）

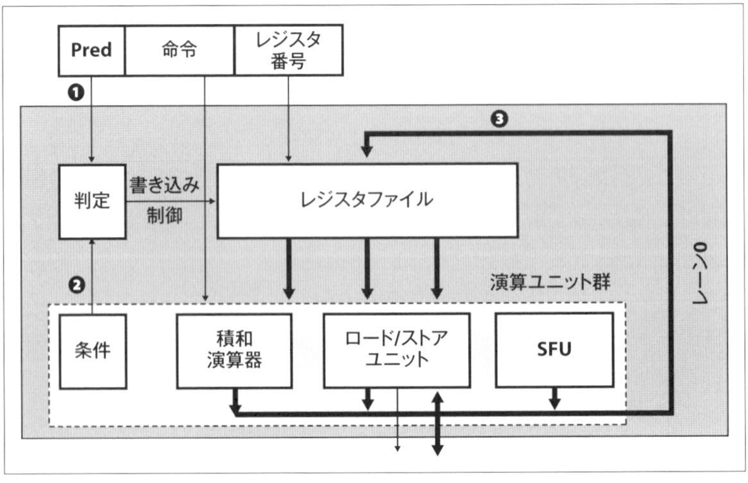

持ち、命令のプレディケートの指定と合わせて、各演算ユニットは、その命令を実行するか否かを決めます。

これらが1つのスレッドの実行を行う部分で、レーン (*Lane*、小径) と呼ばれます。そして、図5.13では32のレーンがあり、32スレッドをSIMTで並列に実行できるようになっています。

これらの32レーンのロード/ストアユニットは、ローカルクロスバーを通してローカルメモリにつながっています。各スレッドからアクセスするローカルメモリのアドレスが連続の場合は1回のローカルメモリのアクセスで処理できますが、アドレスがばらばらの場合は、1回のアクセスでは処理できず、最悪の場合は、32回、ローカルメモリのアクセスを繰り返すことになります。

また、GPUコアを複数持つGPUの場合は、すべてのコアが、グローバルクロスバーを経由してグラフィックスメモリに接続されます。GPUは多数の演算器を持ち、大量の計算を行い、また、大量のピクセルデータの書き込みも行うので、メモリとのデータのやり取りが多くなります。このため、グラフィックスメモリには、プロセッサのメインメモリに使われるDDR3 DRAMより高バンド幅のGDDR5などのグラフィックス用のDRAMが使われます。

図5.13 SIMT方式のGPUコアの全体構造

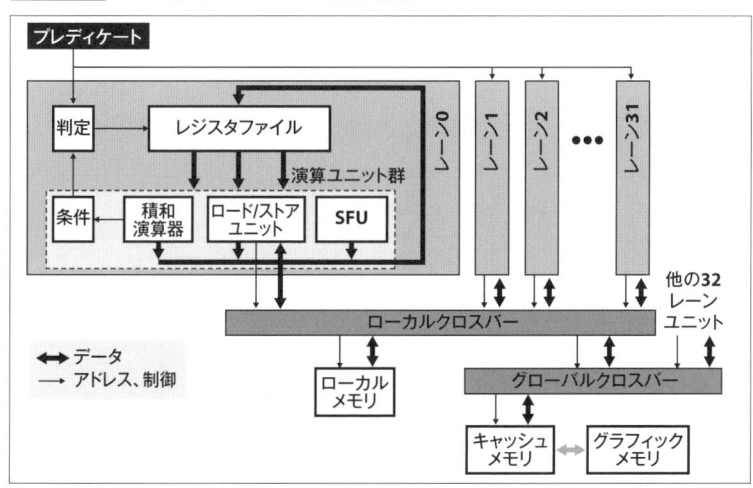

NVIDIAのKepler GPU

図5.14はNVIDIAのGK104 Kepler GPUのSMXと呼ぶGPUコアのブロック図です。グラフィックスパイプラインは、図5.14の一番上の「Poly Morph Engine」と書かれた部分に入っています。そして、「Instruction Cache」(命令キャッシュ)から下の部分がプログラマブルシェーダの部分となっています。命令の読み出しとイシューを行う「Warp Scheduler」(**ワープスケジューラ**)と「Dispatch Unit」(**命令ディスパッチユニット**)については後で説明します。

32ビット×65,536エントリの「Register File」(レジスタファイル)の下に

図5.14 NVIDIAのKepler GPUのSMXと呼ぶGPUコア※

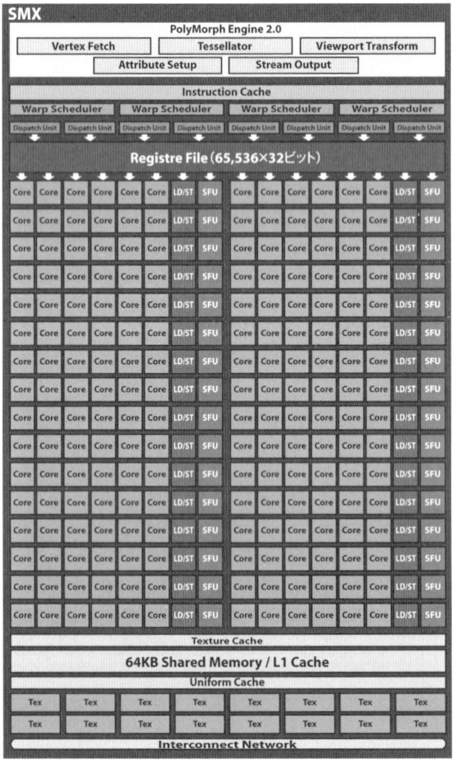

※出典:「NVIDIA GeForce GTX 680」(V1.0、p.9、NVIDIA、2012)
URL http://www.geforce.com/Active/en_US/en_US/pdf/GeForce-GTX-680-Whitepaper-FINAL.pdf

実行ユニットが描かれており、「Core」と書かれている箱が32ビット単精度浮動小数点の積和演算ユニットで、12列×16個(計192個)並んでいます。そして「LD/ST」と書かれたロード/ストアユニットが2列×16個、「SFU」が2列×16個並んでいます。

なお、レジスタファイルは65536エントリですが、32レーンあるので、1つのレーンあたりは2048エントリとなります。また、後で述べるように、各レーンは最大64個のスレッドを切り替えながら実行するので、この場合、各スレッドが使えるレジスタ数は32個となり、汎用プロセッサのレジスタ数と変わりません。

そして「Interconnect Network」(ローカルクロスバー)を通して「Shared Memory」(ローカルメモリ)と「L1 Cache」(1次キャッシュ)兼用の64KiBのSRAMと48KiBのTexture Cacheに接続されています。このTexture Cacheは読み出し専用データキャッシュとしても使えます。さらにTexture Cacheからテクスチャを読み出して加工する16個の「Tex」(テクスチャサンプラ)が並んでいます[注3]。

このNVIDIAのGK104 GPUを使うグラフィックスボードの構成は、図5.15に示すようになっています。GK104チップはSMXと呼ぶGPUコア15個と、6つの2次キャッシュとGDDR5メモリインタフェース、そして、

図5.15 GK104 GPUチップを使うグラフィックスボードの構成

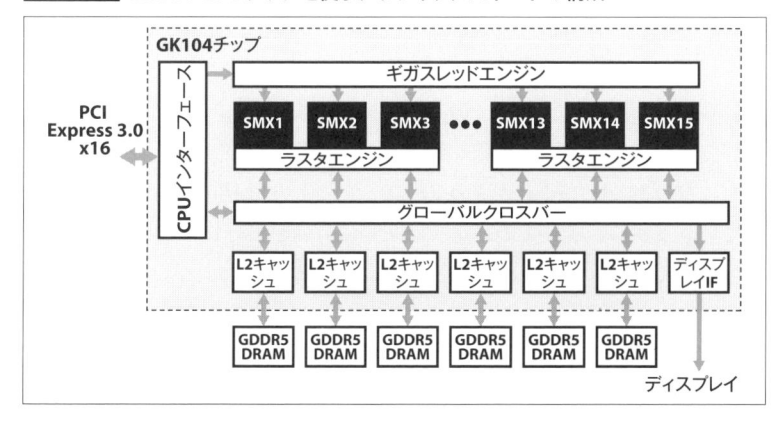

注3 図5.14にはUnifited Cacheがありますが、GTX680のドキュメントにはどのように使うかは書かれていません。

CPUと接続するPCI Expressインタフェースを搭載しています。図5.15で、ギガスレッドエンジンと書かれた部分は実行待ちの**スレッドブロック**（*Thread block*）を管理し、SMXの実行資源が空くと、実行待ちのプールの中から、実行するスレッドブロックを選んで、SMXに発行します。そして、ラスタエンジンと書かれた部分は、Zバッファなどを含み、ディスプレイに表示する画像データをL2キャッシュ（2次キャッシュ）を経由してGDDR5 DRAMに書き込む部分です。

　GK104チップはグラフィックスと32ビットの単精度浮動小数点演算用の製品ですが、各SMXコアに4列×16個の64ビット倍精度浮動小数点演算ユニットを追加したGK110というチップがあり、こちらはスーパーコンピュータの計算アクセラレータ用として使われています。

Kepler GPUのSIMT命令実行 ── ワープスケジューラ、命令ディスパッチユニット

　NVIDIAのGPUは16個の演算ユニットを同じ命令で2サイクル動作させて、32レーンの命令をまとめて実行します。このグループをNVIDIAはワープ（*Warp*、縦糸のThreadに対して「横糸」）と呼んでいます。なお、AMDのGPUは64レーン単位で実行し、これをウェーブフロント（*Wavefront*）と呼んでいます。

　図5.14のPoly Morph Engineの下には命令キャッシュがあり、その下に4個の**ワープスケジューラ**が描かれています。SMXは64個の命令ポインタ（IPレジスタ）を持ち、最大64個のワープ、つまり64のプログラムをサイクルごとに切り替えながら並列的に実行することができます。

　SMXは64個の異なるプログラムを実行することもできますが、たとえば、座標変換を行う場合は、32個の頂点の座標変換を1つのワープで並列に処理し、次の32個の頂点は第2のワープ、その次の32個の頂点は第3のワープというように、すべてのワープが同じ命令列を実行しているという場合も多いのです。

　前出の図5.14のとおりワープスケジューラは4つあります。ワープスケジューラ1つあたりに、それぞれ2つの**命令ディスパッチユニット**が付いています（**図5.16**）。そして、各ワープスケジューラは最大64のワープの中から次に実行するワープを選択します。2つの命令ディスパッチユニットは、図5.16に示すように、ワープスケジューラで選択されたワープか

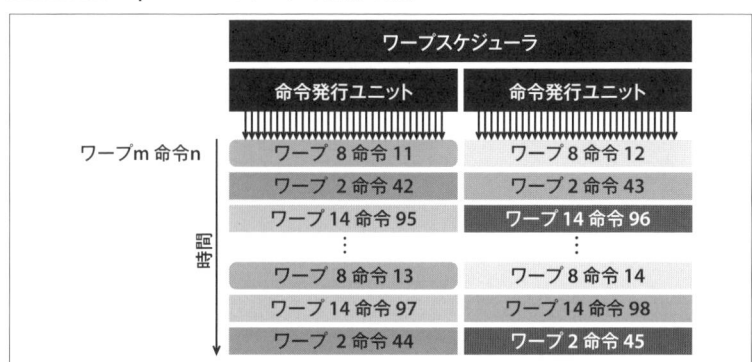

図5.16 Kepler GPUのワープの実行の様子※

ワープスケジューラ		
	命令発行ユニット	命令発行ユニット
ワープm 命令n	ワープ 8 命令 11	ワープ 8 命令 12
	ワープ 2 命令 42	ワープ 2 命令 43
時間	ワープ 14 命令 95	ワープ 14 命令 96
	⋮	⋮
	ワープ 8 命令 13	ワープ 8 命令 14
	ワープ 14 命令 97	ワープ 14 命令 98
	ワープ 2 命令 44	ワープ 2 命令 45

※出典:「NVIDIAの次世代型CUDAコンピュート・アーキテクチャ Kepler GK110」(V1.0、p.10、NVIDIA、2012)
URL http://www.nvidia.co.jp/content/apac/pdf/tesla/nvidia-kepler-gk110-architecture-whitepaper-jp.pdf

ら2つの連続した命令を取り出して、実行ユニットに発行します。

なお、図5.16は、常に2命令を発行する形になっていますが、後側の命令が前の命令の結果を入力としている場合や、実行ユニットが不足する場合には、1命令しか発行できない場合もあります。

浮動小数点の積和演算器は、演算結果が得られるまで10〜20サイクル掛かります。しかし、図5.16に見られるように、ワープ8の命令11、12の発行から、次にワープ8の命令13、14を発行するまでにワープ2、ワープ14などの10〜20ワープの命令を発行していれば、ワープ8の命令13が命令11、12の演算結果を使っていても、命令13の実行を開始する時には命令11、12の演算結果は届いているので、待ち時間なしに実行できます。

GPUの描画プログラムOpenGL

グラフィックスのプログラミングと言うと**OpenGL**[注4]が有名です。しかし、OpenGLはハードウェア非依存のグラフィックスインタフェースということで規格化されているので、ウィンドウを開いたり、入力を読み取ったりする機能は含まれていません。また、描画できる図形も点、線、凸多

注4 URL http://www.opengl.org/

角形（*Polygon*、ポリゴン）、トライアングルストリップ（*Triangle strip*）、トライアングルファン（*Triangle fan*）など簡単な図形だけです。

このため、入出力機能やウィンドウ作成、球やトーラスなどの3D図形のモデル作成機能を加えた**GLUT**（*OpenGL Utility Toolkit*）などを使うのが一般的です。なお、GLUTではOpenGLの機能の呼び出し関数は名前の頭に「gl」がついています。

OpenGLでは、描画する図形をBeginとEndで囲んで定義します。次の例は凸多角形を定義するもので、glBeginの引数は、GL_POLYGONとなっていますが、この部分はGL_POINTS、GL_LINES、GL_TRIANGL_STRIP、GL_TRIANGLE_FANなどが指定でき、それぞれ点、線、トライアングルストリップ、ファンが定義できます。

次の例は4頂点の多角形を、頂点の座標値と色を与えて定義しています。

```
glBegin (GL_POLYGON);
    glColor3f(c0);
    glVertex3f(v0);
    glColor3f(c1);
    glVertex3f(v1);
    glColor3f(c2);
    glVertex3f(v2);
    glColor3f(c3);
    glVertex3f(v3);
glEnd();
```

ここで使われているglColor3f関数とglVertex3f関数の3fはfloat（32ビット単精度浮動小数点）の3要素の引数を取る関数であることを示しています。そして、c0～c3はそれぞれ3つの32ビット浮動小数点数からなるベクトルで、v0～v3頂点のRGBの色を表します。また、v0～v3は同じく3つの32ビット浮動小数点数からなるベクトルで、頂点のX、Y、Z座標を表します。そして、この文の並びでは、頂点v0を定義するときにはカラー指定はc0なっているので、頂点v0の色はc0ということになります。

また、ここでは頂点の色を指定していますが、glNormal3f関数の呼び出しを追加して法線ベクトルを指定したり、glCoord2f関数を呼び出して、貼り付けるテクスチャイメージの座標を頂点に関連付けることもできます。

この例では、一つ一つの頂点の色や座標の定義のたびに関数を呼び出し

ていますが、配列を作っておいて、一括して引き渡すこともできるように
なっています。

そして、glLight関数で光源の位置を設定し、glShadeModel関数で、ピ
クセルシェーディングのやり方を指定し、gluLootAt関数で視点と視線方
向を定義して表示画面を作成します。

なお、本項ではOpenGLとはどんなものかの一端を示すだけで、詳細
は専門の説明書を参照してください[注5]。

また、OpenGLと並んで、Microsoftが作ったDirectXというライブラ
リも3Dグラフィックス描画に使われています。こちらは、最初はゲーム
の開発用に作られたため、描画だけでなく、サウンドやゲームコンソール
などの入出力機器も扱えるようになっているのが大きな違いです。

5.3 GPUの科学技術計算への利用

GPUは多くの演算ユニットを持ち、高い演算能力を持っているので、
これを科学技術計算にも利用したいという要求が出てきました。最初は
OpenGLのマトリクス乗算などを使っていたのですが、グラフィックス
処理からの借り物ではやりにくいということで、NVIDIAはCUDAとい
うGPU向けの計算言語を開発しました。また、OpenGLを作ったグルー
プもOpenCLという言語を作りました。

なぜ、GPUを科学技術計算に使うのか

GPUは、頂点の座標変換やピクセルのシェーディング計算のために多
数の浮動小数点演算器を持っており、また描画データの読み込みや画像デー
タの書き込みを高速で行うため、高いバンド幅のグラフィックスメモリを

注5　たとえば、以下が参考になるでしょう。
　　　URL http://www.glprogramming.com/red/

持っています。そして、表示する画像が精細になるにつれて頂点の数やピクセル数が増え、複雑なシェーディング計算が行われるようになるので、要求される演算性能やメモリバンド幅も急速に増えてきました。

　高い演算性能とメモリバンド幅は、科学技術計算でも重要で、汎用プロセッサチップの何倍もの性能を持つGPUを科学技術計算にも利用しようと考えるのは当然です。それにつれて、3Dグラフィックスでは32ビットの単精度浮動小数点計算で良いのですが、科学技術計算を意識して64ビットの倍精度浮動小数点計算もサポートするGPUが現れてきており、NVIDIAのGK110チップでは、図5.14に示したGK104チップのSMXに64個の64ビット積和演算器が追加されています。そして、NVIDIAのCUDAや業界標準のOpenCL[注6]といったプログラミング言語も開発され、GPUの科学技術計算への使用が広がっています。

　その結果、現在では、世界のトップクラスのスーパーコンピュータの多くがGPUを計算アクセラレータとして使っているという状況になっています。

CUDAによるGPUプログラミング

　CUDA[注7]は、SIMTアーキテクチャのGPUをプログラムするため、NVIDIAが開発したプログラミング言語で、C言語をベースにして、GPUコンピューティングを行うために必要な最低限の機能を追加すると言う方針で作られています。

　このC言語からCUDA言語への追加機能の主要なものは、最大4要素のベクトル型の変数の追加と、GPUで実行する多数のスレッドを生成する機能です。

　C言語の関数呼び出しは、関数名(引数、...) という形です。CUDAでは関数名と(引数、...)間に、<<<numBlocks、threadsPerBlock>>>と書くことができるようになっています。この <<< >>>(3重の山括弧)の内側に書かれるnumBlocksとthreadsPerBlockには複数の要素を持つベクトル型

注6　URL http://www.khronos.org/opencl/
注7　URL http://www.nvidia.co.jp/object/cuda-jp.html

の変数を指定できます。

図5.17は、numBlocksとして2次元の(4, 2)を指定し、threadsPerBlockにも2次元の(6, 4)を指定した場合を示しています[注8]。

図5.17に示すように、<<< >>>で指定される全体を**グリッド**（*Grid*）と呼び、グリッドにはnumBlocks個のブロックが含まれ、それぞれのブロックにはthreadsPerBlock個のスレッドが含まれます。この例では4列×2行の8個のブロックが作られ、それぞれのブロックには6列×4行の24スレッドが含まれており、全体では呼び出した関数を実行する192のスレッドが生成されることになります。

なお、OpenCLではグリッドは同じですが、スレッドブロックを**ワークグループ**（*Work group*）各スレッドを**ワークアイテム**（*Work item*）と呼びます。

図5.17 CUDAのスレッドの生成[※]

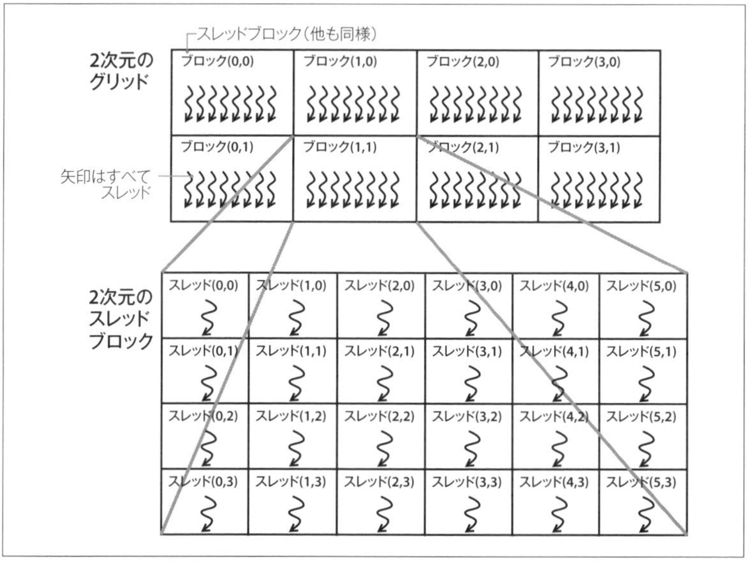

※出典:「NVIDIA CUDA Programming Guide」(p.9、Version 3.0、NVIDIA Corporation、2010.2.20)
　URL http://developer.download.nvidia.com/compute/cuda/3_0/toolkit/docs/NVIDIA_CUDA_ProgrammingGuide.pdf

注8　<<< >>>(3重の山括弧)を用いて、たとえば図5.17では図下の部分のようなブロックを8個含むグリッドの全スレッドの起動を指示します。

CUDAで並列計算を記述する

たとえば、マトリクスのAとBの乗算を行う関数MatMulをCUDAで記述すると、次のようになります。

```
// Kernel definition
__global__ void MatMul(float A[N][N], float B[N][N], float C[N][N])
{
  int i = blockIdx.x * blockDim.x + threadIdx.x;
  int j = blockIdx.y * blockDim.y + threadIdx.y;
  if (i < N && j < N) {
    for(k=0; k<N; k++) C[i][j]+ = A[i][k] * B[k][j];
  }
}
```

blockIdx、blockDim、threadIdxは組み込み変数で、blockIdx.xは実行しているそのスレッドが属しているブロックのグリッド内でのx座標、blockDim.xはグリッドのx方向のブロックの数、threadIdxはブロック内でのスレッドのx座標を与えます。また、blockIdx.y、blockDim.y、threadIdx.yはそれぞれy方向の座標や数を表します。

つまり、192本のスレッドが、それぞれマトリクスの積のC[i][j]という1つの要素だけを計算することになります。

スレッド間のデータの受け渡し

単純にに多くのスレッドを生成するだけならnumBlocksとthreadPerBlockと2つの指定に分ける必要はありませんが、この2つの指定には違いがあります。1つのブロックに含まれるスレッドは、同じGPUコア[注9]で実行され、異なるブロックのスレッドは、必ずしも同じGPUコアで実行されるとは限りません。

ハードウェア構成を思い出してもらうと、各GPUコアには64KiBのローカルメモリ/L1キャッシュメモリがあります。同じGPUコアで実行されるスレッドは同じローカルメモリをアクセスするので、ローカルメモリ経由でデータの受け渡しができます。一方、別のGPUコアで実行されるスレッド間では、ローカルメモリ経由でのデータの受け渡しはできず、グラフィッ

注9　NVIDIAの用語は前述の「SMX」です。

クスメモリ(多くの場合は、L2キャッシュにヒットしますが)経由でデータを受け渡す必要があり、ローカルメモリ経由よりも時間が掛かります。

CPUとGPUは分散メモリ ── 異なるメモリ間のデータのコピーが必要

　CPUのメモリとGPUのメモリは分かれており、分散メモリのシステムとなっています。このため、CPUが作成した図形データをGPUで処理して表示させるためには、そのデータをCPUからGPUに送ることを明示的に記述する分散メモリシステムのプログラミングが必要になります。伝統的に、GPUはCPUの入出力装置という位置付けで、入出力装置を接続するPCI Expressなどのバスを経由して接続されています。転送するデータの量が多いので、最近の高性能のGPUボードは16レーンのPCI Express 3.0で接続され、DMAを使って各方向8GB/sのデータ伝送ができる仕様になっています。

　しかし、2.7節で説明したように、アプリケーションプログラムが使うメモリはページ単位でマッピングされていて、アプリケーションが使う論理アドレスとメモリの物理アドレスとは一致しません。このため、アプリケーションプログラムがデータが入っているメモリ領域の論理アドレスをGPUに教えても、GPUとしては物理アドレスがわからなければデータの転送ができません。また、アプリケーションの論理アドレス空間では連続の領域でも、メモリの物理アドレスは4KiBのページ単位でばらばらに存在することが有り得ます。このため、OSレベルで動作するドライバソフトウェアで、連続の物理アドレスのバッファ領域を確保し、一旦、そこにデータをコピーしてから、GPUにバッファ領域の先頭の物理アドレスを教えるとか、ページごとに物理アドレスを教えて転送するという操作を繰り返す必要があります。また、GPUからCPUに処理結果を戻す場合には、この逆の操作が必要になります。

　GPUが表示用の出力装置として使われている場合は、1画面分の描画データをまとめて送ればよいので、このモデルでも大きな問題はなかったのですが、GPUが科学技術計算用として使われるようになると、より頻繁に計算の進み具合に応じてCPUメモリから入力データ読んできたり、計算結果を書き戻したりと複雑なデータ転送が必要になります。

　描画の場合は、データの転送時間の分、画面表示が若干遅れるだけです

が、科学技術計算の場合は、GPUにデータを送り始めてから、結果を受け取るまでが、CPUから見たGPUの計算時間で、データ転送時間が計算時間に含まれるので計算性能に直接影響することになります。

なお、最近では、ゲームの処理でも、破壊されて飛び散る瓦礫の動きや水の動きなどは、それらしく作っても違和感があるということで、物理現象としてシミュレーションして位置や形状を求めるということが行われています。このような物理シミュレーションはGPUを使って行われ、ゲームの中でも描画だけでなく、いわゆる科学技術計算が入ってきています。

理想的なCPUとGPUの関係

CPUとGPUのデータのやり取りを考えると、理想的な構造は、CPUコアと同じ位置づけでGPUが存在し、キャッシュコヒーレントにメモリを共有するという形です。共有メモリで同じ論理アドレス空間で動作していれば、CPUからGPUにデータの先頭アドレスを教えてやれば、後はGPUが共有メモリをアクセスしながら処理を行い、結果を共有メモリに書き込むことができます。そして、GPUの処理が終わると、完了の通知と結果データの先頭アドレスを送れば、CPUは共有メモリ経由で計算結果を受け取ることができます。こうすれば、データをCPUとGPUのメモリ間でコピーする必要がないので、性能や消費電力的にも有利です。

CPUとGPUの共有メモリを実現するAMDのHSA

AMDはHeterogeneous System Architecture（HSA）Foundationという業界団体を作って、CPUとGPUというヘテロ（hetero、異なる）なコアを使うシステムの仕様化を進めています。この仕様では、CPUコアとGPUコアが共通の論理アドレス空間のメモリをアクセスするという構造になっています。

図5.18はHot Chips 25で発表されたMicrosoftのゲーム機のXbox OneのメインSoCのブロックダイアグラムです。MicrosoftとAMDが共同で開発したこのプロセッサは、キャッシュコヒーレントな共通のメモリ空間をサポートする構造を持っており、HSA準拠のプロセッサの形を示しています。

図5.18のSoCのブロック図では、❶プロセッサ群、❷GPU、❸I/Oやビデオ処理などのその他のエンジンの間に❹Host Guest MMUが置かれており、プロセッサ内部のアドレス変換と同じアドレス変換を行わせることができるようになっています。このため、プロセッサとGPU、その他のI/Oも同じアドレス空間を共有することができるようになっています。そして、❺のブロックを経由するメモリアクセスはすべてキャッシュコヒーレンシが維持されます。

これに加えて、GPUとメモリの間には❻直結のグラフィックス専用のバスが設けられています。このバスのバンド幅は68GB/sで、❺を経由するメモリアクセスの30GB/sに比べて2倍強のメモリバンド幅が得られます。キャッシュコヒーレンシは維持されないのですが、画面に表示するピクセルデータを入れるフレームバッファ（*Frame buffer*）[注10] などGPUだけが使い、CPUはアクセスしないデータをアクセスする場合は、問題はありません。

図5.18 MicrosoftのXbox OneのメインSoCのブロックダイアグラム[※]

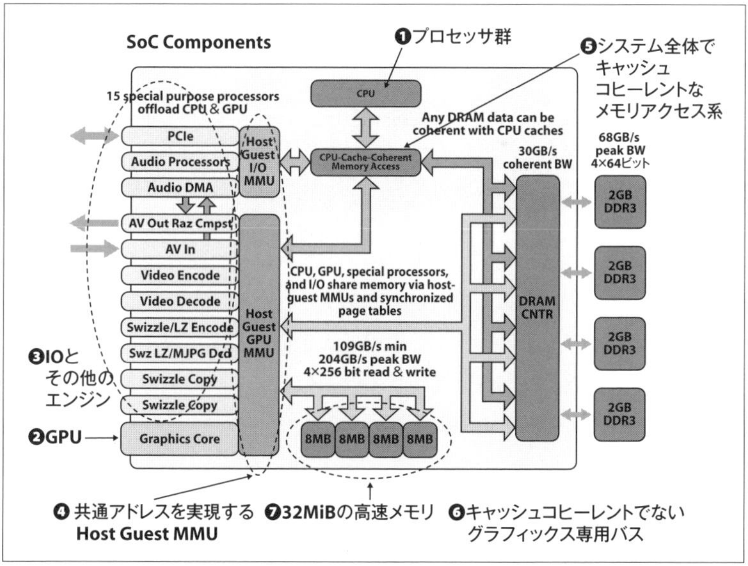

※出典：John Sell、Pat O'Connor「XBOX One Silicon」(p.4、Hot Chips 25、2013)

注10 メインメモリの一部を使います。

このようにXBox OneのSoCは、CPUとGPUがキャッシュコヒーレントな仮想メモリ空間を共有するという理想的な形になっています。また、メインメモリは4チャネルのDDR3メモリをサポートしており、サーバ用のXeon E5プロセッサ並のバンド幅を実現しています。

しかし、グラフィックスメモリは、このメインメモリを共用しており、図5.5に示したGK110専用GPUのような高速GDDR5メモリと比較すると、バンド幅は見劣りします。そのため、204GB/sのバンド幅を持つ❼32MiBの高速SRAMをチップ内に搭載していますが、グラフィックスメモリとしては容量が少なく、メインメモリとのデータの入れ替えが必要になる場合があると思われます。

これは、XBox OneのSoCの設計の問題というより、GDDR5の高バンド幅と大容量を実現するDDR3 DIMMの拡張性を兼ね備えたメモリがないことが原因です。この点で、次の第6章で説明するHybrid Memory Cubeが量産されて実用化されれば、高バンド幅と大容量を両立させるテクノロジーとなると期待されます。

5.4 GPUを使いこなすプログラミング

GPUは多数のスレッドを並列に実行でき、多数の演算器を持っているので、CPUに比べて高い演算性能を持っています。また、高バンド幅のグラフィックスメモリを持っているので大量のメモリアクセスも高速に実行できます。しかし、性能を発揮するためには、これらの資源を有効に利用するプログラミングが不可欠です。

条件分岐は避ける

5.2節で述べたように、GPUはSIMT方式で一群のスレッドを並列に実行します。前述のとおり、この単位はNVIDIAのGPUではワープと呼ばれ32スレッドが単位、また、AMDの場合はウェーブフロントと呼ばれ

64スレッドが単位となっています。

そして、条件分岐命令が実行されると、プレディケート機構を使って、条件が成立したスレッドでは後続の命令を実行し、条件が成立しなかったスレッドは命令を実行せず、遊んで待っていることになります。

図5.19はif then〜elseを実行する様子を示したもので、実線の矢印は命令が実行されるスレッド、破線の矢印は命令が実行されないスレッドを表します。then{ }の中では、条件が成立したスレッドの命令が実行され、else{ }の中では、条件の成立しなかったスレッドの命令が実行されるため、スレッドごとに条件の成立、不成立があるコードを正しく実行することができます。

しかし、プレディケート実行の場合、実行されないスレッドの命令も、実行される命令と同じ時間が掛かります。つまり、各スレッドはthen{ }とelse{ }の中の両方の命令を実行するのと同じだけの処理時間が掛かり、平均では半分の時間しか仕事をしていません。

したがって、性能を重視する場合は、できるだけif文のような条件によって実行する命令が変わる構文は使わないことが望ましいと言えます。if文をまったく使わないということは無理ですが、使う場合は、then{ }とelse{ }の中の処理はできるだけ簡単にして、両方を実行するオーバーヘッドを小さくすることが望ましいということになります。CUDAのGPUコードからの関数グリッドの呼び出しはKepler GPU世代から使用できるよう

図5.19 if then〜elseの実行状況

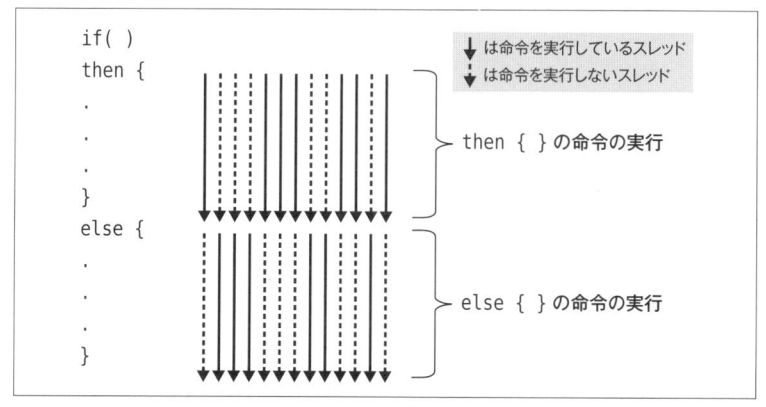

になった機能ですが、then{ }とelse{ }の中で同じ関数を呼び出しているようなケースでは、その関数を2回実行するだけの時間が掛かってしまいますから、then{ }とelse{ }の中では関数呼び出しのパラメータだけを計算し、if文の後で関数を呼び出すというプログラムとすれば無駄が少なくなります。

なお、1つのワープやウェーブフロントのすべてのスレッドの条件が不成立の場合は、then{ }の命令を処理しません。したがって、ワープ間やウェーブフロント間では条件の成立、不成立が異なっても、ワープ内（あるいはウェーブフロント内）ではすべてのスレッドの条件の成立、不成立が揃っているようなif文の場合は、性能的なペナルティーはありません。スレッドへの仕事の割り当て方で、このようなif文にできないかどうかを考えてみるのは意味があります。

スレッドは無駄なく使う

GPUでは、スレッドはワープやウェーブフロントというまとまりで実行されます。ワープは32スレッドですから、threadsPerBlock[注11]が1～32の場合は1ワープ、33～64の場合は2ワープというように、スレッド数を32で割って、端数を切り上げた個数のワープが使われます。仮にthreadsPerBlockが48の場合は、2ワープが使われ、余った16スレッドは命令を実行せず無駄になってしまいます。この場合は資源の3/4しか有効に使っておらず、1/4の資源が無駄になっています。計算アルゴリズム上、可能であればthreadsPerBlockはワープサイズの倍数とすれば、資源を無駄なく使うことができます。

ある程度多くのワープを走らせる

図5.20は図5.16とほぼ同じものですが、この実行状況を見ると、時系列で、ワープ8の命令11と12、ワープ2の命令42と43、ワープ14の命令95と96、…の命令を実行し、その後、ワープ8の次の命令13と14を実行

注11　これはベクトル変数ですから、正確には、X, Y, Z要素の値の積がブロックのスレッドの総数になります。

しています。

　このワープ8の命令11と12で浮動小数点の積和演算などを行い、その結果を命令13、14で使う場合は、演算を実行して結果が使用可能になり、命令13の入力オペランドが揃うまで実行は開始できません。NVIDIAのKepler GPUでは、10サイクル程度の時間があれば、後続の命令が待ち時間なく実行できるとしています。

　このためには、10個以上のワープが必要になります。しかし、直前の命令の演算結果を使わないケースもあるので、ブロックあたりのスレッド数は、もう少し少なくても良い場合もあります。

　図5.14に示したように、GK104/110 GPUは4個のワープスケジューラを持っているので、演算結果待ちが起こらないようにするには、ブロックあたりに必要なスレッド数は4×10×32スレッドで、1280スレッドとなります。そして、GK110チップを使うGeForce Titanグラフィックスボードの場合は、14個のSMXが使用できるので、全体では、17920スレッドが必要となります。

　3Dグラフィックス処理の場合は、1画面の頂点の数も数万～数十万ありますし、ピクセルの数は100万を超えます。このため、17920スレッドはクリアできるのですが、科学技術計算の場合は、このように大量のSIMTスレッドで並列計算ができる形に計算アルゴリズムを作っておく必

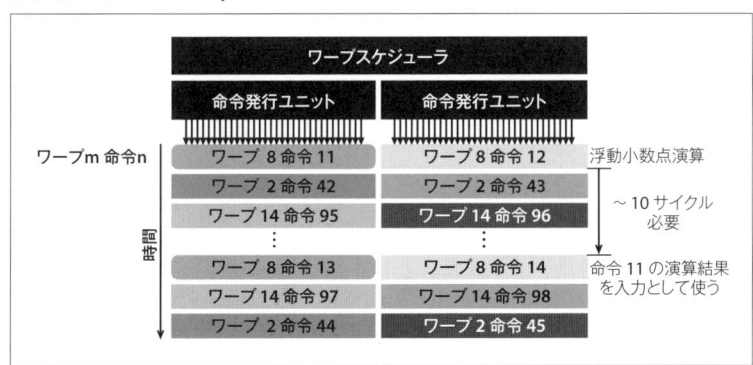

図5.20 NVIDIA Kepker GPUでは依存関係のある命令は10サイクル以上空ける[※]

※出典：「NVIDIAの次世代型CUDAコンピュート・アーキテクチャ Kepler GK110」（V1.0、p.10、NVIDIA、2012）
URL http://www.nvidia.co.jp/content/apac/pdf/tesla/nvidia-kepler-gk110-architecture-whitepaper-jp.pdf

要があります。

　また、グラフィックスメモリをアクセスする場合は、2次キャッシュをヒットしたとしても、演算よりも長い時間が掛かります。メモリアクセスのレイテンシを完全に隠してしまうことは難しいのですが、実行するワープ数が多ければ、その分、メモリアクセス中に実行できる他のワープが多くなり、結果として実行時間を短縮することができます。

ローカルメモリをうまく使う

　SIMTの各スレッドは、論理的には独立したレジスタ群を使って処理を行っているので、スレッドの間でデータをやり取りすることはできません。しかし、科学技術計算では、隣のスレッドのデータを使う場合や、全部のスレッドの計算結果の合計を求めるなどの処理があり、他のスレッドの処理結果が必要になる場合があります。

　このような場合には、各スレッドの処理結果をメモリに書き込み、他のスレッドの書き込んだデータを読むことで、他のスレッドの処理結果を得ることができます。GPUで実行するグリッドのすべてのスレッドの間で情報を交換する場合は、すべてのスレッドが共通に使用するグラフィックスメモリを使ってデータのやり取りを行う必要があります。

　しかし、前に述べたように、1つのブロックに含まれるすべてのスレッドは同じGPUコアで実行され、同じローカルメモリを使います。したがって、同一ブロック内のスレッドの間でデータのやり取りをする場合は、ローカルメモリを使うこともできます。ローカルメモリはCPUのキャッシュメモリに相当するもので、グラフィックスメモリより高速にアクセスできますから、同一ブロック内のスレッド間でのデータのやり取りは、ローカルメモリを使えばより高速に行えます。

　なお、NVIDIAのKepler GPUでは、図5.21に示すようにワープ内のスレッドのレジスタ間でデータを入れ替える「シャッフル命令」が追加されました。図5.21ではa～hの8スレッドしか書かれていませんが、本当のシャッフル命令は1ワープ32スレッド分のレジスタの入れ替えを行います。入れ替えは、インデックスで指定して任意の入れ替えを行うもの、右側n番めの隣接スレッドにデータを移すもの、左側n番めの隣接スレッドにデー

5.4 GPUを使いこなすプログラミング

図5.21 ワープ内のスレッドの間でデータの入れ替えを行うシャッフル命令のバリエーション※

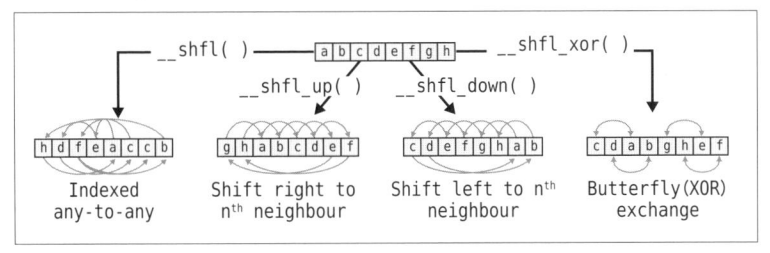

__shfl()	__shfl_up()	__shfl_down()	__shfl_xor()
Indexed any-to-any	Shift right to n^{th} neighbour	Shift left to n^{th} neighbour	Butterfly (XOR) exchange

※出典:「NVIDIAの次世代型CUDAコンピュート・アーキテクチャ Kepler GK110」(V1.0、p.11、NVIDIA、2012)
URL http://www.nvidia.co.jp/content/apac/pdf/tesla/nvidia-kepler-gk110-architecture-whitepaper-jp.pdf

タを移すもの、一つ置きのスレッドペアの間でデータを入れ替えるものなど各種のバリエーションがあります。シャッフル命令を使えば、ローカルメモリを使うよりも高速に同一ワープ内のスレッド間でデータを交換することができます。

メモリアクセスのパターンに注意する

先に例として挙げた行列積のCUDAプログラムは次のようになっています。

```
{
  int i = blockIdx.x * blockDim.x + threadIdx.x;
  int j = blockIdx.y * blockDim.y + threadIdx.y;
  if (i < N && j < N) {
    for(k=0; k<N; k++) C[i][j]+ = A[i][k] * B[k][j];
  }
}
```

この場合、スレッドごとにiとjの値が異なり、スレッドごとにC[i][j]、A[i][k]、B[k][j]のアドレスが異なります。1つのワープは32スレッドからなるので、それぞれのロード命令やストア命令で、スレッドごとに異なる32のアドレスをアクセスする必要が出てきます。

NVIDIAのKepler GPUは32バイト単位でメモリをアクセスし、開始ア

ドレスが64バイトの倍数の場合は2つの連続した32バイトブロック、開始アドレスが128Bの倍数の場合は4つの連続した32バイトブロックを一度にアクセスすることができます。このように一度に読めるメモリを、NVIDIAはセグメントと呼んでいます。

そして、32スレッドからアクセスする32のメモリアドレスが1つのセグメントに入っている場合は、1回のメモリアクセスですべてのスレッドのメモリアクセスを並列に行えるようになっています。スレッドのアクセスするメモリアドレスが連続の場合は、128バイトのセグメントに32個の4バイトデータが入り、この条件を満たします。また、すべてのスレッドが同じアドレスをアクセスする場合も、32バイトのセグメントにすべてのアクセスが収まります。

しかし、メモリアドレスがばらばらの場合は、最初に読んだセグメントでは一部のスレッドのアクセスしかカバーできないので、残ったスレッドのアクセスするアドレスを見て、2番めのセグメントを読みます。そして、そのセグメントに入るアドレスをアクセスしているスレッドのロード/ストア命令を処理します。そして、まだ、残っているスレッドがあれば、そのアドレスを見て、次のセグメントをアクセスしてというように、ワープの中のすべてのアクセスがカバーされるまでメモリのアクセス繰り返します。このため、最悪の場合は、1つのロード/ストア命令の実行に32回のメモリアクセスが必要となります。

32回の32バイトセグメントを読むと、合計では1KiBのメモリを読むことになりますが、そのうち、4バイト×32スレッド=128バイトしか利用されず、全体の7/8は無駄なデータの読み込みとなってしまいます。

このため、ワープのスレッドは連続したアドレスをアクセスするのがベストで、連続でない場合でも、あまりばらばらなアドレスにならないようするとメモリアクセスの回数を少なくすることができ、メモリアクセスの時間が短くなりますし、消費エネルギーの点でも有利になります。

また、プロファイラなどの性能チューニングツールでCUDAプログラムの実行状況をみて、メモリのアクセス回数が多く時間が掛かっているロード/ストア命令があれば、アクセスパターンを見直してみるという努力をしてみるのが良いでしょう。

ブロック数にも気をつける

　GPUに実行を依頼するときは<<<numBlocks、threadsPerBlock>>>とブロック数とブロックあたりのスレッド数を指定します。1つのブロックは1つのGPUコアに割り当てられるので、numBlocksがGPUハードウェアに存在するGPUコアの個数より多い場合は複数のブロックが同じGPUコアに割り当てられることになります。

　しかし、GPUのコア数が14個でブロック数が16個という場合は、まず、14個のブロックが14個のGPUコアで実行され、次は2個のブロックしか残っていないので、2個のGPUコアは有効に利用されますが、12個のGPUコアは遊んでしまいます。このため、28個分のGPUコアの実行能力のうちの16個分しか使用されず、GPUの処理能力の16/28 = 4/7しか利用することができません。

　利用率を高くするためには、threadsPerBlockを減らしてnumBlocksを物理的に存在するGPUコア数の整数倍にするか、逆に、物理コア数に比べて十分大きくして、一部のGPUコアしか使用しない最終回のブロックの実行の影響を小さく抑えることが必要になります。

　なお、GPUに、同時に複数のグリッドの実行を行わせる場合は、1つのグリッドの実行ではGPUコアが余っても、他のグリッドでそれらのコアを使えばGPUコアは無駄にはなりません。

通信と計算をオーバーラップする

　GPUで処理を行う場合は、まず入力データをGPUのグラフィックスメモリに転送し、転送が終わったらGPUにグリッドを実行させます。そして、GPUでの処理が終わったら、出力データをCPU側のメモリに転送して処理が完了します。

　このため、**図5.22**の一番上に示すように、入力データの転送時間、GPUの処理時間と出力データの転送時間の合計の時間が掛かります。

　しかし、入力データを入れる領域と出力データを入れる領域を2組用意し、1回めの処理では❶領域を使い、2回めの処理では❷領域、そして3回めの処理では、また、❶の領域を使うというように、交互に使うようにすれ

図5.22　データ転送と処理をオーバーラップさせて実行時間を短縮する

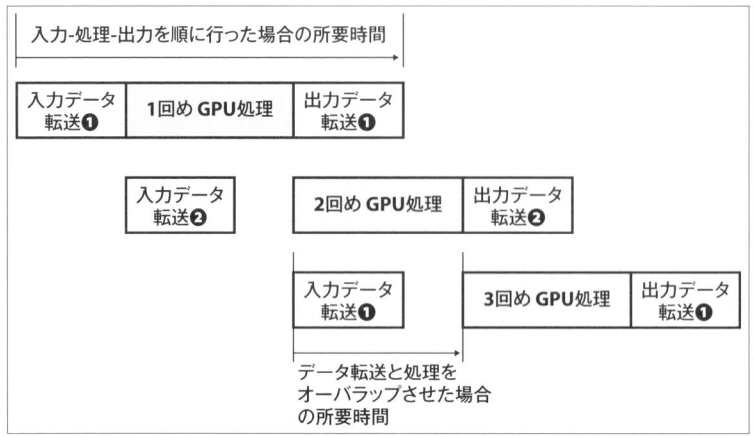

```
入力-処理-出力を順に行った場合の所要時間
┌─────────────────────────┐
│入力データ│1回め GPU処理│出力データ│
│転送❶    │            │転送❶    │
         │入力データ│2回め GPU処理│出力データ│
         │転送❷    │            │転送❷    │
                  │入力データ│3回め GPU処理│出力データ│
                  │転送❶    │            │転送❶    │
                  データ転送と処理を
                  オーバラップさせた場合
                  の所要時間
```

ば、データの転送とGPUの処理をオーバーラップして実行できます。このテクニックを**ダブルバッファリング**（*Double buffering*）と言います。

ダブルバッファリングをすると、データ転送時間がGPUの処理時間より短い場合はデータ転送時間はGPUの処理時間に隠れてしまいます。

図5.22では、入力データ転送と出力データ転送が同時に実行できることになっていますが、両方を並列に実行できないハードウェアの場合は、1回めの処理の出力データの転送を終わってから、3回めの入力データの転送を行うというようにすることで対処できます。ただし、この場合は、入力と出力のデータ転送時間の合計より、GPU処理時間が長くないと1回の処理に必要な時間はGPUの処理時間ではなく、合計の転送時間で決まってしまいます。

なお、AMDのHSAのように、CPUとGPUが共通のメモリ空間をアクセスできるようになると、入出力のデータ転送は不要になってしまうので、このようなテクニックは不要になってしまいます。

5.5 まとめ

　第5章では、3Dグラフィックス処理の基本と、3Dグラフィックス処理を高速化する目的で作られたGPUについて説明しています。

　グラフィックス処理では多数の頂点座標に同じ座標変換を行い、多数のピクセルに対して同じ計算式を使って明るさや色を計算するピクセルシェーディングを行います。このため、大量の計算を高速に実行する必要があるのですが、同じ計算なのでSIMT実行で高い並列度で計算できるということを理解できたと思います。

　現代のGPUは、この大量の計算を行う部分をプログラマブルシェーダという形で実現しており、C言語で書かれたプログラムを実行できる汎用性を持つプロセッサとなっています。しかし、同一命令列を並列に実行するSIMT方式を使っており、汎用プロセッサのCPUとは、かなり違った特性を持つプロセッサになっています。

　GPUは、元々は、3Dグラフィックス処理のために作られたプロセッサですが、その処理の性格上、大量の単精度浮動小数点数の積和演算を行い、描画データの読み込みと画像データのメモリへの書き込みにバンド幅の広いメモリを必要とします。これは科学技術計算の要件と共通性が高く、GPUを科学技術計算に利用しようという動きが広がり、現在では世界トップクラスのスーパーコンピュータの多くがGPUを計算アクセラレータとして使っています。

　また、本章ではGPUを科学技術計算に使う場合に、性能を引き出すためのプログラミング上の注意点についても説明をしています。

Column

ゲームとグラフィックス

　コンピュータとゲームの関係は長い歴史があります。1960年代に入ってコンピュータが大学や研究機関で使用されるようになると、本来の業務の空き時間を使って学生などがSpacewar!やSpace Travel※などのゲームを作って遊んでいました。この時代は文字ディスプレイで、文字の表示位置で宇宙船やミサイルを表現していました。

　1970年代に入るとLSIを使って家庭用のゲーム機が作られるようになり、卓球を模したPongやスペースインベーダーなどが家庭のTV画面でプレイできるようになりました。この時代にはスプライト（Sprite）と呼ぶ小さなタイル画面をメインの画面に重ねて表示する技術が出てきました。スプライトを画面のどこに表示するかは、メイン画面を変更することなく、ハードウェアでコントロールできるようになっており、プロセッサに負担をかけることなく、画面上を高速で移動する小さな図形を表示できるようになりました。

　LSIの集積度の向上に伴い、メイン画面のピクセル数の増加や扱えるスプライトの数が増加していきます。そして、1990年代になると、ソニー（現：ソニー・コンピュータエンタテインメント、SCE）のPlayStation（プレイステーション）やセガ・エンタープライゼス（現：セガ）のドリームキャスト（Dreamcast）など、ポリゴンベースで座標変換を行うGPUを搭載するゲーム機が出てきます。

　また、この時代にはNVIDIA社などが創立され、PC向けのGPUやグラフィックスボードが発売されるようになってきました。現在では、ハイエンドのPC用グラフィックスボードは数TFlopsという高い演算性能を持つようになってきています。そして、消費電力の制約の厳しいスマートフォン用のSoCでもハイエンドの1/10～1/20程度の性能のGPUが搭載されています。スマートフォンは、PCより画面が小さく必要な計算量が減ることもあり、スマートフォンでも3Dゲームが楽しめるようになっています。

　GPUは産業においても重要な役割を果たしているのですが、販売量としてはやはりゲーマーが主要な顧客で、ゲームとグラフィックスは強く結びついています。

※ それぞれ、宇宙戦争と宇宙旅行を題材とした、コンピュータゲームの先駆け。

第6章

メモリ技術

6.1
プロセッサのメモリ技術 ── 階層的な構造

6.2
メインメモリ技術

6.3
DRAMのエラー対策

6.4
まとめ

第6章　メモリ技術

　情報の記憶の仕方は数多くあり、いろいろな記憶素子が作られています。また、新しい原理に基づく記憶素子の開発も盛んに行われています。これらの記憶素子は高速だけれども記録密度が低いとか、記録密度は高いけれども遅いとかバリエーションがあり、コンピュータシステムの中ではプロセッサに近いところは高速、プロセッサから遠くなるにつれて速度より記録密度が重要という階層的な使い分けがなされています。本章では、どのような記憶素子があり、どのようなところで使われているかを見ていきます。

　メモリの中で一番重要なのが**メインメモリ**です。プロセッサが高性能化すると、それに比例して大量のデータをプロセッサに読み込み、大量の処理結果を書き出す必要があるので、メモリのデータの出し入れの速度（メモリバンド幅）の向上が必要になります。また、メモリの高速、大容量化に伴う消費電力の増加を抑えるためには、電源電圧を下げることが必要になります。

　この結果、メインメモリ用のDRAMチップの電源電圧とメモリバンド幅は図6.Aのように改善されてきています。

　本章ではメモリ技術の基本から、最新のメモリ技術までを見ていきます。

図6.A　各世代のDRAMメモリの電源電圧とバンド幅の推移[※]

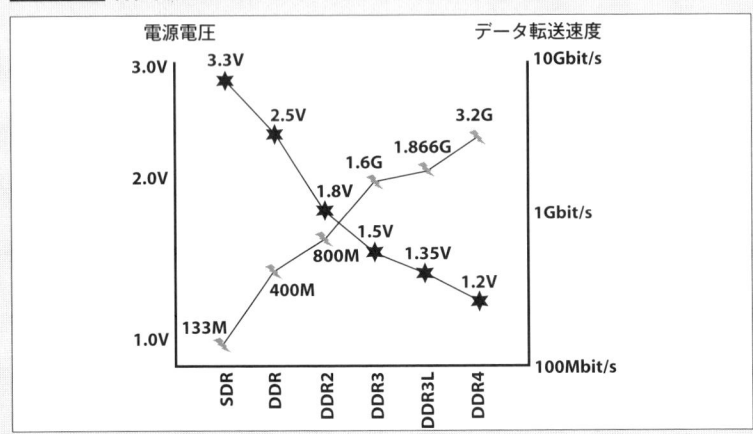

世代	電源電圧	データ転送速度
SDR	3.3V	133M
DDR	2.5V	400M
DDR2	1.8V	800M
DDR3	1.5V	1.6G
DDR3L	1.35V	1.866G
DDR4	1.2V	3.2G

※出典:「Samsung DDR4 SDRAM Brochure」(p.2、Samsung Electronics、2013.6)
URL http://www.samsung.com/global/business/semiconductor/file/media/DDR4_Brochure-0.pdf

6.1 プロセッサのメモリ技術 —— 階層的な構造

　プロセッサの実行ユニットに「高速で大容量」のメモリが付いていれば理想的ですが、倉庫が大きくなれば目的の棚までの距離が遠くなるように、「大容量」と「高速」は両立しません。このため、コンピュータでは「階層的なメモリ構造」がとられます。

高速小容量から低速大容量への「階層」を構成するメモリ

　メモリは容量が大きくなるにつれて、アクセス時間も長くなっていきます。また、アクセス時間が長い記憶素子は、一般に記憶容量1ビットあたりのコストも安くなります。このため、コンピュータでは図6.1に示すようなメモリ階層を使っています。

　プロセッサのクロックは数GHz程度になっており、これほど高速で動作する大容量のメモリを作るのは不可能です。また、2.1節の命令の構造

図6.1　プロセッサのメモリ階層とその容量とアクセス時間

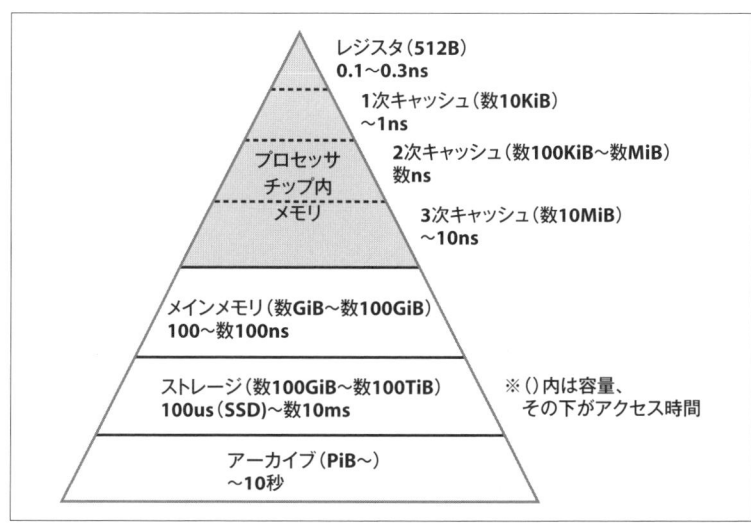

- レジスタ（512B）　0.1〜0.3ns
- 1次キャッシュ（数10KiB）　〜1ns
- 2次キャッシュ（数100KiB〜数MiB）　数ns
- プロセッサチップ内メモリ
- 3次キャッシュ（数10MiB）　〜10ns
- メインメモリ（数GiB〜数100GiB）　100〜数100ns
- ストレージ（数100GiB〜数100TiB）　100us（SSD）〜数10ms
- アーカイブ（PiB〜）　〜10秒

※（）内は容量、その下がアクセス時間

のところで説明したように、アドレス指定のビットも限られるので、実行ユニットに最も近いメモリとしては、0.1〜0.3ns程度でアクセスできる16〜128エントリのレジスタが使われます。64エントリのレジスタで、各エントリが8バイト（64ビット）の場合、記憶容量は512バイトとなります。

そしてプロセッサと比較して速度がずっと遅い大容量のメインメモリをアクセスすると、データが到着するまでの待ち時間が長く、2.4節で説明したように、メモリアクセスで性能が押さえられてしまいます。このため、プロセッサチップの内部に数サイクル（1ns程度）でアクセスできる数十KiB程度の容量の1次キャッシュ、10〜20サイクル程度（数ns）でアクセスできる数百KiB〜数MiBの2次キャッシュを置いて、メインメモリのアクセスを必要とするケースを少なくして性能を改善しています。大量のデータを扱う大規模サーバ用のプロセッサチップでは、さらに大容量の数十MiBの3次キャッシュを持つプロセッサチップも作られています。

ここまではプロセッサチップの内部のメモリですが、その次のメモリ階層が、本章の主題である「メインメモリ」です。メインメモリはプロセスの命令やデータを記憶するもので、プロセッサと並ぶコンピュータの重要構成要素です。

メインメモリの容量は、システムによりますが数GiB〜数百GiBと大きく、アクセス時間は100〜数百nsといったところです。

メインメモリの容量は大きいといっても、その時点で実行するプロセス群の命令やデータを入れる程度で、コンピュータに必要なすべてのプログラムや大量のデータファイルを入れるほどの容量はありません。また、現在、メインメモリとして用いられているDRAMは電源を切ると記憶した内容が消えてしまう**揮発性**（*Volatile*）のメモリなので、プログラムやデータを長期に保存するという用途には使えません。

このため、メインメモリの次に、**ストレージ**（*Strage*）というメモリ階層が設けられます。ストレージはデータを長期に保存するため、電源を切ってもデータが失われない**不揮発性**（*Non volatile*）のメモリであることが必要であり、記憶素子としては回転する円盤の表面に磁気的に情報を記録するHDDが広く用いられています。HDDはメカニカルに動くデバイスなので、電子的にアクセスできる半導体メモリと比べてアクセス速度が遅く、数ms〜数十msのアクセスタイムが掛かります。

また、フラッシュメモリという半導体チップを使うSSDも用いられるようになってきています。SSDは$100\mu s$程度とHDDに比べて高速にアクセスできるので、高速のアクセスが必要なデータ用のストレージとして、あるいは大容量のHDDのキャッシュとして使われています。

一般のシステムではストレージでメモリ階層は終わりですが、大量のデータの長期保存を必要とする企業や研究機関ではアーカイブという階層が付け加わり、大量の磁気テープカートリッジを格納する自動倉庫のようなテープアーカイブ(*Tape archive*、後述)という装置が使われます。

各種のメモリ素子

メモリ素子としては、

- 1ビットを記憶するための面積、あるいは体積が小さい ➡ 高記憶密度
- コストが安い
- 消費電力が少ない
- 高速で読み出し、書き込みができる
- 電源がなくても情報を記憶し続けられる ➡ 不揮発性
- 任意のビットの読み書きができる ➡ ランダムアクセス(*Randum access*)性

などの望ましい特性がありますが、これらすべてを満たすようなオールマイティー(*Almighty*)のメモリ素子はありません。したがって、次に述べる各種のメモリを適材適所で使うということが行われています。

SRAM

SRAM(*Statick Random Access Memory*)の記憶素子は**図6.2**のようになっています。中央にあるのが2個の否定回路で、互いに相手の否定回路の出力が入力に接続されています。否定回路は入力が1なら0、入力が0なら1を出力します。図6.2中に書いたように、上側の否定回路の入力が1なら出力は0で、これが下側の否定回路の入力につながっているので、入力は0で出力は1となります。これが上側の否定回路の入力となるので両方の否定回路の入力と出力のつじつまがあい、電源が入っている限り、この状態を保持しておく、つまり状態を記憶することができます。静止した状態

で記憶を維持できるので「Static RAM」と呼ばれます。

また、この回路は対称なので、上側の否定回路の入力が0の状態も記憶することができ、0か1の値をとる1ビットを記憶できるわけです。そして、ワード線を高電位にしてパストランジスタをオンにすると、否定回路のペアが記憶している状態をビット線に読み出せます。なお、ビット線の信号は、一方が0なら他方は1と互いに逆の信号になります。

書き込みはちょっと強引で、図6.2の状態では、左側のビット線を0(低電位)、右側のビット線を1(高電位)に保ち、パストランジスタを通じて、左側の1(高電位)の電圧を引き下げ、右側の0(低電位)の電圧を引き上げてやります。半分余り電圧を変えると、シーソーが半分のところを過ぎるとパタンとひっくり返るように、左側が0、右側が1になって安定し、パストランジスタをオフにしてもその状態を維持します。

SRAMはプロセッサを構成する論理回路と同様の回路でできているので、読み書きの速度が速く、ランダムアクセス性もあるのが特徴です。このため、レジスタやキャッシュにはSRAMを用いるのが一般的です。

しかし、次に述べるDRAMなどと比べると多くのトランジスタを必要として、1ビットの記憶に必要なチップ面積が大きいのが欠点です。また、電源を切ると否定回路は動作しなくなり、情報がなくなってしまう揮発性のメモリ素子なので、長期に情報を保存するという目的には適していません。

図6.2 SRAMの記憶素子

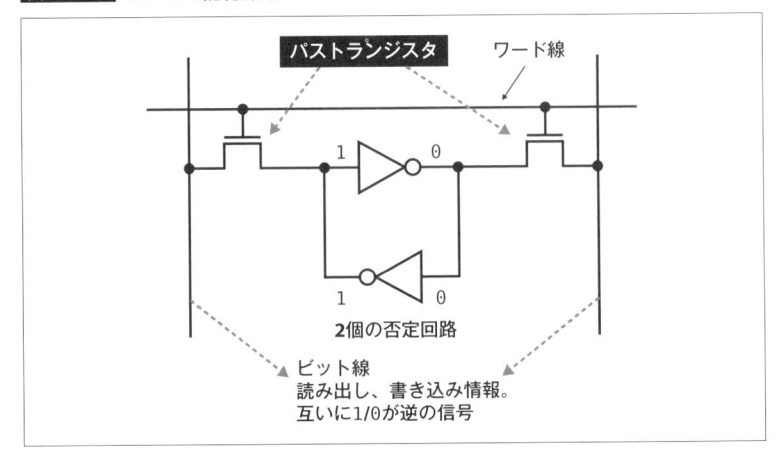

DRAM

DRAM（*Dynamic Random Access Memory*）の記憶素子はDRAMセル（*DRAM cell*）と呼ばれ、1個のパストランジスタと1個の記憶キャパシタからできています（**図6.3**）。ビット線を高電位にしてパストランジスタを開け（オン）れば、記憶キャパシタは高電位に充電されます。そして、パストランジスタを閉め（オフ）ると、キャパシタは高電位を維持します。ビット線を低電位にしてパストランジスタを開け、閉めすればキャパシタは低電位を維持します。このようにしてキャパシタに溜まっている電荷量で情報を記憶します。

図6.3のDRAMセルを、マトリクス状に並べて、縦方向にビット線、横方向にワード線を接続して、**図6.4**のセルアレイ（*Cell array*）を作ります。

DRAMセルの読み書きは1行分が並列に行われ、ワード線を高電位にした行のすべてのセルのパストランジスタが開きます。読み出しの場合は、それぞれのビット線にセルの状態を読み出します。読み出しは、パストランジスタを開くと、記憶キャパシタからビット線に電荷が供給されるのですが、ビット線の寄生容量が大きいのでバケツにコップ一杯の水を注ぐようになり、100mV程度の小さな電圧変化しか得られません。これをセンスアンプという回路で増幅して取り出します。このため、SRAMに比べて読み出しの速度は遅くなります。

書き込みの場合は、1行分のDRAMセルに、それぞれのビット線の電位を記憶させます。

DRAMセルは、読み出しを行うと記憶キャパシタが放電されてしまう（**破壊読み出し**）ので、情報を保持するためには、センスアンプで読み出した元のデータを再度書き込む必要があります。また、記憶キャパシタの電荷

図6.3 DRAMの記憶素子（DRAMセル）

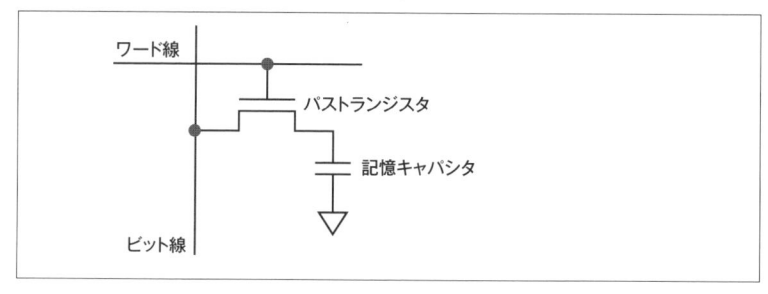

図6.4　DRAMセルアレイ

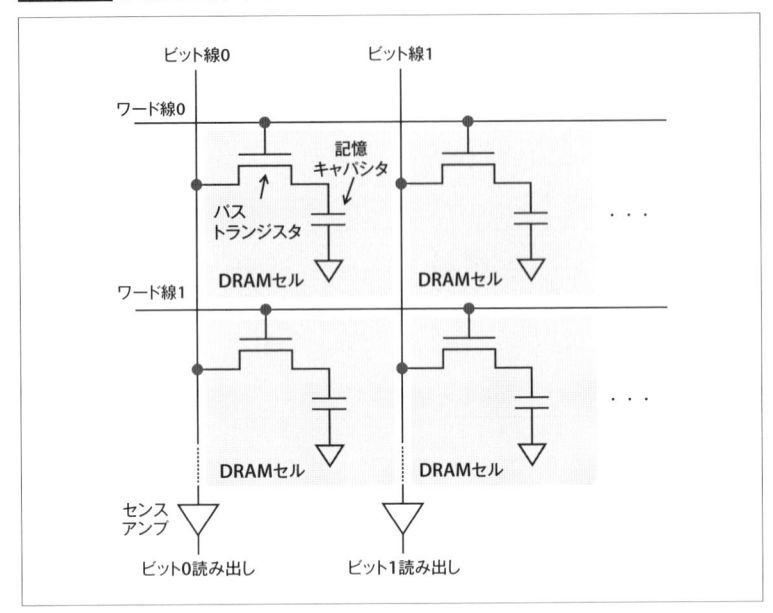

は、パストランジスタをオフにしておいても少しずつ漏れ出してしまうので、通常64msに1回は読み出しと再書き込みを行って、減少した電荷を復元してやる必要があります。この動作を**リフレッシュ**(*Refresh*)と言います。このように、記憶を維持するためには常にリフレッシュ動作を続けている必要があるので「Dynamic RAM」と呼ばれます。

DRAMチップでは、パストランジスタの上にキャパシタを積み重ねて作るという構造が一般的で、SRAMと比較すると同じ面積に10倍くらいのビット数を記憶することができ、その分コストが安くできます。このため、大容量である程度高速のアクセスを必要とするメインメモリにはDRAMが用いられます。

SRAMと同様に、DRAMもランダムアクセスが可能で、電源を切ると情報の消える揮発性のメモリ素子です。

不揮発性メモリ素子 —— NAND Flash、FeRAM、ReRAM、MRAM

電源を切っても記憶が持続し、安価で高速という理想を目指して、いろ

いろなメモリ素子が研究されています。

現在、一番成功している不揮発性の半導体メモリは**NAND Flash**というメモリです。このメモリはSDカードやUSBメモリなどに使われています。NAND Flashメモリは、スマートフォンやデジタルカメラにも入っており、持っていない人はほとんどいないというくらい普及しています。また、ビット単価が下がってきたので、SSDとして、HDDを置き換えるという用途にも使われています。NAND FlashメモリとSSDについては第7章で詳しく説明します。

図6.3のDRAMと似た構造ですが、記憶キャパシタの部分に強誘電体を使い分極で情報を記憶するのが、**FeRAM**(*Ferroelectric Random Access Memory*)というメモリです。このメモリはSuica(スイカ)などの乗車カードの残額や乗車履歴の記憶に使われています。

また、記憶キャパシタではなく、流す電流の量や時間によって抵抗値をスイッチし、その状態を記憶する材料を使った**ReRAM**(*Resistive Random Access Memory*)というメモリの開発が盛んです。DRAMの密度と不揮発性を兼ね備えたメモリの実現を目指しており、小容量のものが一部のメーカーから発売されています。

前出の図6.2のSRAMの構成に**MTJ**(*Magnetic Tunnel Junction*)という素子を組み込んだり、前出の図6.3のDRAMの記憶キャパシタの代わりにMTJを使う**MRAM**(*Magnetic Random Access Memory*)というメモリも開発が盛んです。初期の素子はMTJを磁化するのに大きな電流を必要としたのですが、スピントルク注入(*Spin torque transfer*)という方法で少ない電流で磁化を行うSTT-MRAMが開発され、実用化の可能性が高まりました。

MRAMは、電源を切ってもMTJ素子が磁気的に状態を記憶しているので電源を入れると元の状態に戻り、SRAMやDRAMの高速性と不揮発性を兼ね備えたメモリです。一方、MTJを作る工程が追加となりコストアップになる、MTJへの書き込みにはSRAMよりも電力を必要とするなどのデメリットもあります。

不揮発性メモリ素子とプロセッサの消費電力

4.3節で述べたように、プロセッサがS3、S4ステートに入るには、プロセッサ内部の状態をDRAMに書き出したり、DRAMの内容をHDDに書き出したりする必要がありますが、プロセッサ内部の状態が不揮発性の

MRAMに記憶されていれば書き出しの必要はありません。また、メインメモリがDRAMではなくReRAMならHDDへの書き出しも不要です。

これらの退避、復元が不要になると、S3、S4ステートに入りやすくなり、いっそうプロセッサの消費電力を減らせることになります。

6.2 メインメモリ技術

メインメモリとして重要なのは、大きな記憶容量が経済的に実現できることと、十分な速度で、プロセッサチップからデータの読み書きができることです。現在、これらの要件に応えられるのはDRAMだけなので、メインメモリにはDRAMが使われています。

メモリバンド幅の改善

プロセッサのチップ内の配線の幅は$1\mu m$(μmは$10^{-6}m$)以下と細いので、多数の配線が使えます。このためプロセッサコアと1次キャッシュ間、1次〜3次キャッシュ間の接続には多数の配線を使うことにより比較的容易に高いメモリバンド幅を実現できます。

しかし、メインメモリには、通常、DIMM(後述)と呼ばれる小型のプリント基板にDRAMチップを載せた部品が使われます。DIMMとプロセッサチップ間の接続(DIMM接続)はプリント基板の配線とコネクタ経由で行われますから、配線の本数をあまり増やすことはできず、DIMMとプロセッサ間のデータ信号線は64本(エラー訂正を行う場合は72本)となっています。

より高いメモリバンド幅を得るため、PC用プロセッサではこのDIMM接続を2チャネル持ち、合計で128本のデータ信号線を使うという構成が一般的です。また、サーバでは4チャネルのDIMM接続をサポートし256本のデータ信号線で接続するものや、中継チップを使って8チャネル512本のデータ信号線で接続するものもあります。

6.2 メインメモリ技術

　図6.5はDIMMのメモリバンド幅の年次推移のグラフで、2チャネルの場合のメモリバンド幅を示しています。

　2005年には信号線のデータ伝送速度は533Mbit/sであったのですが、2010年末には1886Mbit/sと3.5倍になっています。これに伴い、2チャネルのDIMMのバンド幅は8.5GB/sから30GB/sに向上しています。しかし、この期間にプロセッサの性能は約10倍に向上しているので、メモリバンド幅が性能のネックとなる傾向が強まっています。これは「メモリの壁」(Memory wall)と呼ばれます。

　これらのDRAMはDDR2[注1]あるいはDDR3(後述)という規格を使っていますが、Samsungは2013年にDDR4という新しい規格に準拠するDRAMを発売しました。DDR4はDDR3に比べて、電源電圧を下げてより低電力になり、データ伝送速度も向上しています。Samsungのロードマップでは、2013年末までにはデータ伝送速度を2400Mbit/sに引き上げ、将来的には3200Mbit/sまで引き上げる計画です。3200Mbit/sになると、2チャネルのメモリバンド幅は51.2GB/sに達します。

図6.5　メインメモリDRAMのバンド幅の推移※

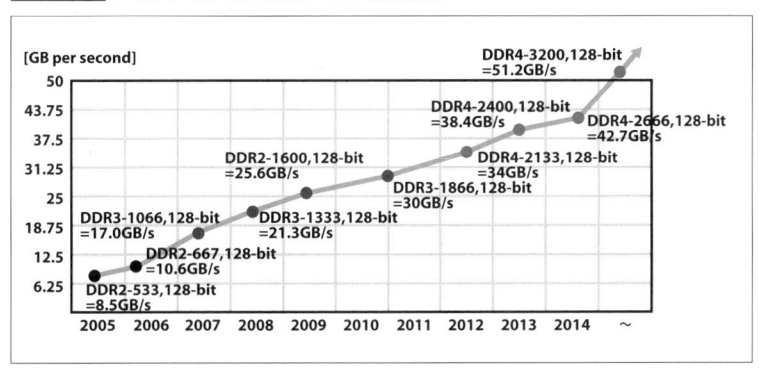

※出典:「Samsung DDR4 SDRAM Brochure」(p.3、Samsung Electronics、2013.6)
URL http://www.samsung.com/global/business/semiconductor/file/media/DDR4_Brochure-0.pdf
図中、たとえば本書の原稿執筆の2013年末の時点で2667MHzの製品を量産となっているが、DDR4 DRAMコントローラを持つCPUチップがないため、実際問題としては評価用程度にしか出荷されていない模様で、量産レベルでどこまでの転送速度のメモリが作れるかは今後の動向を追う必要がある。

注1　DDR2は、クロックの2倍の速度でデータ転送を行うDDR SDRAMの2世代めの規格、および、それに準拠した製品を指します。

第6章 メモリ技術

必要なメモリバンド幅は？

　コンピュータとしてどの程度のメモリバンド幅があればよいかは、どのような処理を行うかによるのですが、科学技術計算では1回の倍精度浮動小数点演算あたり4バイト(4バイト/Flop)あれば十分で、1バイト/Flopあればまあまあと言われています。クロックが2.5GHzで16個の浮動小数点演算を実行することのできるプロセッサコアを4個集積したチップは、16演算×4コア×2.5GHz = 160GFlopsという計算になります。この計算能力で4バイト/Flopsを実現しようとすれば、640GB/sのバンド幅のメモリが必要となりますし、1バイト/Flopでも160GB/sが必要です。これは2014年頃の最新技術である(1チャネルあたり)20GB/sのDIMMを使っても8チャネルも必要ということになってしまいます。このため、後に述べるHMCなどの高バンド幅メモリの開発が行われています。

DRAMチップの内部構造

　DRAMチップの内部構造は**図6.6**のようになっています。❶DRAMセルアレイは、前出の図6.4に示したようにDRAMの記憶素子がマトリクス

図6.6　DRAMチップの内部構造[※]

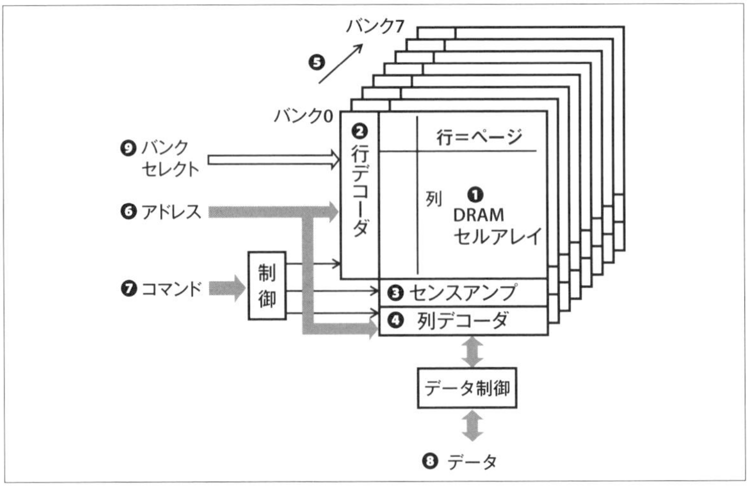

※図中「行＝ページ」について、1つのバンクの1行がページという意味。

状に並んだもので、❻「アドレス」の中の行アドレスを❷行デコーダでデコードしてアクセスする行を選択します。そして、読み出しを行うと、1行分のDRAMセルのデータが読み出され、❸各ビット線に付けられたセンスアンプで増幅されます。

たとえば4GbitのDRAMチップでは、1行には8192ビットが含まれていますから、その中から❻「アドレス」の中の列アドレスを❹列デコーダでデコードして必要な部分を取り出して❽データとして送り出します。また、DRAMセルは前述のとおり破壊読み出しですから、読み出した内容をセンスアンプからDRAMセルに書き戻します。

書き込みの場合は、読み出した行のデータのうちの列デコーダで選択された部分を❽からの書き込みデータに変更してから、1行分をDRAMセルに書き戻します。

現在、広く使われているDDR3 DRAMチップでは❶のセルアレイが8枚あり、これを「バンク」(❺)と言います。どのバンクをアクセスするかは❾バンクセレクト信号をデコードして指定します。512M×8ビットの構成の4Gbit DRAMチップでは、行の数が65536、各行のサイズが8192ビットとなっています。そして、1行分を「ページ」と呼びます。これは、DRAMチップという本棚には8冊の本(DRAMではバンク)があり、それぞれの本には65536ページあり、各ページには8ビットの文字が1024文字書かれているという感じです。

そして本を本棚から取り出して読み書きできる状態にすることを「バンクをアクティブ(Active)にする」と言います。アクティブにしたバンクに行アドレスを送って目的のページを開きます。そして、列アドレスを送ってページ内のアクセスする文字を読み書きするという手順になります。

次にアクセスする文字が、すでに開いてあるページ内にあるときは、行アドレスを送ってページを読み出す必要はないので、短い時間でアクセスできます。また、すべてのバンクをアクティブにしておけば、8冊の本の各1ページを開いて置けますが、その分エネルギーの消費が増えます。

DRAMチップはアクセスする行アドレスや列アドレスを指定して読み出しや書き込みをしたり、バンクをアクティブにしたり、リフレッシュを行ったりと各種の動作をします。どのような動作をするのかを指令するのが❼コマンドです。

第6章　メモリ技術

　DRAMチップは、記憶したデータを失わないようにリフレッシュだけを行っているという状態が記憶素子として最低の消費電力の状態で、この状態を**セルフリフレッシュ**と言います。アイドル状態の時間が長い機器では、セルフリフレッシュ状態での消費電力の低減が重要になります。

DIMM

　多くの機器では、DRAMは**DIMM**(*Dual Inline Memory Module*)という形でシステムに搭載されます。DIMMは64ビットのデータの入出力を持つ規格で、512M×8ビットのDRAMチップの場合は8個のチップを並列に動作させて64ビットの入出力とします。なお、6.3節で説明するエラー訂正を行う場合は、チェックビットを追加して72ビットの入出力となります。

　図6.7の上の写真はエラー訂正を行うDIMMの一例で、黒いDRAMチップが9個搭載されています。また、プリント基板の表裏にDRAMチップを搭載して、16個あるいは18個のDRAMチップを搭載した製品もあります。

　図6.7の下の写真は**SO-DIMM**(*Small Outline DIMM*)規格の製品で、面積がほぼ半分になっています。ノートPCなど規模の小さいシステムで使用されるので、エラー訂正用のチェックビットはなく×8ビットのDRAMチップを表裏で合計8個搭載しています。

各種のDRAM規格

　DRAMにはその用途別にいろいろな規格が作られています。この規格

図6.7　メインメモリに使われるDIMM（左：D3E1333-2G、右：D3N1600-L8G）[※]

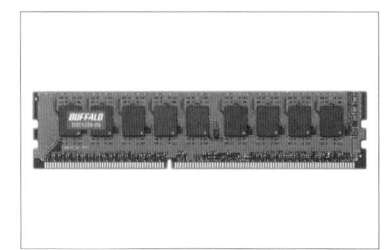

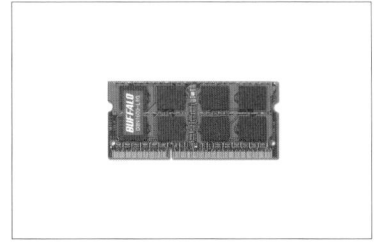

※画像提供：㈱バッファロー（URL buffalo.jp）

を作っているのはJEDEC[注2]という業界団体です。JEDECは、元々はJoint Electron DEvice Concilの略称であったのですが、現在の正式名称はJEDEC Solid State Technology Associationとなっています。

DDR3 —— PCやサーバ、あるいはビデオレコーダなどに広く使われている

　現在、PCやサーバなどに使われているDRAMは**DDR3**という規格に準拠したメモリです。DDRはDouble Data Rateを意味し、DRAMのクロックの2倍の速度でデータの送受信を行うという方式で、3世代めの規格ということを意味しています。DDR3規格のメモリには、DDR3-1333のように後に数字が書かれていることがあります。この最後の数字は、データ信号線は1333Mbit/sの速度でデータの転送ができることを意味しています。DDRですから、クロックはこの速度の半分の667MHzで、コマンドやアドレスを送る速度はこのクロックの速度になっています。

　DDR3 DRAMでは、データ転送速度は800Mbit/s〜1866Mbit/sのものが製品化されています。

　DRAMのセルアレイには非常に多数のビットが含まれており、1333MHzというような高速では動作できません。この速度でデータを送り出せるのはセンスアンプに入っている1ページの中のデータに限られます。また、1回のアクセスで1つの8ビットデータだけをやり取りするのでは、コマンドやアドレスを送るオーバーヘッドが大きくなってしまうので、複数のデータをまとめて連続してやり取りを行います。この連続したデータのやり取りを**バースト**(*Burst*)と言います。DDR3 DRAMでは**バースト長**(*Burst Length*、BL)は8となっており、指定したアドレスから8つのアドレスのデータが順次転送されます。

　DIMMのデータ幅は64ビットですから、BL=8で1回のアクセスで8つのデータが連続して転送されると、512ビット＝64バイトのデータが転送されることになります。64バイトのキャッシュラインサイズの場合は、1回のメモリアクセスで64バイトが読み書きできるのは、好都合です。

　DDR3 DRAMは大量生産によるコストダウンもあり、2013年10月の時点で2Gbitのチップが200円程度で取引されており、PCやサーバあるいは

注2　URL http://www.jedec.org/

ビデオレコーダなどに広く使用されています。なお、2014年1月本書原稿執筆時点では280円程度になっており、需給で市場価格が変動します。

DDR4

　DDR3の次の世代がDDR4です。データの転送速度を高速化しようとすると、並列に送るビット間のタイミングのずれが問題になります。たとえば、3200MHzのデータ転送速度では1ビットの時間は0.3nsで、この半分の0.15ns以上データのタイミングがずれると、そのデータが前のクロックのものか後のクロックのものかわからなくなってしまいます。0.15nsのずれは、配線の長さの数cmの違いでも生じてしまいます。64本の信号配線の長さの違いを許容範囲内に抑える必要があるので、プリント基板の設計が難しくなってしまいます。

　このため、DDR4では、事前に各ビットのタイミングのずれを測定して補正する**トレーニング**(Training)を行うというメカニズムが組み込まれました。これによって、DDR4のデータ転送速度をDDR3のほぼ2倍にすることが可能となり、規格では1600MHz〜3200Mzの転送速度が規定されています。

　DDR4 DRAMはDDR3 DRAMの後継として、データ転送速度を引き上げてメモリバンド幅を向上させ、同時に消費電力を減らすものであり、数年後にはDDR3を置き換えると見られています。しかし、2014年1月の本書原稿執筆時点では、SamsungはDDR4 DRAMの量産を発表していますが、同社の製品一覧には載っていません。また、DDR4対応のメモリのコントローラを搭載するCPUチップは発売されておらず、PCやサーバには、まだ使用されていないという状況です。

GDDR5 —— GPU向けの高いバンド幅を持つメモリ規格

　GDDRのGは「Graphics」の意味で、**GDDR DRAM**はGPU向けの高いバンド幅を持つメモリ規格です。GDDR5は第5世代の規格で、最も高速の製品では7Gbit/sでデータ伝送するものが発売されています。

　GDDR5 DRAMはデータ幅が32ビットと広く、6Gbit/sの場合、1チップで24GB/sという高いメモリバンド幅が得られます。ハイエンドの専用GPUは、このようなGDDRメモリを12〜16個接続できるようになって

おり、200GB/sを超えるメモリバンド幅を実現しています。

また、1Gbit以上の容量のチップでは16バンクとDDR3の2倍のバンクを持っており、DDR3メモリと比べると、高速でアクセスできるページ数が倍増しています。

しかし、6〜7Gbit/sの高速伝送を可能にするため、GPUとの接続は1対1に制限され、DIMMのようなコネクタを使う接続はできません。このため、1個のGPUに対して4Gbitのチップを16個接続して8GiB程度の記憶容量が上限となります。

電源電圧は1.5VでDDR3と同じで、多数の高速データトランシーバを搭載しバンク数も多いので、DDR3 DRAMよりは相当消費電力は大きく10W以上になると考えられますが、各社のWebサイトでは消費電力の書かれたデータシートが公開されいないので、正確なところはわかりません。

GDDR5 DRAMは高性能ですが、システムとして大きなメモリ容量が実現できないこと、消費電力が大きいこと、値段が高いことから、メインメモリとしての使用には向かず、もっぱら、高性能GPUや高性能の演算アクセラレータのメモリとして使われています。

DDR3L、LPDDR3 — 低消費電力規格

DDR3 DRAMの電源電圧は1.5Vとなっていますが、より消費電力を減らしたいという要求に応えるため、**DDR3L**(*DDR3 Low voltage*)というDRAM規格が作られました。DDR3L DRAMは電源電圧を1.35Vに下げています。消費電力は第4章で説明したようにVdd^2に比例するので、電源電圧を10%下げると、消費電力を20%下げることができます。

さらに、携帯/モバイル機器を主要なターゲットとして、電源電圧を1.2Vに下げて消費電力を減らし、セルフリフレッシュ時の消費電力をDDR3Lに比べて半分以下にした**LPDDR3**(*Low Power DDR3*)という規格が作られました。また、LPDDR3 DRAMはDDR3Lよりも、きめ細かい低電力モードを持っています。

LPDDR3 DRAMは消費電力を減らすだけでなく、携帯機器向けにサイズを小さくすることにも重点を置いています。**図6.8**はSamsungのスマートフォン向けの2GBのLPDDR3製品の構造を説明する図ですが、4枚の4Gbit LPDDR3チップを重ねて1つのパッケージに入れています。そして、

第6章　メモリ技術

全体が0.8mmという薄さで、このパッケージをCPUチップのパッケージの上に重ねて実装する**PoP**（*Package on Package*）実装ができるようにしてプリント基板のスペースを減らし、スマートフォンなどの小型軽量化に貢献しています。

このようにLPDDR3メモリは低消費電力で高実装密度のメモリですが、シリコンウエファから切り出したDRAMチップを研磨して薄く加工して、積層して組み立てるという手間が掛かるので、通常のDDR3 DIMMと比べるとビット単価が高くなります。

Wide I/OとHybrid Memory Cube
──3D実装でバンド幅を高めるアプローチ

DDR系のDRAMは「データの転送速度を上げる」ことによりバンド幅を改善してきたのですが、それとは方向を変えて「3D実装でデータピン数を増やしてバンド幅を高める」というアプローチも出てきています。

JEDECの**Wide I/O**というDRAM規格は、3D実装で、最大4枚のDRAMチップを積み重ねて直結することを想定した規格になっています。Wide I/Oは200MHzクロックの**SDR**（*Single Data Rate*、データ転送速度がクロックの1倍という方式）でピンあたりのデータ転送速度は遅いのですが、DDR3などのDRAMではチップあたりのデータピンが4本、あるいは8本が普通ですが、WideI/O規格のチップでは1チャネルが128ピンで、チップあたり4チャネル、合計512ピンとなっています。200Mbit/sの速度ですが、512ピンで伝送するので、102.4Gbit/s（12.8GB/s）のメモリバンド幅が得られます。

図6.8 Samsungの2GB LPDDR3モジュール[※]

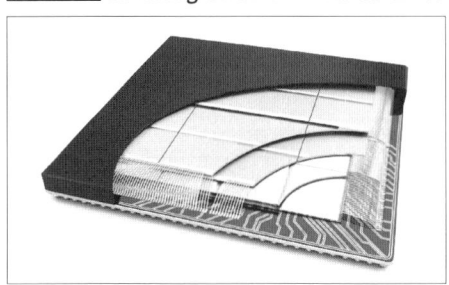

※画像提供：サムスン電子ジャパン㈱
URL http://www.samsung.com/jp/

6.2 メインメモリ技術

512ピンの信号に加えて、電源、グランドなどの接続があり、Wide I/Oのチップは1200ピン[注3]で、**TSV**(*Through Silicon Via*)というシリコン基板を貫通してチップ同士をつなぐ技術を使ってチップ間を接続します。

図6.9は、次に述べるHMCのTSV接続の断面の顕微鏡写真ですが、4枚のシリコンチップが接続されています。そして、図6.9右の拡大図に見られるように、シリコン基板を導電性のビア(*Via*)が貫通しており、マイクロピラーで隣接チップに接続されています。そして、拡大写真のシリコン基板の下側にDRAMを作る配線などが見えます。Wide I/O DRAMでも同様のTSV接続が使われます。

このようなTSVとマイクロピラーによる接続は物理的に配線が短くなり、ピンの寄生容量[注4]がLPDDR3の1/3以下に押さえられます。消費電力はCV^2fに比例しますから、寄生容量の減少によりWide I/OはLPDDR3より低消費電力にできます。

DDR3-1866で8ピンのDRAMチップのバンド幅は1.866GB/sですから、Wide I/O DRAMは6.7倍のバンド幅を持っています。また、JEDECはWide I/Oの次世代規格の仕様策定を進めており、**Wide I/O 2**と呼ばれるこの規格では、データ伝送は266MHz DDRになるとも言われており、初代Wide I/Oと比べると2.66倍のバンド幅となります。

図6.9 TSV接続の断面の顕微鏡写真(写真:HBM社)※

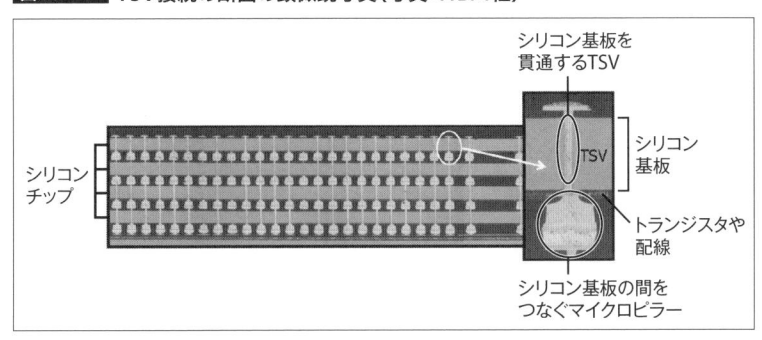

※出典:Joe Jeddeloh「PCIe FLASH and Stacked DRAM for Scalable Systems」(p.18、IEEE Conference on Massive Data Storage、2013.5)
URL http://storageconference.org/2013/Presentations/Jeddeloh.pdf

注3 JEDEC規格では、ピンではなく「マイクロピラー」(*Micropiller*、マイクロな柱)と呼んでいます。
注4 ピンについている静電容量。ピンの信号をスイッチすると充放電されエネルギーを消費します。

第6章　メモリ技術

　Wide I/Oは携帯／モバイル機器向けの低電力を重視した規格なのですが、DRAM大手のMicronは、Hybrid Memory Cube Consortium[注5]を設立し、**HMC**(*Hybrid Memory Cube*)という高性能メモリモジュールの開発を推進しています。HMCはWide I/Oと同様な技術で、4〜8枚のDRAMチップを積み重ね、メモリコントローラ機能などを入れたロジックチップ(*Logic chip*)と接続するという**図6.10**のような構造を採っています。TSV技術で多数ピンの接続を行うことにより、メモリチップとロジックチップの間のバンド幅は1Tbit/sを超えると言われています。

　図6.10の右側のようにチップを積層して、概念的にはサイコロのような形になるので、キューブという名前が付けられていますが、実際の厚みは1mm程度と思われ、キューブのようには見えません。

　HMCは、プロセッサチップとHMCのロジックチップとの間を高速のリンクで結び、スーパーコンピュータやGPU向けの高性能のメモリを提供することを目指しています。高速のリンクは、電気的な制約からDIMMのように複数枚を芋づるで接続することはできないので、6Gbit/sの伝送を行うGDDR5メモリは1対1接続しかできません。これに対して

図6.10　Micron TechnologyのHMCはロジックチップと4枚のDRAMチップをTSVで接続※

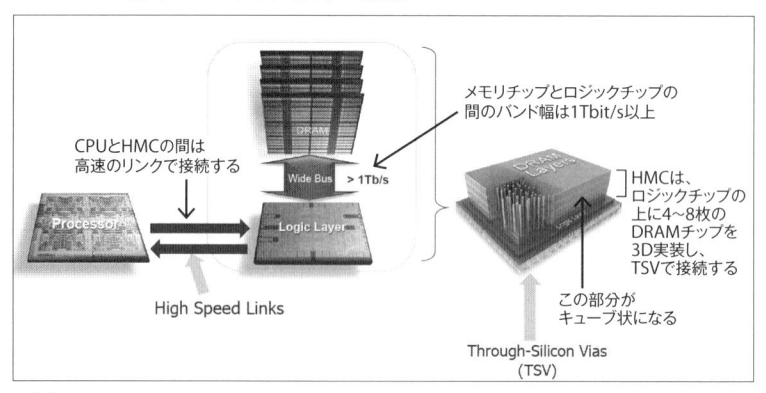

※出典：Joe Jeddeloh「PCIe FLASH and Stacked DRAM for Scalable Systems」(p.8、IEEE Conference on Massive Data Storage、2013.5)
　URL http://storageconference.org/2013/Presentations/Jeddeloh.pdf

注5　**URL** http://www.hybridmemorycube.org/

HMCのロジックチップは他のHMCと接続するリンクを備えており、プロセッサチップに接続されるHMCの個数を拡張することができるようになっています。

リンクの伝送速度は1レーンあたり双方向に10Gbit/sあるいは12.5Gbit/s(短距離の場合は15Gbit/s)で、HMC間を16レーンあるいは半分の幅の8レーンで接続します。15Gbit/sで16レーンの場合の伝送速度は30GB/s × 2となります。そして、キューブは8、または16リンクをサポートしており、4リンク並列で使うと、120GB/s × 2という高バンド幅のメモリができます。なお、初版の規格では、8リンク並列の場合は10Gbit/sの速度だけが規定されており、この場合は160GB/s × 2のバンド幅となります。

HMCは2013年にサンプル出荷が始まった段階で、2014年末までに量産を開始する予定と発表されています。

メモリコントローラ

プロセッサからの指令は、どのアドレスのデータを読む、あるいは書くかというだけの指令ですが、DRAMメモリチップに対しては、バンクの**アクティベート**(*Activate*)コマンドを送り、行の読み出しコマンドとアドレスを送り出し、その次に列の中のデータの読み出しコマンドと列アドレスを送り、長さ8のバーストで送り返されてくるデータを受け取るという手順に翻訳して伝える必要があります。

この翻訳を行うのが**メモリコントローラ**です。また、メモリコントローラはどのバンクがアクティブになっているかを覚えており、アクティブでないバンクへのアクセスの場合は、バンクのアクティベートコマンドを挿入します。そして、賢いメモリコントローラは、開いているページへのアクセスを他のページより優先して処理したり、アクティブなバンクへのアクセスを優先したりしてDRAMアクセスの効率を改善するということも行います。

それから、DRAMは非常に多数のビットを含んでいるので、故障や誤動作でデータがエラーするということが起こります。

このため、サーバなどではDRAMにECC(後述)を使うのですが、このための書き込みデータのチェックビットを計算し、読み出しデータのエラーを訂正するのもメモリコントローラの役目です。

6.3 DRAMのエラー対策

頻度は非常に小さい(1GiBのメモリで100万時間に1回程度)のですが、DRAMセルの故障や、誤動作で記憶していた情報が、0が1に、1が0に化けてしまうことがあります。このようなデータ化けが起こると、プログラムの動作がおかしくなって、大部分のケースは割り当てられた領域外のメモリをアクセスするメモリアクセス違反となってプログラムの実行が打ち切られます。また、稀に間違った処理結果を出してしまうこともあります。PCの場合は舌打ちしてリブートする程度で済みますが、サーバの場合は企業などの処理が止まってしまうので影響大です。

エラー訂正コード

このため、サーバではメインメモリにはECCを適用して、エラーが起こっても自動的にエラーを訂正するという機能を持たせるのが一般的です。ECCでは、記憶すべきデータにチェックビットをつけます。Mビットのチェックビットがあれば、$2^M - 1$ビットの中のどのビットに誤りがあったかを示すことができます。詳細は省略しますが、$2^M - M - 1$ビットのデータにMビットのチェックビットを付けて、どのビットが誤ったかを判別できるようなチェックビットの作り方が存在します。

しかし、1ビット訂正コードは、2ビットの誤りがあると、本当はエラーしていないビットが誤ったと判定して誤訂正を行ってしまいます。これは具合が悪いので、データビットを1ビット減らし、チェックビットを1ビット増やして、2ビット誤りを検出する能力を持たせたコードが使われます。このようなコードを **SECDED** (*Single bit Error Correction Double bit Error Detection*) コードと言います。

7ビットのチェックビットの場合、データビットは120ビット($2^7 = 128$、128-7-1)まで使えますが、図6.11に示すように、実際には8バイト64ビットのデータに対して2ビット誤り検出を含めて8ビットのチェックビットを付加して72ビットをメインメモリに書き込みます。

そして、メインメモリから72ビットを読み出し、チェックビットを検

査して、エラーの検出と訂正を行います。

SECDEDコードを使ったメモリシステムでは、1ビットエラーは訂正することができ、2ビットエラーの場合は訂正はできませんが、エラーがあったことはわかります。サーバではSECDEDコードを使うのが一般的ですが、より高い信頼度を実現するため、2ビットエラー訂正、3ビットエラー検出ができる **DECTED**（*Double bit Error Correction Triple bit Error Detection*）コードを使うサーバもあります。

メモリスクラビング ── エラーの累積を防ぐ

サーバでは常時電源を入れて、連続運転するのは普通です。もし、64ビットデータ＋8ビットチェックの中に1ビットのエラーが起こった状態で長時間運転を続けていると、そのうちに、またエラーが起こって訂正ができない2ビットエラーになってしまうことになりかねません。

このため、全部のメモリを定期的に読み出し、1ビットエラーが見つかると、訂正してメモリに書き戻すということが行われます。エラーの原因が固定故障でなく一過性の場合は、この書き直しでエラーをスクラブ（*Scrub*、

図6.11 ECCによるエラー訂正の流れ

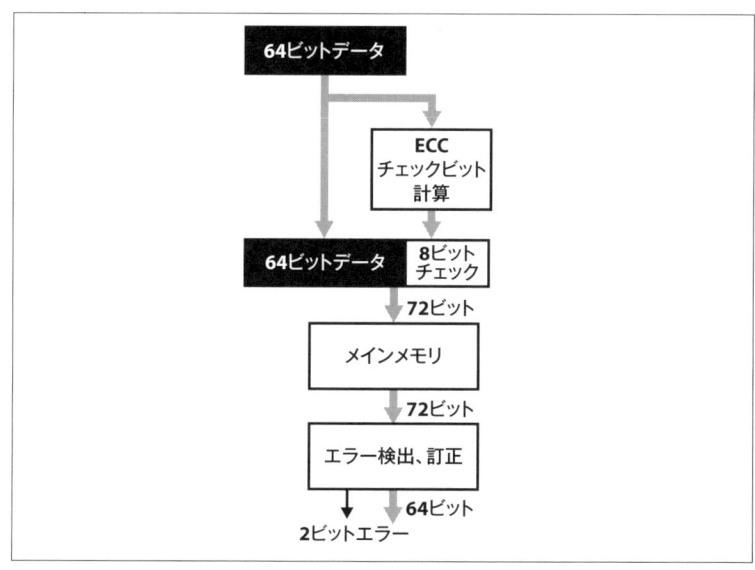

こすり落とす)することができます。このやり方を**メモリスクラビング**(*Memory scrubbing*)と言います。

なお、書き直した結果は、再度読み出して訂正されていることを確認します。もし同じエラーが残っている場合はトランジスタの破損などの固定故障ですから、修理が必要になります。

データポイゾニング —— 無駄なダウンを引き起こさない

スクラビングの過程で2ビットエラーが検出されると、訂正できないエラーが含まれているのでそのデータは使えません。しかし、今後、そのデータが使われるかどうかはわかりません。もし、そのデータが使われないなら、なんの問題もありません。

このため、2ビットエラーが検出されると、通常では出てこない(使っていないデータビットの部分がすべて0でない)チェックビットに書き換えて置くという方法があります。これは、このデータは「毒」(*Poison*)入りという印で、この方法はデータポイゾニング(*Data poisoning*)と呼ばれます。

メモリコントローラは、毒入りのデータのアクセスをOSに通知し、OSは毒入りデータをアクセスして使おうとしたプロセスを殺しますが、ダウンするのは、そのアプリケーションプロセスだけで、OSや他のアプリケーションプロセスは正常に実行を続けられるので、被害を最小限に抑えられます。

なお、OSが毒入りデータをアクセスした場合は、アウトで、システムダウンになってしまいます。

固定故障対策

固定故障が検出されたメモリは、それが訂正可能な1ビットエラーでも使い続けるのは危険です。OSは、故障のないページ(メモリ管理上のページ)を割り当てて、1ビット固定故障が検出されたページの内容を訂正してコピーし、ページテーブルを書き換えてコピーしたページを使うように切り替えます。そして、固定故障が検出されたページは、以降のメモリ割り当てには使わないようにします。また、故障ページのアドレスは保守作

業用のログファイルに書き込んで置きます[注6]。

そして、次の定期保守のときにログファイルを見て、故障したメモリDIMMを交換します。このようにすれば、固定故障が起こった場合もすぐに保守技術者が飛んでいく必要がなくなり保守コストを低減できます。

6.4 まとめ

メモリはデータを記憶し、そのデータを読み出すという単純な機能ですが、オールマイティーのメモリ素子はなく、いろいろなメモリを適材適所で使う階層構造のメモリで、プロセッサへの命令やデータ供給と処理結果の格納を行っています。

そして、メモリの中でも大量に使われるのがメインメモリです。メインメモリにはDRAMが使われますが、SDRからDDR、DDR2、DDR3、DDR4とプロセッサの進歩を追いかけて、高バンド幅化が行われてきていることを理解できたでしょうか。

しかし、マルチコア化でプロセッサの性能向上は続いており、それに合わせてより高いメモリバンド幅の実現や、携帯機器向けに低電力で高密度な実装が求められており、この分野での新しい規格の策定や、新規格に準拠するDRAMの開発が行われています。

そして、メインメモリは1つのコンピュータの中でも大量に使われるので、どこかに故障が起きるということは避けられません。このため、ECCを使ってエラーの訂正を行ったり、エラーの影響を少なくしたりする技術が使われています。

注6 ここの解説では、一般的なサーバシステムの保守作業を指し、特定のシステムを想定していません。実際の保守作業やコマンド、ファイル名は各システムによって異なります。

Column

DRAMメモリの歴史

　第6章の本編では、メモリの中で一番重要なメインメモリを中心に解説しました。半導体メモリ出現以前は磁気コアを使ったメモリなどが使われましたが、現在のメインメモリはほぼ例外なくDRAMで作られています。DRAMメモリの歴史は「記憶容量の増大」の歴史です。1970年にIntelが製品発表した最初のDRAMチップは1024ビットの記憶容量でしたが、現在では8Gbitの記憶容量のDRAMチップが量産されており、40年余りで記憶容量は800万倍に増えています。本コラムで、DRAMの歴史について、もう少し詳しく見ておきましょう。

　DRAMは1966年にIBMワトソン研究所のRobert Dennard博士によって発明されました。Dennard博士は、第2章のコラム(p.146)でも紹介したデナードスケーリングでも有名です。発明はIBMですが、それを最初に商品化したのはIntelで、1970年に1024ビットの記憶容量のIntel 1103 DRAMを発売しました。その後、1973年にMostekという会社が4096ビットのDRAMを販売し、一時は75%のシェアを占めるようになりました。

　しかし、1980年代になると、IntelやMostekは日本メーカーとの競争に敗れて、DRAMから撤退します。Intelを撤退に追い込んだ日本のDRAMですが、現在は韓国のSamsungなどに敗れ、Elpida Memoryが米国のMicron社の傘下でかろうじて生き残っている状態で、時代は移り変わっています。

　初期のDRAMは各社が独自の仕様で作っていたのですが、1993年になってJEDECがクロックに同期して動作するSDRAM(*Synchronous DRAM*)の規格を制定し、各社はこの規格に従った製品を作り互換性が保たれるようになりました。当初のクロックは66MHzでしたが、その後、100MHzと133MHzクロックのSDRAMが追加されました。これらのSDRAMはでコマンド、アドレスの伝送速度とデータの伝送速度が同じSDR(*Single Data Rate*)SDRAMでしたが、その後、データをクロックの2倍の速度で伝送するDDR(*Double Data Rate*)SDRAMが規格化されています。そして、DDR SDRAMは、DDR2、DDR3と進化して、2103年にはDDR4 SDRAMがSamsungから発表されています。DDR2以降のデータ転送速度と電源電圧の推移は、第6章冒頭の図6.Aにまとめられています。

　DRAMの記憶容量はムーアの法則の微細化で、Mostekの4Kbitチップの40年後の2013年には8Gbitのチップが作られています。これは2年で2倍の記憶容量の増大が続いていることを示しています。

　また、本編でも解説したとおり、スマートフォンやタブレットの普及から、より省電力のDRAMが求められており、LPDDR3、さらにはWide I/Oなどの低電力DRAMが開発されています。

第7章

ストレージ技術

7.1
コンピュータのストレージ──不揮発性の記憶

7.2
ストレージのエラー訂正

7.3
RAID技術

7.4
まとめ

第7章 ストレージ技術

　ストレージには「データを長期保存する」という重要な役目があります。また、データは読み出して使用したり、新たなデータを書き込んだりすることも必要なので、データの読み出しや書き込みが容易にできることが必要です。長期保存に耐え、読み出し、書き込みが容易に行えるという要件を満たす記憶メカニズムは磁化を利用するもので、ストレージとしては磁気ディスクが使われます。

　図7.Aは1956年に作られた世界初のIBM 350HDDで、50枚のディスクに約5MBを記憶していました。しかし、この56年間で記録密度は3億倍になり、現在ではTB級のディスクが販売されています。

　HDDは磁気的に情報を記録するのですが、レーザー光で情報を記録する光ディスクというものがあります。こちらはビデオなどの録画に使うことが多いのですが、コンピュータのデータを記録するのにも用いられます。

　また、最近では半導体メモリであるNAND Flashメモリの容量が増加し、USBメモリとしてかつてのFD（*Floppy Disk*、フロッピーディスク）を完全に押し退け、SSDとしてストレージの分野にも進出してきています。

　第7章では、これらのストレージ技術を説明していきます。

図7.A　1956年に発売されたIBM 350ディスクストレージ装置[※]

※画像提供：日本アイ・ビー・エム㈱
http://www.ibm.com/jp/ja/

7.1 コンピュータのストレージ —— 不揮発性の記憶

　ここまで説明してきたとおり、コンピュータのメインメモリは、現在実行中あるいはすぐに実行するプログラムやデータを入れておくものです。本章のテーマである「ストレージ」は、それだけでなく、すぐに使われるとは限らない多くのプログラムや膨大なデータを保存し、必要に応じて読み書きを行うものです。このため、メインメモリに比べて、非常に大きな記憶容量と電源を切ってもデータの消えない「不揮発性の記憶」であることが要求されます。

磁気記録のメカニズム

　強磁性体は、外部から与えた磁界の方向に磁化の方向が向き、外部磁界を取り除いても磁化が残るという性質があります。これを利用して**図7.1**の書き込みの例のように、電磁石で作る磁界の方向を変えながら磁気ヘッドを強磁性体の上を移動させると、電磁石の磁界に応じて磁化の方向が変わったパターンが残ります。

　そして、**図7.2**の読み出しの例のように、磁化が書き込まれた強磁性体を磁気ヘッドの下で移動させると、磁化の方向が反転し磁界が大きく変化する部分で読み取りヘッドのコイルに誘導電流[注1]が流れます。

図7.1 磁気ヘッドによる強磁性体への書き込み

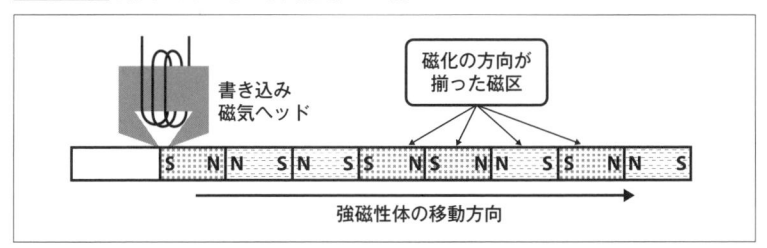

注1　磁界の変化により導体に流れる電流。

図7.2　磁気ヘッドによる磁化された強磁性体からの読み出し[※]

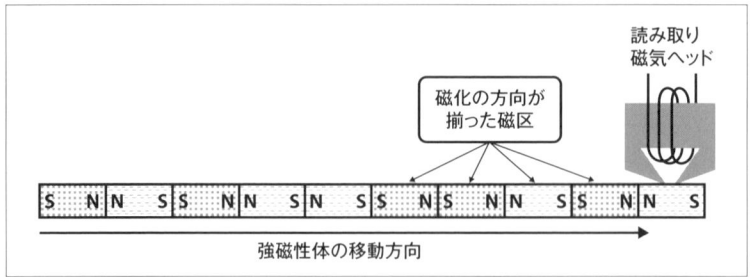

※補足をしておくと、前出の図7.1と、この図7.2に示したコイルを使う場合は、原理的には同じヘッドで読み、書きが行える。一方、本文で言及しているGMRやTMRなどのヘッドは書き込みはできず、コイルタイプの書き込みヘッドが必要で別々のヘッドになる。

　原理的には誘導電流でも良いのですが、微細化に伴って読み出し電流が小さくなってしまうので、現在の読み取りヘッドは磁界で抵抗が変化する**GMR**(Giant Magneto Resistive)効果や、より抵抗の変化率が大きい**TMR**(Tunnel Magneto Resistive)効果を利用するものが使われています。また、図7.1、図7.2では磁化が横方向となる水平磁化の絵になっていますが、現在ではビット密度を上げるため、磁性体の深さ方向に磁化する「垂直磁化」に移行してきています。垂直磁化を使うディスクは、薄い強磁性体膜の下に磁力線をよく通す軟磁性体層があり、書き込みヘッドのN極-NS磁区(下向き)-軟磁性体-NS磁区(上向き)-ヘッドのS極のようにU字型に磁化を行います[注2]。このように垂直に磁化することで、磁区の大きさを小さくすることなく、面積密度を高めることができます。

熱ゆらぎとデータ化け、エラー訂正

　1方向に磁化された部分を**磁区**と言います。磁区が小さくなると、熱エネルギーでも磁区の磁化が反転してしまう「熱ゆらぎ」が起こりやすくなります。
　このため、磁気記録は永遠に大丈夫というわけではありませんが、常温では高い保磁力を持つ磁性材料を使うことで、熱ゆらぎによるデータ化けはほとんど起こらないようにしています。また、詳細については割愛しま

注2　より詳しく知りたい方は、たとえば以下にある図が参考になるでしょう。
　　　URL http://www.tdk.co.jp/techmag/knowledge/200603/

すが、HDDはリード・ソロモン（*Reed Solomon*）符号やLDPC（*Low Density Parity Check*、後述）などの多ビットのエラー訂正符号を使ってエラーを訂正して書き直しており、磁区反転によるエラーは問題にならないレベルに抑えられています。

　なお、高い保磁力を持つ磁性材料は磁化を行うためには強い磁界が必要であり、書き込みが難しくなります。これに対して、保磁力は温度が高くなると弱まるという性質を利用して、書き込みを行う部分だけにレーザーなどの光を当てて加熱して書き込むのが熱アシストという技術です[注3]。高密度化に伴い、熱アシストは必須の技術となっていくと思われます。TDKは2013年10月に近接場光で加熱して書き込みを行うヘッドをデモし[注4]、2015年後半には実用化の予定と発表しています。

HDD装置

　図7.3に示すように、HDD装置はアルミやガラスの円盤の表面に強磁

図7.3 HDD装置の構造

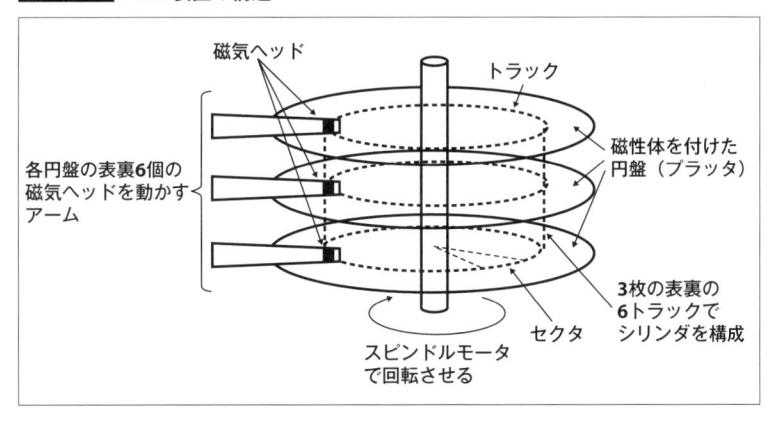

- 磁気ヘッド
- トラック
- 各円盤の表裏6個の磁気ヘッドを動かすアーム
- 磁性体を付けた円盤（プラッタ）
- 3枚の表裏の6トラックでシリンダを構成
- セクタ
- スピンドルモータで回転させる

注3　密度を上げて磁区のサイズを小さくすると熱ゆらぎでエラーを起こしやすくなります。このため、磁区反転が起こりにくい保磁力の高い強磁性体を使うのですが、この場合は強い書き込み磁界が必要となり、書き込みが難しくなります。しかし、温度を上げると保磁力が弱まり弱い書き込み磁界でも磁区を反転させて書き込むことができるので、書き込む領域にレーザーなどを当てて温度を上げて書き込むという方式です。

注4　CEATEC JAPAN 2013でデモが行われました。
　　　URL http://www.ceatec.com/news/ja-webmagazine/j069

性体の材料を塗布したり、蒸着したりした円盤に、データを磁気記録します。この円盤を**プラッタ**(*Platter*)と呼びます。

HDDは、基本的にヘッドの位置は固定した状態で、円盤をモータで回転させて記録や再生を行います。円盤の回転数はノートPCなどの消費電力を抑えたい機器向けのHDDでは3600rpm(*rotation per minute*、回転/分)とか5400rpmで、アクセスを高速にしたいサーバでは7200rpm〜15000rpmの製品が使われます。この1回転でヘッドがアクセスする円周を**トラック**(*Track*)と呼びます。

通常、プラッタの両面を利用し、表と裏にヘッドが付いています。ヘッドは空気の流れで浮力を発生するスライダ(*Slider*)と呼ぶ部品に取り付けられており、回転中はプラッタ表面から数十nmという距離を保ちます。なお、スライダは移動しないのですが、プラッタ表面の空気はプラッタに付着した状態で動くので、スライダには向かい風が吹いて、浮力が発生します。

より多くの記憶容量を必要とする場合は、図7.3に見られるように、複数枚のプラッタを重ね、それぞれのプラッタの表裏にヘッドを設けます。図7.3では3枚のプラッタで6つの磁気記録面があり、ヘッド位置を固定した状態で6つのトラックにアクセスすることができますが、これらのトラックのグループを**シリンダ**(*Cylinder*、円筒)と呼びます。

図7.3の6個のヘッドが付いたアーム(*Arm*)は、1つの駆動メカニズムにつながっており、ヘッド位置を、プラッタの中心に近い位置から、外周に近い位置まで移動させることができるようになっています。この移動にはボイスコイルモータ(*Voice Coil Motor*、VCM)というスピーカーのコーンを動かすのと同様なメカニズムが使われています。ヘッドの移動速度もノートPC用HDDでは消費電力を抑えるため遅く、サーバ用ではより多くの電力を使って速く動かすという設計になっています。

トラックの間隔は、数百Gbit/in^{2}級の記録密度の場合は、100nmか、それ以下という短い距離となっており、トラックの中に周期的に、トラックの中央からのヘッド位置のずれを測定するパターンが書き込まれており、この情報をボイスコイルモータにフィードバックしてヘッドをトラックの中央に合わせるサーボ(*Servo*)機構が使われています。

トラックは一定の回転角に対応する**セクタ**という単位に分けられていま

す。そして、HDDは、シリンダ番号、ヘッド番号とこのセクタ番号で位置を指定して、セクタ単位でアクセスして読み書きを行います。プラッタは回転しているので、目的のセクタがヘッドのところに来るまで、最悪の場合はほぼ1回転する時間、平均的には半回転する時間待たされることになります。半回転する時間は3600rpmの場合は約8msとなり、15000rpmの場合は2msとなります。そしてヘッドの移動時間を加えると、目的のセクタにアクセスする時間[注5]は、この2倍程度の値となります。

　従来、セクタは512バイトと決まっていましたが、HDDの大容量化に伴い、「Advanced Format Technology」と呼ぶ4096バイトのセクタを持つHDDも出てきています。セクタサイズを8倍にすることにより、セクタ間のギャップやセクタアドレス、エラー訂正に使われる部分が減り、利用できる記憶容量が10%程度増加します。ただし、たとえばWindows Vista Service Pack1以前のOSはAFTに対応していないので注意が必要です。

　なお、セクタは一定の回転角に対応するので、プラッタの中心に近いトラックと外周に近いトラックでは長さが違います。したがって、外周のトラックは内周のトラックに比べて、多少低い面積密度で情報が記録されていることになります。

HDDには振動を与えないように

　HDDのトラックは100nm以下の間隔で並んでいます。また、ヘッドとプラッタの間隔は数十nmです。振動でヘッド位置がずれると、読み取りエラーを起こしたり、悪くするとヘッドがプラッタに接触するヘッドクラッシュ(Head crash)を起こし、強磁性体膜を傷つけて読み取り不能になってしまいます。

　なお、ノートPC用のHDDでは、加速度センサーを搭載し、落下を検出するとヘッドを記録面から、シッピングゾーン(Shipping zone)という衝撃に強いところに移動させる機能を持ったものも作られています。床にぶつかるまでにヘッドが移動できればダメージを減らせます。この機構は電源が入っていないと働きませんが、電源を正常にオフすればHDDのヘッドはシッピングゾーンに戻っているので、電源オフでも同じ耐衝撃性があ

注5　シークタイム(Seek time)と言います。

ります。しかし、これで安全というわけではなく落とさないようにすることが大切です。

HDDは高速でプラッタを回転させているので、振動を与えると歳差運動で独楽(こま)のように首を振る力が働きます。そうすると軸受けに異常な力が掛かり磨耗を早めます。

PCデスクにPCを載せ、最上段にインクジェットプリンタを置いているのを見かけますが、インクジェットプリンタが動作するとデスクが揺れ、PCも大揺れになります。PCの中には高速回転しているHDDが入っていることを忘れないでください。なお、HDDではなく、SSDを使っている場合は揺れても問題はありません。

光ディスク

HDDは磁気的に情報を記憶するのですが、これを光学的に記録、再生を行うのが**光ディスク**(*Optical disk*)です。現在ではコンパクトディスク(*Compact Disc*、CD)の使用は減少して、より大容量のDVD[注6]の使用が一般的です。また、ハイビジョン放送などを記憶するにはDVDでも容量が不足しており、Blu-rayと呼ばれる、さらに高密度の光ディスクが使われています。

光ディスクは音楽やビデオを記録することを主眼に開発されており、HDDのようなランダムアクセスや頻繁な書き換えができるようにはなっていません。また、データの読み書きも4TBのHDDはプラッタの片面に500GBを記憶し、平均のデータ転送速度は1Gbit/sを超えますが、光ディスクはBlu-rayでも1層では25GBの記憶で、読み書きのスピードは1xでは36Mbit/s、8xでも288Mbit/sとなっています。

光ディスクは、プラスチックのディスクに記録層を設けています。読み取り専用のディスクでは、スタンパ(*Stamper*)と呼ぶ型を押し付けて記録層にピット(*Pit*)と呼ぶ窪みを造り、そこにアルミなどの反射率の高い層を蒸着します。そして、プラスチックの保護層で、記録層や反射層を保護します。

読み取り装置は、小さいスポットにフォーカスしたレーザービームを照射し、反射光を検出して書き込まれた情報を読み取ります。光ディスクの

注6　「DVD」が正式名称ですが、Digital Versatile Discとも言われます。

主要な使用目的は音楽の録音やビデオの録画であり、長い時間の連続再生が目的であったため、ディスクの中心側からスパイラル（Spiral、渦巻状）のトラックが作られています。このためディスクを回転しながら、読み取りヘッドを内周から始めて少しずつ外側へ移動していけば長い連続したデータが読み取れます。

なお、HDDでは**プラッタの回転速度は一定**（Constant angular velocity）ですが、光ディスクでは外側のトラックになるほど回転数を遅くして、**単位時間あたりヘッドが読み取る長さが一定**（Constant linear velocity）になるようにしています。

図7.4は、CD、DVD、Blu-rayの光学系の概要と、記録されたピットの写真です。

CDは波長780nmのレーザーを使い片面1層の記録で、トラックピッチは1.6μmとなっています。そして、直径12cmのディスクにデータ用のCD-ROM（CD Read Only Memory）形式で650MB程度、エラー訂正を行わない音楽用のCD-DA（CD Digital Audio）形式では700〜750MB程度のデータを記憶できます。

図7.4　CD、DVD、Blu-rayディスクの記録の比較[※]

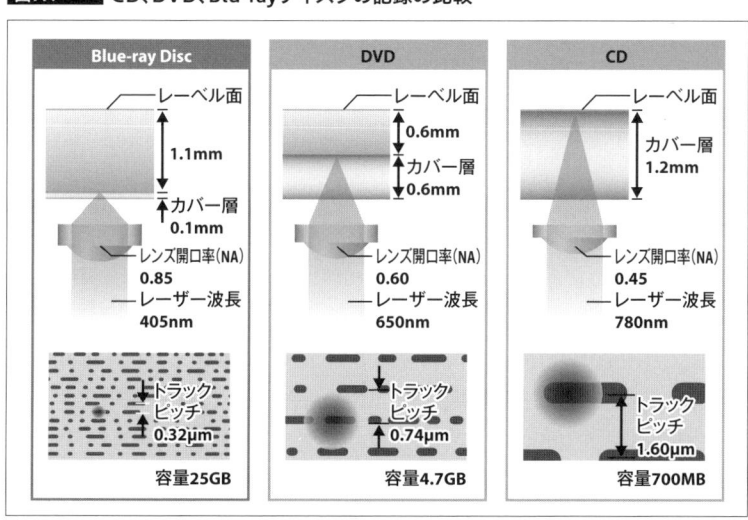

※ 出典：大原 俊次「開発陣が語るBlu-rayのテクノロジー：第1話 規格の要素技術」（パナソニック㈱）
URL http://panasonic.co.jp/blu-ray/story01/

DVDは650nmレーザーを使い、光学系の改良と相まってトラックピッチも0.74μmに短縮しています。そして、片面1層の記録で、直径12cmのディスクでは4.7GB（4.37GiB）、直径8cmのディスクでは1.4GB（1.30GiB）の容量となっています。また、記録容量を増大させるため、記録層を2層にして、レーザーの焦点位置で層を選択して読み出すDVD-DLディスクも規格化されていますがあまり普及していません。

Blu-rayでは、さらに記録密度を上げるために405nmの波長の青紫色のレーザーを使い、光学系も改善して、トラックピッチを0.32μmに短縮しています。その結果、12cmのディスクでは1層で25GB（23.28GiB）、2層で50GB（46.56GiB）とDVDの5倍以上の記憶容量を実現しています。

市販の音楽CDや映画のDVDの場合は読み取りオンリーですが、自分で録音や録画する用途に対して、1回だけ書き込みを行えるDVD-R、書き込みと消去が行え、繰り返して使えるDVD-RWやDVD-RAMというディスクがあります。また、多少フォーマットの違うDVD＋RやDVD＋RWというディスクもあります。PC用のドライブでは、ほとんどすべての形式が扱えるものが一般的ですが、DVDレコーダなどでは一部の形式のディスクが扱えないものも多いので注意が必要です。

DVD-Rは、記録層となる色素層にフォーカスしたレーザーを当て、その熱で色素を分解してピットを形成して記録します。一方、DVD-RWやDVD-RAMは記録層に相変化を起こして反射率が変わるアモルファス金属材料を使い、温度や高温になっている時間によって反射率を変えることによって情報を記録します。

Blu-rayも読み取りオンリーのBD-ROM、1回だけ書き込めるBD-R、消去して再書き込みができるBD-REなどのディスクがあります。

CDやDVDの容量は、現在では、次に説明するNAND Flashで十分にカバーできる範囲となっています。このため、2010年頃までは、学会の発表資料はCDやDVDに入れて配布するという形式が多かったのですが、現在ではNAND Flashを使うUSBメモリでの配布に切り替わっています[注7]。

注7 学会の資料（予稿集）は参加料を払った出席者に配布されます。半年くらい経つとIEEEやACMといった主催学会のオンラインのライブラリでダウンロードできるようになりますが、学会の会員でライブラリの費用を払っている人向けのサービスです。なお、Hot Chipsは概ね半年くらい経った後、無償でダウンロードできるようになっています。

光ディスクのほうがビット単価は安いので映画のDVDやBlu-rayは存続していますが、クラウドからのダウンロード販売という形態も普及してきているのが現状です。

巨大データを保存するテープアーカイブ

大量のデータを長期保存するために使われるテープアーカイブという装置があります。アーカイブという言葉は公文書の保存が元の意味ですが、大量のデータを長期にわたって保存するという意味で使われています。HDDはガラスやアルミでできたハードなプラッタを使っていますが、テープドライブは昔のVHSビデオレコーダで使われたようなプラスチックフィルムの表面に強磁性体を塗布や蒸着した媒体に磁気記録を行います。フィルムは巻いておけるので、HDDと比べて同一の体積では圧倒的に広い記録面積が得られます。したがって、HDDより面積あたりの記録密度は低いのですが、全体としては大きな記憶容量を実現できます。

最近では磁気テープは見かけなくなりましたが、巨大容量のアーカイブ装置では健在です。2013年9月に発表されたOracleのStorageTek T10000Dというテープドライブ装置(テープの読み書きを行う装置)は、1本のテープカートリッジ(VHSカセットのように巻いたテープを収めたもの)に8.5TiBの情報を記憶できます。そして、同社のSL8500モジュラーライブラリという、大量のテープカートリッジを格納する自動倉庫と組み合わせると、SL8500 1筐体で最大2.1 ExaByte(ExaByteはTiBの100万倍)の容量となります。また、最大規模のSL8500システムでは68ExaByteの容量を持ち、テープアーカイブほど大量のデータを保存できるテクノロジーは他にはありません。

なお、自動倉庫からのロボットアームがテープカートリッジを取り出し、T10000Dにセットして読み書きが可能になるまでの時間は10秒程度です。

たとえば、ハワイのマウナケア山頂に設置された口径8.2mのすばる望遠鏡[注8]の可視光超広視野カメラは、200MB/sを超える速度でデータを出力します。したがって、1年間で1〜2PB(*petabyte*)のデータが溜まります。

注8　URL http://www.naoj.org/j_index.html

そして、このデータは一度読んで捨てるわけではなく、将来の研究で使う場合に備えて半永久的な保存と必要に応じてのアクセスが必要です。このような巨大なデータの保存は、HDDのストレージでもコストがかさんでしまい、テープアーカイブによる保存が適しています。

NAND Flash記憶素子

NAND Flashメモリの記憶素子は、**図7.5**のようにコントロールゲート（Control gate）とシリコンの間にフローティングゲート（Floating gate）が挟まったトランジスタ構造になっています。コントロールゲートが低電位でフローティングゲートに電子が溜まっていない場合はトランジスタに電流が流れますが、負の電荷を持つ電子が溜まっているとゲートに負の電圧を加えたのと同じになり、電流は流れません。したがって、フローティングゲートの電子のたまり具合で情報を記憶し、読み出しを行うことができます。

DRAMと同じように電荷で情報を記憶するのですが、フローティングゲートは絶縁層の中に埋め込まれてどこにもつながっていないので電子の漏れは小さく、温度条件にもよりますが少なくとも数年は情報を保持することができます。しかし、10年後にデータが残っていることを期待するのは危険です。

図7.5 NAND Flashメモリ素子の断面図

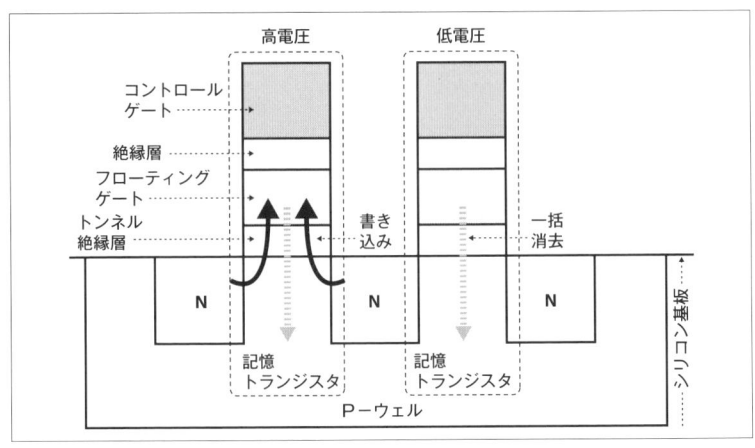

NAND Flashトランジスタの構造と動作原理

　図7.5はNAND Flashメモリ素子の断面図です。図7.5では2つのトランジスタしか描かれていませんが、実際には数十個のトランジスタが連なっています。1ビットずつ書き換えができるランダムアクセスメモリではなく、多数ビットのブロック単位で一括して消去してから再書き込みを行うメモリで、一括してパッと消すことからフラッシュメモリ（*Flash memory*）と名付けたと言われます。そして、ロジックのNAND回路のようにNMOSの記憶トランジスタを直列につないだ構造になっているので、NAND Flashメモリという名前が付いています。

　フローティングゲートへの電子の出し入れですが、図7.5の左側のトランジスタのように、コントロールゲートに高い電圧を掛けると、フローティングゲートも容量結合で高電位になり、記憶トランジスタのソース、ドレインとなるN領域の電位が低い場合は、図中の太い実線矢印のようにトンネル絶縁層を通して電子が流れ込みます。一方、右側のトランジスタのようにコントロールゲートが低電位の場合は、フローティングゲートの電位も低く、電子は流れ込みません。

　フローティングゲートから電子を取り出す場合は、コントロールゲートは低電位にして、P型不純物を少し入れたP-ウェル（*P-well*）と書かれた部分に高電位を掛けます。トンネル絶縁層の上側が低電位、下側が高電位になるので、太い破線のグレーの矢印のようにフローティングゲートからP-ウェルに電子が流れ出します。この電子を引き抜く消去は個別にはできず、P-ウェルに入っている多くのトランジスタで一括して行われることになります。

　フローティングゲートに溜まっている電子の量でトランジスタのスレッショルド電圧[注9]Vtが変わります。電子のない消去状態が一番Vtが低く、電子が増えるに従ってVtが上がり、コントロールゲートの電位を高くしないと電流が流れないようになります。

　この現象を使って、フローティングゲートに電子のない状態を1、電子が溜まっている状態を0というように情報を記憶できます。さらに、電子の有無だけでなく、電子のない状態11と溜まっている電子の量を10、01、00と合計4段階に変えてやれば、1個の記憶トランジスタに2ビットの情

注9　トランジスタがオンになり電流が流れ始めるゲート電圧。

報を記憶できます。

　図7.6は1個の記憶トランジスタに1ビットを記憶する**SLC**(*Single Level Cell*)と2ビットの情報を記憶する**MLC**(*Multi Level Cell*)の記憶トランジスタのVtの頻度分布を示しています。トランジスタの製造ばらつきやフローティングゲートに溜まる電子の量にもばらつきが出るので、各状態のトランジスタのVtにはばらつきが出ます。頻度分布は、どのVtの記憶トランジスタがどれだけあるのかを示すグラフで、山の中央の値のVtの記憶トランジスタが最も多いのですが、両側の裾のVtのトランジスタも出てくるので、このような記憶トランジスタでも正しく記憶情報が読めるようになっている必要があります。

　コントロールゲートにVreadの電圧を掛けると、SLCの1状態のトランジスタはVtよりゲート電圧が高いのでオンになり、0状態のトランジスタはVtよりゲート電圧が低いのでオフになります。

　MLCの場合は、00状態のトランジスタはオフで、01、10、11状態のトランジスタはオンとなります。しかし、01、10、11状態で流れる電流の大きさが異なるので、電流の大きさを測定すればどの状態かを識別できます。これらの状態を識別するためには、01、10状態のVtのばらつきの裾が重なってしまわないように、ばらつきを小さくする必要があります。このため、書き込みを行ってから読み出しを行ってVtを測定し、さらに補正書き込みを行ってばらつきを減らすというような書き込み法を使う必要

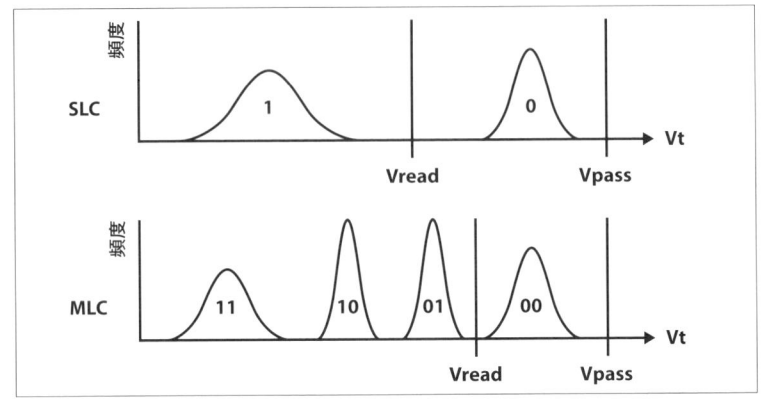

図7.6　SLCとMLCの記憶トランジスタのVt分布

がありますし、電流の読み取り精度も高くする必要があるので、SLCに比べて書き込みや読み出しの時間が長く掛かります。

また、図7.6には書かれていませんが、電子の量を8段階に変えて3ビットを記憶する**TLC**(*Triple Level Cell*)も実用化されています。

MLCやTLCは1個のトランジスタに記憶できる情報が2倍、3倍になるので、ビットコストは安くなりますが、図7.6に見られるように状態間の分離が小さくなり、トンネル絶縁膜の劣化による電子の漏れに伴うVtの変動、チップ内の雑音などでエラーが発生しやすくなります。

NAND Flashメモリの記憶セルアレイ

NAND Flashメモリの記憶アレイは**図7.7**のように、数十個の記憶トランジスタが直列につながっている**ストリング**(*String*)と呼ぶ構造が多数並んでいます。そして、各ストリングの上下には**選択トランジスタ**(*Select transistor*)というフローティングゲートのない普通のトランジスタが付いています。

図7.7 NAND Flashメモリの記憶トランジスタアレイ

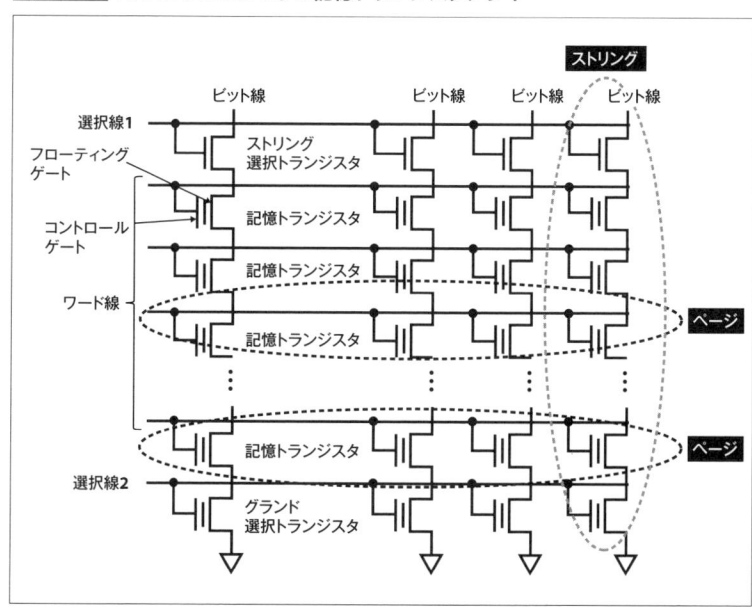

「読み出し」は、読み出すストリングの両端の選択トランジスタをオンにし、縦方向につながっているストリングの中の、読み出しを行う記憶トランジスタのコントロールゲートにはVread、その他の記憶トランジスタのコントロールゲートには図7.6のVpassと書かれた中程度の高電位を与えます。コントロールゲートがVpassのトランジスタは、フローティングゲートの状態によらずオンになります。一方、読み出しを行うトランジスタのフローティングゲートはVreadなので、フローティングゲートに蓄積された電子の量で、ビット線に流れる電流が変わります。

「書き込み」は、ストリングの下側のグランド選択トランジスタをオフ、上側のストリング選択トランジスタのゲートを中間電位にして、書き込みを行う記憶トランジスタのコントロールゲートを高い高電位にします。ビット線の電位が低い場合は、ストリング選択トランジスタがオンとなり、記憶トランジスタのN領域が低電位となって、トンネル効果[注10]で絶縁膜を通して電子をフローティングゲートに注入します。一方、ビット線の電位が高い場合は、ストリング選択トランジスタがオフとなり、記憶トランジスタのN領域はどこにも接続されていないフローティング状態となります。そうすると、コントロールゲートとの容量結合でN領域の電位が高くなり絶縁膜に掛かる電圧が小さくなって、フローティングゲートに電子は流れ込まなくなります。このように、ビット線の電位で電子の注入の有無をコントロールしてデータを書き込みます。

NAND Flashメモリのページとブロック

—— NAND Flashメモリの書き換え回数制限

「書き込み」は、1つのワード線につながっている横方向に並んだすべての記憶トランジスタで並列に行われます。この1つのワード線につながっている書き込み単位を「ページ」と呼びます。また、1つのストリングのトランジスタは同じP-ウェルに入るので、一括で消去が行われます。つまり、ページのビット数にストリングの長さを掛けたものが一括消去の単位となり、これを「ブロック」(Block)と呼んでいます。

NAND Flashメモリへの書き込みは、ブロック単位で消去してから再度

注10 ある程度以上の電圧を掛けると、薄い絶縁膜を電子が通り抜ける効果。

ページごとに全部の情報を書き直すという動作になります。そして、この一括消去と書き込みでは電子を通過させるためにトンネル絶縁膜に高い電圧を掛けるので、絶縁膜を痛めて電子の漏れがだんだん大きくなるという問題があります。このため、NAND Flashメモリは書き換え回数の制限があり、SLCは10万回程度の書き換えに耐えられますが、4値のMLCや8値のTLCは状態を区別するVt分布のギャップが小さく電子の減少に敏感なので、MLCは1万回程度で、TLCは1000回以下とも言われます。ただし、後述のように、NAND Flashメモリの寿命はコントローラの設計にも大きく依存するので一概には言えません。

NAND Flashメモリの限界と3D化

　20nm級の半導体プロセスを使うNAND Flash素子では、フローティングゲートに溜まる電子の数は数百個と言われます。微細化すると電子数が減り、もう1世代先の1x世代への微細化は可能でも、その先の10nm以下の微細化は難しいと見られています。また、微細化すると隣のトランジスタのコントロールゲートとの距離が近くなり、隣のゲートからの電位で誤って書き込みが行われてしまうという妨害も起こりやすくなります。

　このため、各社は3D化した立体構造のNAND素子の開発に力を入れており、2013年8月にSamsungは「V-NAND」と呼ぶ立体構造の128GbitのNANDチップの量産開始を発表しました（**図7.8**）。

　図7.8左に示すように、単体の記憶トランジスタは**ポリシリコン**（*Polichrystaline silicon/Polysilicon*、多結晶シリコン）の円筒の周囲にゲート記憶絶縁膜があり、その外側をコントロールゲートが囲んでいます。フローティングゲートの代わりにゲート絶縁膜を多層膜にして、その界面に電子を溜める**チャージトラップ**（*Charge trap*）という原理で情報を記憶しています。

　そして、図7.8右のように、この記憶トランジスタを立体的に24個積み重ねてストリングを作っています。従来は、記憶トランジスタはシリコン表面に一列に並んでいたのを垂直に並べたわけです。平面型のほぼ2倍の最小寸法の30nm〜40nmプロセスで製造しているとのことで、各トランジスタは4倍程度の面積になりますが、24個積み重ねると単純計算では1/6の面積で同じ数の記憶トランジスタを作ることができます。また、立体化でトランジスタ寸法を大きくすることができたので、蓄積する電子は

1000個程度となり、より安定度が増します。

　作り方は、1層ずつトランジスタを作るのではなく、まずコントロールゲートを作るための層とトランジスタ間の絶縁層を24組重ねた構造を作り、そこに全体を貫通する深い穴を掘り、その内壁にポリシリコンの円筒を付けます。その後、コントロールゲートを作るための層を除去してポリシリコンの円筒を露出させ、ゲート記憶絶縁膜とゲートを付るというSamsungが学会発表をしているTCAT（*Terabit Cell Array Transistor*）[注11]と呼ぶ方法を使っていると思われます。この構造では、ポリシリコンを中空の円筒として、内側にP型不純物をドーピング（*Doping*、添加）して一括消去ができる構造が作れます。

　東芝も学会では以前から「BiCS」と呼ぶ3DのNAND Flash構造を発表しており[注12]、各社とも微細化が行き詰ったら、立体化で記憶容量を増やす作戦に転換すると考えられます。

図7.8　Sumsungの立体構造のV-NANDのイメージ

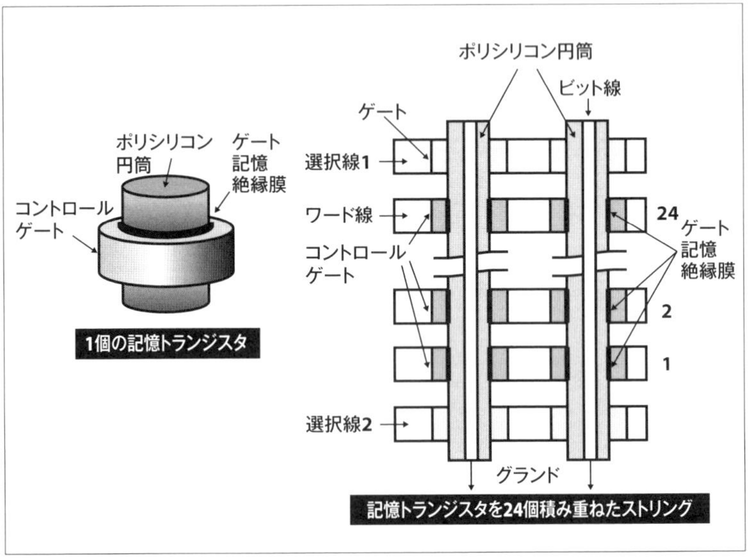

注11　TCATはVLSIシンポジウムで発表されています。
注12　以下に参考情報があります。
　　　URL http://www.toshiba.co.jp/tech/review/2011/09/66_09pdf/a05.pdf

NAND Flashメモリのウェアレベリング、NANDコントローラ

　前述のとおり、NAND Flashメモリの記憶トランジスタは新しい情報を書き込む場合は、ブロック単位で消去してから新しい情報を書き込む必要があります。これだけでも面倒ですが、消去、書き込みを繰り返すと記憶トランジスタのトンネル絶縁膜が劣化してしまうというという問題があります。

　このため、NAND Flashメモリでは、1つのブロックに繰り返し書き込みを行うのではなく、チップ全体を均等に使って傷みを平均化する**ウェアレベリング**(*Wear leveling*)を行うことが必須となっています。データの書き込みを行う場合は、一部のデータを上書きする場合でも元のブロックには書き込まず、データが消去された空きブロックを使います。元のブロックから読み出した情報に書き換える部分の新しい情報を上書きして、割り当てられた空きブロックに書き込みます。そして、元のブロックのデータは一括消去して、空きブロックのキューの最後につなぎ込みます。

　このようにして、新たに書き込む場合は空きブロックキューの先頭から取り出し、使い終わったブロックはキューの最後に戻せば、同じブロックが何回も消去、書き込みを繰り返して、早く傷んでしまうことを避けられます。また、すべてのブロックの書き換え回数を記憶して、書き換え回数の少ない空きブロックを優先して使えば、さらに最大書き込み回数を抑えられます。

　これらのコントロールや、次に述べるエラー訂正などを行うのが**NAND Flashコントローラ**(*NAND Flash controller*)です。同じNAND Flashチップを使っても、コントローラのVt書き込み精度が高く大きなVt変動が許容できたり、強力なエラー訂正機能を持ち、多数のビットのエラーを訂正できたりすれば、外部から見たエラー頻度は減り寿命は長くなります。また、コントローラの制御で読み出し性能、書き込み性能も変わってきます。

SSDとHDDの使い分け

　半導体メモリを使い、HDDのような可動部分がない記憶装置をSSD(*Solid*

第7章 ストレージ技術

State Disk）と呼びます。昔はDRAMを使ったSSDもあったのですが、現在ではビットコストが安く不揮発性記憶ができるNAND Flashメモリを使うものに集約されています。

表7.1に示すように、HDDと同じ形状、インタフェースとして差し替え可能なもの、PCI Express基板に搭載したものやこれを大量に使ってプロセッサからみてストレージとして動作するものなどが作られています。

表7.1は2.5インチHDDと同一形状のIntel 530、Fusion IOのPCI Expressカードの形状のioDrive II Duo、そしてViolin Memoryの6616という19インチラックに搭載する5.25インチ（約13cm）の厚みの筐体に入ったSSDの諸元を比較したものです。最初の2つの製品はMLCを使用し、Violin Memoryのサーバ用製品ではSLCを使用しています。

DBなどの用途ではランダムにアクセスされるので、毎秒何回のアクセスができるかというIOPS（*I/O Per Second*）性能が重要です。HDDの場合は1回のアクセスに5〜30ms掛かりますから、IOPSは30〜200程度で、Violinの製品と同じサイズの筐体に30本のHDDを入れても1000〜6000IOPSにしかなりません。これに対して、Intel 530でも4万とか8万IOPSで、上位の製品では50万、100万IOPSと、ランダムアクセスの場合、HDDに比べてSSDは圧倒的に高い性能を発揮します。

NAND Flashチップの高密度化のペースが速いので、記憶容量やコストがHDDに追いつくという予想がされた時代もあったのですが、近年はSSDのビット単価はHDDのビット単価の約10倍という水準で推移しています。このため、サーバなどでは、NAND Flashは高速で頻繁なアクセス

表7.1 各種SSD製品[※]

メーカー	Intel	Fusion IO	Violin Memory
製品	530	ioDrive II Duo	6616
形状	2.5インチHDD	PCI Expressカード	3Uラックマウント
NAND Flash素子	MLC	MLC	SLC
容量	240GB	2.5TB	16TB
IOPS(4KB)	41,000/80,000	480,000/490,000	1,000,000
バンド幅	540/490MB/s	3.0/2.5GB/s	4GB/s
レイテンシ	80/85μs	68/15μs	250μs以下

※IOPS欄、バンド幅欄、レイテンシ欄の2つの数字は「読み出し/書き込み」性能値。

が必要な部分に使用し、大容量のストレージはHDDを使うという使い分けになっています。また、SSDをHDDのキャッシュとして使い、頻繁にアクセスされるデータはSSDに入れて、全体のアクセス性能を改善するという使い方も行われています。

サーバで使用する場合は、書き換え頻度が高く、書き込み、読み出しが速いことが要求されるので、SLCのNAND Flashが使われます。しかし、最近ではNAND Flashコントローラが良くなり、Fusion IOの製品のように、サーバ向けの製品でもMLCを使ったものが出てきています。

また、SSDはメカニカルな部分がないので、振動や衝撃に強いという特徴があります。このため、持ち運ぶ機会の多いノートPCなどはSSDを使えば安心です。使用環境という点では、HDDは空気の薄い高地ではスライダの浮上量が減り、ヘッドクラッシュのリスクが高くなります。このため、標高5000mの高地に設置されているALMA電波望遠鏡[注13]に使われている機器ではHDDは使わず、すべてSSDを使っています。

ストレージの接続インタフェース

ストレージの接続インタフェースと言うと、かつてHDDに80芯のフラットなATAのケーブルをつないだことを思い出される方も少なくないと思いますが、現在では、論理的にはATAの制御インタフェースを受け継ぎ、コマンドやデータの物理的な伝送は高速のシリアルリンク（**高速シリアル伝送**、8.1節で後述）を使う**SATA**（*Serial ATA*）というインタフェースが主流です。

SATAの信号ケーブルは、送信側のペアと受信側のペアの計4本の信号線と3本のグランド線というシンプルな構成となっています。

Serial ATA 1.0規格では物理的なデータ伝送速度は1.5Gbit/sで、実効的には1.2Gbit/s=150MB/sの伝送となっています。SATA 2.0では物理的なデータ伝送速度を3.0Gbit/sに上げ、実効的なデータ伝送速度を300MB/sに向上させています。そして、現在のSATA 3.0規格では物理的な伝送速度は6Gbit/sとなり、実効的に600MB/sの伝送ができるようになっています。

SATAのコマンドは、**FIS**（*Frame Instruction Structure*）という4バイトのパ

注13 URL http://alma.mtk.nao.ac.jp/j/

ケットとして送られ、データの読み書きをはじめとしてストレージデバイスの制御を指示します。SATAのコマンドはATAのコマンドを含み、省電力コントロールの強化などの改良が付け加えられています。

なお、サーバでは**SCSI**（*Small Computer System Interface*）という規格のHDDが使われてきており、これを高速シリアルリンク化した**SAS**（*Serial Attached SCSI*）というインタフェースが使われていますが、詳細は省略します[注14]。

7.2 ストレージのエラー訂正

ストレージには非常に多くのビットが含まれているので、どうしても製造欠陥があり使用中に故障ビットが発生することもあります。このため、製造欠陥や故障部分を避ける交替トラックや交替ブロックという手法が使われます。また、偶発的なエラーに対しては「エラー訂正」が欠かせません。前述のとおりメインメモリではSECDEDコードなどが使われますが、ストレージでは次に説明するLDPCが主流になってきています。

交替セクタ、交替ブロック

HDDではプラッタのごみや傷などによる欠陥、NAND Flashでは記憶トランジスタの製造不良が存在することは避けられません。また、使用中にこれらの欠陥が発生することもあります。このため、あらかじめ、「交替領域」という予備の領域が設けられており、フォーマットを行ったときに不良のあるセクタを検出して、HDDに内蔵されたコントローラや、SSDコントローラが不良セクタを交替領域の欠陥のないセクタで置き換え

注14　INCITSのT10委員会がSASの規格を決めており、以下に規格のドキュメントがあります。
　　　URL http://www.t10.org/
　　　また、SCSI Trade Associationという団体があり、以下にロードマップが載っています。
　　　URL http://www.scsita.org/library/2011/06/serial-attached-scsi-master-roadmap.html

るということを行います。なお、NAND Flashでは一括消去するブロックのサイズはHDDのセクタより大きいので、当該セクタを含むブロックの単位で交替処理を行います。それぞれ交替セクタ(処理)、交替ブロック(処理)と呼ばれます。

交替処理を行うと、見掛け上は不良セクタはなくなったように見えます。しかし、不良セクタが増えて交替領域を使い切ってしまうと、そのディスクは新たな書き込みができなくなり、使えなくなってしまいます。

エラー訂正の考え方

図7.9のような通信のモデルを例にエラー訂正の考え方を説明します。送りたいメッセージが$(x_1, x_2, ... x_k)$とkビットの場合、これを**エンコーダ**(Encoder)で$(c_1, c_2, ... c_n)$とnビットに符号化します。このとき、n>kで、その差が付加された**チェックビット**(Check bit)です。

そして符号化されたメッセージを、通信路(Channel、**チャンネル**)を通して送ります。通信路にはノイズがあり、送ったメッセージは(y_1, y_2, y_n)と化けて受け取られます。これを**デコーダ**(Decoder)で$(X_1, X_2, ... X_k)$に戻します。これが元の$(x_1, x_2, ... x_k)$と一致すれば誤りが訂正されたことになります。

ストレージの場合はエンコーダの入力は記憶すべきデータで、チャネルは書き込みから読み出しまでの過程で、ここで起こるエラーがノイズに相当します。そして、デコーダは読み出したエラーを含んだデータから、元のデータを回復しようとします。

エラー訂正はデータビットに付加するチェックビットの比率を一定とすると、全長が長いほうがより多くのビットのエラーを訂正できます。しかし、全長が長くなると、チェックビットの計算やエラービットを訂正する

図7.9 エラー訂正のモデル

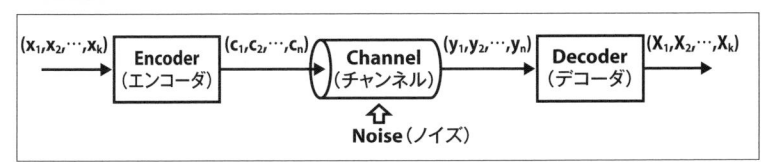

第7章 ストレージ技術

計算が複雑になります。メインメモリの場合は、このプロセスに時間が掛かるとアクセスタイムが遅くなってしまうので、全長が72ビット、144ビット、あるいは288ビット程度の短いエラー訂正コードを使っています。この範囲ではSECDEDコードなどは効率の良いコードとなっています。

一方、ストレージはメインメモリよりアクセス時間が長いので、チェックビットの計算やエラー訂正にある程度の時間を掛けることができます。このため、数千ビットという長いコードが使われます。

LDPCの考え方

LDPCは、1960年代にRobert G. Gallagerが博士論文[注15]として発表したエラー訂正コードで、デコードに非常に手間が掛かることから実用的でないと一度は忘れ去られていました。しかし、1996年にDavid J.C. MacKay等が、このコードは理論限界に非常に近いエラー訂正能力を持っていると論文[注16]発表し、注目を集めることになりました。

LDPCは、コードの全長が1000ビットより長い場合、現在知られているエラー訂正コードの中で最も性能が高く、10Gbit/sの10GBase-T EthernetやWi-Fiの802.11n規格などのエラー訂正法として採用されています。また、HDDやNAND Flashメモリのエラー訂正にも用いられています。

図7.10はタナー(Tanner)グラフと呼ばれ、上側の丸はバリアブルノー

図7.10　タナーグラフの例

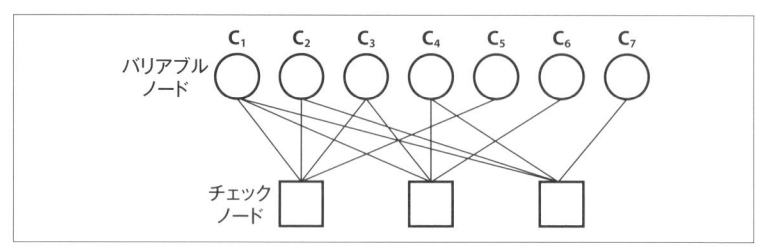

（バリアブルノード C_1, C_2, C_3, C_4, C_5, C_6, C_7 とチェックノードの図）

注15　Robert G. Gallager「Low Density Parity Check Codes」(1963)
　　　URL http://www.inference.phy.cam.ac.uk/mackay/gallager/papers/ldpc.pdf
注16　David J.C. MacKay and Radford M. Neal「Near Shannon Limit Performance of Low Density Parity Check Codes」(Electronics Letters, 1996/7)

ド (Variable node)、下側の四角はチェックノード (Check node) と言います。

　このグラフの意味は、バリアブルノードにc_1～c_7が入力されると、その値は線で結ばれたチェックノードに伝わります。そして、チェックノードはすべての入力のパリティ (Parity、等価、偶奇性) を計算 (入力の1の個数を数えて、偶数なら0、奇数なら1) します。

　そして、(x_1、x_2、x_3、x_4) という入力に対して、すべてのチェックノードの値が0になる (c_1、c_2、… c_7) が正しいエンコーダの出力です。この例ではx_1～x_4をそのままc_1～c_4として使えますが、一般的には、元のメッセージのビットがそのままエンコーダの出力ビットに対応するとは限りません。

　図7.10ではバリアブルノードの数は7個だけですが、実用的なコードでは1000個あるいはそれ以上となります。

　ここで、バリアブルノードの数をn、各バリアブルノードからチェックノードへの線の本数をj、各チェックノードからバリアブルノードへの線の本数をkとします。GallagarのオリジナルのLDPCは、すべてのノードのjとkが一定というもので、具体的にどのノード間を線で結ぶかは乱数で決めます。nが大きい場合は、これで非常に訂正能力の高いコードになるというものです。このjとkの値がnに比べて非常に小さいので「Low Density Parity Check」[注17]と言われます。

　なお、jとkが一定なら、乱数で決めたどのような接続でも同じエラー訂正能力というわけではなく、その中から良いものを選ぶ必要があります。また、接続は乱数ではなく、デコードがやりやすいように規則的に決めるなど、各種のやり方が考案されています。

　このとき、線の総数はn×jで、各チェックノードにはk本ずつつながっていますから、チェックノードはnj/k個必要になります。コードの全長がnでチェックビットがnj/kビットですから、データビットの比率は1－j/kとなり、これは通常Rと書かれます。Rが大きいということはチェックビットが少なく、一定の長さのコードでたくさんのデータビットを送りますが、その分エラーの訂正能力は弱くなります。

　IEEE 802.11 n と IEEE 802.11ac 規格には、全長が648ビット、1296ビット、1944ビットで、それぞれにR=1/2、2/3、3/4、5/6の合計12種の

注17 Densityは密度、濃度の意味。

LDPCコードが規定されています。ストレージの場合は、エンコードとデコードが一つの装置に含まれてしまうので、どのようなLDPCコードが使われているかという公開情報がないのですが、利用できる記憶容量を多くするため、R=8/9程度のチェックビットが少ないコードで、512バイトのセクタをひとまとめにする長いコード長が使われているようです。

LDPCのデコード

送信したデータ(c_1、c_2、… c_n)はエンコードのタナーグラフのすべてのチェックノードのパリティが0となるように決められていますから、エラーがない場合は、受信した(y_1、y_2、… y_n)を送信と同じタナーグラフのバリアブルノードに入力すると、すべてのチェックノードのパリティは0になります。この場合は、エラー訂正の必要はなく、受信データから送信メッセージを取り出せば終わりです。

しかし、エラーがある場合は、いくつかのチェックノードのパリティが1になります。その場合は1つとは限りませんが、どれかの入力が誤っているはずです。つまり、バリアブルノードからの値を100%信用することはできません。そこで、各チェックノードは入力の信頼度(その値である確率)を計算し、次のステップでそれをバリアブルノードに送り返します。

バリアブルノードは接続されているチェックノードからの信頼度情報を総合して、受信データの各ビットの信頼度を更新します。そして、次のステップで、これをチェックノードに送り、チェックノードは接続されているすべてのバリアブルノードからの信頼度情報を使って、再度信頼度を計算するというループを繰り返します。

このプロセスは信頼度をバリアブルノードとチェックノード間で伝えていくので、Belief Propagation(BP、確率伝搬)法のデコードと呼ばれます。

数独(*Sudoku*、パズルの一種)で、数字の決まっているマスの値から、空いているマスのありそうな値を想定し、その値を使って、次々と空いているマスの値の信頼度を上げていき、この数字の信頼度が100%という状態にたどり着くというプロセスとちょっと似ています。

7.3 RAID技術

1988年にUCB（*University of California, Berkeley*）のDavid Patterson教授らが「RAID」という考え方を提案しました[注18]。現在では、RAIDテクノロジーはHDDだけでなく、SSDにも適用されています。

RAIDの考え方と方式

RAID（*Redundant Arrays of Inexpensive Disks*）とは、名前のとおり安価なディスクを「冗長性を持たせたアレイ」にして信頼性を改善しようというものです。最初のRAIDの論文ではレベル1～5までの方式が提案されていて、これは現在ではRAID1～RAID5と呼ばれています。

- RAID1：同じデータを2本のディスクに書く二重化
- RAID2：ECCを適用し、各ディスクに1ビットずつ分散して書く
- RAID3：パリティを適用し、各ディスクに1ビットずつ分散して書く
- RAID4：ブロック単位でパリティを計算し、各ディスクに1ブロックずつ分散して書く
- RAID5：RAID4の改良版。パリティブロックを書くディスクを順に変える

RAID1はRAID提案以前から使われている**ミラーリング**（*Mirroring*）という方法で、2つのディスクに同じデータを書いておくというものです。RAID2は1ビット訂正ECCの場合は、たとえば16ビットのデータに5ビットのチェックビットとなり、21本ものディスクが必要になります。また、1ビット単位の分散書き込みもオーバーヘッドが大きく、あまり実用的ではありません。RAID3は、RAID2のECCをパリティに簡略化していますが、RAID2と同様、1ビット単位の分散書き込みが必要です。

RAID4とRAID5は、1ビットずつではなく、ブロック（実用的にはセク

注18　David A. Patterson, Garth Gibson, and Randy H. Katz「A Case for Redundant Arrays of Inexpensive Disks（RAID）」(1998)
URL http://www.cs.cmu.edu/~garth/RAIDpaper/Patterson88.pdf

タ)単位でn本のディスクに分散して書き込み、各ディスクに書いたブロックの対応するビットごとのパリティを計算して、パリティのブロックを作ります。RAID4では、このパリティブロックをもう1本のパリティ用のディスクに記録します。一方、RAID5では、n + 1本のディスクを使う点は同じですが、次に説明するようにパリティブロックを書き込むディスクを順に変えていきます。

　4本のディスクを使ってRAID5を構成する場合は**図7.11**に示すようになります。A1～A3の書き込みデータブロックは3本のディスクに順に書き込まれ、そして4本めのディスク4にはAP(i) = A1(i) ⊕ A2(i) ⊕ A3(i)と3つのブロックの対応するビットごとのパリティを計算した「AP」が書き込まれます。このパリティを書き込むディスクは固定ではなく、次のB1～B3に対する「BP」はディスク3、C1～C3に対する「CP」はディスク2、D1～D3に対する「DP」はディスク1というふうに、パリティ情報を書き込むディスクを循環させます。

　RAID5はディスク1本分の容量はパリティの記憶に使われるので、図7.11のように4本のディスクを使う場合、実際に利用できる容量は3本分となります。しかし、書き込みデータは、A1(i) ⊕ A2(i) ⊕ A3(i) ⊕ AP(i) = 0になっているので、どれか1つのディスクの読み出しにエラーがあっても、残りの3本のディスクのデータから正しいデータを復元できます。なお、このとき、どのディスクがエラーしたかがわかっている必要がありますが、これは各ディスクのエラー情報からわかります。

図7.11 RAID5のデータの格納方法

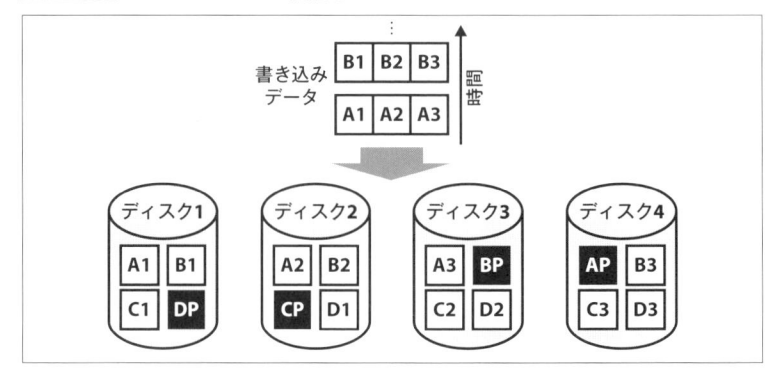

そして、残ったディスクで運用を続けながら、故障したディスクをホットスワップ（装置の電源を入れたまま）で交換し、交換した新しいディスクに、バックグラウンドで残りのディスクを使って復元したデータを書き込んで修復していきます。

RAID5にA1〜A3のように長いデータを一度に書き込む場合は良いのですが、たとえばA1だけを書き換える場合は、以下のように4回のディスクアクセスが必要になります。

❶元のA1oldの読み込み
❷APoldの読み込み
❸A1new ⊕ A1old ⊕ APoldでAPnewを計算
❹A1newのディスクへの書き込み
❺APnewのディスクへの書き込み

このためRAID5を使うと、利用できる容量が減少することに加えて、短いデータの書き込み速度が低下するというコストが掛かります。

Patterson教授らの論文では理論的に5種のバリエーションを挙げたのですが、実用的に使われているのはRAID1とRAID5で、その他は使われていません。また、詳細は割愛しますが、2本のディスクの同時エラーから回復できるRAID6という方式もあります。

ストライピング/RAID0、RAID01、RAID10
── ディスク性能を向上させる

2本のディスクを使って、ブロック1をディスク1、ブロック2をディスク2、ブロック3はディスク1という具合に、2つのディスクに分散させて交互に書き込むという手法があります。縞模様（ストライプ）のようにデータが書かれることから**ストライピング**（*Striping*）と呼ばれます。

2つのディスクに並列に読み出し、書き込みを行うので、読み出しや書き込みのバンド幅は2倍になり、バンド幅リミットのアクセスの場合は半分の時間でデータを処理することができます。同様にして、3本、4本とストライプを増やしていけば、本数に比例して性能が向上します。

これはパリティのような**冗長**（*Redundant*）なデータはないのでRAIDというのはおかしいのですが、ディスクアレイであるということで**RAID0**

という呼び名も使われます。

また、RAID0でストライプしたディスクのグループを2組置いて、同じデータを書き込むRAID1構成としたものは**RAID01**と呼ばれます。この逆にRAID1のディスクのグループを複数置き、ストライプしてバンド幅を改善する構成は**RAID10**(十ではなくイチゼロ)と呼ばれます。

同様に、RAID0とRAID5の組み合わせも可能です。

7.4 まとめ

本章では、大量のデータを長期保存するストレージについて、磁気記録を使うHDD、光学記録を使う光ディスクと半導体メモリであるNAND Flashメモリを中心に、そのデータの記録と再生のメカニズムから、その結果としての特性について説明しています。ストレージがどのような原理でデータを記憶し、どのような長所と短所があるかを理解できたと思います。

ストレージは大量のビットを記憶するので、小さな製造不良や使用中に故障が発生することは避けられません。このため、故障部分を切り離してスペアと交換したり、故障や劣化によるデータ読み出しの誤りを訂正したりすることが重要になります。本章では、最新のデータ訂正技術であるLDPCについて、その原理を解説しています。SSDではエラー訂正の能力が装置の寿命を決めることになり、エラー訂正の強度は重要な差別化要因になっています。

そして、ストレージデバイスのアクセスのバンド幅を増大するストライピングや、1本のディスクが故障しても運用が続けられ、残りのディスクから記憶したデータを再生してストレージシステムの復旧ができるRAID技術についても説明を行っています。

7.4 まとめ

Column

HDDの進化

　HDD（ハードディスク）は、強磁性体に電磁石を近付けて磁化の状態を変えてデータを記憶し、磁化の状態を検出することでデータを読み出します。この根本的なメカニズムは昔から変わっていないのですが、**図7.B**の例に見られるように、コンピュータのストレージを担うHDDはその記録密度を大幅に改善してきています。

　1956年に作られた世界初のIBM 350 HDD（第7章冒頭の図7.A、p.288）は、50枚の直径24インチ（約62cm）のディスクを持ち、記憶容量は500万字（約5MB）で、ビット密度にすると$2Kbit/in^2$（2Kbit/平方インチ）だったのですが、2012年のHDD製品は$600Gbit/in^2$と56年間で3億倍の記録密度を達成しています。これは年率1.42倍で、2年で2倍というDRAMメモリの記憶容量の増大と同じペースです。

　HDDの高密度化は、トラックピッチ（トラックの間隔）と1ビットを記憶する円周方向の長さの短縮で実現されています。この微細化は、磁気ヘッドの微細化と、ヘッドの浮上技術や、正確にトラックの位置にヘッドを持っていくサーボ（*Servo*）技術の進歩などで実現されています。

図7.B 日立製作所のHDDの進化※

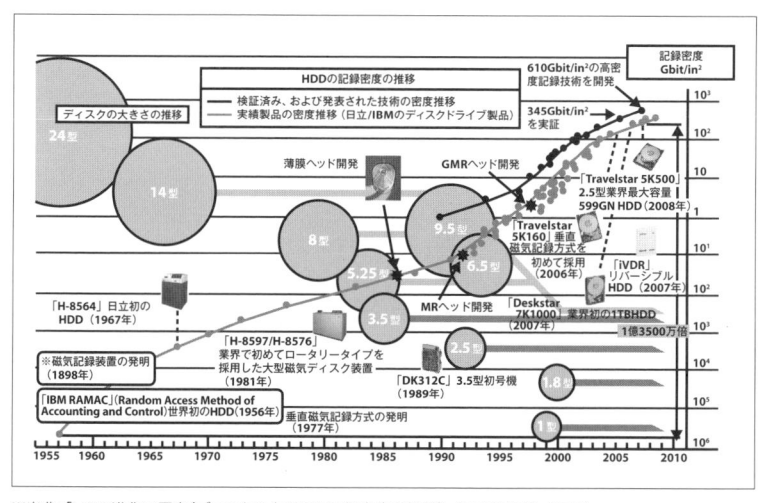

※出典：「HDD進化の歴史（ディスクの大きさと記録密度の推移）」（日立製作所、2013）
URL http://www.hitachi.co.jp/products/it/portal/info/magazine/uvalere/uvalue_world/world17/index03_pop.html

また、微細化による読み出し信号の減少に対しては、GMRやTMRという量子力学効果を使う高感度読み出しヘッドの開発、微細化しても磁区反転が起こりにくい垂直磁化の実用化など、さまざまな技術開発の積み重ねで高密度化が続いています。このように使われている技術はまったく違うのですが、改善のペースが半導体の微細化と同じというのはおもしろい現象です。

　記録円盤は、当初は24インチという大きな円盤が使われたのですが、徐々に小さくなって行き、現在では3.5インチと2.5インチが主流でモバイル機器用では、1.8インチ、1インチというHDDも使われています。円盤を小型化すると記憶容量は減るのですが、回転させるモータの消費電力が減り、回転数を高めて読み出しを高速化できるなどのメリットがあります。

第8章

周辺技術

8.1
周辺装置インタフェース

8.2
各種の周辺装置

8.3
フラットパネルディスプレイとタッチパネル

8.4
まとめ

第8章 周辺技術

　外部からの入力をCPU（中央処理装置）に伝えたり、CPUの処理結果を外部に出力したりする装置を総称して**周辺装置**（*Peripheral*）と呼びます（図8.A）。

　人手による入力装置は伝統的なキーボード、マウスから、最近ではタッチパネルも普及しています。また、大量のデータ入力にはOCR（*Optical Charater Reader*）、マークシートリーダ（*Mark sheet reader*）なども使われます。

　出力はディスプレイやプリンタが主流ですが、プリンタと言っても安価なインクジェットから、電気やガスの請求書を超高速で印刷する大型レーザープリンタ、最近話題の機械部品を印刷する3Dプリンタなど様々です。

　そして、ストレージ（第7章）は情報を記憶する場合は出力、読み出す場合は入力装置となります。また、EthernetなどのLANや携帯電話のLTE、Wi-Fiの無線LAN、Bluetoothなども入出力の両方の機能を持っています。

　第8章では、どのようにCPUから周辺装置を動かし、データのやり取りを行うのかという基本的な考え方を説明します。多種多様な周辺装置をすべてカバーするのは不可能ですが、スマートフォンやPCに使用されているものを中心に、どのような周辺装置があり、どのような用途で用いられるかを概観します。それから、今や最も多く使われている入出力装置であるタッチパネル付きフラットパネルディスプレイについて、どのようにして画面表示を行い、どのようにしてタッチを検出しているのか、そのしくみを見ていきましょう。

図8.A 1970年頃まで使われた紙テープリーダ/パンチャ（写真に向かって左端の部分）とキーボード、プリンタを備えるテレタイプ（左）と現代のタッチパネルとディスプレイを備えるiPhone 5S（右）[※]

※「Teletype Model 33 ASR with paper tape punch/reader」(Marcin Wichary)、2014年3月3日12:00現在の最新版を取得。Wikipedia:The Free encyclopedia. Wikimedia Foundation, Inc.,
URL http://en.wikipedia.org/

※画像提供：Apple Japan
URL http://www.apple.com/jp/

8.1 周辺装置インタフェース

はじめに、ここまでの章では、機能に着目して「プロセッサ」という用語を使ってきましたが、本章では周辺装置に対する中央処理装置という位置付けで「CPU」という用語を使っていきます。

周辺装置はCPUへの入出力を司るもので、人間で言えば、目や耳、口や手足に相当します。これらの器官と脳は神経でつながっているのですが、コンピュータの脳であるCPUと周辺装置はどのようにつながっているのでしょうか。

周辺装置のインタフェースレジスタ

CPUにとって、周辺装置はいくつかの特殊な作用を持つメモリアドレスに見えるというのが一般的な見え方です。これだけでは今ひとつ何のことかわからないと思いますので、順を追って見ていくことにしましょう。

メモリアドレスを指定して読み書きを行うと、通常は、そのアドレスのメモリの読み書きが行われるのですが、一部のアドレス空間を周辺装置に割り当て、そのアドレスを指定して読み書きをすると、メモリではなく周辺装置に対して読み書きが行われるようにしておきます。つまり、図8.1に示すように、周辺装置の中のいくつかのレジスタを物理空間のアドレスに対応させます。たとえば、ある周辺装置に割り当てられたアドレス範囲の最初のアドレスは「コマンドレジスタ」、次のアドレスは「ステータスレジスタ」、その次のアドレスは「データレジスタ」という具合です。これらのCPUと周辺装置のインタフェース（界面）となるレジスタを、周辺装置の**インタフェースレジスタ**と言います。

そうすると、最初のアドレスにデータを書き込むことは、そのデータをコマンドとして周辺装置に送ることになります。2番めのアドレスのデータを読むことは、周辺装置がビジー（*Busy*）とかレディー（*Ready*）とかの状態やエラーの発生などの状態を読み取ることになります。そして、3番めのアドレスにデータを書き込めば、出力するデータを周辺装置に送り、3

第8章 周辺技術

図8.1 周辺装置のレジスタを物理アドレス空間に置く

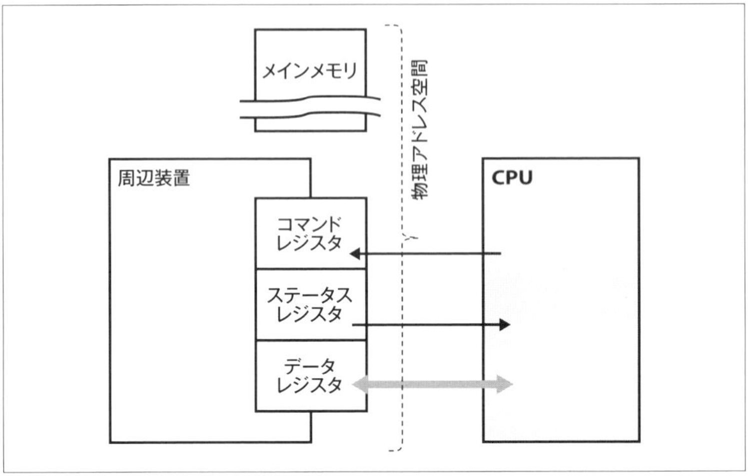

番めのアドレスからデータを読めば、入力するデータを読み込むことになります。つまり、通常のメモリをアクセスするロード/ストア命令で周辺装置とコミュニケーションできるようになるわけです。なお、コマンドレジスタは書き込み専用で、読み込みを行っても、メモリのように書き込んだデータが読めるとは限りませんし、ステータスレジスタに書き込みを行った場合、どのような動作になるかは周辺装置の設計によります。

現在では、このようにメインメモリと同じ空間に周辺装置のレジスタを配置する「メモリマップドI/O」(第1章で前述)が主流ですが、初期のx86プロセッサではメモリアドレスが16ビットしかなかったので、64KiBのメモリしかアクセスできませんでした。そのため、メモリ空間とは別個にin、out命令でアクセスするI/O空間が設けられ、周辺装置のレジスタはI/O空間に置かれていました。この機能は現在も使われており、後述のPCIバスの制御レジスタはI/O空間に置かれています。

インタフェースレジスタを使った入出力制御

ステータスレジスタは、その周辺装置の状態を示すレジスタで、その装置が正常に動作しているか、エラーが発生したか、現在動作中でビジーで

あるか、次の動作ができるレディー状態であるかなどの状態を示すレディービットを持っています。CPUは出力装置のステータスレジスタを読み、レディービットが1であれば、出力するデータをデータレジスタに書き込んで、次にコマンドレジスタに出力コマンドを書き込みます。

　前出の図8.Aに示したテレタイプのような装置では、紙に印字するか紙テープに穿孔(穴をあける)してデータを記録するかをコマンドで指示します。周辺装置は、印字や穿孔状態に入るとステータスレジスタのレディービットを0にして、ビジー状態であることを示します。そして動作が終わり、次のデータを受け取れるようになると、レディービットを1にします。なお、このような仕様にすると、データを書き込んで印字コマンドを送り、レディー状態になるのを待って穿孔コマンドを送れば、印字と穿孔を並行して行うことができます。

　一方、コマンドでどちらを使うかを指示しておいて、あとは、ステータスレジスタを読んでレディービットを確認してデータレジスタへデータを書き込むという動作を繰り返すだけで、連続して印字か穿孔かを行わせるという設計にすることもできます。テレタイプの入力側にもコマンド、ステータス、データレジスタを設け、コマンドで紙テープを読むか、キーボードを読むかを指示し、読み込みが終わるとデータをデータレジスタに書き込んで、ステータスレジスタのレディービットを1にします。CPUはレディービットが1になったのを確認してデータレジスタを読みます。そして、データレジスタが読まれると、周辺装置はレディービットを0にして次のデータの読み取りに掛かります。このような設計にすれば次々とデータを読んでくることができます。

　これは簡単な入出力装置のインタフェースの一例ですが、これらの制御レジスタを必要に応じて拡張していけば複雑な動作をする周辺装置も制御できます。

　このように、CPUがいちいちレジスタを操作して周辺装置を動かす制御法を**プログラムI/O**、あるいは**PIO**と言います。テレタイプのような速度の遅い入出力装置の場合は、このような制御法でも十分間に合います。

DMAによるデータ転送 —— 大量データの入出力

　大量のデータの入出力を1バイトずつ行うのは効率が悪いので、まとめてデータをやり取りしようというのが**DMA**(*Direct Memory Access*) というやり方です。DMAでは、CPUから周辺装置に、データ転送を行うメモリの先頭アドレスと長さを教えてやります。そのやり方は**図8.2**のようになります。物理アドレス空間にDMA先頭アドレスレジスタと転送の長さのレジスタを設けて、CPUからこれらのレジスタに情報を書き込み、次にコマンドレジスタにDMAの開始コマンドを書き込みます。

　周辺装置はDMAエンジンと呼ぶハードウェアを持ち、DMAエンジンはDMA先頭アドレスレジスタで指されるアドレスのメモリとデータレジスタの間のデータ転送を行い、1つの処理が終わると、DMA先頭アドレスレジスタの内容を次のデータを指すように+1して次の転送を行うというようにして、指定されたDMA転送長さになるまで動作を繰り返します。

　このような構造とすると、データ転送ごとにステータスレジスタを監視

図8.2 DMA転送

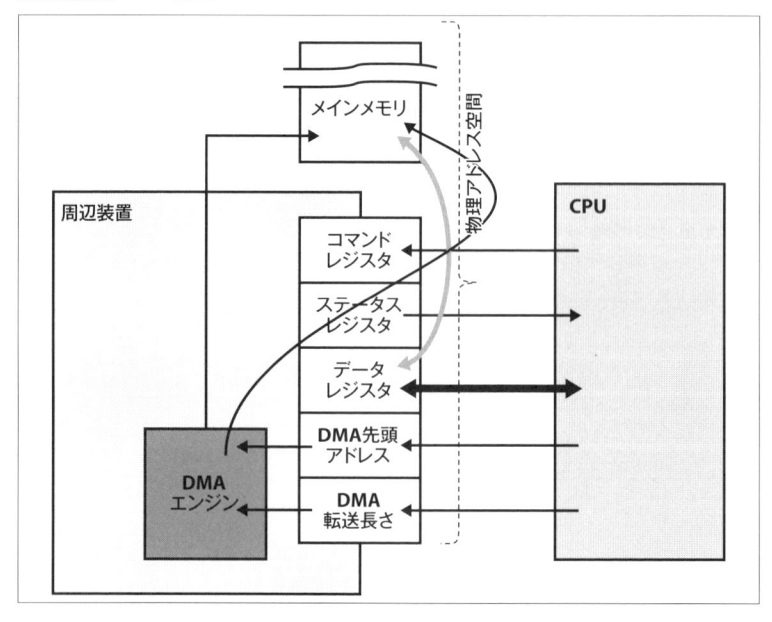

してレディーになったらデータレジスタを読んで、その内容をメモリに書き込む、あるいはその逆にメモリのデータを読んでデータレジスタに書き込むという動作を、CPUの代わりにDMAエンジンという専用のハードウェアがやってくれるので、周辺装置とのデータのやり取りが大幅に簡略化され効率も上がります。

このような転送は、周辺装置が直接メモリにアクセスするので、ダイレクトメモリアクセス（Direct Memory Access）と呼ばれます。なお、周辺装置の中で1バイトの処理が終わったら、次のアドレスのメモリをアクセスしてという処理方法でも良いのですが、メインメモリはキャッシュラインサイズのブロックでのアクセスに最適化されているのが普通なので、通常は、周辺装置内にバッファを持ち、まとめてメインメモリとの間でデータを転送します。

入力であれば、入力データをバッファに貯め、バッファがいっぱいに近づくとメインメモリにデータを一括して転送するという動作を繰り返します。また、出力の場合は、メインメモリからバッファに出力データをまとめて転送し、周辺装置はバッファのデータを出力し、バッファが空に近づいたら、またメインメモリからバッファに転送するというDMAを行います。

割り込みを使った周辺装置制御

DMA転送を使うと、一連のデータ転送を1回のコマンド書き込みで行わせることができますが、次の動作を指示するには、DMA転送が終了して、ステータスレジスタのレディービットが1になるのを待つ必要があります。このようにレジスタを読み続けてレディー状態になるのを待つやり方を**ポーリング**と言います。しかし、ポーリングでは、CPUはステータスレジスタを繰り返し読んでレディー状態になるまで待っていなければなりません。これではCPUは、他の仕事ができません。

このため、周辺装置からDMAの終了を**割り込み**で通知してもらうというやり方が使われます。**図8.3 ❶**で、OSはアプリケーションからの要求でDMA転送開始コマンドを発行するとともに、DMA転送を依頼したアプリケーションの実行を中断して実行待ち状態にします。そうするとCPUに、他の実行条件の整ったプロセスを実行させることができます。

第8章 周辺技術

そして、周辺装置はコマンドで指示されたDMA動作を行い、指示された長さのデータを処理し終えると、❷でCPUに割り込みを上げてDMAの終了を通知します。CPUは割り込みを受け取ると割り込み処理ルーチンを動かし、割り込み処理ルーチンは割り込みの原因を解析します。そして、原因が、アプリケーションの依頼した入出力のDMAの終了であることがわかると、❸で実行待ちになっているアプリケーションにDMAの終了を通知します。そして、そのアプリケーションは実行可能状態となり、その後OSによって選択されて実行されることになります。

このように、割り込みを使ってDMAやその他の周辺装置の動作の完了を通知すれば、CPUがステータスレジスタを読み続ける必要はなく、その間CPUは別の処理を行うことができるようになり、CPUを有効に使うことができます。

なお、割り込み処理には数百〜数千サイクル掛かるので、ステータスレジスタをループで繰り返し読み続ける場合よりも応答速度は多少遅くなります。このため、超高速の応答が必要な場合はポーリングを使う場合があります。

図8.3 割り込みによるDMAの終了の通知

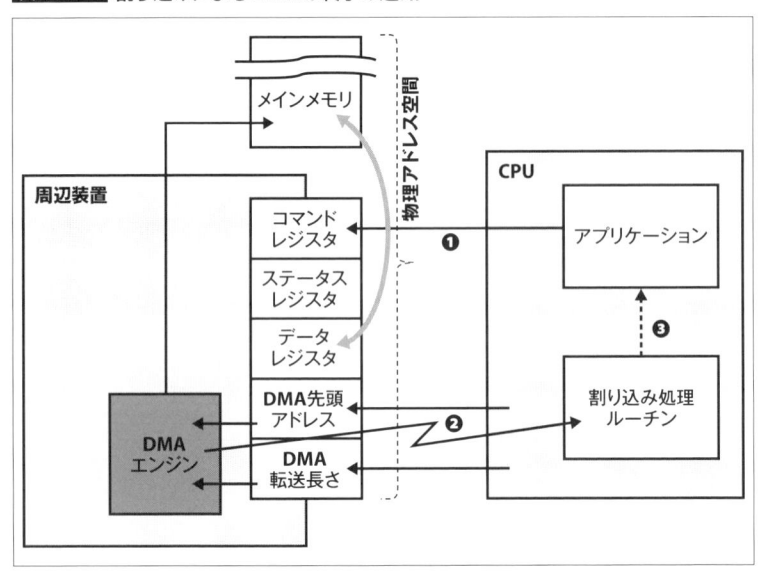

アドレス変換の問題

2.7節で説明したように、CPUはページ単位でメモリを管理します。このため、アプリケーションプログラムが認識しているデータ領域は、論理アドレスでは連続でも物理アドレスではページ単位で不連続になっている可能性があります。

また、使用頻度の低いページをストレージに追い出して、そのページがアクセスされた場合には、OSがストレージからメモリに読み出して使えるようにする仮想記憶[注1]という技術が使われている場合には、周辺装置がDMAでアクセスしようとするページがメモリ上に存在しないということも起こり得ます。これではDMAはできませんから、OSはDMAに使うページは、メインメモリから追い出されないようにページテーブルのエントリに印を付けて固定します。これで対象のページがメインメモリに存在しないということは避けられますが、ページの物理アドレスが不連続という問題を解決する必要があります。

スキャッタ・ギャザーDMA

1つの方法はページごとにDMAを行うというもので、これなら各ページの先頭物理アドレスを周辺装置に教えてやれば不連続の問題は回避できます。ただし、ページごとにDMAコマンドを発行するのは面倒なので**図8.4**のように一連のDMAを指示する情報をメモリに書いておいて、**DMAコントローラ**(*DMA Controller*)に順番に実行させます。

この方法は**スキャッタ・ギャザー**(*Sactter/Gather*)DMAと呼ばれます。一連の入力をばらばらのページに転送する場合を「スキャッタ」、ばらばらのページからデータを集めて出力する場合を「ギャザー」と呼びます。

メインメモリに、図8.4❶❷のようにDMAの先頭物理アドレスと長さなどのパラメータを含むDMA記述子を書いておきます。なお、先頭アドレスはOSのサービスを利用して、仮想アドレスを物理アドレスに変換したものを書き込みます。

そして、DMA記述子の中には、次のDMA記述子ポインタの欄があり、

注1　結果として、物理的に存在するメモリより、多くのメモリ領域が使えるようになります。

❸のように次のDMA記述子の先頭アドレスを書き込んで、リンクリストを作ります。なお、最後のDMA記述子のポインタは0にしておきます。そして、❹でCPUからDMA記述子リストの先頭アドレスを周辺装置に教えて、DMAリストの処理を指示するコマンドを発行します。

　周辺装置は、メモリに書かれたDMA記述子を読み、指示されたメモリアドレスや転送長さに従ってDMA処理を行い、ポインタを辿って、次々とDMA記述子を処理していきます。そして、❺のように、次記述子ポインタの値が0であればリストはおしまいなので、❻で割り込みを上げてCPUにDMAリストの処理の終了を通知します。

　このようにスキャッタ、ギャザー機能を持つDMAコントローラを使えば、不連続なページのDMAができます。

周辺装置側にもアドレス変換機構を設ける方法

　もう一つの方法は、図8.5のように周辺装置側にもアドレス変換機構を設け、周辺装置が認識するアドレス空間を、その周辺装置を使うアプリケーションのアドレス空間と一致させるという方法です。

　CPUは、❶でアプリケーションのDMA領域の仮想アドレスをDMAの先頭アドレスとして周辺装置に教えます。これを周辺装置は、❷でアドレ

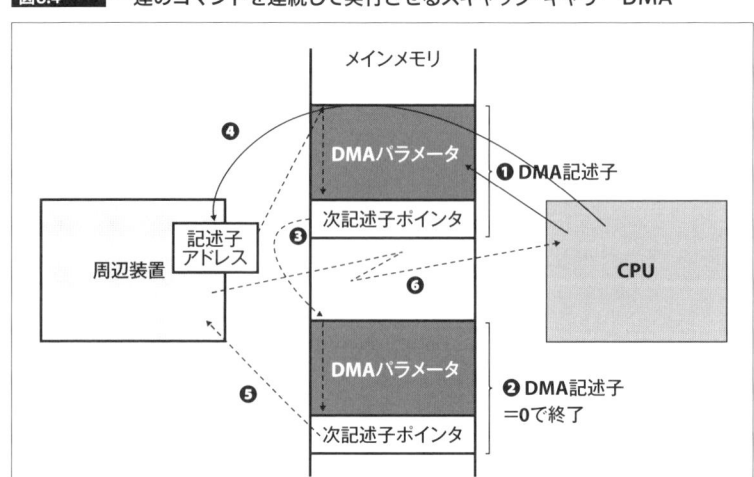

図8.4　一連のコマンドを連続して実行させるスキャッタ・ギャザーDMA

ス変換機構を使って物理アドレスに変換します。このようにすれば、周辺装置も仮想アドレスでメモリをアクセスするので、DMA領域1とDMA領域2のように、物理アドレスでは不連続なページになっていても連続してアクセスできます。

ただし、このようにするためには、周辺装置とCPUのアドレス変換機構が同じように仮想-物理アドレスの変換を行う必要があり、その周辺装置を利用するアプリケーションに応じて、プロセスAのDMAを実行している場合は、プロセスAのページテーブル、プロセスBのDMAを実行している場合はプロセスBのページテーブルを使うというように、ページテーブルを切り替える必要があります[注2]。

デバイスドライバの役割

複雑な周辺装置では、インタフェースレジスタの制御も複雑です。また、レジスタのアクセスの順序やタイミングで周辺装置の動作が変わってくる

図8.5 周辺装置側にもアドレス変換機構を設けて仮想アドレス空間を一致させる

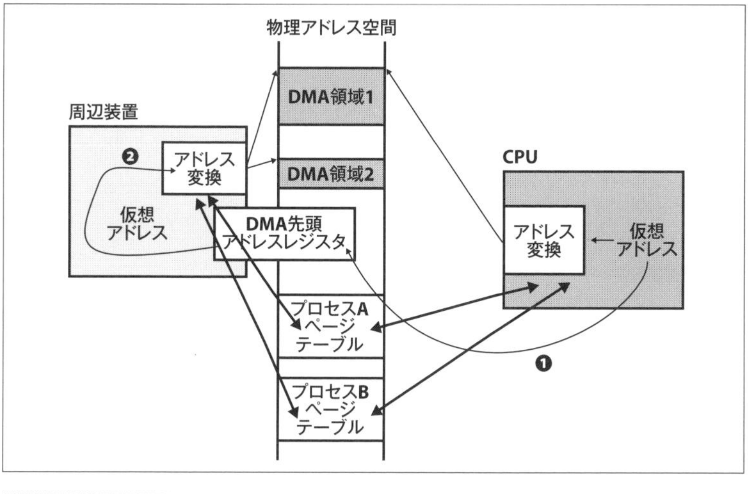

注2　ページテーブルの切り替えについて、一般にはページテーブルの先頭アドレスを指す専用のレジスタがあり、そこにプロセスAのページテーブルのアドレスを書いておくのか、プロセスBのページテーブルのアドレスを書いておくのかで切り替えができます。アドレス変換機構は、このレジスタに書かれているアドレスから格納されているページテーブルを使ってアドレス変換を行います。

場合もあり、周辺装置の内部構造を周知していないとうまく制御できないという場合も多いのです。このため、周辺装置は、**デバイスドライバ**というソフトウェアを付けて提供されるのが一般的です。デバイスドライバは、OSからのReadやWriteなどの標準的なアクセス要求を、インタフェースレジスタの操作に翻訳して実行します。なお、Windowsでは個々のハードウェアの違いを吸収する**HAL**(*Hardware Abstraction Layer*)というソフトウェア層があり、デバイスドライバはHALを使ってハードウェアを操作し、厳密に言うと直接インタフェースレジスタを操作するわけではありません。

また、デバイスドライバは単にインタフェースレジスタを操作するだけではなく、周辺装置のハードウェアで実行するには複雑過ぎる機能をCPUで実行されるデバイスドライバにやらせて、全体として要求される機能を実現するという位置付けになってきています。たとえば、PDF(*Portable Document Format*)などのページ記述言語で書かれた印刷データをビットマップに変換してからプリンタに送って印刷するデバイスドライバは、このようなデバイスドライバの一例です。

周辺装置には、そのデバイスのメーカーや製品を識別する情報が記憶されており、レジスタインタフェースを使って、その情報を読み出すことができます。OSはこの情報を使って、どのメーカーの装置で、どの版のデバイスドライバが必要かということを知ることができます。そして、必要なデバイスドライバがインストールされていればそれを使いますし、ない場合は、デバイスドライバを付属のCDからインストールするとか、メーカーのホームページからダウンロードしてインストールするなどを指示します。

PCI規格 —— インタフェースレジスタの衝突を解消

周辺装置の制御は、基本的にはインタフェースレジスタを使って行われるのですが、レジスタインタフェースは、レジスタをメモリ空間に配置するので、複数の周辺装置を接続する場合に、それらのレジスタのアドレスが衝突してしまうと困ります[注3]。

注3　インタフェースレジスタのアドレスが重複すると問題になります。同じアドレスに複数のレジスタが重なって配置されると困るということです。

8.1 周辺装置インタフェース

　PCI(*Peripheral Component Interconnect*)というバス規格では、次のようにしてレジスタアドレスの衝突を解決しています。**図8.6**に示すように、PCI規格に準拠する周辺装置は装置の内部に「PCI空間ヘッダ」というデータ構造を持っています。CPUから「Config_addrレジスタ」(I/O空間の0x0cf8番地)にアクセスするデバイスのバス番号、デバイス番号とPCI空間ヘッダ内の情報のアドレスを書き込むと、その周辺装置のPCI空間ヘッダのデータが「Config_dataレジスタ」(I/O空間の0x0cfc番地)を通してCPUから読み書きできるようになっています。

　そして周辺装置は、PCI空間ヘッダの中のベースアドレスレジスタ欄(6エントリ)に書かれたアドレスにインタフェースレジスタブロックを配置する機能を持っています。

　PCの場合は、電源を投入すると最初に動くBIOSが、どのようなPCIデバイスが接続されているかを検出して、インタフェースレジスタのアドレスがぶつからないように各周辺装置のベースアドレスレジスタの値を設定してくれます。

　この設定がデバイスドライバに引き継がれ、デバイスドライバは物理メモリ空間に配置されたインタフェースレジスタをアクセスして周辺装置を制御します。

図8.6 PCIではインタフェースレジスタのアドレスを指定できる

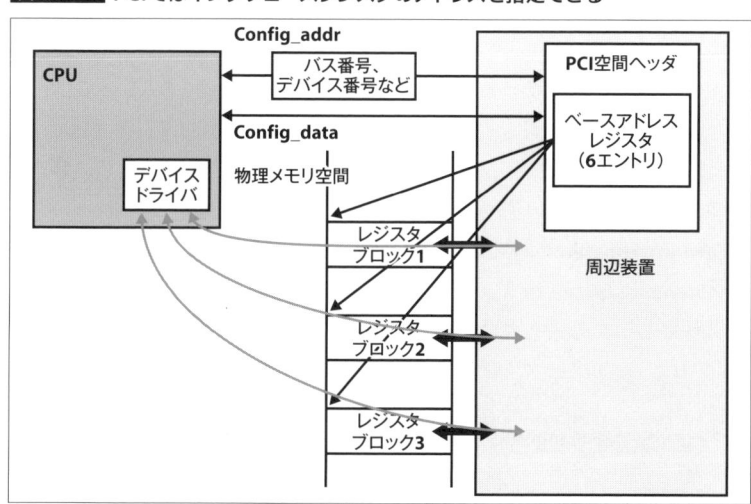

第8章 周辺技術

周辺装置インタフェースの標準化 —— ATA、プリンタのページ記述言語

　各社で独立に周辺装置を開発すると、どのようなレジスタを何個使い、どのビットがどういう意味を持つかなどが各社でまちまちになってしまいます。これでは使いにくいということから、インタフェースの標準化が行われるようになりました。

　たとえば、HDDではATAという規格が作られ、どのようなインタフェースレジスタを持ち、それを操作した場合のHDDデバイスの動きが標準化されました。

　また、ハイエンドのプリンタではページ記述言語[注4]でページを記述し、それを理解してプリントするという形で実質的な標準化が行われました。しかし、これらのページ記述言語を理解するには周辺装置にプロセッサを内蔵する必要があり高価になってしまうので、デバイスドライバでこれらのページ記述言語で書かれたページをラスタイメージ (*Raster image*、ビットマップ画像) に変換して、プリンタにはラスタイメージを送るという方法も使われています。

高速シリアル伝送 —— 差動伝送でクロストーク雑音を抑える

　レジスタインタフェースには多くの配線が必要で、フラットケーブル (*Flat cable*) などが必要になります。昔からのPCユーザならプリンタ接続の36ピンのコネクタや、HDD接続の80芯のATAケーブルが記憶にあることでしょう。

　しかし、多数の信号を並列に伝送しようとすると図8.7に示すように、信号線の間に磁力線による結合[注5]や電気力線による結合[注6]が生じ、❶や❸の線の信号が❷の線の信号に影響を与えてしまいます。

　この現象が最初に問題になったのは電話線だったので、これを**クロストーク** (*Cross talk*、漏話) と呼びます。

　クロストークの大きさは周波数に比例して増加するので、高速で信号を

注4　AdobeのPostScript Portable Document FormatやHewlett PackardのHP Printer Contorol Language、MicrosoftのXML Paper Specificationなど。
注5　相互インダクタンス (*Mutual inductance*、相互誘導) による結合。
注6　静電容量による結合。

伝送しようとするとクロストークによる雑音が大きくなってしまいます。また、❶や❸の信号が❷の線にクロストークで漏れるということは、❷の

図8.7 並列の信号線の間ではクロストークで信号が漏れてしまう

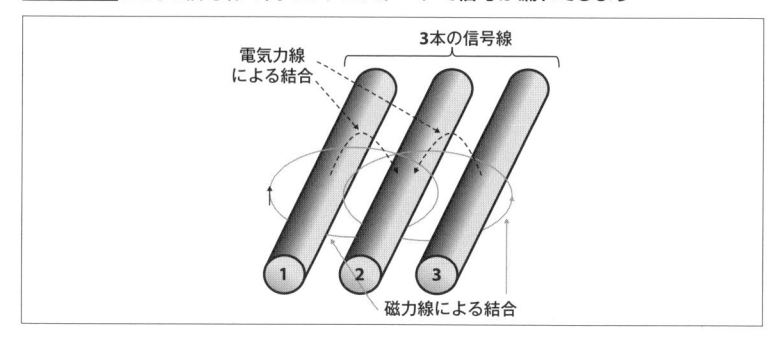

```
          電気力線        3本の信号線
          による結合

             1    2    3
                磁力線による結合
```

Column

BIOS —— Basic Input Output System

BIOSは、PCハードウェアの初期化などを行うプログラムで、電源を切っても情報の消えないNAND Flashメモリなどに入れられています。x86プロセッサは、パワーオンされると16進のFFF0番地から命令をフェッチして実行を始めるようになっています。そして、この番地にBIOSプログラムの入り口となる命令が置かれています。

電源がオンになると、BIOSは、まずPCに搭載されているハードウェアが正しく動作しているかどうかをチェックし、ハードウェアの初期化をするPOST（*Power On Self Test*）を実行します。この過程でPCIバスにどのような装置が接続されているか、そしてハードウェアの初期化の一環として、インタフェースレジスタのアドレスの衝突がないように各装置のPCIヘッダのベースアドレスレジスタ設定を行います。

POSTをパスすると、OSをブートする記憶装置から、OSを読み込むためのブートローダプログラムを読み込んで実行を開始させます。このブートローダがWindowsなどのOSを読み込んで、OSがブートされるという流れになります。

元来、BIOSはその名のとおり、キーボード入力や画面の文字表示などの基本的な入出力を、ハードウェアの違いをカバーして、統一的に行えるようにするサブルーチンが主体であったのですが、マルチプロセス環境に対応できていない、多種の入出力をすべてカバーできないなどの問題から、現在は、入出力はOSとデバイスドライバが行うのが一般的になっています。

信号が❶や❸の線に漏れて、❷の線の高い周波数のデータが減ってしまうということになります。このため、多数の信号線で高速にデータを送ろうとしても、クロストークによって伝わる信号が弱まり、隣の線からの雑音は増えるのでうまくいきません。

図8.8に示すように、1つの信号に2本の線を使って互いに逆の信号を伝送すると、1＋と1－の線の磁力線は、ペアの外側では逆向きになって打ち消し合い、2＋と2－の信号線への影響が小さくなります。また、2＋の線に対する1＋からの電気力線と1－からの電気力線も逆方法で打ち消し合います。距離が少し違うので完全には打ち消されませんが、大部分が相殺されて、1＋と1－のペアと2＋と2－のペアの間のクロストークは図8.7と比べると大幅に減少し、高い周波数の信号の減衰も小さくなります。このように1つの信号の伝送にペアの信号線を使って、互いに逆の信号を送るやり方を**差動伝送**(Differential transmission)と言います。そして、両方のペアの間にGと書いたグランド線を入れれば、クロストークをさらに減らすことができます。

差動伝送を行うと高い周波数の信号を送ることができ、図8.7の場合と比べると、10倍以上の速度でデータを送ることができます。1つの信号に2本の線が必要ですが、伝送速度が10倍なら、結果としては、差動伝送のほうが少ない本数の配線で同じ量のデータが送れることになります。このような技術を使って信号を並列にではなく、順番に送るやり方を**高速シリアル伝送**と言います。

図8.8 差動伝送では磁力線や電気力線の結合が打ち消され、クロストークが減らせる(断面)

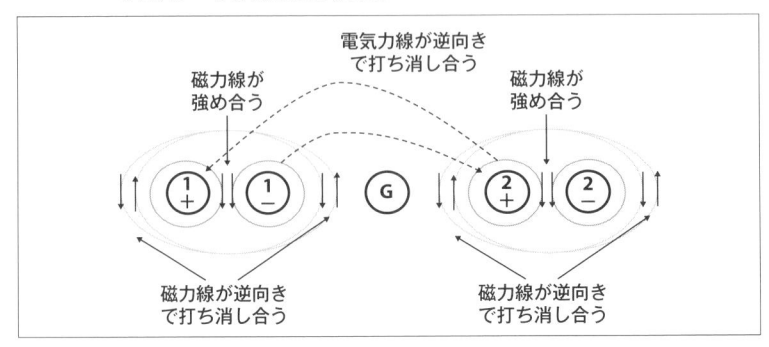

クロック抽出 —— 信号とクロックのタイミングのずれの問題を解消

　また、多数の信号線で伝送する場合は、データとともにデータのタイミングを示すクロックを送る必要があります。しかし、高速にデータを伝送する場合は、データの伝送時間に小さなばらつきがあってクロックとのタイミングがずれてしまうと、うまくデータを受け取れなくなってしまうという問題があります。

　このため、高速シリアル伝送ではクロック線を使わず、データ線からクロックを取り出すという技術が使われます。これならデータとクロックのタイミングがずれるという問題はありません。

　この、クロック抽出のためには8B10B（ハチビージュウビー）エンコードというテクニックが使われます。0の連続とか1の連続とかいうデータを送ると、同じデータが続いてしまい、受信側はビットの切れ目がわかりません。8B10Bエンコードは、8ビットのデータを10ビットに変換して、元の送信データとしてはどのようなデータが入ってきても、送信する信号では4ビット以上は同じ値が続かないように変換し、受信側でクロックを抽出することができるようになっています。

　8ビットのデータのために10ビットを送るので、物理的なデータ伝送速度の80%のデータ伝送速度となってしまいますが、独立にクロック線を設けるより有利です。また、次に説明するPCI Express 3.0では、128B/130Bエンコーディングを使いクロック抽出のオーバーヘッドを大幅に減少させています。

PCI Express

　上述の技術を使って、レジスタインタフェースのPCIバスを高速シリアル伝送化したのがPCI Expressという規格です。PCI Expressでは、送りと受けのペアのデータの通路（合計4本の信号線）を**レーン**と呼びます。当初のPCI Express 1.1規格では、レーンのデータ伝送速度は、片方向で250MB/s、送りと受けの合計で500MB/sとなっていました。その後、PCI Express 2.0規格ではこの2倍の速度となり、合計で1GB/sとなり、PCI Express 3.0規格では、さらに2倍の合計2GB/sの伝送速度となっています。また、PCI Expressでは複数のレーンを束ねてデータ伝送を行うことができ、

x2、x4、x8、x16とx64まで定義されていますが、多くの製品ではx8どまりで、高性能の専用グラフィックスボードがx16を使っているという状況です。

USB

USB(*Universal Serial Bus*)は各種の周辺装置を手軽につなぐということを目的に作られた規格で、キーボード、マウス、USBメモリ、CD/DVDドライブ、プリンタ、スキャナなど、各種の装置の接続に使われています。

USBも高速シリアル伝送を使っているのですが、その配線はD＋とD－という2本の信号線と、電源、グランドの合計4本しかありません。信号線が1ペアしかないので、CPUから周辺装置への伝送と周辺装置からCPUへの伝送で伝送方向を切り替える**半二重**という通信方式が使われます。

USB 1.0では、高速といっても12Mbit/sの伝送速度で、ディスクなどの高速の装置をつなぐには心もとない状態でしたが、USB 2.0になって480Mbit/sと大幅に高速化され、超高速を必要とする周辺装置以外は接続できるようになりました。

ただし、USB 2.0は480Mbit/sの伝送速度といっても、1つのUSBバスにつないだすべての周辺装置で、このバンド幅を分割して使用します。そのため、USB 2.0では1つの装置が使える最大のデータ伝送速度は192Mbits/s(24MB/s)になっています。

また、USB 2.0では、周辺装置に5Vで最大500mAの電源を供給できる仕様になり、消費電力の少ない装置はACアダプタを使わないで動作させられるようになって、使い勝手が向上しています。USBバスは、ホストとなるコンピュータに内蔵されたルートポートから、各周辺装置の間に**パイプ**(*Pipe*)と呼ぶ、論理的な通信路を作ります。コントロール用やデータの入力用、出力用などに別々のパイプが必要になるので、1つの周辺装置に複数のパイプがつながることになります。

これらのパイプは1つの高速シリアル伝送路を共用するのですが、論理的には独立の通信路を構成します。そして、それぞれの周辺装置にコマンドを送ったりデータの入出力を行ったりします。

パイプを通るデータは周辺装置によってさまざまで、ストレージの場合

はレジスタインタフェースのATAをパケット化した**ATAPI**(*ATA Packet Interface*)形式などが使われます。プリンタの場合は、PostScriptなどのページ記述言語によるページ記述が送られます。また、デバイスベンダーが定義した独自のインタフェースを使うこともできるようになっています。

USB 3.0

現在では480Mbit/sのUSB 2.0準拠の装置が一般的ですが、2008年11月に5Gbit/sのUSB 3.0規格が制定され、高速を必要とするHDDなどではUSB 3.0対応に移行しつつあります。また、2013年8月には10Gbit/sのUSB 3.1規格が制定されています。

なお、USB 2.0用のケーブルでは、5Gbit/sとか10Gbit/sという高速の信号を伝送することはできないので、USB 3.0規格では、USB 2.0の配線に加えて、送信側と受信側の線を分離した4本の信号線と1本のグランド線が追加されています。USB 3.0のコネクタは**図8.9**のようになっており、図8.9左のレセプタクルの図の上側に書かれた5つの端子がUSB 3.0で追加された信号線の端子です。これらの端子は凹んでいるので、USB 2.0のコネクタを挿入しても接触しないようになっています。図8.9右のプラグの図に見られるように、先端に突起がある端子で、凹んでいるUSB 3.0の端子に接触するようになっています。

そして、図8.9の下側に書かれている4本の長い端子が、USB 2.0の信号と電源、グランド線で、この部分はUSB 2.0のコネクタと同じ寸法を保っています。このため、USB 2.0のケーブルもUSB 3.0のコネクタに挿入す

図8.9 USB 3.0のコネクタ（Standard-A）※

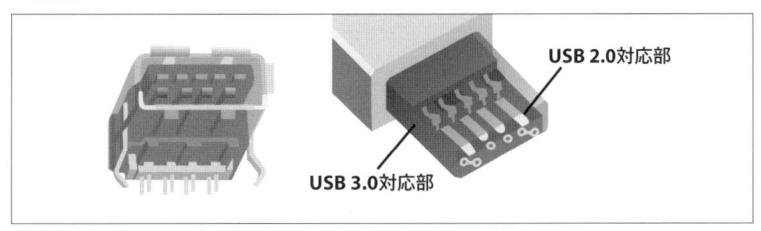

USB 2.0対応部
USB 3.0対応部

※出典:(株)東陽テクニカ 石井 潤一郎『そこは知っておきたい『USB 3.0 の高速性を実現するしくみをプロトコル・アナライザで覗いてみる』』
URL http://www.kumikomi.net/archives/2009/04/_usb_30.php
上記、図2の「Standard-A」部分を一部転載。

ることができますが、当然、USB 2.0 で範囲でしか動作しません。なお、USB 3.0 では、周辺装置への電源供給が900mA、USB 3.1 では1Aに増加しており、USB 2.0 より消費電流の大きい周辺装置をつなぐことができるようになっています。

　USB 2.0 のコネクタはプリンタなどの据え置き型の装置には正方形に近い形のType-Bコネクタを使っていますし、デジタルカメラなどの携帯機器は小型のMicro-Bコネクタというように各種の形状のコネクタが規格化されています。これらのUSB 2.0 のコネクタをUSB 3.0 対応に拡張したコネクタが規格化されており、Standard-A（あるいはType-A）は、図8.9に見られるように、一番普通の平たい形のコネクタです。また、USB-IF（*USB Implementers Forum, Inc.*）[注7]は、差し込むときに裏表を悩まなくて良いType-Cというコネクタの規格化を進めており、2014年中頃には規格を公表する予定です。このType-Cは従来のコネクタと互換性はなく、従来の機器を接続するためには変換ケーブルを使うことになります。

8.2 各種の周辺装置

　周辺装置はユーザが使用するシーンに合わせたものが必要です。このため、スマートフォンなどの携帯機器で必要な周辺装置と、固定して使用されるデスクトップPCでは必要な周辺装置が違ってきます。また、スマートフォンでは周辺装置の増設はほとんどありませんが、デスクトップPCでは増設や変更が行われるので、汎用的な周辺装置接続インタフェースが必要になる点は大きな違いです。

スマートフォンSoCに接続される周辺装置

　図8.10はSamsungのExynos 5 Dual SoCの周辺装置接続インタフェー

注7　URL http://www.usb.org/

スを示す図です。❶メモリインタフェース、❷グラフィックス/ビデオ、❸USB、SATAなどの高速インタフェース、❹システム制御、❺各種の外部周辺装置インタフェース、❻通信用のモデムインタフェース、❼ディスプレイとカメラインタフェースのブロックが描かれています。

次の**表8.1**は、Galaxy S4スマートフォンに搭載されている周辺装置の一覧です。SamsungのGalaxy S4スマートフォンは、Exynos 5 Octa SoCを使っており、先ほどの図8.10のExynos 5 Dualの上級チップです。その違いは、Exynos 5 DualはARMのCortex-A15を2コア搭載ですが、Exynos 5 OctaはCortex-A15を4コアとA7を4コア使用するbig.LITTLE構成となっている点で、周辺装置の接続についてはあまり違いがないと思われます。なお、Galaxy S4にはExynos 5 Octa SoCを使うモデルとQualcommのSnapdragon 600 SoCを使うモデルがあるのですが、接続される周辺装置にはSoCによる違いは見られません。

図8.10 SamsungのExynos 5 Dual SoCのインタフェース※

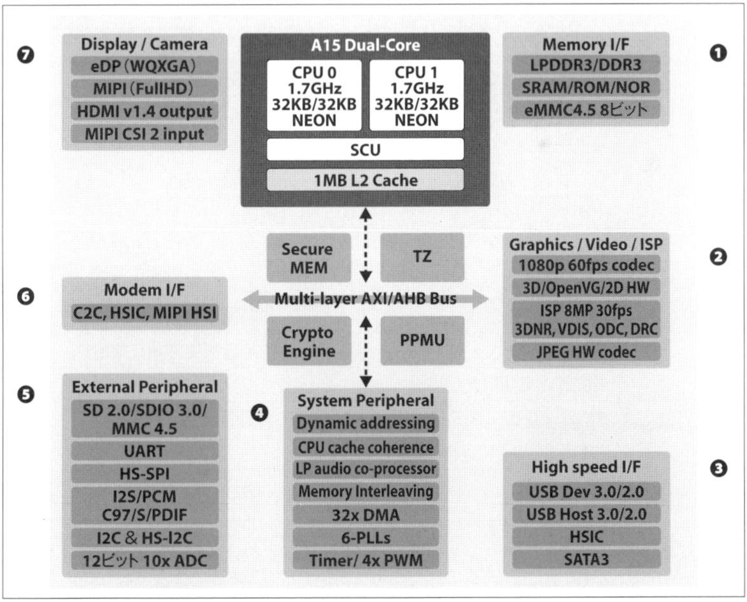

※出典：「Exynos 5 Dual」(Samsung、2012)
　URL http://www.samsung.com/global/business/semiconductor/product/application/detail?productId=7668&iaId=2341

PCに接続される周辺装置

第4世代のIntel Coreプロセッサのシステムの周辺装置の接続は**図8.11**のようになっています。CPUはグラフィックスとビデオエンコード、デコード機能を内蔵しており、3種のディスプレイ出力を持っています。そして、x16レーンのPCI Express 3.0という高速の周辺装置接続インタフェースを

表8.1 Galaxy S4の周辺装置

接続形態	周辺装置	備考(用途など)
無線	第2世代GSM、CDMA	携帯電話
	第3世代HSDPA	携帯電話
	第4世代LTE	携帯電話
	SIMカード	携帯ID
	Wi-Fi(802.11a/b/g/n/ac)	無線LAN
	Bluetooth 4.0	周辺装置無線接続
	NFC(*Near Field Communication*)	Felicaなど
	IrDA	赤外線通信
	GPS	GPS位置情報
有線	microUSB 2.0	USB 2.0ポート
	microSDカード	NAND Flashメモリ
入力	タッチセンサー	液晶パネルと一体化
	自動フォーカスカメラ	表面、裏面
	マイク	
	各種ボタン	起動ボタン、音量ボタンなど
	3軸ジャイロ	回転の検出
	3軸加速度センサー	移動の検出
	コンパス	地磁気で方角を検出
	温度計、気圧計、湿度計	
出力	AMOLEDディスプレイ(後述)	画面表示
	カメラ撮影用フラッシュ	LEDフラッシュ
	スピーカー	
	フォーンジャック	イヤフォン接続
	バイブレーションモータ	マナーモード着信
内蔵	内蔵GPU	3D画像表示処理
	ビデオデコード、エンコード	ビデオ処理
	オーディオエンコード、デコード	オーディオ処理

8.2 各種の周辺装置

備えています。

CPUからDMI 2.0とIntel FDIという高速バスでH87という各種の周辺装置を接続する機能を持つハブチップにつながっています。H87には、右上から時計回りで標準搭載の濃い色のブロックを見ると、オーディオの入出力、ストレージ接続のSATA、Ethernet、USB 3.0、PCI Express 2.0などのインタフェースが出ています。

市販されている周辺装置の大部分は、図8.11のようなこれらのインタフェースのどれかを使っており、事実上何でもつなげます。PCでよく使われる周辺装置を**表8.2**に示します。

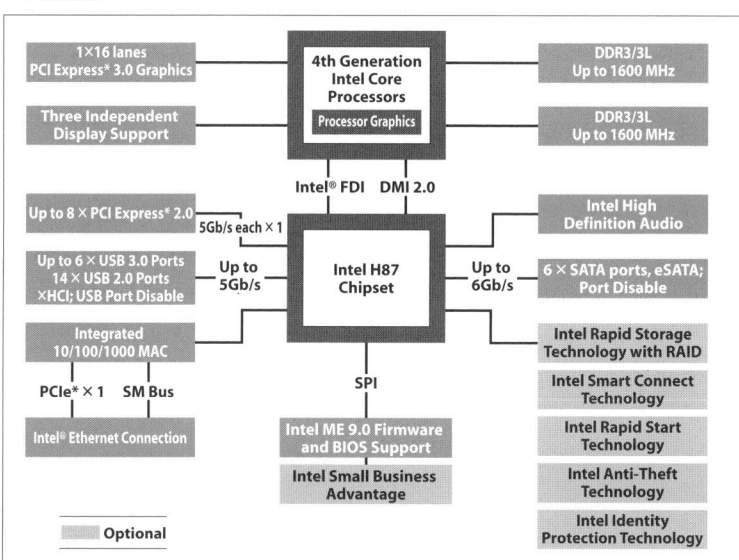

図8.11 第4世代Intel Coreプロセッサのインタフェース※

※出典:「インテル H87チップセット搭載プラットフォームのブロック図」
URL http://www.intel.co.jp/content/www/jp/ja/chipsets/mainstream-chipsets/h87-chipset-diagram.html

第8章 周辺技術

表8.2 PCでよく使われる周辺インタフェースと周辺装置

接続形態	周辺装置	備考(用途など)
無線	Wi-Fi(802.11a/b/g/n/ac)	無線LAN
	Bluetooth 4.0	周辺装置無線接続
有線	Ethernet	PC間接続、ルータ経由でインターネット接続
	PCI Express 2.0/3.0	高速周辺装置接続
	USB 2.0/3.0	各種入出力装置接続
	SATA 2.0/3.0	HDD、SSD接続
	GPIOバス	汎用入出力
	UART(*Unversal Asynchronous Reciever Transmitter*)	低速入出力
	SPI (*Serial Peripheral Interface*)	低速入出力
	LPC(*Low Pin Count*)バス	低速入出力
	SMBus(*System Management Bus*)	電源制御など
入力	キーボード	USB経由
	マウス	USB経由
	カメラ	USB経由
	マイク	オーディオ入出力
	タッチパネル	UART/SPI経由
	イメージスキャナ	USB経由
出力	液晶ディスプレイ	
	RGB、DVIなどの表示インタフェース	液晶ディスプレイ接続
	プリンタ(インクジェット、レーザー)	USB経由
	スピーカー	オーディオ入出力
入出力	HDD、SSD	SATA経由
	光学ドライブ(CD/DVD/BlueRay)	USB経由
内蔵	GPU	PCI Express接続もあり
	ビデオエンコード、デコード	
	オーディオエンコード、デコード	マイク、スピーカに接続

8.3 フラットパネルディスプレイとタッチパネル

　前述のとおり、周辺装置にはさまざまな種類があります。本節ではその中から、最も広く使われている出力装置であるフラットパネルディスプレイと、いまや入力装置の主力となったタッチパネルについてその構造と動作原理を見てみましょう。

液晶ディスプレイパネルの基本構造

　液晶ディスプレイ(*Liquid crystal display*)パネルは**図8.12**のような多層構造になっていて、下からバックライトの白色光が当てられます。バックライトは偏光フィルタを通り、一方向の偏波の光だけが偏光フィルタを通過します。その次に、画素の明るさや色を制御する回路を載せたガラス基板があります。制御回路のトランジスタなどは画素の境の黒い部分に置かれ、光を遮らないように配置されています。そして、光の通過を制御する液晶、その上にカラーフィルタがあり、画素ごとにRGBの光を通すフィルタが印刷されています。その上に、第2の偏光フィルタがあります。

　液晶部分は図8.12の右側の拡大図のように、数μmの液晶層を挟んで

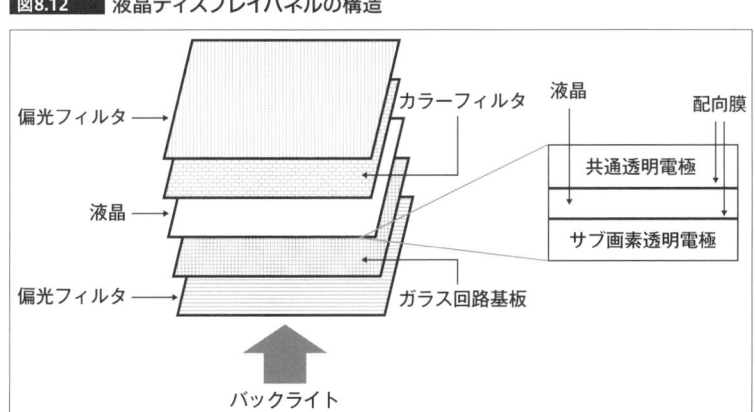

図8.12 液晶ディスプレイパネルの構造

配向膜という層があり、接している高分子の向きを揃えて、電圧が掛かっていない場合の液晶分子の向きを一方向に寝た状態に揃えるようにしています。そして、液晶の下側にはサブ画素(画素のRGB)ごとに電圧を印加する透明電極があり、液晶の上側には透明な共通電極があります。透明電極はITO(*Indium Tin Oxide*)などの光と電気を通す材料で作られ、サブ画素ごとに電圧を制御して通過する光の量をコントロールします。なお、サブ画素はRGBで同じ面積とは限らず、色の再現性が良くなるように決められています。

液晶の長い高分子は電圧を掛けると、一端がプラス側に引っ張られ、反対側の端がマイナス側に引き付けられるという特性を持っています。配向膜で寝た状態になっていた液晶分子が電圧の印加(電圧を与えること)で立ってくると、方向によって光の屈折率が変わり、通過する光の偏波面が回転します。そして、偏波面の回転に比例して第2の偏光フィルタを通過する光が増減するので、サブ画素の明るさをアナログ的にコントロールすることができます。

なお、液晶には多くの種類があり、2つの偏光フィルタの偏光方向と液晶材料や配向で、通常の状態では光が通過しないNormally Black型と、逆に光が通過するNormally White型の両方のタイプのパネルがあります。

また、通常の液晶は液晶高分子の上下方向の角度を変えるのですが、**IPS**(*In-Plane Switching*)方式のパネルでは、共通電極は使わずサブ画素ごとに2つの電極があり、その間に電圧を掛けて液晶高分子の方向を面内(*In-plane*)で回転させています。

アクティブマトリクス液晶パネル

液晶の特定のサブ画素の明るさを変えるためには、明るさに応じた電圧をそのサブ画素の液晶に掛ける必要があります。このためには、6.1節で説明したDRAMセルアレイのアクセスと同じで、X方向のゲート線とY方向のソース線でマトリクスを構成し、選択されたX方向のゲート線にゲートが接続されたトランジスタをオンにして、Y方向のソース線で液晶に掛かる電圧を決め、光の通過量をコントロールするという方法が使われます。

このようにX、Yの各交点にアクティブな素子(トランジスタ)が存在す

るので、このパネル構造は**アクティブマトリクス液晶ディスプレイ**(Active Matirix Liquid Crystal Display、AMLCD)と呼ばれます。このトランジスタですが、シリコンウエファから1個ずつ切り出して取り付けるのは困難ですから、気相成長[注8]などの方法でガラス基板上にシリコンを成長させてトランジスタを作ります。しかし、この方法で作ったシリコンは、シリコンウエファのような単結晶ではなく、結晶構造のないぐちゃぐちゃの**アモルファスシリコン**(Amorphous silicon)となります。

　アモルファスシリコンは製造は容易ですが結晶構造を持っていないので、アモルファスシリコンで作ったトランジスタはあまり電流が流せないという問題があります。このアモルファスシリコンにレーザーを当てて溶かしてからゆっくり冷やすと、向きがばらばらの小さな単結晶が並んだ**ポリシリコン**にすることができます。ポリシリコンはLSIを作る単結晶のシリコンに比べると流せる電流は小さいのですが、アモルファスシリコンに比べると100倍程度の電流が流せるので、高品質の液晶パネルではポリシリコンが使われます。

　アクティブマトリクス方式の液晶パネルの駆動回路は**図8.13**のようになっています。

　X方向の1本のゲート線に高電圧を掛けると、そのゲート線にゲート電極が繋がっているすべてのパストランジスタがオンになります。そうすると、図中の破線矢印のように対応するソース線の電圧がパストランジスタを通して液晶セルに印加されることになります。つまり、1本のゲート線に繋がる1行分の液晶セルに、それぞれのY方向のソース線の電圧を印加します。X方向のゲート線は順番に選ばれ、1フレーム(1画面)の表示データが液晶セルに書き込まれます。1フレームの間、液晶に掛かる電圧を維持する必要があるので、液晶セルと並列に記憶キャパシタを付けて保持時間を長くしています。そして、動画を表示するためには、通常毎秒60回(60フレーム/秒)程度の書き込みを行うことになります。

　なお、液晶に一方向の電圧を掛け続けると劣化が早いので、1フレームごとに電圧の方向を交互に反転する**交流駆動**を行います。

注8　シリコン原料となるガス雰囲気の中に加熱したガラスパネルを置き、パネル表面での化学反応でシリコンを堆積させる方法。

漏れ電流が少ないIGZO液晶パネル

　アモルファスシリコンやポリシリコンのトランジスタは漏れ電流が大きいので記憶キャパシタの電荷が逃げてしまい、静止画像の状態でも毎秒60回程度の書き直しが必要になります。これに対して、**IGZO**（*Indium Galium Zinc Oxyde*）という材料が開発されました。IGZOトランジスタは流せる電流はポリシリコン並みですが、漏れ電流が格段に小さいので記憶キャパシタで長い時間電圧を保持でき、静止画像の場合は書き換えの頻度を1/5以下に減らすことができるので、消費電力を大きく減らすことができます。

液晶コントローラをパネルに集積する

　液晶パネルの駆動には、コンピュータのディスプレイインタフェースから送られてくるピクセル情報をX方向1行の液晶セルへの書き込み信号に変換して書き込み、1行を書いたら次の行を選択して書き込むという動作を行う必要があります。ポリシリコンやIGZOトランジスタは単結晶トランジスタには及びませんが、このような液晶コントローラを作れる程度の特性は得られるので、ガラス基板の周辺部にコントローラを作り込むという構造が一般的です。コントローラを一体化すると、パネルから多数のゲー

図8.13 アクティブマトリクス方式の液晶パネルの駆動回路

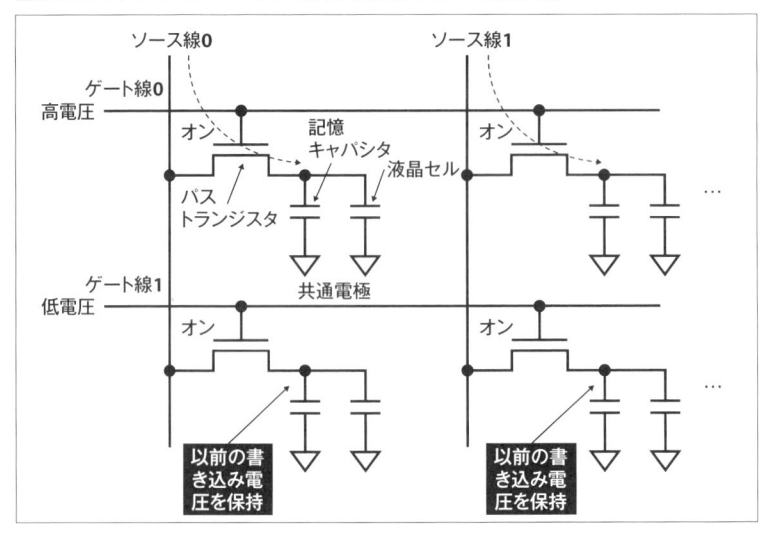

ト線とソース線を引き出す必要がなくなり、パネルとプリント基板の接続が容易になります。

AMOLEDパネル

　Galaxy S4 や Huawei の STREAM 201HW などのスマートフォンでは、液晶パネルではなく、**AMOLED**（*Active Matrix Organic Light Emitting Diode*）というパネルが使われています。OLED（*Organic Light Emitting Diode*）は特別な有機物の層に電流を流すと発光する「エレクトロルミネッセンス」（*Electroluminescence*、**有機EL**）という現象を利用しています。

　AMOLEDの構造は**図8.14**のように、共通のカソード（*Cathode*）電極とサブ画素単位のアノード（*Anode*）電極で有機発光層を挟んだ構造になっています。有機物層自体が発光するので、液晶のようなバックライトが不要で偏光フィルタもいりません。カラー表示は極薄の金属板にR、G、Bそれぞれのサブ画素に対応する微細な穴を開けたメタルマスクを使って、サブ画素ごとにRGBそれぞれの発光をする有機物を蒸着するなどの方法で実現しています。

　発光した光を、図8.14の上側に出す方式を「Top Emission」、下側に出す方式を「Bottom Emission」と言います。Top Emissionは光を遮るものがなく効率が良いのですが、作りやすさの点からBottom Emmisionのもの

図8.14　　AMOLEDパネルの構造

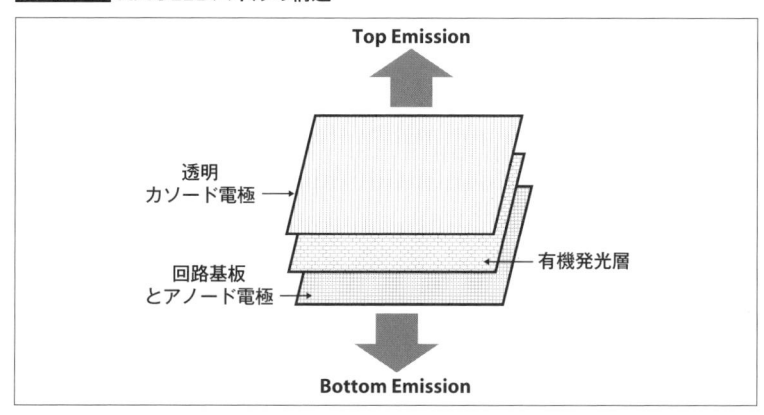

が多く使われています。

　なお、表面の反射を抑える目的で偏光フィルタを付ける場合がありますが、液晶のように動作上必須というわけではありません。

　アクティブマトリクスの原理は液晶の場合と同じですが、発光素子はダイオード（*Diode*）で電流を流して発光させるので、**図8.15**のような回路になっています。液晶パネルと同様に、X、Yの線の交点にパストランジスタを設け記憶キャパシタにサブ画素データを書き込んで記憶させます。そして、駆動トランジスタが記憶キャパシタの電圧に応じて有機ELダイオードに電流を流します。ただし、ポリシリコントランジスタは特性のばらつきが大きく、そのままでは発光が不均一になってしまうので、実際に使われる駆動回路にはばらつき補正回路が組み込まれています。

　AMOLEDは発光しなければ真っ黒でコントラストが高く、また液晶よりも高速応答性に優れている、バックライトが不要で液晶より薄く軽量にできる、偏光フィルタを使わないので視野角が広いなどの優れた特徴があります。

図8.15 AMOLEDの駆動回路

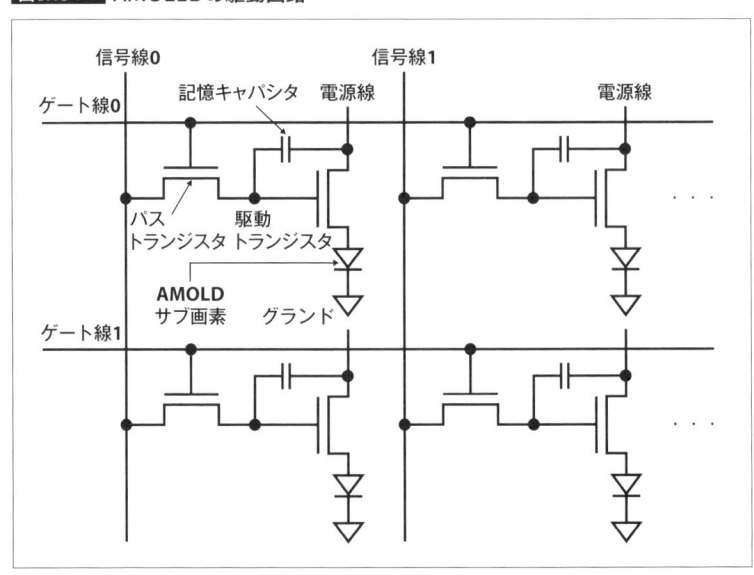

タッチパネル

　タッチパネルにはいろいろな方式のものがありますが、スマートフォンやタブレットに使われているタッチパネルは、**図8.16**に示すように、液晶(あるいはAMOLED)パネルに作り込まれた静電容量方式のタッチパネルです。液晶パネルを構成する層の上にタッチを検出するX、Yの透明電極の層を設けています。

　X、Yの電極層は**図8.17**に示すようなX、Y方向にダイヤモンド型を連ねたパターンが使われます。パネルに指でタッチすると、指から人体は導体なのでタッチした付近を通るX線とY線の自己容量が増加します。シングルタッチの場合は、すべてのX線とY線の自己容量を測定すれば、タッチしている座標がわかります。

　一般に、複数の隣接した線の容量が増加するので、増加量を測定し、比例配分で計算することにより、X、Yの電極のピッチよりも細かい分解能が得られますから、タッチパネルの電極は液晶パネルのような細かいピッチは必要ありません。

　マルチタッチを検出する場合は、X線とY線の間の相互容量を測定します。指でタッチすると、XとYのダイヤモンド間の電気力線の一部が指のほうに行き相互容量が減少します。この容量の減少を検出すれば、マルチ

図8.16　容量方式のタッチパネルの構造

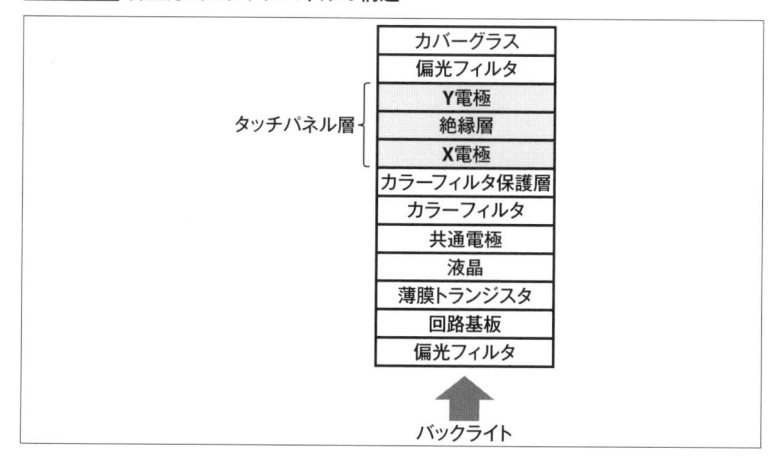

タッチでもどこにタッチしているかがわかります。

　X線とY線のすべての交点の相互容量を測ると時間が掛かってしまいますから、自己容量の測定からタッチのありそうな部分だけの相互容量を測るというような方法で、測定時間を短縮します。

　相互容量の変化は、自己容量の変化の1000分の1以下とわずかです。また、すぐ隣にある液晶パネルからの10V程度の表示信号によるノイズやバッテリーチャージャからの数十Vノイズがあり、これらのノイズの中で、小さな相互容量の変化を検出する必要があります。また、パネルの表面に水滴がついてしまうと、自己容量や相互容量が変わってきます。このような場合もできるだけ正しいタッチ位置を出力する必要があります。

　このため、タッチパネルコントローラはマイクロコントローラを内蔵して、いろいろなアルゴリズムを使ってデータ処理を行って、正確なタッチ位置を出力するようにしています。

　なお、タッチパネルは画面上の座標を与えるだけで、その位置に何が表示されており、タッチがどのような意味を持ちどのような動作を引き起こすかなどは、すべてソフトウェアのコントロールで行われます。

図8.17 タッチパネルのX、Y電極のパターン

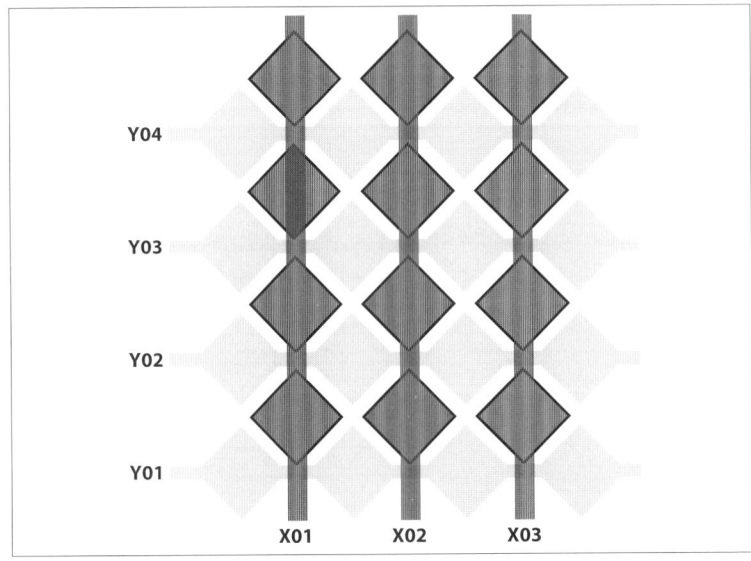

8.4 まとめ

　本章では、CPUがどのようにして周辺装置に指示を出して、入力や出力を行うかについて説明をしました。インタフェースレジスタを使う基本的なやり取りから、割り込みやDMAを使う周辺装置の制御、そして、なぜデバイスドライバが必要かなどを解説しています。また、汎用の周辺装置接続インタフェースであるPCI、PCI Express、USBなどのバスの考え方にも言及しています。

　8.2節では代表的な装置としてスマートフォンとPCを取り上げ、どのようにCPUと周辺装置がつながっているか、それぞれの装置でどのような周辺装置が使われるかを解説しました。スマートフォンは、あの小さい体積のなかに、こんなにたくさんの周辺装置が詰まっていることに驚いたのではないでしょうか。

　そして、8.3節では、最も身近な出力装置である液晶やAMLOEDディスプレイと入力装置の主流になりつつあるタッチパネルがどのようになっているのかを解説しました。ここにも多くの技術が詰まっています。周辺装置は種類が多いので、すべてをカバーすることは不可能ですが、どのような周辺装置が使われているかと、「プロセッサとのインタフェース」の考え方については理解できたでしょう。

Column

周辺装置が主役の時代

　デスクトップPCの時代まではCPUを入れた箱があり、CPUが中心で、入出力装置は周辺という感じもあったのですが、最近では様変わりです。スマートフォンを見ると、まず、気がつくのはタッチパネルを一体化した液晶ディスプレイパネルです。その次に通話をすると、マイクとスピーカーがあることに気が付きます。そして、落ち着いて考えると基地局につながる無線機があることに気が付きます。しかし、どれだけの人が、スマートフォンにCPUが入っていることを知っているのでしょうか。

　2014年3月の原稿執筆時点で研究開発中のウェアラブル(Wearable、着用する)コンピュータとされるGoogle Glassのように、メガネにディスプレイが投影され、メガネのフレームに仕込まれたカメラとなると、ユーザが認識するのは、まさに周辺装置だけになってしまいます。もちろん、これらのウェアラブルIT機器にもCPUは入っているのですが、どんどん小さくなり、物理的にもSoCチップの大部分はGPUや専用機能の周辺装置に占められて、CPUはチップの片隅に存在するという状況になっていきます。

　つまり、これからはCPUは見えなくなり、ユーザが意識するのは周辺装置で、周辺装置が主役となる時代になって行きます。

　しかし、CPUはなくなるわけではありません。スマートフォンやウェアラブルIT機器の中のCPUができることは限られます。また、大容量のストレージも入りません。どこに強力なCPUや大容量のストレージがあるかと言うと、それは次章で述べるデータセンターにまとめて設置されています。そして、スマートフォンやウェアラブル機器とはLTEなどの無線でつながり、両者が一体となって処理を行います。それは、データセンターがCPUで、スマートフォンなどがLTEでつながった周辺機器という社会全体がコンピュータシステムという時代でもあるのです。

第9章

データセンターと
スーパーコンピュータ

9.1
いまどきのデータセンターの基本

9.2
いまどきのスーパーコンピュータの基本

9.3
巨大データセンターの電力供給と冷却

9.4
スーパーコンピュータの故障と対策

9.5
まとめ

第9章 データセンターとスーパーコンピュータ

　GoogleやFacebookは数万台のサーバを設置したデータセンターを運用していると言われます(図9.A)。また、企業でも数百台、数千台のサーバを使っているところは珍しくないという状態です。

　そして、多数のプロセッサを使うシステムとしてスーパーコンピュータ(スパコン)があります(p.2の図1.A右を参照)。スーパーコンピュータは気象シミュレーションや、新薬の開発を効率化する薬剤物質の結合シミュレーション、自動車の衝突シミュレーションなど、実験ができない現象のシミュレーションや、実験するよりも効率的にシミュレーションで結果を出し、私たちの生活にも貢献してきています。

　このような多数のプロセッサを使うシステムでは、当然、故障も多く発生します。PCでは10年に1回の故障でも、1万台を集めると1日に数台が故障します。また、1台のサーバの消費電力が300Wでも、1万台あると3MW(*megawatt*)と消費電力は膨大です。年間の電気代はおよそ1MWにつき1億円掛かりますから、電気代を減らすことは重要な課題です。

　このような大規模システムは、どのように作られているのでしょうか。また、多数のプロセッサを使うという点では、データセンターもスーパーコンピュータも同じですが、両者は何が違うのでしょうか。

　本章では、普段あまり見ることのないデータセンターとスーパーコンピュータの技術を見ていきます。

図9.A　むき出しのサーバボードが並ぶGoogleのデータセンター[※]

※画像提供：グーグル㈱
URL http://www.google.co.jp/

9.1 いまどきのデータセンターの基本

　どれだけのコンピュータあればデータセンターかという明確な定義はありません。企業の基幹業務を実行するサーバは、空調や無停電電源などを必要とするので、まとめて設置するほうが便利です。また、インターネット経由で多数のユーザにサービスを提供する企業は、多数のサーバを設置しています。
　このように多くのコンピュータをまとめて設置した場所、コンピュータシステムを「データセンター」と呼びます。

データセンターの種々の形態 —— パブリックとプライベート

　GoogleやFacebookは誰でも利用でき、不特定多数の人がGoogleやFacebookのデータセンターを利用していることになります。
　また、多数のサーバを設置してWebページの運用のためのサーバを貸すホスティングサービスを行っている会社が多数あり、Eメールのサービスを提供する会社もあります。
　Amazonは、Webサイトで、書籍をはじめとしていろいろなグッズを販売していますが、これに加えて仮想サーバを時間貸しするというEC2（*Elastic Compute Cloud*）サービスを行っています。また、Salesforceは、従来は企業の中で処理していた顧客管理、営業支援などのシステムを自社のデータセンターで動かして、多数の顧客企業に提供しています。ということで、多数のサーバを設置したデータセンターを持っています。
　これらのデータセンターは相互に関係のない多数のユーザにサービスを提供しており、「パブリックなデータセンター」と言われます。
　一方、銀行のデータセンターなどはATMでの引き出しなどで多くのユーザが使用しますが、その銀行の業務だけに使われます。また、企業内の顧客管理や営業支援システムは、その企業の業務だけに使用されるので、「プライベートなデータセンター」と言われます。このようなプライベートなデータセンターはテロなどを避けるため、どこに設置されているかなどの情報

を秘密にしているところが多くなっています。

　パブリックなデータセンターでは、顧客を分離するセキュリティや顧客ごとの課金情報を出す必要があるなどの違いがありますが、パブリックもプライベートも**コンピュータシステム**としては本質的な違いはありません。

Googleなどの巨大データセンター

　Googleのようなインターネットサービスでは、多数のサーバが必要になります。このため、サーバのコストを下げることが重要になります。Googleは創業当時から、サーバ単位の筐体を使わず、前出の図9.Aのようなむき出しのマザーボードをラックに搭載するという実装を使っていました[注1]。このような実装とすることにより、サーバ単位の筐体のコストを削減できます。

　また、市販のサーバはいろいろな用途を想定して作られているので、Googleの用途を考えると不要な機能も含まれています。このような機能を除いた仕様のサーバを作れば、不要な機能の分のコストが減り、その機能が使っていた消費電力も減らすことができます。

　古いデータセンターでは、サーバの消費電力と、それを冷やすコンピュータ室の空調に同程度の電力が必要でした。このため、9.3節で述べるように、寒冷地にデータセンターを設置して外気でデータセンターを冷却して空調の電気代を減らし、夜になって気温が低いデータセンターに、地球規模で仕事を移動するなどの方法で節電を行っています。

　また、Facebookも、この後で述べるように、自社仕様のサーバや、外気を使う冷却などで電力消費を減らすデータセンターを開発、運営しています。そして、それをOpen Compute Project[注2]で他社にも広げて、量産効果でさらにコストダウンするという戦略をとっています。

注1　米国Computer History Museum（**URL** http://www.computerhistory.org/）には、Googleの最初のサーバが展示されています。
注2　**URL** http://www.opencompute.org/

データセンターの計算ノード

データセンターに設置されている計算ノード[注3]はさまざまで、銀行のデータセンターではメインフレームが使われていますし、DBを使ってトランザクション処理を行うところでは8〜64ソケットなどの多数のCPUを持つ(大型の)Linuxサーバなどが使われます。そして、Fibre Channel[注4]などの高速のストレージネットワークを介して、大規模なストレージシステムを接続しているという構成が一般的です。

これに対して、Google や Facebookなどのデータセンターで主力として使われているのは2ソケット程度の小型のLinuxサーバです。**図9.1**は

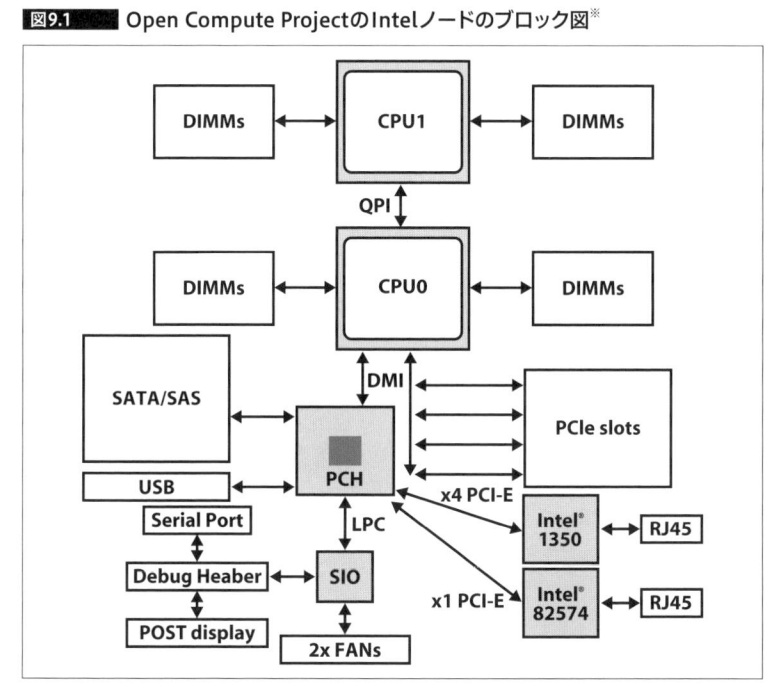

図9.1 Open Compute ProjectのIntelノードのブロック図※

※出典：Harry Li、Amir Michael「Intel Motherboard Hardware V2.0」(p.6、Open Compute Project)
　URL http://www.opencompute.org/assets/motherboardandserverdesign/Open_Compute_Project_Intel-Server_j1Draft_1.pdf

注3　計算処理を実行する単位。共有メモリの1個以上のCPUを持つサーバ。
注4　多数のストレージを大型サーバに接続するのに使われる高速ネットワーク。

Facebookが推進するOpen Compute ProjectのIntelプロセッサを使うノードのブロック図です。大規模データセンターとして必要な機能だけに絞り込んでおり、グラフィックスディスプレイのインタフェースは付いていないし、細々としたその他のインタフェースも付いておらず、すっきりした構成です。右下に書かれた2つのRJ45がEthernetのコネクタです[注5]。

データセンターのネットワーク

インターネットデータセンター（*Internet Data Center*、**IDC**）[注6]のネットワークは**図9.2**のような構成になっています。インターネットや他のデータセンターとの接続は、日本で言えばNTTなどのキャリアの高速デジタル回線が使われます。そして、これらの回線からIDCに入る部分に置かれるのが**ボーダールータ**（*Border router*）[注7]です。ボーダールータは、高速デジ

図9.2 IDCのネットワーク接続

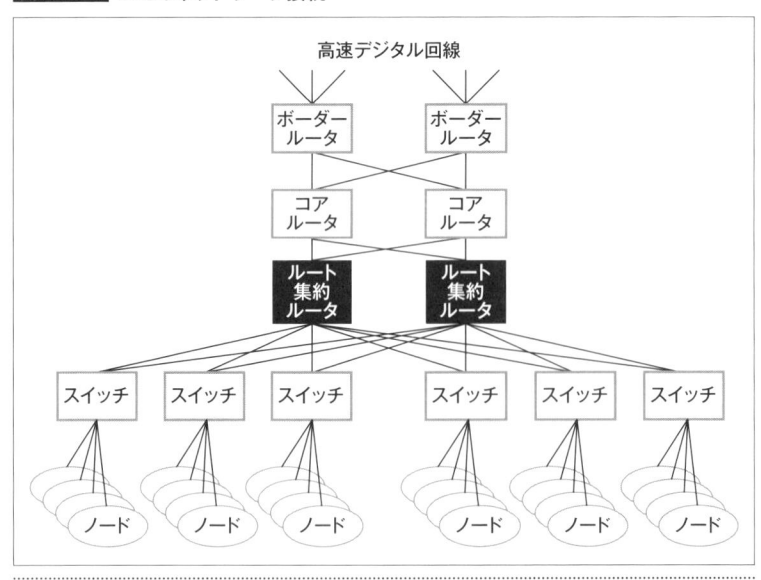

注5 　上側のx4 PCIExpressでつながっている方が10Gbit Ethernetで、こちらでノードとスイッチの間をつなぎ、下側のx1 PCI Epressでつながっている方は管理用のEthernet接続と考えられます。
注6 　インターネット経由でユーザにサービスを提供するデータセンター。
注7 　エッジルータ（*Edge router*）とも呼ばれます。

タル回線のデータを受け取って、自分宛のIPv4やIPv6などのパケットを取り出します。そして、データセンター内部を接続する40Gbitや100Gbitの高速Ethernetのパケットに変換して、データセンターの中心となる**コアルータ**(*Core router*)に送り出します。コアルータはデータセンター内のサーバのグループに仕事を割り振ります。また、コアルータはセキュリティのチェックやトラフィックのコントロールも行います。

10GbitのEthernetを10本使うより、100GbitのEthernetを1本にまとめた方がコストが安いので、最近では高速のネットワークの中に論理的には独立なネットワークを多数詰め込むという構成がとられるので、図9.2のような物理的な接続の図では論理的な接続は見えなくなっています。どれか1つの機器が故障しても全体としては動作が続けられるようにするため、ボーダールータからルート集約ルータまでの経路は2系統になっています。

図9.2中の**ルート集約ルータ**は、配下のスイッチや計算ノードとの通信経路をまとめて1つのIPアドレスに見せるルータで、コアルータのルーティングには影響が出ないように、計算ノードを切り離したり追加したりが自由にできるようにしています。そして、スイッチを経由して多数の計算ノードに接続しています。

図9.2中の**スイッチ**はオフィスや家庭などでも使われているスイッチングハブの高級なもので、Gbit Ethernetで計算ノードと接続します。1つのスイッチ配下のサーバは1つのEthernetにつながっているので、自由に通信ができます。また、設定によりますが、ルート集約ルータ経由で他のスイッチにつながっているノードとも通信ができますが、同一スイッチ内の通信に比べると、通信時間ががかり、バンド幅も狭くなります。このようにIDCのネットワークは、外部とつながる高速デジタル回線から多数の計算ノードに向かって広がっていくツリー構造が使われます。

高い信頼度を実現するGoogleのMapReduce

Googleのサーチは巨大なDBを検索するサービスを提供しています。検索サービスでは、銀行や証券取引所のようなレベルで刻々とDBの内容が変わるということはありません。このため、あらかじめ、DBを多数の小型サーバに分割して分担させておくことができます。そこでの処理には

MapReduce[注8]という方式が使われています。

たとえば「コンピュータ」という語を含むデータの検索が依頼されると、マスターノードは、DBを「分割」して担当している多数のワーカーノードに、「コンピュータ」という語を含むデータを検索させます。これが**Map**という処理です。

そして、ワーカーノードは見つかったデータをマスターノードに通知し、マスターノードはそれらを「総合」して検索結果を作ります。これが**Reduce**という処理です。

このようにDBを分割して多数のサーバが並列に検索するので、高速に検索できるわけです。また、タイムリミットまでに応答しないワーカーノードは故障とみなして、別のワーカーノードにその仕事を依頼して処理を進めます。DBの同じ部分を担当するワーカーノードが複数必要ですが、ワーカーノードが故障しても処理を進められるので、全体としては高い信頼性を持つシステムとなります。

MapReduceは、検索だけでなく、多数のワーカーノードで分散処理でき、結果をマスターノードに集約するというタイプの問題ならば、いろいろな処理に使うことができます。このため、MapRecudeの処理方式はオープンソースソフトウェアApache Hadoop[注9]にも取り入れられ、Google以外でも広く使われるようになってきています。

なお、図9.2のネットワークでは1つの計算ノードをマスターノード、他のノードをワーカーノードとして処理が行われます。

9.2 いまどきのスーパーコンピュータの基本

データセンターと同様、「スーパーコンピュータ」も明確な定義はないのですが、調査会社IDCのレポートでは「科学技術計算を行う5000万円以

注8 参考:Jeffrey Dean、Sanjay Ghemawat「MapReduce: Simplified Data Processing on Large Clusters」(OSDI、2004) URL http://research.google.com/archive/mapreduce.html
注9 URL http://hadoop.apache.org/

上のシステムをテクニカルスーパーコンピュータ」と分類しています。5000万円は、普通の2ソケットサーバなら100台余り買える値段です[注10]。

一方、世界トップクラスのスーパーコンピュータは100億円以上で、数万個のプロセッサチップが使われています。

スーパーコンピュータの性能をランキングするTop500

科学技術計算では、連立1次方程式を解くという計算が必要になる場合が多く出てきます。この計算を高速で解くLINPACKというプログラムを実行する性能でスーパーコンピュータをランキングするのが**Top500**です[注11]。Top500のランキングは6月にドイツで開催されるISCという学会と11月に米国で開催されるSCというスーパーコンピュータ関係の学会に合わせて、年2回発表されます。

表9.1のLINPACKの欄がLINPACKプログラムを実行したときのGFlops(*Giga Floating operations per second*)値で、この値で順位が付けられます。その右のピーク性能は、休みなく倍精度浮動小数点演算を実行した場合のシステムの最大性能値です。そして、消費電力は、LINPACK計算を行っているときの消費電力で、1位のTianhe-2(天河2号)は17.8MW、スーパーコンピュータ「京」は12.7MWとなっています。

登録年は、このLINPACK値を測定してデータを登録した年で、次々と新しい大規模スーパーコンピュータが作られるので、たとえば2010年11月に1位となったTianhe-1Aは、2013年11月のランクでは12位に後退してしていますし、2011年6月と11月に1位になった「京」も4位になっています。全コア数は、プロセッサやGPUなどのアクセラレータのコア数の合計を示すもので、天河2号は312万コアとなっています。そして、Accコア数はGPUなどのアクセラレータのコア数を示すもので、上位10システムのうち、4システムがアクセラレータを搭載しています。

注10 補足しておくと、5000万円で100台というのは高い方の値段で、Supermicro(http://www.supermicro.com.tw/index.cfm)などのサーバを使えば300〜400台の2ソケットサーバにGbit Ethernet、ある程度のストレージを付けたシステムが実現できるでしょう。

注11 2009年11月、民主党政権時代に蓮舫大臣が「2位じゃだめなんですか」と言ったことで一躍有名になったランキングです。

表9.1 Top500ランキングの上位10システム（2013年11月、第42回）

順位	名称	メーカー	設置国	登録年	全コア数
1	Tianhe-2(MilkyWay-2)	NUDT	中国	2013	3120000
2	Titan	Cray Inc.	米国	2012	560640
3	Sequoia	IBM	米国	2011	1572864
4	京	Fujitsu	日本	2011	705024
5	Mira	IBM	米国	2012	786432
6	Piz Daint	Cray Inc.	スイス	2013	115984
7	Stampede	Dell	米国	2012	462462
8	JUQUEEN	IBM	ドイツ	2012	458752
9	Vulcan	IBM	米国	2012	393216
10	SuperMUC	IBM	ドイツ	2012	147456

LINPACKによる性能ランキングの問題

　スーパーコンピュータの性能が上がり、解く連立一次方程式の未知数の数Nがどんどん大きくなり、現在ではNは1000万を超えています。連立一次方程式の解の計算は、Nの3乗に比例する演算を行うので、高性能のスーパーコンピュータではNを大きくして計算量を増やします。また、メモリのアクセスはNの2乗に比例する回数で済むので、Nが大きいほうが演算あたりのメモリアクセス回数が少なくなり、性能を出しやすいということもあります。

　現実の科学技術計算では、数百万元あるいはそれ以上の連立1次方程式を解くことも珍しくないのですが、LINPACKのようにすべての未知数の係数が非ゼロという場合はほとんどなく、未知数の数が膨大な計算では、大部分の係数はゼロでごく一部の係数だけが非ゼロという疎な係数行列（スパースマトリクス、*Sparse matrix*）になるのが普通です。

　このため、LINPACKはスーパーコンピュータが解く現実の問題と遊離してきており、これをランキングに使うのは不適当という意見も多くなっています。このため、疎な係数行列を持つ巨大連立1次方程式を解くHPCG（*High Performance Conjugate Gradient*）というベンチマークが提案されています。ただし、スーパーコンピュータの歴史の観点からは性能データの連続性も重要であり、HPCGがLINPACKに取って代わるわけではなく追加のベンチマークという位置づけになるようです。

9.2 いまどきのスーパーコンピュータの基本

Accコア数	LINPACK (GFlops)	ピーク性能 (GFlops)	消費電力 (kW)
2736000	33862700	54902400	17808
261632	17590000	27112550	8209
0	17173224	20132659.2	7890
0	10510000	11280384	12659.89
0	8586612	10066330	3945
73808	6271000	7788852.8	2325
366366	5168110	8520111.6	4510
0	5008857	5872025.6	2301
0	4293306	5033165	1972
0	2897000	3185050	3422.67

スーパーコンピュータの計算ノード

　スーパーコンピュータに使われるプロセッサですが、1990年代にはスーパーコンピュータ用に計算性能やメモリバンド幅を強化した専用のプロセッサを使うシステムが一般的でしたが、現在では、IntelやAMDのサーバ用のCPUを使うスーパーコンピュータが増えています。スーパーコンピュータでは演算性能とメモリバンド幅が重要なので、CPUとしてはコア数が多く、メモリチャネルの数が多いサーバ用CPUチップが使われます。

　そして、**図9.3**のように、GPUをアクセラレータとして接続して計算性能を高めるタイプの計算ノードが増えてきています。**InfiniBand NIC**（*InfiniBand Network Interface Card*、IB NIC）は計算ノード間を接続するネットワークへの接続モジュールで、マザーボードに搭載する小型のPCI Expressカードを使うのが一般的です。これらのGPUやIB NICは、PCI ExpressでCPUに直結されます。

　表9.1のランキング1位の中国のTianhe-2の計算ノードは、Intelの12コアのXeon E5-2692デュアルソケットのCPUに、IntelのXeon Phi 31S1 PというSIMDアクセラレータを3台接続した図9.3の構成となっていますが、InfiniBandではなく **TH Express 2** と呼ぶ独自開発のネットワークのNIC（*Network Interface Card*）を搭載しています。

　ランキング2位の米国のTitanは、AMDのOpteron 6274 16コアCPU 2

ソケットの計算ノードと1CPU＋1GPUの計算ノードがあり、2ノード単位で**Gemini**という独自開発の3次元トーラスネットワーク(*3D torus network*)[注12]を構成するLSIに接続されています。

3位のSequoiaは、IBMのスーパーコンピュータ専用のBlueGene/Qと呼ぶ16コアSoCを使っています。PowerPCをベースに浮動小数点演算能力を強化し、5次元トーラスを構成するスイッチとネットワークインタフェースをCPUチップに内蔵していて、DRAMを付けるだけで計算ノードになります。このため高密度の実装ができ、1本のラックに1024ノードを詰め込んでいます。

4位の「京」は、SPARC64 Ⅷ fxという科学技術計算機能を強化した8コアCPUとICC(*InterConnect Controller*)と呼ぶNICと6次元のメッシュ/トーラスを構成するルータ機能を集積したチップを組み合わせた計算ノードを使っています。このCPUチップは「京」用に開発されたものですが、このプロセッサのアーキテクチャは、富士通のその後の商用サーバにも使用されています。

図9.3 GPUを接続するスーパーコンピュータ用計算ノードの例

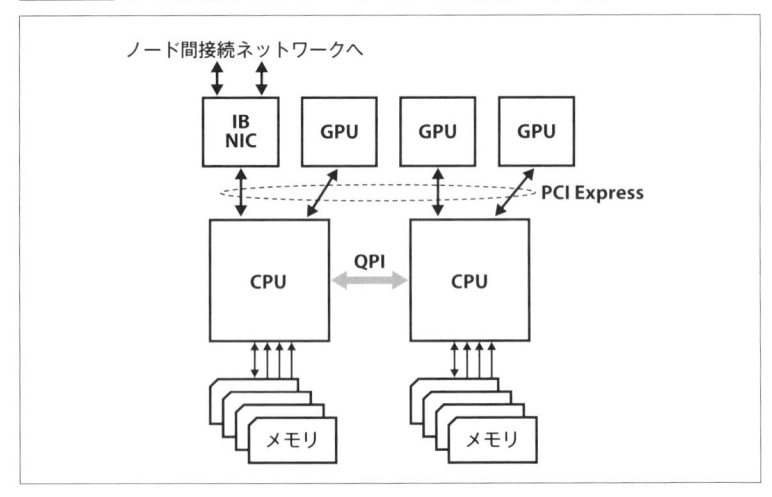

注12 補足しておくと、2次元のトーラス(*Torus*、円環)はドーナツのようになりますが、3次元のトーラスは4次元の形状になり日常的な円環のイメージとは異なるでしょう。

ネットワークの基礎

システムに含まれるすべての計算ノードを接続するやり方は**図9.4**に示すように、いろいろと考えられます。なお、このネットワークの考え方はスーパーコンピュータだけでなく、多数のサーバを接続するシステムに共通のものです。

ラインやリングは、それぞれのノードからは2本の腕を出すだけで済みます。2次元メッシュや2次元トーラスでは4本の腕が必要(図9.4では2次元メッシュは3本で済みますが、よりノード数が多くなると4本の腕が必要)です。そして、図9.4の2分木のツリーでは3本、フルコネクトではノード数－1本の腕が必要となります。腕の本数はコストに影響し少ないほうが安上がりですが、コストと性能を考えると、どのようなネットワークが良いのでしょうか。もう少し詳しく見ていきましょう。

ネットワーク直径

図9.4に示した各種のネットワークで、線でつながっている隣のノードまで距離を**ホップ**(*Hop*)と呼び、1ホップ、2ホップと数えます。理想的に、どの場合も1ホップに掛かる時間は一定と考えると、通信による時間遅れ

図9.4 各種の基本的なネットワークトポロジ(○が計算ノード)

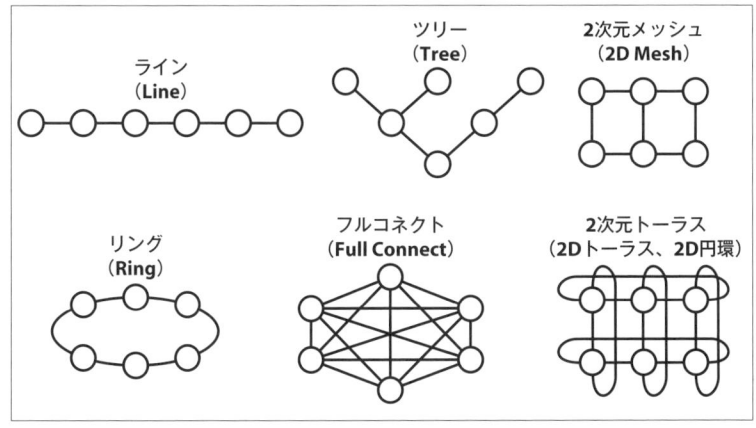

ライン (Line)
ツリー (Tree)
2次元メッシュ (2D Mesh)
リング (Ring)
フルコネクト (Full Connect)
2次元トーラス (2Dトーラス、2D円環)

※図中「ツリー」について、ネットワークトポロジとしてはリーフ(葉)となる計算ノードを下に書くのが一般的である。なお、数学的なトポロジとしてのツリーには上下の概念はない。

はホップ数で代表できます。すべてのノード間で通信があり、すべての通信が終わってから次の計算を始めると考えると、ネットワーク全体の中で、迂回のない最短経路のホップ数が一番大きいノードのペアが性能を決めることになります。この一番大きいホップ数をネットワーク直径(Network diameter)と言います。

図9.4の6ノードのラインでは、一方の端のノードから他方の端のノードまで5ホップが必要で、ネットワーク直径は5となります。一方、リングにすればネットワーク直径は3となり、3ホップの時間で通信ができます。そして、6ノードのツリーではネットワーク直径は4、フルコネクトではネットワーク直径は1となります。また、6ノードの2次元メッシュではネットワーク直径は3ですが、2次元トーラスとするとネットワーク直径は2に減少します。

バイセクションバンド幅

全ノードの間で通信が行われる場合、どれだけのデータ転送性能があるのかを評価するのに使われるのが、**バイセクションバンド幅**(Bisection band width)という考え方です。システムに含まれるノードを「2等分」(Bisection)する面を考え、その面を通過する通信路のバンド幅の合計を計算します。ネットワークによっては、2等分する切り方によって合計のバンド幅が変わる場合がありますが、その場合は、合計が最小になる2分面をとります。この、2分面を通るすべてのリンクのバンド幅の合計をバイセクションバンド幅と言います。

高速フーリエ変換[注13]などの計算では、それぞれの計算ノードが、すべてのノードに自分の計算結果を等分して送るという通信が行われますが、このような場合は、バイセクションバンド幅で通信に必要な時間が決まります。図9.4のネットワークについて2分面とバイセクションバンド幅を書き加えたものが**図9.5**です。

ラインの場合は2分面を通るリンクは1本ですから、リンク1本のバンド幅をBとするとバイセクションバンド幅はBということになります。

注13 Fast Fourier Transform、FFT。時間的に変化する波形を周波数成分に分解するフーリエ変換を高速で行うアルゴリズム。

一方、リングでは2本のリンクが2分面を通るので、バイセクションバンド幅は2Bになります。

ツリーは2分面のとり方で1リンクから3リンクの場合がありますが最小の値を選ぶので、バイセクションバンド幅はBとなります。

フルコネクトは図9.5では9本のリンクが2分面を通り、一般的にはノード数をNとするとバイセクションバンド幅はBの$N^2/4$倍となります。

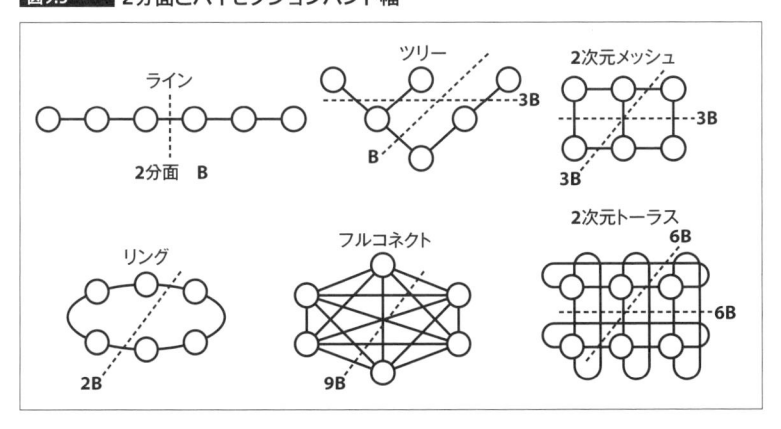

2次元メッシュは図9.5では2通りの2分面を示していますが、どちらも3本のリンクが通過し、バイセクションバンド幅は3Bとなっています。一般的に正方形の2次元メッシュのバイセクションバンド幅はBのルートN倍となります。

2次元トーラスはメッシュの上下、左右の端を接続したもので、2次元メッシュの2倍のバイセクションバンド幅となります。

表9.2に見られるように、ラインの両端を接続してリングにしたり、2次元メッシュの両端を接続して2次元トーラスにしたりすると、各ノードのリンク本数は変わらず、ネットワーク直径が半分になり、バイセクションバンド幅は2倍になります。このため、ラインやメッシュよりも、リングやトーラスのほうが性能的に優れています。ここでa分木と書かれているツリーは根元が1本で、枝がa本のツリーで、バイセクションバンド幅は小さいのですが、ネットワーク直径が小さい点が優れています。なお、フルコネクトはネットワーク直径やバイセクションバンド幅の点では一番

図9.5 2分面とバイセクションバンド幅

優れているのですが、リンク本数が非常に多く必要となるので、8ノード程度の接続がせいぜいで、多数の計算ノードを使うスーパーコンピュータではフルコネクトは現実的ではありません。

Top500スーパーコンピュータのネットワーク

スーパーコンピュータでは、多数の計算ノードに処理を分担させて計算を行うので、ネットワークの性能が非常に重要です。このため、表9.1に示したTop500の上位にランキングされたスーパーコンピュータシステムでは、独自開発のネットワークを使っているものが多くあります。

ランキング1位の天河2号は、ネットワークのトポロジは、この後で述べる東工大のTSUBAME 2.0/2.5と同様のファットツリー(Fat tree)ですが、TH Express 2と呼ぶ独自開発のネットワークを使っています。

2位のTitanはCRAY社のGeminiと呼ぶ独自開発の3次元トーラスネットワークを使っており、計算ノードボードに専用のスイッチLSIが搭載されています。

3位のSequoiaはIBMのBlueGene/Qチップに内蔵されたスイッチで5次元トーラスを構成しています。

そして、4位のスーパーコンピュータ「京」は、富士通の独自開発のICCというチップでTofuと呼ぶ6次元のメッシュ/トーラスを作っています。トーラスは隣接ノードとの接続をレゴブロックをつなぐように繰り返していくだけで多数の計算ノードを接続することができます。

表9.2 各種の基本ネットワークの比較

ネットワークのトポロジ	ノードのリンク本数	ネットワーク直径	バイセクションバンド幅
ライン	2	$N-1$	B
リング	2	$N/2$	$2B$
ツリー(α分木)	$\alpha + 1$	$\sim 2Log_\alpha N$	$(\alpha/2)B$
フルコネクト	$N-1$	1	$N^2 B/4$
2次元メッシュ	4	$\sqrt{N}$	$\sqrt{N} B$
2次元トーラス	4	$\sqrt{N}/2$	$2\sqrt{N} B$

このため、多数の計算ノードを持つTop500の2、3、4位のシステムでは、トーラスが使われています。しかし、後で述べるように、Top500の多くのスーパーコンピュータではInfiniBandを使うファットツリーという接続が使われています。また、下位のスーパーコンピュータでは、InfiniBandよりコストの安い、Gbit Ethernetや10Gbit Ethernetを使うスーパーコンピュータも多く見られます。

3次元トーラス+αのトポロジを使うスーパーコンピュータ「京」

表9.2に見られるように、2次元トーラスは比較的小さいネットワーク直径と比較的高いバイセクションバンド幅を持つ優れたネットワーク構成です。ただし、実際の大規模スーパーコンピュータでは、2次元ではなく、次元数を増やした3次元トーラスが用いられており、3次元トーラスとすると、腕は6本必要になりますが、ネットワーク直径は$3\sqrt[3]{N}$、バイセクションバンド幅は$2\sqrt[1.5]{N} \times B$となり、Nが大きくなると、2次元よりも有利な接続形態です。

2011年6月と11月にTop500の1位となったスーパーコンピュータ「京」の計算ノードは、図9.6に示すように、SPARC64 VIIIfx CPUチップとICCと呼ぶルータとNICを内蔵したチップで構成されています。

ICCチップはX、Y、Zの3次元に+/−方向のポートを持ち、これらを使っ

図9.6 スーパーコンピュータ「京」の計算ノード

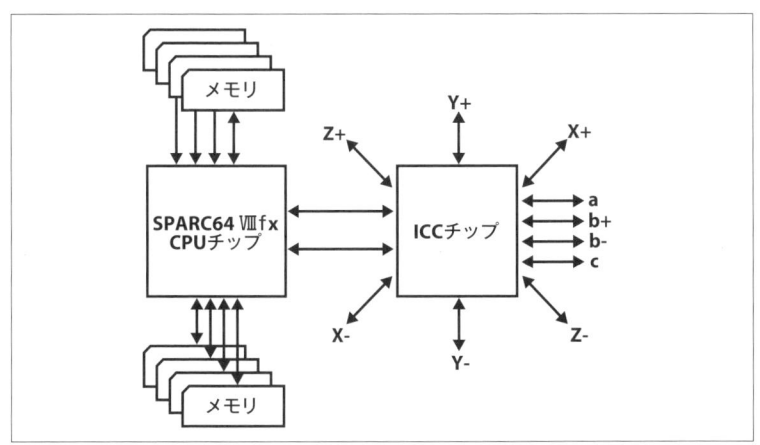

て上下、左右、前後の隣接ノードを接続して3次元トーラスを作ります。

ICCチップは、それ以外にa、b＋、b－、cという4つのポートを持っています。a次元とc次元は2×2のメッシュを構成し、b次元は3ノードのトーラス(b次元だけを見ればリング)で、合計12ノードでローカルグループを作り、この12ノードグループの各ノードが3次元トーラスを作るという構造になっています。a、b、cのローカル次元は、システムを分割して使う場合にも端が切れてしまわずにトーラス形状を保ったり、故障ノードを迂回したりという用途に使われ、ユーザが意識するネットワーク構造としては3次元トーラスとして使われます。

スーパーコンピュータのネットワークはInfiniBandが主流

データセンターもスーパーコンピュータも計算ノード間をネットワークで接続するのは同じですが、データセンターではマスターノードとワーカーノードの通信は頻繁ですが、ワーカーノード間の通信はあまり行われません。これに対して、スーパーコンピュータでは1つの巨大な計算処理をすべてのノードで分担して行うので、すべてのノード間で大量の通信を行う必要があります。

小型のスーパーコンピュータでは、データセンターのようにGbit Ethernetで計算ノード間を接続するというものもありますが、規模の大きいスーパーコンピュータではInfiniBandインターコネクトを使うのが一般的です。2013年時点で、最も高速のInfiniBandはFDR(*Fourteen Data Rate*)と呼ばれる規格に準拠するもので、1レーンで双方向に14Gbit/sでデータを伝送します。そして、4レーン、あるいは12レーンを束ねて使うことができます。よく使われているものは4レーンのもので、この場合56Gbit/s(7GB/s)の通信バンド幅が得られます。図9.3の計算ノードでは、x4 FDRが2ポート出ているので、インターコネクトに対する接続バンド幅は14GB/s×2(双方向)ということになります。

また、次世代の26Gbit/sでデータ伝送を行うEDR(*Enahanced Data Rate*)のNICやスイッチの開発が進められています。

EthernetはTCP/IPプロトコルの処理をソフトウェアで行うので、通信を行う場合のCPU負荷が高くなり、また処理時間が掛かるという問題が

あります。一方、InfiniBandはTCP/IP処理に相当する通信機能をNICのハードウェアが持っており、またCPUの介在なしに他のノードのメモリとの間でRDMA（*Remote DMA*）ができるなど、高速で大量のデータ通信に適したネットワークとなっています。

巨大スーパーコンピュータでは、独自開発の専用ネットワークを用いるシステムが多いのですが、500位までのTop500全体のリストを見ると、7位のStampedeをはじめとしてInfiniBandを使うシステムが多数を占めています。

ツリー構造はネットワーク直径が小さい点が優れていますが、バイセクションバンド幅が小さいのが難点です。これを多ポートのInfiniBandスイッチを使って、さらにネットワーク直径を小さくして通信時間を短縮し、並列のリンクを設けてバイセクションバンド幅を大きくするという改良を行ったものがファットツリーと呼ばれるネットワークです。InfiniBandを使うスーパーコンピュータでは例外なく、ファットツリー接続が使われます。

ファットツリー接続を使う東工大のスーパーコンピュータ TSUBAME 2.0

図9.7はファットツリー構造を使う、東京工業大学のTSUBAME 2.0/2.5というスーパーコンピュータの接続ネットワークの図です。図9.4とは上下が反対で、ツリーの末端となる計算ノードが一番下に書かれています。そして、上位のノードは信号の経路となる多ポートのスイッチが使われており、上位ノードに相当する部分には計算機能は含まれていません。

TSUBAME 2.0は、図9.3の2ソケットのCPUに3台のGPUを接続する計算ノードを使っており、16計算ノードのグループから2台の36ポートのInfiniBandスイッチに接続します。このスイッチは計算ノード側に16本のリンクが出ているツリーになっています。そして、残る20ポートは3ポートずつまとめたファットなリンクを6本作り、最上位の324ポートのスイッチノードに接続しています。このようにツリーの根元側でリンクを束ねて太くしてバイセクションバンド幅を改善しているのでFat Treeと言われます。

スーパーコンピュータ全体では16ノードのグループが88個あり、36ポートのIBスイッチは合計176台となります。各36ポートスイッチから6台

の324ポートスイッチに各3ポート分の接続を行い、偶数番の36ポートスイッチは右側の1st Railと呼ぶスイッチ群、奇数番の36ポートスイッチは左側の2nd Railと呼ぶスイッチ群に接続されています[注14]。そして、1st Railのスイッチ群からストレージや管理ノード、ログインノードなどに接続されています。

2010年に完成したこのスーパーコンピュータでは40Gbit/s × 2のQDRのInfiniBandが使われており、この構成では88 × 18リンクが2分面を通過するので、バイセクションバンド幅は15.84TB/sとなります。36ポートスイッチと324ポートスイッチの間には3168リンクの接続があり、これは1計算ノードあたり2.25リンクと計算ノードからのリンク数を上回っています。つまり、通信の集中が起こらなければ、すべての計算ノードがフルスピードで通信してもボトルネックとならないバンド幅が確保されています。

TSUBAME 2.0システムには図9.7では省略されていますが、4ソケットの中規模ノード、4ソケットで大量のメモリを搭載するファットノードが

図9.7 InfiniBandを用いたファットツリー構造のTSUBAME 2.0/2.5のネットワーク

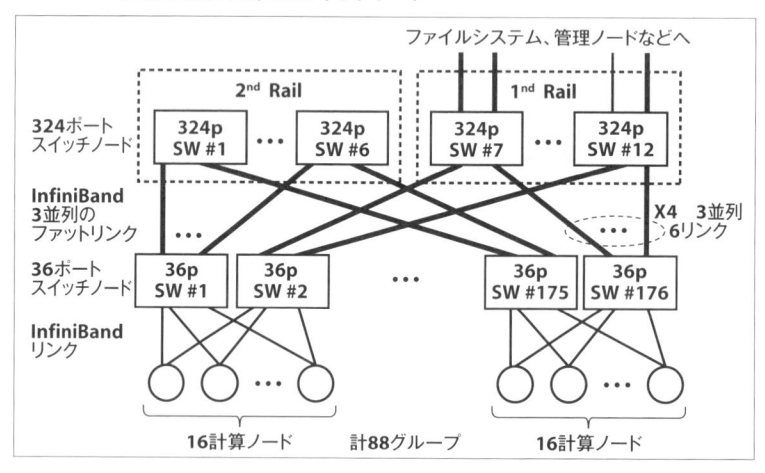

注14 1st Rail、2nd Railについて詳しい公開資料はありませんが、12台の324ポートスイッチを2群に分ける構成とし、1stRail、2nd Railと呼んでいるようです。1st Railだけでも必要な接続はできますがバンド幅を増加させるという点で2nd Railを設けているのでしょう。2nd Rail側からもファイルシステムなどに接続できるはずですが、こちらはそれほどのバンド幅は必要がないのでコストを抑えるために接続していないようです。

あり、専用の36ポートスイッチを経由して1st Railと2nd Railの324ポートスイッチに接続されています。

なお、TSUBAME 2.5は計算ノードのGPUをアップグレードしたもので、ネットワーク接続はTSUBAME 2.0から変わっていません。

9.3 巨大データセンターの電力供給と冷却

　大量のサーバを使うデータセンターやスーパーコンピュータセンターではMW（メガワット）クラスの電力を消費します。1MWの電気を1年間使うと、電気代はおよそ1億円掛かります。また、使った電力は熱になりますから大量の熱が発生し、これを冷却する空調にも大きな電力が必要になります。

データセンターの電源供給

　図9.8はスーパーコンピュータ「京」が設置されている理化学研究所計算科学研究機構の施設写真です。一番大きいのがスーパーコンピュータ本体が設置されている「計算機棟」です。その手前のかなり大きな建物が、空調や水冷のための低温の冷却水を作る「熱源機械棟」と呼ばれる建物です。熱

図9.8　計算科学研究機構の施設写真[※]

研究棟／計算機棟／熱源機械棟／77kV受電設備

※写真提供：理化学研究所
URL http:// http://www.aics.riken.jp/

源機械棟の屋上の左側2/3のところにはクーリングタワーが並んでいます。

そして、右下の一部が欠けた円形のように見えるのが77kVの高圧を受電して6.6kVに降圧して計算機棟や熱源機械棟に電力を供給する「特高施設」で、約30MWの受電能力があります。なお、関西電力からの77kVの電線は地下を通っているので、高圧電線の鉄塔はありません。

このように計算科学研究機構では、全体の1/4程度の敷地面積が電源の供給と冷却、廃熱に当てられています。

電力供給系のロスの低減

MWクラスのデータセンターやスーパーコンピュータでは、電力供給系のロスを減らすことは電気代を減らすことに直結し、経済的にも非常に重要です。

図9.9はFacebookの資料ですが、通常のデータセンターでは、まず電力会社から120kV ACの高圧を受電し、データセンターに併設した変電所で480V ACに落として計算機棟に給電します。この時点で、変圧に伴って2〜3%のロスが発生します。

図9.9 通常のデータセンターの電源供給系[※]

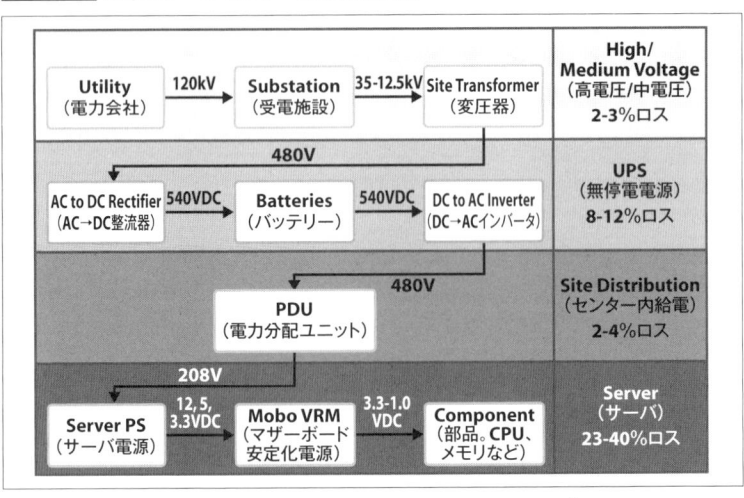

※ 出典：Pierluigi Sarti「Efficient Power Distribution」(p.2、Hot Chips 23、2011)
URL http://www.hotchips.org/wp-content/uploads/hc_archives/hc23/HC23.17.2-tutorial2/HC23.17.240.Open%20Compute%20Power.pdf

9.3 巨大データセンターの電力供給と冷却

次に、停電に備えてUPS（*Uninterruptible Power Supply*、無停電電源）があります。UPSはACをDCに変換してバッテリーに電気を溜め、バッテリーからのDCでインバータを駆動して480VACに戻します。停電があっても、UPSは内部のバッテリーで、しばらくはサーバに電力を供給し続けることができます。しかし、UPSの部分で8〜12%のロスが発生します。

UPSからの480VACはPDU[注15]を経由して208V ACに降圧されて各サーバのラックに分配されます。この降圧と分配する配線の抵抗で2〜4%のロスが発生します。

サーバのラック内では、電源ユニットで12V、5V、3.3V DCを作りマザーボードに供給し、マザーボード内のVRM（*Voltage Regulator Module*、安定化電源モジュール）でCPUやDRAMなどに必要な電圧に変換して供給します。この過程で23〜40%のロスが発生します。

大雑把に言うと、30〜50%の電力がLSIに届く前に熱になって消えてしまっているわけです。年間、数億円の電気代がロスのために5割〜10割増しになるのですから大変です。また、この電力ロスによる発熱は空調の負荷になるので、二重の損です。

FacebookのPrinevilleデータセンターでは、図9.9の最初の120kVを受電して480V ACに変換する部分は同じですが、UPS以降が**図9.10**のように改良されています。なお、2本の線の間が480Vの3相交流を中点からの電圧で表すと277Vとなるので、図9.10では277VACと書かれています。

この277V ACを、UPSを通さずに各サーバの電源ユニットに供給し、電源ユニットは12VDCを作ってサーバのマザーボードに供給します。これにより、UPSの8〜12%のロスを除くことができます。また、PDUを通さず480Vで分配することで分配ロスを1〜2%に減らし、マザーボードへの給電の12V一本化やVRMの効率改善などにより、サーバ内のロスも14%に減らしています。結果として、受電からのLSIまでのロスが17%となり、従来のデータセンターと比較するとロスが1/2〜1/3になっています。

これだけでは停電時にダウンしてしまうのですが、Facebookのサーバ群には、サーバ6ラックに対して277V ACを整流して充電する48Vのバッテリーを搭載したラックが1本備えられており、ここから各サーバに48V DC

注15　電源分配ユニット。配電盤からの電気を各サーバラックに分配します。

375

第9章　データセンターとスーパーコンピュータ

図9.10　FacebookのPrinevilleデータセンターの給電系※

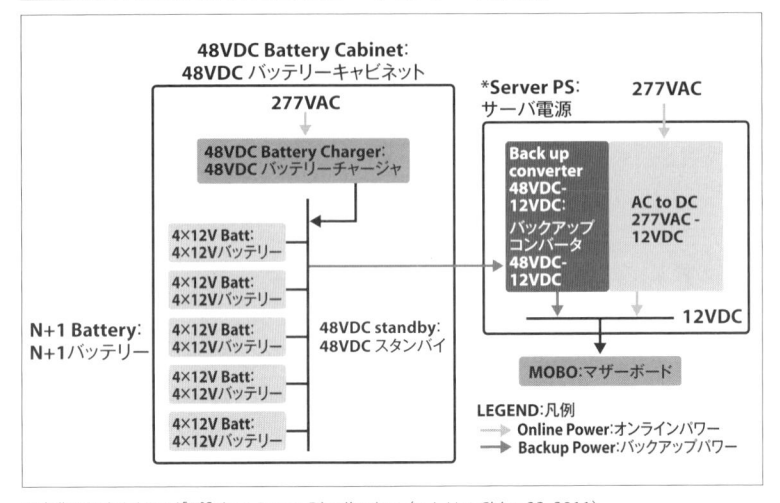

※出典：Pierluigi Sarti「Efficient Power Distribution」(p.4、Hot Chips 23、2011)
URL http://www.hotchips.org/wp-content/uploads/hc_archives/hc23/HC23.17.2-tutorial2/HC23.17.240.Open%20Compute%20Power.pdf

　を供給しています。この48V DCは普段は使われないスタンバイ系ですが、ノートPCのACアダプタとバッテリーの関係と同じで、AC電源が途切れると、サーバ電源に入っているDC-DCコンバータで自動的にバッテリーからの48Vを使って12V DCを作り、マザーボードに電力を供給します。

　このバッテリーは、それほど大きいものではなく、最大負荷では45秒の電源供給しかできないのですが、その間に大型のディーゼル発電機を起動して277V ACの供給を開始するので、電源が維持できるようになっています。

巨大データセンターやスーパーコンピュータの冷却

　サーバの排気を室内に放出して温度の上がった室内の空気をエアコンで冷やすというのが、最も単純な冷却法ですが、このやり方ではサーバの消費電力と同じくらいの電力がエアコンを動かすのに必要になってしまいます。冷却法の良し悪しを表す指標であるPUE(*Power Usage Effectiveness*)は次のように定義されます。

376

$$PUE = \frac{1年間の冷却電力 + 1年間のサーバ電力}{1年間のサーバ電力}$$

ここでのサーバ電力はサーバラックへの供給電力で、ラック内の給電ロスを含んだものです。

単純にエアコンで室内の空気を冷やすという方法では、PUEは2.0程度となってしまいますが、計算処理という点では冷却電力はオーバーヘッドで、できるだけこれを減らしてPUEを1.0に近付けたいということになります。

ホットアイルとコールドアイルの分離

データセンターでよく用いられているのが図9.11に示すホットアイル－コールドアイル（Hot aisle – Cold aisle）というという方式です。

ラックに収められたサーバは前面から空気を吸い込み、CPUなどを冷却して背面に温まった空気を吐き出します。このサーバラックを1列ごとに反対の方向を向けて設置します。そして、空気を吸い込む前面側の床下から、空調機からの冷たい空気を供給します。こちらがコールドアイルです。サーバラックの背面が向かい合った側は熱い空気が出てくるホットアイルです。ホットアイルからの空気はサーバと天井の間を流れて空調機に戻り、ここで冷やされて床下に送り込まれ、コールドアイルに供給されます。

図9.11 ホットアイル－コールドアイル

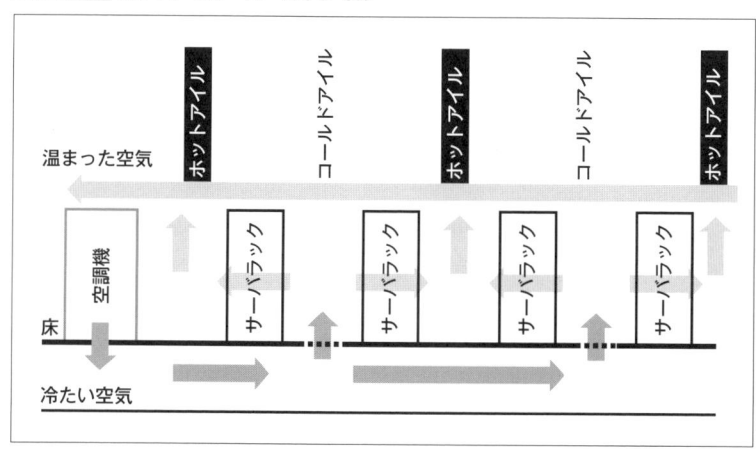

空気の中で生活している私たちは空気の重さを感じませんが、1m^{3}の空気はおおよそ1kgの質量があります。つまり、100m^{3}の空気を動かしている空調機は、その熱を運び出すだけでなく100kgもの空気を動かしているので、相当なエネルギーを消費します。

このようなホットアイル－コールドアイル冷却を行っているデータセンターでは、コンピュータや周辺装置の消費電力の半分程度の電力が冷却のために必要になり、PUEは1.5程度というのが一般的です。図9.11の構造では、コールドアイルの上では冷気と暖気が混ざり合いロスが発生しますが、混ざり合いを防ぐ構造としたり、空調機とサーバラックをペアにして空気のループを小さくしてPUEを1.3程度に改善しているデータセンターもあります。

外気を利用した冷却

GoogleやFacebookなどは寒冷地にデータセンターを建設し、外気でサーバを冷やすという方法を取り入れています。

図9.12はFacebookのPrinevilleデータセンターの構造図で、2階建ての下の階に並んでいるのがサーバラックです。そして、2階の左側から外気を取り込み、埃などをフィルタで取り除き、サーバルームからの温まった空気と混合して温度を調節します。そして加湿器で湿度を調整して、中央右よりの壁のところから1階のサーバルームのコールドアイルに冷気を吹き降ろしています。

図9.13は、この冷気の吹き出し口の写真で、左側に送風のためのエアハンドラ(*Air handler*、大型の扇風機)が見えます。

寒冷な外気を使えば、空調のコンプレッサを動かす電力が要らなくなるので、PUEを1.1程度まで下げられると言われています。

FacebookのPrinevilleデータセンターは、WebでPUEを公開しており[注16]、筆者がチェックした2014年1月3日時点では、外気温10.6℃で瞬間的なPUEは1.07、過去12ヵ月のPUEは1.08となっていました。

注16 URL https://www.facebook.com/PrinevilleDataCenter/app_399244020173259

液冷

　コンピュータの冷却に低温の空気が必要なのは、一つには空気の比熱が小さいからです。運べる熱量は流量×比熱×温度上昇ですから、比熱が小さいと多くの熱を運ぶためには流量を増やすか温度上昇を大きくする必要

図9.12　FacebookのPrinevilleデータセンターの空気の流れ[※]

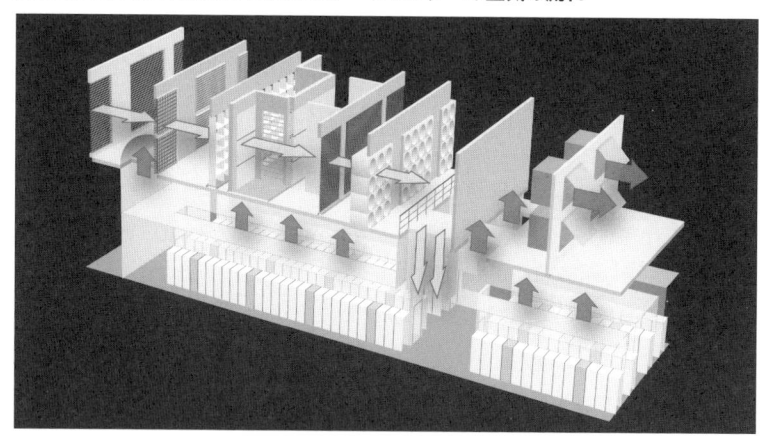

※出典：Amir Michael「The Open Compute Project」(p.18、Hot Chips 23 Tutorial 2)

図9.13　FacebookのPrinevilleデータセンターの冷風の吹き出し口[※]

※出典：Amir Michael「The Open Compute Project」(p.25、Hot Chips 23 Tutorial 2)

があります。しかし、排気温度は40℃程度が上限なので、できるだけ温度上昇を多くしようとすると、吸気温度を低くせざるをえません。ただし、保守要員の立ち入りを考えると20℃程度が下限です。

そうすると、温度上昇は最大でも20℃程度で、後は流量ということになります。しかし、騒音を考慮すると風速で数m/sくらいが実用的な上限です。となると、空冷で運べる熱量はラック1本あたり最大50kW、実用的には20〜30kW程度の消費電力が限界です。

これよりも高密度でプロセッサを詰め込み、消費電力密度の高いスーパーコンピュータは、空気では冷やせません。このため、液体で冷やす**液冷**(液体冷却)が使われます。また、空冷の限界以内でも、チップ温度を下げて故障を減らすなどの目的で液冷が使われます。

空気の比熱は約1J/g℃、水の比熱は約4J/g℃で、水は重量あたり4倍、体積あたりでは4000倍の熱を運べます。

液冷の一つのやり方は、サーバの背面に冷水を通すコイル[注17]を置き、CPUなどを冷却して温まった空気を元の温度に冷却して室内に放出するという方法です。サーバラックの背面ドアにコールドコイルを組み込むことが多いので**リアドアクーリング**(Rear door cooling)とも呼ばれます。サーバ本体には特別な液冷のメカニズムを必要としないので、採用しやすい方式です。

より直接的に液体で冷却する方式には、水を流して冷却するコールドプレートをLSIに取り付けて冷却する方式と、電気を通さない液体に、直接、プリント基板を漬けて冷却する浸漬液冷があります。**図9.14**はコールドプレート方式の例で、右側の2ソケットのボードに左側の黒色に仕上げられたアルミのコールドプレートを取り付けて使用します。コールドプレートの中には水路が作られていて、プロセッサなどを冷却します。コールドプレートの下側の左右に見える白い突起が冷却水のコネクタで、このアセンブリをバックプレーンに差し込むと、電気信号と冷却水がつながるようになっています。

図9.15は絶縁性のミネラルオイルにプリント基板をじゃぶっと漬けるGreen Revolutionという会社の冷却槽の写真です。温まったオイルは、熱

注17 放熱ではなく吸熱ですが、構造としてはエアコンの室外機の中のラジエタのようなものです。

交換器で冷却されてこのオイル槽に戻されます。

　液冷の場合は、体積あたりの比熱が大きいので温度上昇を小さくでき、それほど低温の液でなくても十分に冷却できます。このため、50℃〜60℃程度の液体を使う高温液冷という方式があります。60℃の液を50℃に冷却する場合は、35℃の空気でも冷却が可能で、冷凍機の電力は不要で、液体の循環を行うポンプの電力だけで済みます。また、廃熱を暖房や給湯などに利用することもできます。このように高温液冷はエネルギー効率が非常に高いので、採用例が増えてきています。

図9.14　アルミ製のコールドプレート(左)とEurotechの2ソケットボード(右)（筆者撮影）

図9.15　Green Revolutionの浸漬液冷（筆者撮影）

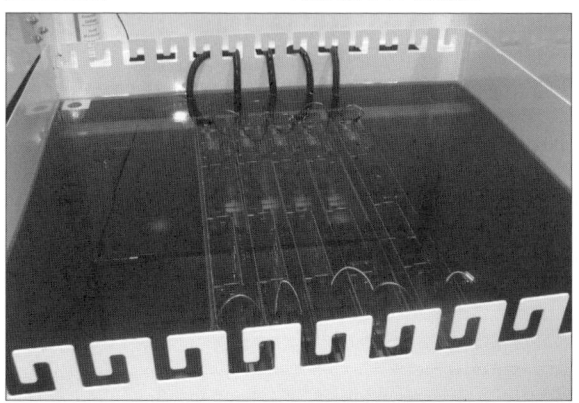

データセンターとスーパーコンピュータの冷却の違い

　「寒冷地に設置した設備の外気を使った冷却」も、「高温液冷の冷却」も、外気によって冷却を行い、空調機の電力を節約しようという点は同じです。しかし、インターネットデータセンターでは前者、スーパーコンピュータでは後者が用いられます。

　インターネットデータセンターは、電力の供給と高速の通信回線があれば、どこにあっても、あまり変わりません。どちらかと言えば、寒冷で土地の安い田舎のほうが安上がりです。

　スーパーコンピュータも寒冷地に置いて通信回線経由でリモートで使うことは可能ですが、スーパーコンピュータでは、ユーザごとに異なる研究を行っており、異なるプログラムを開発しています。これらのプログラムがスーパーコンピュータ上で効率良く動くようにするには、コンピュータの専門家とプログラムを作っている研究者が緊密に協力してプログラムを改良していく必要があります。また、コンピュータの専門家は、いろいろなユーザの使い方を見て、より良い使い方を開発したり、次期スーパーコンピュータをどのような構造にすべきかなどの研究を行ったりします。

　このような研究を行うためには、スーパーコンピュータセンターは大きな研究所や大学に設置することが必要になります。そうすると、寒冷地というわけには行かず、気温が35℃を超えても外気で冷却できる高温液冷が必要になるというわけです。

　液冷はインターネットデータセンターでも使えますが、液冷は空冷よりもハードウェアのコストが高いので、各サーバの箱まで省いてコストダウンしようというデータセンターには向いていません。しかし、Facebookはサーバラックを浸漬液冷してチップを冷やし、オーバークロック[注18]して性能を上げるシステムの研究を行っており[注19]、性能向上の価値が液冷のコスト上回ることができれば、インターネットデータセンターでも液冷が使われるようになるかもしれません。

注18　CPUチップメーカーの規格より高いクロック周波数で動作させること。
注19　URL http://www.datacenterknowledge.com/archives/2012/12/21/facebook-tests-immersion-cooling/

9.4 スーパーコンピュータの故障と対策

データセンターの場合は、前述のMapReduceのような方法で故障ノードがあってもシステム全体は動作するというような「ソフトウェアによる故障対策」が一般的ですが、スーパーコンピュータの場合は「ハードウェアの故障対策」は非常に重要になります。

単純に考えると、数万個のCPUチップとGPUチップを使用するスーパーコンピュータは、1個のCPUチップとGPUチップのPCと比べると数万倍の頻度で故障します。一方、大規模な科学技術計算では、何週間も掛かる計算もあります。そうすると、このような計算は、途中で故障が起こり、最後まで実行できないことになってしまいます。

スーパーコンピュータに使用する部品の故障を減らす

スーパーコンピュータの故障を減らす第一の方法は、故障が少ない部品を使うことです。部品メーカーからのデータやスーパーコンピュータメーカーでの故障率の評価結果や過去の実績などから、故障率の高い部品は使わないようにします。たとえば、メモリのDIMMソケットは、半田付けに比べると接触不良になる故障率が高いので、IBMのスーパーコンピュータではDRAMはCPUを搭載する基板に直接半田付けしています。

故障を減らす第二の方法は余裕を持って使うことです。部品の寿命Lは次に示すアレニウス(Arrhenius)の式で表されます。

$$L = Ae^{-\frac{Ea}{kT}}$$

Eaは活性化エネルギー、kはボルツマン定数、Tは絶対温度で、Aは部品の持つ定数です。故障のメカニズムによってEaが異なるのですが、LSIの場合は0.7～0.8eV(エレクトロンボルト)程度と言われます。この式によると、LSIをチップ温度85℃で動作させるのと比べて、30℃まで冷やして動作させると、寿命Lは60～100倍に延びます。

このため、スーパーコンピュータ「京」では**図9.16**に示すように、CPU

第9章　データセンターとスーパーコンピュータ

とICC LSIは15℃程度の冷水で冷却してチップ温度を30℃以下に保ち、故障率をできるだけ小さくするようにしています。この写真に見られる銅パイプで、右側の4個のCPUチップのコールドプレートと左端に並んでいる4個のICCチップのコールドプレートに冷水を供給しています。なお、これらのLSIの間にあるDIMMは空気で冷却しています。

また、マザーボードには電界コンデンサなどが多数載っていますが、これも耐圧に余裕があるものを使えば故障が減りますし、VRMのトランジスタなども余裕を持たせた定格のものを使えば故障を減らせます。

故障ノードを交替ノードに置き換える

それでも、エラーや故障は起こります。このため、DRAMだけでなく、CPU内部のメモリやレジスタにもECCを付けて、エラー訂正を行います。これは通常のサーバ用CPUと同じです。

宇宙線の中性子が原因などの一過性のエラーはECCで回復できますが、固定故障が起こると、そのときに実行していた計算は打ち切りになってしまいます。スーパーコンピュータでは、多数の計算ノードで並列に処理を

図9.16　4計算ノードを搭載するスーパーコンピュータ「京」のシステムボード（筆者撮影）

行っていますから、1万ノードの中の一つが故障しても、アウトです。こうなると、長時間掛かる計算をやろうと思っても、途中でどれかのノードが故障してオジャンということになってしまいます。

このため、大規模なスーパーコンピュータでは、計算の途中結果を定期的にストレージに書き出しておき、故障で止まってしまった場合は、直前に記憶した途中結果を読み出して、そこから計算を再開するという方法が取られます。これを**チェックポイント－リスタート**(Checkpoint-Restart)と言います。しかし、リスタートするためには、故障ノードを修理する必要があります。

原理的には、人間が故障ノードを取り外して、良品と交換しても良いのですが、それでは、交換の間、その他の故障していないノードが遊んでしまい稼動率が下がってしまいます。このため、ネットワークの接続を変更して、故障ノードを切り離し、交替ノードと入れ替えるという機能を持つことが必要となります。

ファットツリーの場合は、ノード位置に対する依存性が小さいので、交替ノードとの入れ替えは容易ですが、トーラスの場合は、故障で歯抜けになった位置に交替ノードを組み込むのは、それほど簡単ではありません。一般的には、故障ノードを含む8×8×8の512ノード単位で切り替えスイッチを設けて置き換えるというような方法が取られますが、スーパーコンピュータ「京」ではa、b、cのローカル次元を使って故障ノードの近傍に置いた交替ノードを組み込むという構造になっています。

チェックポイント－リスタートの問題

しかし、各ノードが10GiBのチェックポイントデータを持ち、全部で1万ノードとすると、全体では約100TiBとなります。これを10GiB/sでスーパーコンピュータシステムのストレージに書き込むと、3時間近く掛かってしまいます。これでは、チェックポイント作成の時間的オーバーヘッドが大きいだけでなく、チェックポイントの作成中に故障が起こってチェックポイントが作れないという笑えない事態も起こってしまいます。

このため、計算ノードの近くにSSDのストレージを置いて、短時間でチェックポイントを格納し、リスタートの読み出しができるようにすると

いうシステムが増えています。ただし、計算ノードごとにSSDがPCI ExpressやSATAで直結されていると、故障ノードを切り離すと、その部分のチェックポイントデータもアクセスできなくなってしまい、交替ノードを組み込んでリスタートすることができません。このため、チェックポイントの記憶は交替ノードからもアクセスできる構成になっていることが必要です。

チェックポイントの作成ですが、OSがどのメモリ領域が使われているかを判断して自動的に作成してくれるというのが望ましいのですが、現状では、自動では格納するデータ量が大きくなって効率が悪いので、プログラマがどのデータをチェックポイントとして記憶するかを決めてストレージに退避するプログラムに書くという方法が一般的です。

9.5 まとめ

第9章では、日頃あまり馴染みのない大規模データセンターやスーパーコンピュータを取り上げました。Googleなどのデータセンターで使われている計算ノードは、IntelのXeonやAMDのOpteronなどのサーバ用のCPUを使っており普通のサーバと大差ないのですが、データセンターとして必要のない機能を省いてコストダウンが行われています。

また、大量のノードをつないでシステムとして動かすためには、ノード間をつなぐネットワークが必要です。とくにスーパーコンピュータの場合は、通信の遅延が短く、大量のデータを短時間に送れるネットワークが必要となります。9.2節では、ネットワークの基礎から、スーパーコンピュータで使われている3次元トーラスやファットツリーネットワークまでを説明しています。

データセンターやスーパーコンピュータのような、大規模なシステムはMW級の電力を必要とします。このようなシステムの電力供給系のロスや、発熱を運び出す冷却系の消費電力も巨大で、これらのサーバが消費する以外の電力の削減にいろいろな努力が行われていることを説明しました。

そして、大量の計算ノードを使うスーパーコンピュータでは、計算ノード単体の故障率が低くても、全体としてどれかのノードが故障するということが頻繁に起こることは避けられません。このため、GoogleではMapReduceという方法を開発するなど、ノードが故障しても運用が継続できるシステムを作っています。また、9.4節では、故障の頻度を減らす、故障が起こった場合も途中からやり直すチェックポイント－リスタートなど、スーパーコンピュータの故障対策を説明しています。

　大規模データセンターやスーパーコンピュータを作るためには、どのような努力が行われているかについて、ある程度理解できたのではないでしょうか。

本書の結びに

　2011年、IBMの「Watson」コンピュータは、普通の英語（自然言語）で質問される米国で人気のTVクイズ番組『Jeopardy!』で、過去ベストの人間のチャンピオンを破りました。もちろん、まだコンピュータにはできないことも多くありますが、コンピュータの進歩は目を見張るものがあります。また、スマートフォンに代表されるように、小型、低消費電力化も目覚しく進んでいます。

　このように、コンピュータというのは人類の叡智の結晶で実現されており、私たちの生活もコンピュータなしには成り立たない状況になっています。

　このコンピュータ技術を、多くの人に理解してほしいと思っています。本書を読んで、コンピュータとはこのような仕掛けになっているのかがわかったと感じてもらえたなら、著者としては嬉しい限りです。また、本書をきっかけとして、より詳しく勉強しようという方が出てくれば、結果的には日本の技術力の向上にも貢献できるのではないかと期待しています。

　これまでコンピュータの発展を牽引してきたムーアの法則は、遠からず、原子サイズの壁にぶつかって微細化にブレーキが掛かると予想されていますが、そうなれば、逆にアイデアの勝負の時代になります。車で言えば、基本的なエンジンや走行のメカニズムは、ムーアの法則のような急速な進歩はなかったのですが、製品としての車はいろいろな改善を組み合わせて、私たちの生活に欠かせない製品、そして購買意欲をそそる製品を作り続けています。コンピュータもそのような状況に移行していくと思われます。つまり、ムーアの法則がなくなっても、ソフトウェアとハードウェアをうまく組み合わせ、新しい機能を実現するという方向で、コンピュータの発展は続くことになるでしょう。

　そして、そのときには、コンピュータのしくみを本当に理解して、どうすれば改良ができるかを考えられる能力が、今以上に重要になってきます。本書がそのような人材を生み出すのに、多少でも貢献できることを願っています。

索引

記号／数字

<<< >>>	245
-o（オプション）	212
μm	270
μOP	112
μs	19
1Wの電力あたりのプロセッサの性能	31
1次キャッシュ	93, 95, 111, 121, 264
1次キャッシュメモリ	21
10進数	5
14nm（プロセス）	186
15.6ms	139, 201, 205, 213
128B/130B	335
100Base-TX	vi
1000Base-T	vi
1024	11
1103(Intel)	20
150億倍	36
2アドレス命令	42
2次キャッシュ	94, 111, 121, 264
2次キャッシュメモリ	21
2次元配列	110, 124
2進数	5
2入力NAND	27
2入力マルチプレクサ	69
2ビット飽和カウンタ	102, 104
2の補数表現	62
22nm（プロセス）	185
2兆倍	215
3D化	303
3Dグラフィックス	vi, 218, 219
3Dゲーム	189, 227, 231, 260
3D実装	278
3アドレス命令	42
3次キャッシュ	94, 122, 264
3次元トーラス	364, 368
32ビットアーキテクチャ	vi, 9, 39
3億倍	317
4KiB	132, 247
4004(Intel)	30
5次元トーラス	364
530シリーズ	206
64バイト	81, 124

64ビットアーキテクチャ	vi, 8, 37, 39
64ビットメモリ空間	60
8B10B	335
800万倍	286
99.9999999%	23

A / B / C / D / E

ABC	36
AC	207
ALMA電波望遠鏡	307
AMD64	vi, 8, 9, 138
AMD	91, 248
AMLED	345
AMOLED	viii, 340, 347, 349
Android	38
ARM	46
ARMv7	vi, 8
ARMv8	vi, 8, 9
ASCII	34
ATA	332
ATAPI	337
AVX	78, 211
B	11
b	11
BiCS	304
big.LITTLE	188, 339
BIOS	333
BlueGene/Q	364, 368
Bluetooth	vi
Blu-ray	296
BTB	108
C/C++コンパイラ	211
C言語	57, 102, 116, 136
Cステート	194, 200
CC	57
ccNUMA	172
CD	294
CELL	38
CG	218
CISC	vi, 43, 44, 47, 112
CMOS	viii, 22, 26, 28, 32, 183, 186, 192
Concurrent	ix
Constant angular velocity	295
Constant linear velocity	295
Core(Intel)	155, 340, 163

Coreファミリー	91, 197, 200, 207
Core 2 Duo	210
Core i	182, 205
Core i5	13, 119, 121, 123
Cortex-A15	188, 339
Cortex-A7	188, 339
CPI	114
CPU	5, 180, 321
CUDA	244, 246, 251
DB	135, 359
DC	207
DDR	286
DDR2	271
DDR3	275
DDR3L	277
DDR4	276
DDRクロック	200
DE	15, 17
DECDED	283
DIMM	270, 274
DirectX	243
Dirt Cheap	12
DLL	200
DMA	201, 324
DMAコントローラ	327
DMR	290
DO	102
DRAM	11, 267
DRAM規格	274
DRAMセル	267
DRAMチップ	12, 272
DRAMメモリ	262
DRAMメモリの歴史	286
DVD	294
DVFS	188, 207, 210
Dynamic RAM	268
EC2	355
ECC	282
ENIAC	215
Ethernet	vi
EX	15, 19, 55
Exynos 5 Dual	13, 339
Exynos 5 Octa	339

F / G / H / I / J

FD	288
FeRAM	269

389

FET..25	InfiniBand NIC......................363	MOESIプロトコル......................91
Fibre Channel........................357	InfiniBand................................370	MOS FET..................................24
FinFET..185	In-Order..................................225	MOS......................................viii, 24
FIS..307	Intel 530(SSD)......................306	MPI..171
Flag(レジスタ)..........................38	Intel 64........................vi, 8, 9, 91	MRAM.......................................269
for..............................57, 102, 103,	I/O...vi	MSI......................................88, 168
166, 177, 180	I/O空間......................................322	MTJ..269
FORTRAN..................................102	ioDrive II Duo	MW.....................................354, 373
G信号...65	(Fusion IO/SSD)................306	mW..187
Galaxy S4.........................339, 347	IOPS..306	N型..viii, 24
GB..11	IP(レジスタ)................38, 50, 60	NaN...77
gcc....................................127, 160	IPC..114	NAND Flash............269, 298, 309
GDDR5................128, 239, 240,	iPhone 5S................................320	NAND Flashトランジスタ......299
250, 276, 280	IPS....................................114, 344	NAND Flashメモリ..................301
Gemini.............................364, 368	IREM..216	NANDコントローラ..................305
GiB..11	ISA ➡命令セットアーキテクチャ	Nexus 7..2
GK 104 Kepler........................238	ISO/IEC 10646........................34	NFC..340
GK110...............................224, 253	ISSCC..29	nm...ix
GLUT..242	ITO..344	NMOS.........26, 183, 185, 191, 299
GP GPU...vi	IVRチップ................................210	Non uniform..........................173
GPU...........................vi, 180, 218, 223	Ivy Bridge................................182	ns..16
GPUコア....................................236	J(ジュール)............................184	NUMAlink.................................174
GPUプログラミング.................244	JEDEC..275	NVIDIA.......................................238
Hadoop....................................360	JIS X 0201/JIS X 0208..............34	Nx586...112
HAL..330		NXビット...................................138
Harvard MARK I.......................94	**K/L/M/N/O**	OBFF..................................203, 205
Haswell......................................195	K20x..224	OCR..320
HDD..................vi, 4, 13, 172, 264,	Kabini...148	OP...15, 17
291, 305, 308, 317	KB..11	OP code...............................45, 46
HDDアクセス............................213	Kepler..................238, 251, 253, 254	OpenACC..................................180
HMC..................................272, 280	KiB..11	OpenCL.....................................244
Hot Chips................115, 148, 168,	Kogge-Stoneアダー................67	OpenGL.....................................241
211, 296	KSIMT命令実行.......................240	OpenMP................166, 171, 177
HPCG..362	L2(キャッシュ) ➡2次キャッシュ	Opteron......................................91
HSA...................................248, 258	LAN...vi	Opteron 6274.........................363
IA-32..vi, 8	LDPC.................................291, 310	OS................vi, 38, 39, 41, 131,
IB NIC..363	LED..22	136, 140, 142, 149,
IBM 350..........................288, 317	LINPACK.....................................362	150, 164, 247, 284, 330
ICC.....................................364, 368	Linux......................38, 42, 142, 357	Out-of-Order実行......19, 98, 121,
IDC..358	LPDDR3....................................277	122, 128
IEC..11	LRU..86	
IEEE 754.....................................64	LSI...............................vi, ix13, 22	**P/Q/R/S/T**
IEEE 802.11ac...........................311	LTE...vi	P-ウェル...................................299
IEEE 802.11ac...........................vii	LTM..202	P型..viii, 24
IEEE 802.11n............................311	LTR.....................................202, 205	P型不純物......................299, 304
IEEE 802.3ab..............................vi	MapReduce............................360	P信号...65
IEEE 802.3u.................................vi	MESIF..................................91, 168	Parallel..ix
IF...15, 17	MLC..300	PC(パソコン)....................13, 340
if.............................57, 102, 103, 177	MMU ➡メモリ管理機構	PC(レジスタ)............................38
IGZO..346	Mod R/M....................................45	PCH......................................14, 214

索引

PCI Express............................ vi, 335	SO-DIMM 274	vSMP Foundation
PCI Express 1.1........................ 335	SPARC 46, 57	Advanced Platform 174
PCI Express 2.0................... vi, 335	SPARC64 VII+........................... 115	Vビット...................................... 108
PCI Express 3.0............vii, 15, 202,	SPARC64 VIII fx 170, 364, 369	W(ワット) 184
204, 247, 335	SPARC64 X 115	Way 84
PCI Expressリンク 200	SPARC64 X+............................... 36	WB....................................... 15, 18
PCI 330	SPE 38	Web... 143
PCIe vii	SRAM 265	Wide I/O................................... 278
PDF 330	SRT法 75	Wide I/O 2 279
PDU 375	SSD 4, 13, 265, 305, 308	Wi-Fi vii
Pentium 4 138	SSE 77, 211	Windows.............. 38, 42, 119, 139,
PIO 323	Status(レジスタ) 38, 57, 60	142, 149, 155,
PlayStation 260	StorageTek T10000D 297	197, 201, 213, 333
PlayStation 3............................. 38	STREAM 201HW 347	Windows 8............................... 205
PLL.. 200	STT-MRAM 269	Windows Vista......................... 293
PMOS 26, 183, 185	Suica 269	x64 8
PoP実装 278	Taken/Not Taken 102, 105, 115	x64アーキテクチャ 8
POSIX 165	TCAT 304	x86 .... 8, 42
POST 333	Tegra K1 215	x86アーキテクチャ 8, 135, 138
POWER 8 211	Teletype Model 33 ASR........ 320	x86命令 46, 113
PowerPC 364	Test & Set命令 159	x86命令アーキテクチャ
Prescott................................... 138	TH Express 2.................. 363, 368	.... 41, 42, 44, 113
Prineville..................168, 375, 378	Titan 224, 253	Xbox One 248
pthreadライブラリ 165, 177	TLB 134	XDビット................................... 138
PUE 376	TLC 301	Xeon 154
QPI 154	TMR 290	Xeon E5 4650 224
Race to Idle 199	Tofu 368	Xeon E5 174
RAID 313, 316	Top500............................. 361, 368	Xeon E5-2692.......................... 363
ReRAM 269	Tri-Gate 185	Xeon Phi 31S1 P 363
RISC............vii, 43, 44, 46, 48, 112	TSC 119	XMM(レジスタ) 78
RJ45 358	TSUBAME 2.0/2.5 ....368, 371	YMM(レジスタ) 78
rpm 292	TSV 279	Zバッファ 227
Sandy Bridge.................... 28, 113	Twitter 212	
SAS... 308		**ア行**
SATA............................. vii, 206, 307	**U / V / W / X / Y / Z**	
SCSI 308		アイドル..............189, 192, 205, 208
SDR 278, 286	Ultrabook................................. 205	アクセス................................... 121
SDRAM 286	Unicode 34	アクセス時間................20, 113, 263
SECDED 282	UPS 375	アクセラレータ .... vi, 244, 361
SFU 236	USB .... vii, 336	アクティブマトリクス 344
SIB 45	USB 2.0............................. 203, 337	アクティブ電力 32, 184, 185
Sign- Magnitude表現............... 62	USB 3.0............................. 202, 337	アセンブラ命令列 129
SIMD 78, 79, 211, 235	USB 3.1 338	アトミックアクセス................. 158
SIMT 234, 235, 240, 253	USB-IF 338	アドレス(DRAMチップ) 273
SL8500 297	UV2000 .... 173, 174	アドレス...............................7, 10
SLC... 300	Violin 6616(SSD) 306	〜の指定................................... 42
SMP 153	VLSI 28	アドレス変換 143, 327, 328
SMX 224, 240, 246	VM.. 141	アーム 292
Snapdragon 600...................... 339	VMM .... vii, 141, 142, 174	アムダールの法則.............176, 199
SoC.......................... vii, 13, 148, 338	VR 188, 208	アモルファスシリコン 345
	VRM 375	アルゴリズム 211

391

アレニウスの式 383
イシュー 49
印加 344
インゴット 23, 28
インダクタ 209
インターコネクト 152
インタフェースレジスタ 321, 330
インバータ 69
インラインアセンブラ 119
ウイルス 40, 137, 138, 141
ウェアレベリング 305
ウェハ 23, 28
ウェーブフロント 240, 252
ウォレスツリー 71, 72
エアハンドラ 378
液晶 .... vii, 343, 349
液晶セル 345
液晶ディスプレイ 343
液晶パネル 206
液冷 380
エッジルータ 358
エネルギー 184
エラー対策 282
エラー訂正 290, 309
エラー訂正コード 282
エレクトロルミネッセンス 347
エンコード 212
演算 3
　～を速くする 61
演算/W 215
演算命令 46
応答時間 202
オーバークロック 382
オーバーフロー 57
オーバーヘッド 81, 113, 116
オーバーラップ 75, 121, 123,
                              129, 257, 258
オフセット 43, 44, 130
オペランド .... viii, 42, 48, 50, 99
オンチップレギュレータ 209

カ行

階層 20, 263
階層キャッシュ 116
科学技術計算 243, 247, 253,
                             360, 364, 383
確率伝搬 312
加算器 64
画素 vii
仮想アドレス 328

仮想化 .... vii, 141
仮想マシン 141, 174
仮想記憶 327
カーネル 180
可変長命令 43, 44, 112
関数 136, 164, 175
記憶セルアレイ 301
記憶容量 10, 11
寄生容量 279
気相成長 345
揮発性 264
逆依存性 99
ギャザー 80
キャッシュ .... vii, 21, 82, 85,
                              109, 124
　～の階層化 92
　～の速度測定プログラム ... 116
キャッシュコヒーレンシ ... 22, 86,
                          168, 173, 249
キャッシュコヒーレント ix
キャッシュミス 86, 177
キャッシュメモリ 80
　～のアクセス 82
キャッシュライン 81, 82, 88, 91,
                              109, 118
キャッシュラインサイズ 81
キャパシタ .... viii, 192, 209
キャリー 65
共有メモリ 168, 171, 172, 174
共有メモリシステム 150
クラスタ型 169
グラフィックス 260
グラフィックスパイプライン
                                    226, 231
グラフィックスメモリ 257
グランド 5
グリッド 245, 254
グーローシェーディング 230
クローズ 214
クロストーク 332
クロスバースイッチ 169
クロック .... vii, 189, 198
クロックゲート 32, 190, 199
クロック周波数 16, 114, 186
クロック抽出 335
計算ノード 357, 363
ゲストOS 142
結合 332
ゲート 25
ゲート絶縁膜 24

ゲーム 243, 260
ゲルマニウム 22
コア 152
コアルータ 359
コイル 209, 380
構造体 180
構造体の配列 124
高速化技術（プロセッサ）....... 96
高速シリアル伝送 307, 334, 335
高速フーリエ変換 366
交替セクタ 308
交替ノード 384
交替ブロック 308
交流駆動 345
故障 284, 383
故障ノード 384
固定故障対策 284
固定小数点 63
固定長命令 43, 46, 47
コネクテッドスタンバイ 205
コヒーレンス 153
コールドプレート 380, 384
コントロールゲート
                          .... 298, 300, 302
コンパイラ 129, 212
コンピュータ .... vii, 2, 3

サ行

最内ループ 128
サイクル 55, 114, 121, 189
サイクルタイム 16, 109
最適化 211
最適化オプション 212
さざ波 65
差動伝送 334
サーバ統合 144
座標変換 226
サーフェスモデル 219
サブルーチン 136, 175
サブ画素 .... vii, 344
サーボ 292, 317
酸化物 25
シェーディング 222
ジオメトリシェーダ 232
磁気記録 289
磁気ヘッド 289
磁区 290
シークタイム 293
資源予約表 52
システムコール 141

392

索引

実行環境 37, 39
実行状態 39
実行パイプライン 52, 55, 59, 112
実行ユニット 55, 96
シッピングゾーン 293
視点変換 221
シフトレジスタ 107
周辺装置 5, 320
　～が主役の時代 352
周辺装置インタフェース 332
瞬間ダッシュ 199
順不同 98
上位互換 9
省エネ 195
条件分岐命令 7, 57, 60, 101, 251
乗算器 71
小数点 63
冗長性 315
省電力 28
省電力プログラミング 211
消費電力 .... vii, 30, 31, 32, 113,
                146, 183, 184, 186,
                198, 205, 269
ジョブマイグレーション 144
シリアルATA　➡ SATA
シリコン 22
シリンダ 292
信号 335
真の依存性 98, 129
真のデータ依存性 61
スイッチ 32, 183, 186, 189, 359
スイッチングレギュレータ 207
数値 62
数独 312
スカラプロセッサ 96
スキャッタ・ギャザーDMA 327
スキャッタ 80
スケジューラ 99
スケジュール 52
スタック(セグメント) .... viii, 131
スタンバイ 294
ステージ 55
ステップ値 119, 122
ストア命令 46
ストライドプリフェッチ 110
ストライピング 315
ストリング 301
ストレージ 264, 289
スヌープ 90, 91, 172
スパイラル 295

スーパーコンピュータ「京」
 .... 2, 170, 361, 364, 369, 373, 383
スーパーコンピュータ
 .... vii, 244, 360
スーパースカラ(実行)
 .... 19, 47, 96, 97
スーパーバイザコール 141
スーパーバイザモード ... ix, 40, 136
スーパーマトリクス 362
すばる望遠鏡 297
スピントルク注入 269
スプライト 260
スマートフォン .... viii, 2, 13,
                189, 215, 338
スライダ 292
スリープ 205
スレッショルド電圧 299
スレッド .... viii, ix, 156, 164,
                177, 178, 246, 252
スレッドブロック 240
スレーブノード 171
正孔 24
静電容量 279, 332, 349
性能 30, 31, 114, 124,
                128, 146, 175, 176
赤外線 216
セクタ 213, 292
セグメント viii
セグメント方式 130
接続インタフェース 307
絶対値 62
セットアソシアティブキャッシュ 84
セルアレイ 267, 301
セルフリフレッシュ
　(メモリコントローラ) 200
セルフリフレッシュ
　(液晶パネル) 206
穿孔 323
センスアンプ 20, 267
選択トランジスタ 301
全二重 viii
相互インダクタンス 332
相補的 28
素子 viii
ソース 24
ソフトウェアプリフェッチ
 .... 111, 127
ソフトウェア割り込み 140

タ行

ダイ 28
第4世代 vi
ダイオード .... viii, 348
ダイス 28
ダイナミック電力 32, 184
タイマー周期 213
タイマー割り込み 119, 201, 204
タイムスライス 150
ダイレクトマップ(キャッシュ) ... 83
ダイレクトメモリアクセス 325
多角形 241
タグ 82, 88, 134
タスク 156
タスクマネージャ 149, 155
タッチパネル 343, 349
タナーグラフ 310
ダブルバッファリング 258
タブレット viii
ターボ状態 216
ターボブースト 198, 199
断片化 132
チェックノード 311
チェックビット 309
チェックポイント-リスタート
 385
チップ .... vi, 28
チップ温度 197
チャージトラップ 303
チャネル 24
中央処理装置 5
中性子 384
頂点 226
直値 45, 56
抵抗 viii
ディジット 5
ディスプレイコントローラ 206
ディスプレースメント 44
低電力化 201
低リーク電流トランジスタ 191
ディレクトリベースのキャッシュ
　コヒーレンシ維持 174
テクスチャマッピング 228
デコード 212, 312
デコードユニット 52, 54
デジタル 5
データ(セグメント) .... viii, 131
データ 3, 95
　巨大～ 297

データセンター....viii, 143, 168, 355	ノイマンアーキテクチャ.................. 95	ビデオレコーダ 275
データ転送要求 204	ノード 168	ヒープ（セグメント） .... viii, 131
データ化け 290	ノートPC 197, 293	頻繁に使われるデータ 85
データポイゾニング 284	バイセクションバンド幅 366	ファイル 214
デッドロック 160	排他制御 157	ファットツリー 368, 371
デナードスケーリング	バイト 6, 11, 47	フィン 186
.... viii, 146, 286	バイト単位 10	フェッチユニット 50
デバイススリープ 206	バイナリ互換 9, 40	フォンシェーディング 230
デバイスドライバ	ハイパーバイザ .... vii, 141	フォン補間 230
.... viii, 61, 142, 329	バイパス 69	負荷容量 183, 185, 191
テープアーカイブ 265, 297	パイプ 336	不揮発性 264, 268, 289
デフラグ 213	パイプライン .... viii, 48, 54	符号 62
テレタイプ 320	パイプライン処理 .... vii, 17	ブース（アルゴリズム） 72, 74
電界効果トランジスタ 25	配列 110, 180	物理アドレス 132, 135, 247, 329
電源管理（ソフトウェア/機構）	配列の構造体 125	浮動小数点数 63, 76
.... 196, 202	破壊読出し 267	負の整数 62
電源供給 207	バースト長 275	部分積 72
電子計算機 →コンピュータ	パッケージ 199	プライベート 355
転送時間 258	バッファ 203, 325	フラグメンテーション 132, 213
電力供給 373	バッファオーバーフロー攻撃 137	フラッシュディスク vii
電力削減 186	バーテックスシェーダ 226	フラッシュメモリ 299
電力ステート 194, 200	ハードウェア 52	プラッタ 292
電力制御 193, 216	パネル 346	フラットケーブル 332
同期時間 177	パネルセルフリフレッシュ 207	フラットシェーディング 229
投機実行 19, 106	ハーバードアーキテクチャ 95	フラットパネルディスプレイ 343
動作周波数 →クロック周波数	パブリック 355	プリフェッチ 109
特権命令 40	バリアブルノード 310	プリンタ 332
特権レジスタ 38, 40, 136	パリティ 311, 313	フルアソシアティブキャッシュ ... 83
ドーピング 304	パワーゲート 191, 199	フルアダー 64
トポロジ 365	パワートランジスタ 209	ブレークイーブンタイム 193
トラック 292	バンク（DRAMチップ） 273	プレディケート実行 235, 251
トラフィック 144	バンク 200	フレームバッファ 249
トランザクショナルメモリ 161	反射 222	フロアプラン 148
トランジスタ viii	番地 →アドレス	プログラマブルシェーダ 232
ドレイン 24	半導体 .... viii, 22, 25	プログラム 3, 7, 39
トレーニング 276	バンド幅 276, 278	プログラムI/O 323
トンネル効果 302	半二重 .... viii, 336	プロセス（ソフトウェア）
ナ行／ハ行	汎用レジスタ 38, 69	.... viii, 133, 149, 156
入出力インタフェース 4	ピア 279	巨大〜 164
入出力装置 .... vi, 4, 12, 60, 205	光ディスク 294	プロセス（半導体） ix
入出力レジスタ 60	引き算 68	プロセッサ .... ix, 4, 15
ネクストラインプリフェッチ 109	引き放し法 75	プロセッサチップ 28, 153
寝た子 205	ピクセルシェーディング 229	ブロック 302
熱アシスト 291	微細化 146	ブロック数 257
ネットワーク 358, 365, 368	非数 77	フローティングゲート 298, 302
ネットワーク直径 366	ビッグデータ 171	ブロードキャスト 88, 91
熱ゆらぎ 290	ピッチ 317	プロトコル .... ix, 88
熱容量 199	ビット 5, 11, 294	プロファイラ 129, 175
ノイズ 209, 210, 309, 350	ビットマップ 330, 332	分岐命令 7
	ビデオ 212	分岐ユニット 58

索引

分岐予測 102, 105, 106
分岐予測ミス 106
分散メモリ 247
分散メモリ型 169, 170, 171
分散メモリシステム 168
ベアメタル型 142
並行 ix
並列 ....ix, 79, 149, 164, 168,
       171, 175, 180, 211, 246, 253
ベクタ 139
ページ(DRAMチップ) 273
ページ(メモリ管理) ix
ページ 132, 301, 302
ページ記述言語 330, 332
ページテーブル 133
ページ方式 132
ページ記述言語 332
ベースレジスタ 43
ヘッドクラッシュ 293
ヘテロ 248
変形ブースエンコード 71
ボイスコイルモータ 292
補数表現 62
ホスティング .... vii, 144
ホストOS型 142
ボーダールータ 358
ホットアイルーコールドアイル .. 377
ホットスワップ 315
ホップ 365
ポリゴン 241
ポリシリコン 303, 345
ポーリング 139, 325
ボルテージレギュレータ....188, 208
ホールト 212

マ行

マイクロアーキテクチャ 48
マイクロコードROM 112
マイクロコントローラ ix
マイクロピラー 279
マークシートリーダ 320
マザーガラス 28
マスターノード 171, 360
マトリクス 221, 226, 246
マルチXX 156
マルチコア ....ix, 31, 86,
                          154, 156, 164
マルチコアチップ 199
マルチコアプロセッサ 152
マルチスレッド 154

マルチスレッド(ハードウェア) ix
マルチソケットシステム 154
マルチプレクサ 69
マルチプロセス 129, 149
マルチプロセッサ 86, 151,
                          153, 170
マルチプロセッサOS 164
丸め 77
ミラーリング 313
ムーアの法則.......................ix, 29
無効化 88
無線LAN vi
命令(セグメント) .... viii, 131
命令 3, 6, 15, 37, 39, 48, 95
  演算時間の長い〜は避ける ... 128
  命令の実行の順序を変える〜.. 57
命令セットアーキテクチャ
   ....7, 37, 40, 148
命令ディスパッチユニット
   ....238, 240
メインメモリ..........21, 262, 264, 270
メモリ ....ix, 4, 10, 19, 60
  〜抽象化............................. 38
  〜の壁 271
メモリアクセス 48, 118,
                          153, 157, 256
アトミックな〜 158
〜時間の改善 92
メモリアクセスサイクル 119
メモリコントローラ 110, 115,
                          200, 281
メモリスクラビング 284
メモリセル 10, 12
メモリバンド幅 225, 249,
                          262, 270
メモリマップドI/O 60, 322
メモリレイテンシ 115
メモリ管理機構 ....ix, 130, 143
メモリ空間 38
メモリ素子 265
文字 34
モデリング変換 221
モデルビュー変換 221
漏れ電流.......... 32, 184, 190, 191, 346

ヤ行／ラ行／ワ行

有機EL 347
融通 199
誘導電流 289
ユーザモード .... ix, 40, 136

ユニファイドシェーダ 233
ライトセット 161
ラージページ 135
ラスタイメージ 332
ラスタライザ 227
ランダムアクセス 265, 266
リアドアクーリング 380
リザベーションステーション 98
リザルトバイパス 70
リターンアドレススタック 107
リップルキャリーアダー 65
リード・ソロモン 291
リードセット 161
リネームテーブル 100
リフレッシュ 268
履歴 102
リンク 168
ルートコンプレックス 202
ルート集約ルータ 359
ループ 102, 103, 105,
                          128, 167, 176
例外 140
冷却 197, 373, 376, 378
レイテンシ.......................115, 129
レジスタ .... ix, 21, 38, 39,
                          78, 79, 264
レジスタリネーミング
   ....99, 100, 106
レジスタリネーム機構 106
レジスタ状態表 52
レーン ....vii, 237, 335
ローカルメモリ 254
ローカル履歴 105
ログファイル 285
ロック 158, 160
ロック変数 158
ロード/ストアユニット....55, 56, 95
ロード命令 46
論理アドレス 132, 135, 247
ワーカーノード 360
ワークアイテム 245
ワード 6, 47
ワープ 240, 250, 252
ワープスケジューラ..........238, 240
割り込み 131, 136, 139, 204, 325
割り算 75, 128

395

●著者紹介

Hisa Ando

先端プロセッサの開発に40年間従事。シリコンバレーでSPARC64プロセッサの開発に従事。現在は、テクニカルライターとしてプロセッサやスーパーコンピュータ関係の報道や解説を中心に活動しており、『プロセッサを支える技術』（技術評論社、2011）などコンピュータアーキテクチャ関係の3冊の著書がある。また、ブログでプロセッサ関係の話題を紹介している。博士（工学）。

装丁・本文デザイン	●	西岡 裕二
編集協力	●	トップスタジオ
（図版権利処理・本文図版）		
レイアウト	●	五野上 恵美（技術評論社）

WEB+DB PRESS plusシリーズ
コンピュータアーキテクチャ技術入門
── 高速化の追求×消費電力の壁

2014年 6月 5日 初版 第1刷
2025年 4月 2日 初版 第4刷

著　者		Hisa Ando
発行者		片岡 巌
発行所		株式会社技術評論社
		東京都新宿区市谷左内町21-13
		電話　03-3513-6150　販売促進部
		03-3513-6177　第5編集部
印刷／製本		港北メディアサービス株式会社

定価はカバーに表示してあります。

本書の一部または全部を著作権法の定める範囲を超え、無断で複写、複製、転載、あるいはファイルに落とすことを禁じます。

ⓒ2014　Hisa Ando

造本には細心の注意を払っておりますが、万一、乱丁（ページの乱れ）や落丁（ページの抜け）がございましたら、小社販売促進部までお送りください。送料小社負担にてお取り替えいたします。

ISBN 978-4-7741-6426-7 C3055
Printed in Japan

本書に関するご質問は紙面記載内容についてのみとさせていただきます。本書の内容以外のご質問には一切応じられませんので、あらかじめご了承ください。
なお、お電話でのご質問は受け付けておりません。書面または小社Webサイトのお問い合わせフォームをご利用ください。

〒162-0846
東京都新宿区市谷左内町21-13
株式会社技術評論社
『コンピュータアーキテクチャ技術入門』係
URL https://gihyo.jp/book/
　（技術評論社Webサイト）

ご質問の際に記載いただいた個人情報は回答以外の目的に使用することはありません。使用後は速やかに個人情報を廃棄します。